AF504349

HISTOIRE
DES PROGRÈS
DE L'ESPRIT HUMAIN
DANS
LES SCIENCES EXACTES,
ET
DANS LES ARTS
QUI EN DÉPENDENT.

ARCHIMEDE
DESCARTES
NEUTON
LEIBNITZ
Mathematique
Geometrie
Algebre
Gnomonique
Mecanique
De Seve Inv.
Massard Sculp 1765.

HISTOIRE
DES PROGRÈS
DE L'ESPRIT HUMAIN
DANS
LES SCIENCES EXACTES,
ET
DANS LES ARTS
QUI EN DÉPENDENT :

SAVOIR,

L'ARITHMÉTIQUE.	LA MÉCHANIQUE.
L'ALGEBRE.	L'HYDRAULIQUE.
LA GÉOMÉTRIE.	L'ACOUSTIQUE ET LA
L'ASTRONOMIE.	MUSIQUE.
LA GNOMONIQUE.	LA GÉOGRAPHIE.
LA CHRONOLOGIE.	L'ARCHITECTURE CIVILE.
LA NAVIGATION.	L'ARCHITECTURE MILITAIRE.
L'OPTIQUE.	L'ARCHITECTURE NAVALE.

Avec un Abregé de la Vie des Auteurs les plus
célebres dans ces Sciences.

Par Monsieur SAVERIEN.

A PARIS,

Chez LACOMBE, Libraire, Quai de Conti.

M. DCC. LXVI.

Avec Approbation, & Privilege du Roi.

PREFACE.

JE ne crois pas qu'on puiſſe trouver dans un Livre, plus de vérités qu'en contient cette Hiſtoire. J'y expoſe les découvertes qui ont été faites dans les Sciences exactes, c'eſt à-dire dans des Sciences fondées ſur des principes évidents, qui ne comportent aucune ambiguité dans les termes, & où l'on démontre tout ce qu'on avance, en ne ſe ſervant que d'axiomes, ou de propoſitions qui en ayant été déduites immédiatement, deviennent autant de principes. Elles ſont eſſentiellement l'ouvrage de l'eſprit, à qui ſeul il appartient de connoître la vérité ; car les ſens peuvent nous tromper, au lieu que nous ſommes auſſi certains, par la réflexion, de nos perceptions & de nos idées, que nous pouvons l'être de quelque choſe. Ce n'eſt même que par l'eſprit, que nous diſtinguons ſi nous devons nous en rapporter à nos ſens, ou en récuſer le témoignage.

C'eſt donc annoncer un Livre digne de toute l'attention du Public, qu'une

Histoire des progrès de l'esprit humain dans les Sciences exactes : j'oserois ajouter digne aussi de sa faveur, si le mérite de cette Histoire répondoit à mes soins & à mes veilles. Ce que je dois assurer, c'est qu'elle est le fruit d'un travail assidu de plus de vingt années.

Les personnes qui ont parcouru le *Dictionnaire universel de Mathématique & de Physique*, que je publiai en 1753, ont pû voir les recherches considérables que j'avois déja faites alors sur cette matiere. J'y donne, dans le plus grand nombre des articles, des notices historiques, souvent assez étendues, des objets qui s'y rapportent, & je m'attache sur-tout à indiquer les sources où l'on doit puiser, si l'on veut, acquérir de plus grandes connoissances. Depuis la publication de ce Dictionnaire, j'ai consulté ces sources, & je crois être parvenu à recueillir assez de faits pour former une suite non interrompue des découvertes qui ont été faites jusqu'ici dans les Sciences exactes, ainsi nommées, parcequ'elles sont toutes démontrées. Ces Sciences sont : l'Arithmétique, l'Algebre, la Géométrie, l'Astronomie, la Gnomonique, la Chronologie, la Navigation, l'Optique, la Méchanique, l'Hydraulique ;

& j'appelle la Musique, la Géographie, l'Architecture Civile, l'Architecture Militaire, & l'Architecture Navale, des Arts qui en dépendent, parcequ'ils sont établis sur ces Sciences.

Je remonte donc à l'origine de chaque Science, ou de chaque Art en particulier, & je suis ses progrès sans quitter l'ordre des temps. Je forme ainsi des tableaux isolés, qui représentent tous les efforts que l'esprit humain a faits pour produire les objets qui les composent. On y voit l'état de chaque Science, sa naissance, son accroissement & son dégré de perfection. Dans ma composition, je laisse les fausses routes où plusieurs Savans se sont égarés ; & si leur écart peut servir à mettre une vérité dans un plus grand jour, je les ramene bientôt dans la voie étroite qu'ont tenue ceux qui ont véritablement contribué au progrès de la Science qui m'occupe. Je conserve ainsi l'unité, & ne quitte point le fil des découvertes. Le Lecteur les voit presque d'un coup d'œil. Il peut en saisir aisément l'ensemble, & l'apprécier. C'est peut-être le plus beau spectacle dont un esprit philosophique puisse jouir. Quoi de plus grand en effet qu'une chaîne de vérités immuables &

éternelles ! Quoi de plus satisfaifant, que de parcourir cette chaîne, qui, dés propofitions les plus fimples, conduit aux propofitions les plus fublimes ! On peut bien dire que c'eft la véritable échelle de l'entendement que demandoit le Chancelier *Bacon*, pour monter par dégrés aux plus hautes connoif-fances.

Je crois d'ailleurs que cette méthode de fuivre hiftoriquement les Sciences, depuis leur origine, jufqu'au point de perfection où elles ont été portées par les travaux des hommes de génie, eft un des moyens les plus fimples & les plus fûrs de les faire goûter aux jeunes gens, & aux gens du monde. Elles paroiffent dans l'Hiftoire fans cet appareil effrayant qui les environne dans les Traités : elles s'y montrent d'abord dans leur fimplicité originelle : ce n'eft que peu à peu, & pour ainfi dire par des nuances infenfibles, qu'elles y prennent cette fplendeur qui éblouiroit des yeux peu accoûtumés à foutenir l'éclat de la lumiere des Sciences.

On fera peut-être furpris, que j'aie entrepris de renfermer cette Hiftoire dans un feul volume ; mais je puis af-furer que l'Ouvrage feroit encore moins étendu,

étendu, si je m'étois borné aux seules découvertes ; car ce n'est point en multipliant les Ecrits, qu'on les a augmentées. Quoique nous ayons une quantité prodigieuse de Livres sur les Sciences exactes, il s'en faut bien que les nouveautés soient en proportion du nombre de ces Livres. Les seuls *Elemens d'Euclide* ont produit une infinité de Traités de Géométrie, qui ne contiennent que ces Elemens. Les Ouvrages sur l'Algebre ne présentent presque tous que les découvertes de *Viete*, d'*Harriot*, de *Descartes*, de *Newton*, ou des efforts pour les simplifier, bien dignes d'éloges, mais qui n'ont point reculé les limites où se sont arrêtés ces grands Hommes. On doit au système de l'Attraction & au calcul des infiniment Petits, tous les Livres modernes de haute Mathématique. On ne sort plus de-là depuis quelque temps : l'attraction & le calcul forment presque toute la science des Géometres. Cela se combine en une infinité de manieres, il est vrai ; mais cette combinaison ne change pas la nature des choses, & n'en produit pas de nouvelles. Un examen réflechi fait voir que ces Livres sont plutôt l'ouvrage du temps

& de la patience, que celui du génie ; & c'est le génie qui invente. Il n'y a, sans doute, point de science où l'on puisse faire plus de progrès que dans les Sciences exactes, quand on a l'esprit méthodique & capable d'application ; parceque dans ces Sciences toutes les propositions sont liées les unes aux autres, & qu'il ne s'agit que de n'en pas perdre le fil, d'ailleurs assez sensible. Avec de l'ordre & du temps, on parvient aux vérités les plus élevées. Sans esprit d'invention, on peut devenir à certains égards grand Mathematicien, c'est-à-dire se mettre en état de composer des Livres estimables sur les Mathématiques, & en étendre les détails. C'est aussi ce qu'a fait le plus grand nombre des Mathématiciens : mais on ne contribue qu'indirectement par-là à la perfection des Mathématiques, parceque ce sont les découvertes qui perfectionnent une Science ; & comme je l'ai déja dit, ces découvertes sont le fruit du génie, & non celui du temps.

Qu'on ne s'étonne donc point si des personnes qui se sont acquis une réputation dans les Sciences exactes, ne paroissent pas dans cette Histoire. Je ne m'arrête qu'aux Inventeurs & à leurs productions. Si mon sujet m'oblige de parler des autres, je me contente de louer leurs efforts. Voilà tout le Plan de cet Ouvrage.

TABLE

DU CONTENU

EN CET OUVRAGE.

Fin de la Table.

HISTOIRE

DES SCIENCES EXACTES.

HISTOIRE

DE L'ARITHMÉTIQUE.

L'ORIGINE de l'Arithmétique ſe perd dans l'antiquité la plus reculée. On en attribue l'invention aux Indiens ; mais on ne ſait point en quoi conſiſtoit cette invention. Les Grecs puiſerent chez eux les connoiſſances qu'ils avoient ſur cette ſcience des Nombres ; & les Philoſophes de cette Nation ajouterent à ces connoiſſances leurs réflexions particulieres. C'eſt une choſe étonnante que les Hiſtoriens ne nous

A

aient pas inſtruit de ce que l'Arithmétique étoit entre les mains de ces Philoſophes. On ne nous parle que de leurs découvertes ſur la Géométrie, ſur l'Aſtronomie & ſur les autres parties des Mathématiques.

Thalès, le premier Sage de la Grece, & le premier auſſi qui voyagea en Egypte pour étudier ſous les Prêtres de Memphis, les plus ſavans hommes de ces tems, rapporte quelques traits de leur Géométrie & de leur Aſtronomie, & néglige de rendre compte de ceux qui regardent l'Arithmétique. On pourroit conjecturer de-là que cette ſcience étoit fort peu de choſe ; car *Thalès*, qui étoit un Philoſophe très éclairé, n'auroit pas manqué d'en inſtruire ſes Concitoyens, s'il avoit eu là-deſſus quelque inſtruction digne d'eſtime. En effet, les Hiſtoriens nous apprennent que ſon amour pour le genre-humain étoit extrême, & qu'il répandoit généreuſement & les découvertes qu'il tenoit des autres, & celles qu'il faiſoit lui-même. Ces ſentimens nobles lui avoient été tranſmis par ſes Ancêtres, qui avoient quitté la Phénicie leur Patrie, & les biens qu'ils y poſſedoient, pour ſe ſouſtraire à l'oppreſſion des Tyrans. Iſſu d'une tige ſi illuſtre, *Thalès* en ſoutint l'éclat avec dignité. Il refuſa toutes ſortes de biens, communiqua ſans réſerve tout ce qu'il ſavoit, & dédaignant toute récompenſe pécuniaire, il n'ambitionna pour fruit de ſes dons, que la gloire d'être utile aux hommes.

Pythagore, contemporain de *Thalès*, eut le même déſintéreſſement. Quoique *Mnéſarque* ſon pere ne fût pas riche, qu'il ſubſiſtât même d'un petit commerce de bijoux, il ſe ſouvenoit

640 ans avant Jeſus-Chriſt.

590 ans avant Jeſus-Chriſt.

qu'il tiroit son origine *d'Ancée*, lequel avoit regné à Samos, & cette pensée lui donnoit une certaine grandeur d'ame, dont son fils avoit hérité. Ce fils, par le conseil de *Thalès*, alla étudier en Egypte; mais quoiqu'il en rapportât beaucoup de connoissances, il ne nous a pas mieux instruits que lui de l'état de l'Arithmétique sous les Prêtres de ce Pays. *Pythagore* cultiva pourtant particulierement cette science. Il inventa une table contenant la multiplication des Nombres depuis 1 jusques à 10, & qui est connue aujourd'hui sous le nom *d'Abaque*. Il s'attacha ensuite à rechercher les propriétés des Nombres. Il les considéra d'abord séparément, & voici les remarques que lui fit faire cette considération.

L'Unité n'ayant point de parties, elle représente, selon *Pithagore*, la Divinité. Elle annonce aussi l'ordre, la paix & la tranquillité, qui sont fondées sur une unité de sentiments. Donc *Un* est un bon principe.

Le nombre *Deux* n'a pas eu le même avantage. C'est un mauvais principe qui caractérise le désordre, la confusion & le changement.

Trois plaisoit beaucoup à *Pithagore*, & il trouvoit dans ce nombre les plus sublimes Mysteres renfermés. Toutes choses sont composées, disoit-il, de trois substances.

Le nombre *Quatre* étoit, selon lui, encore plus merveilleux. Il étoit saint par sa nature, & constituoit l'essence divine, en rappellant son unité, sa puissance, sa bonté, sa sagesse, quatre perfections qui caractérisent principalement l'Être suprême. On prétend même que de ce nombre *quatre*, *Pythagore* avoit formé une

eſpece de ſcience qu'il appelloit *Tetractys.* C'é-
toit, ſelon *Valentin Weigel,* une Arithmétique
quaternaire, dont il avoit ſeul la clef, & par le
moyen de laquelle il évitoit les difficultés
qu'on trouve dans le calcul des fractions & des
ſignes radicaux. Il auroit mieux valu que les
Hiſtoriens ſe fuſſent attachés à approfondir ce
fait, qu'à s'amuſer à recueillir toutes les viſions
de *Pythagore* ſur les Nombres. Mais telle a toujours été la foibleſſe de l'eſprit humain, que le
merveilleux l'a emporté ſur les connoiſſances
utiles. On continue donc à nous apprendre,
avec une exactitude ſcrupuleuſe, toutes les
chimériques propriétés que ce Philoſophe &
ſes Diſciples attribuoient aux Nombres : pures
futilités qui ont pu occuper dans l'enfance de
l'homme, mais qui ſont indignes d'attention
dans un ſiécle éclairé.

Il eſt ſans doute étonnant qu'un auſſi beau
génie que celui de *Pythagore* ait pu s'affecter
de pareilles minuties. La choſe paroîtroit incroyable, ſi on ne connoiſſoit point ſes autres
écarts. Il eſt certain qu'il donnoit dans la Magie ; qu'il penſoit qu'il y a un art d'entendre ce
qui eſt pronoſtiqué par la Lune ; qu'il ſe vantoit de connoître la roue d'Onomancie, ou le
rapport que les noms propres ont entr'eux, &c.
qu'il étoit perſuadé que les Aſtres en ſe mou-
vant dans l'eſpace des Cieux, faiſoient chacun
un bruit particulier, & que ces bruits réunis
formoient un concert.

Tout cela auroit dû faire voir que quelque
grand que ſoit *Pythagore* par ſa doctrine ſur la
Morale & par ſes découvertes géométriques,
il ne falloit pas cependant adopter ſes ſenti-

ments sans examen. Mais que ne peut sur les esprits l'autorité d'un homme, qui a donné des preuves d'une grande sagacité !

Ses Disciples exalterent beaucoup la doctrine des Nombres de leur Maître, &, en joignant leurs propres recherches aux siennes, crurent découvrir des choses surprenantes. Ils remarquerent que le nombre *Sept* avoit des singularités qui devoient le rendre recommandable. Dieu, disoient-ils, a créé le Monde en six jours, & s'est reposé le septiéme ; les dents des enfans paroissent au bout de 7 mois, & reviennent au bout de 7 ans ; elles tombent dans les années septenaires, & les deux Sexes ne sont propres à la génération qu'à quatorze ans. On compta ensuite les 7 Sages de la Grece, les 7 Merveilles du Monde, les 7 Solemnités des Jeux du Cirque, les 7 Généraux destinés à la conquête de Thebes. Les Physiciens ajouterent à cela qu'il y a 7 Planetes, 7 Métaux, 7 Couleurs primitives, 7 tons dans la Musique. Enfin les Médecins observerent que l'homme ne croît pas plus de 7 pieds, qu'il faut 7 mois pour sa formation, qu'il change de goût tous les 7 ans ; en un mot qu'au nombre 7 sont affectés les jours critiques. Par ces raisons on appella les septiémes années, *années climatériques*, afin qu'on y fît attention ; & cette sorte de superstition pour le nombre 7 a été si fortifiée, qu'elle s'est soutenue jusqu'à nos jours.

Toutes ces illusions humilioient bien la raison, mais elles ne contribuoient pas aux progrès de l'Arithmétique. On la cultivoit pourtant : & on sauroit de quelle maniere cette partie des Mathématiques se perfectionnoit, si les rapports myſtérieux des Nombres n'avoient diſtrait les Peuples & les Hiſtoriens de tout autre objet. Ce qu'il y a de certain, eſt que *Platon* & *Euclide* connoiſſoient les quatre Regles de l'Arithmétique, qu'ils extrayoient les Racines quarrées & cubiques, & formoient des proportions.

320 ans avant J. C.

Ce ſeroit ſans doute un point d'hiſtoire fort curieux, de connoître comment tout cela a été découvert, & par qui ces découvertes ont été faites. Le ſilence des Ecrivains de l'Antiquité eſt abſolu à cet égard. La ſeule choſe qu'ils nous aient appris, eſt que *Nicomaque*, 260 ans avant J. C., inventa le *Nombre polygone*. On appelle ainſi la ſomme d'une progreſſion Arithmétique qui commence par 1, & dont les unités peuvent être rangées en figures géométriques. Cet Inventeur ne connut point les avantages de ſa découverte. Elle paſſa pendant longtems pour une remarque ſtérile. Peu ſatisfait de cet accueil, *Nicomaque* ſe prêta aux préjugés du temps pour avoir des Lecteurs. Il publia un Traité des propriétés & des diviſions des Nombres, ſuivant les Pythagoriciens, ſous le titre d'*Iſagoge Arithmetica*. Il raſſembla après cela tous les rapports myſtérieux des Nombres, & en forma un Livre intitulé : *Theologumena Arithmetica*.

260 ans avant J. C.

Un ſiécle s'écoula ſans que l'on fît des progrès ſenſibles dans l'Arithmétique. Mais *Archimede*, le plus grand génie qui ait paru dans l'Antiquité, étant né 187 ans avant J. C., l'étendit infiniment. Il étoit parent du Roi *Hieron*, & quoique ſa naiſſance lui donnât droit à la conſidération publique, il avoit l'ame ſi éle-

187 ans avant J. C.

vée, qu'il voulut la mériter par des services réels. Il s'attacha aux Sciences. Sa sagacité & sa pénétration étoient si grandes, qu'il y fit les plus belles découvertes.

Il connut sans doute l'invention de *Nicomaque* sur les Nombres polygones; il possedoit aussi tout l'art des progressions des Nombres, art absolument ignoré du Public. Aussi quelques Savans ne crurent pas qu'on pût exprimer en nombre une quantité considérable. Dans une conversation particuliere qu'ils eurent avec lui, ils parlerent de cette prétendue impossibilité. *Archimede* répondit, qu'il n'y avoit point de quantité, fut-elle composée d'un nombre infini de parties, qu'on ne pût exprimer par des nombres. On n'osa pas rire de cette réponse, quoiqu'on la trouvât absurde; mais un mauvais plaisant crut avoir bien repliqué, en lui demandant s'il évalueroit le nombre de grains de sable, qui sont au bord de la mer. Ce railleur ignorant s'applaudissoit de sa demande: il fut bien étonné quand *Archimede* s'engagea à trouver un nombre qui non-seulement exprimeroit le nombre des grains de sable qui sont au bord de la mer, mais encore celui des grains dont on pourroit remplir l'espace de l'univers jusqu'aux étoiles fixes; & il prouva ce qu'il avançoit, en faisant voir que le cinquantieme terme d'une progression décuple croissante satisfaisoit à son engagement.

Il fit plus : afin de ne laisser sur ce sujet aucune ressource à l'imagination la plus féconde, il imagina un corpuscule dix mille fois plus petit qu'un grain de sable : il l'appella *grain de pavot*, & en forma sa premiere mesure. Le grain

de pavot pris cinq fois, fit un *grain d'orge* ou
fa feconde mefure ; & avec ces mefures ce
grand homme établit une fuite de nombres,
qui fe perdent dans l'infini [*].

Il ne faudroit pas conclure abfolument de-là
qu'*Archimede* a inventé les progreffions, mais
le préfumer ; car fi on en eût fait avant lui la
découverte, on en trouveroit quelque ufage ou
quelque application. Or *Archimede* eft le premier qui en a expofé la doctrine.

Douze fiecles paffent & fe fuccedent, fans
qu'on ait parlé des progreffions. L'Hiftoire qui
nous a confervé les découvertes qu'on a faites
fur les Mathématiques pendant ce long intervalle de temps, oublie abfolument l'Arithmétique. Ce n'eft qu'au commencement du onzieme fiecle qu'on fe fouvient des progreffions,
encore fallut-il une occafion finguliere pour
les faire renaître. Voici ce qui y donna lieu.

Ardfchir, Roi des Perfes, ayant imaginé le
jeu de Trictrac, s'en glorifioit. Le Roi des
Indes fut jaloux de cette gloire : il chercha quelqu'invention qui pût équivaloir à celle-là.
Pour complaire au Roi, tous les Indiens s'étudierent à découvrir quelque nouveau jeu. L'un
d'eux, nommé *Seffa*, fut affez heureux que
d'inventer le jeu d'échecs. Il préfenta cette invention au Roi fon maître, qui en fut comblé
de joie. Sa Majefté Indienne lui offrit pour ré-

1001.

----

[*] Voyez fon Ouvrage intitulé : *De Numero Are-*
næ. *Wallis* & *Heibroner* ont développé la Théorie d'*Ar-*
chimede à cet égard : le premier dans le fecond volume de
fes Œuvres ; & le fecond dans fon *Hiftoire des Mathé-*
matiques, publiée en latin fous ce titre : *Hiftoria Mathe-*
feos univerfæ. 1742.

compenſe tout ce qu'il pourroit deſirer. Toujours ingénieux dans ſes idées , *Seſſa* demanda
ſeulement autant de grains de bled , qu'il y a
de caſes dans l'Echiquier , en doublant à chaque
caſe ; c'eſt-à-dire ſoixante-quatre fois. Le Roi ſe
ſcandaliſa d'une demande qui ſembloit ſi peu digne de ſa magnificence. *Seſſa* inſiſta , & le Roi
ordonna qu'on le ſatisfît. On commença par
compter les grains en doublant toujours ; mais on
n'étoit pas encore au quart du nombre des caſes,
qu'on fut étonné de la prodigieuſe quantité de
bled qu'on avoit déja. En continuant la progreſſion, le nombre devint immenſe, & on reconnut
que quelque puiſſant que fût le Roi , il n'avoit
pas aſſez de bleds dans ſes Etats pour la finir.
Les Miniſtres allerent en rendre compte à Sa
Majeſté , qui ne pouvoit le croire. On lui expliqua la choſe ; & ce Prince admirant encore
plus la ſubtile demande que *Seſſa* lui avoit faite,
que l'invention du jeu des Echecs , après lui
avoir donné mille louanges , lui avoua qu'il ſe
reconnoiſſoit inſolvable , & le récompenſa ſans
doute d'une autre maniere.

En effet *Alſephadi* , Auteur Arabe à qui nous
devons ce trait hiſtorique , trouve que la quantité de bled que demandoit *Seſſa* , en achevant
la progreſſion double , forme un tas de bled
de ſix milles de hauteur, de longueur & de largeur : ce qui étant réduit à nos lieues , donne
environ vingt-ſix lieues pour chaque dimen-
ſion.

Il ſeroit à ſouhaiter que nous puſſions ſavoir
de quelle maniere *Seſſa* inventa le jeu des
Echecs , & ſi l'art de compter eut part à cette invention , comme nous connoiſſons la demande

qu'il fit au Roi des Indes ; mais on ne trouve là-deſſus aucun mémoire. Il eſt toujours certain que c'eſt à un Arithméticien qu'on doit ce jeu , car il ne faut compter pour rien le témoignage des Poëtes , qui en font honneur à *Palamede* , lequel l'inventa , dit-on , pour délaſſer les Grecs , rebutés des longueurs du Siege de Troye.

Quoi qu'il en ſoit , la connoiſſance des progreſſions fournit la ſolution de pluſieurs problêmes qui paroiſſoient inſolubles. Tel étoit celui que propoſoit *Zenon* , & par lequel il prétendoit qu'il n'y a point de mouvement. Suppoſons , diſoit ce Philoſophe , qu'*Achille* aille dix fois plus vîte qu'une tortue. Si la tortue a une lieue d'avance , jamais Achille ne l'attrapera; car tandis qu'*Achille* fera la premiere lieue , la *tortue* parcourra un dixieme de la ſeconde lieue ; & pendant qu'*Achille* fera la premiere dixieme partie de cette ſeconde lieue , la *tortue* parcourra le dixieme du ſecond dixieme ; ainſi à l'infini. De-là *Zenon* concluoit qu'un corps lent , quelque peu d'avance qu'il eût ſur un corps fort rapide , ne pouvoit jamais en être devancé. Ce Philoſophe ſuppoſoit , en concluant ainſi , que toutes les dixiemes parties de dixiemes faiſoient un eſpace infini de lieues : ce qui eſt faux , puiſqu'elles ne font enſemble qu'un neuvieme de lieue. En effet , par la découverte d'*Archimede* , on a reconnu que puiſque la raiſon décuple regne dans cette progreſſion , le dernier terme qui eſt une lieue , moins le premier qui eſt preſque zero , eſt neuf fois plus grand que ceux qui le précedent ; c'eſt-à-dire que tous les dixiemes de de dixiemes ne valent qu'un neuvieme de lieue.

Mais voici encore quelque chofe de plus merveilleux, qu'on trouve par la théorie des progreffions : c'eft de déterminer l'efpace que doit parcourir un corps qui fe meut & fe mouvera éternellement par un mouvement retardé.

Pour réduire cela en problême, on fuppofe que le mauvais riche brûlé de foif, prie Abraham de lui laiffer diftiller une goutte d'eau, & on place Abraham & le mauvais Riche à une diftance déterminée telle que douze mille lieues. Abraham touché de fa priere & de fes douleurs lui promet ce qu'il demande ; mais Dieu qui, par fon jugement, ne doit point défaltérer le mauvais Riche, lui défend de lui envoyer de l'eau. Abraham fe trouve fort embarraffé. Il a donné fa parole, & le mauvais Riche le fomme de la tenir : d'un autre côté il ne peut défobéir à Dieu. Dans cette perpléxité, il imagine de laiffer tomber une goute d'eau fuivant une progreffion décroiffante, c'eft-à-dire dont le mouvement foit fans ceffe retardé ; & il prétend par ce moyen tenir fa parole & obéir à Dieu.

On demande comment cela fe peut. Afin de répondre à cette queftion, fuppofons que la goute d'eau faffe cent lieues dans un jour ; que dans le fecond jour elle n'en faffe que quatre-vingt-dix-neuf, & qu'elle fe meuve pendant les autres jours, fuivant cette même raifon ; les efpaces qu'elle parcourt forment donc une progreffion décroiffante, dont le premier terme eft cent, & le fecond quatre-vingt-dix-neuf.

Il s'agit donc de découvrir tous les termes de
cette progreſſion qui eſt infinie, mais dont le
dernier terme étant infiniment petit, peut
être égalé à zéro. Or par les regles des progreſſions, on trouve que cette goute d'eau ne fera
dans toute l'éternité que dix mille lieues, &
par conſéquent ne pourra jamais arriver au
mauvais Riche.

Un Arithméticien Grec, nommé *Manuel
Maſchopule*, fit en 1400 un autre uſage des
progreſſions. Il rangea des Nombres dans un
quarré en progreſſion, & trouva que les ſommes des colonnes horizontale & verticale, &
celle de la diagonale étoient égales. Cette ſin-
gularité lui parut ſi extraordinaire, qu'il appella ce quarré, *Quarré magique*. Il chercha &
trouva quelle étoit la regle qu'il falloit ſuivre
pour faire ce quarré. M. *Bachet de Meziriac*,
l'un des premiers Membres de l'Académie
Françoiſe, étudia auſſi leur conſtruction, &
pluſieurs Géometres [*Stifel*, *Frenicle*, *Poi-
gnard* & *la Hire*] s'exercerent auſſi ſur cette
curioſité Arithmétique.

Dans cet exercice, on fit une découverte :
ce fut une regle pour combiner différentes
choſes, c'eſt-à-dire pour trouver en combien
de manieres on peut varier diverſes quantités
en les prenant une à une, deux à deux, trois
à trois, &c. On ignore à qui on doit cette découverte, dont il ne paroît pas que les Anciens
aient eu connoiſſance. C'eſt dommage, car
cette invention eſt digne d'eſtime, quoiqu'elle
ſoit fondée ſur la doctrine des progreſſions : en
effet, on réſout par elle les problêmes les plus
curieux.

On trouve, par exemple, que dix hommes
affis à une même table, peuvent changer de
place en trois millions fix cent vingt-huit
mille huit cent manieres différentes; qu'avec
les vingt-trois lettres de l'alphabeth, on peut
faire plus de 25760 mille millions de volumes, dont chacun auroit mille pages, chaque
page cent lignes, & chaque ligne foixante caracteres, & que tous ces Livres mis debout
l'un contre l'autre fur la furface de la terre,
non-feulement environneroient tout le globe,
mais qu'ils couvriroient encore dix-fept globes
aufli grands que celui de la terre.

Un Géometre, prefque de nos jours [le P.
Preftet] en appliquant l'art des combinaifons à
différents ufages, a trouvé que ce feul Vers
latin :

Tot tibi funt dotes Virgo, quot fidera cœlo

peut être varié en trois mille trois cents foixante & feize manieres, fans ceffer d'être Vers.
Ce font-là des chofes merveilleufes, qui doivent nous donner une idée de ce que peut la
nature par la combinaifon de ce nombre infini
d'êtres qui la compofent.

C'eft ainfi qu'en remaniant les découvertes
des Anciens fur l'Arithmétique, on forma un
art de compter. Mais quels étoient les caracteres dont on faifoit ufage pour exprimer les
Nombres ? Ce point d'hiftoire a été fuivi avec
affez de foin par les Ecrivains fur l'origine de
l'Arithmétique : je vais tâcher de préfenter ce
qu'il y a là-deffus de plus vrai & de plus important.

Les Hébreux exprimoient les Nombres avec

les lettres de leur alphabet, & ils divisoient
toute la numération en trois classes, savoir en
Unités, en Dixaines & en Centaines, qu'ils
écrivoient de la maniere suivante.

Premiere Classe : Unités.

א.   ב.   ג.   ד.   ה.   ו.   ז.   ח.   ט.

1.   2.   3.   4.   5.   6.   7.   8.   9.

Seconde Classe : Dixaines.

י.   כ.   ל.   מ.   נ.   ס.   ע.   פ.   צ.

10.   20.   30.   40.   50.   60.   70.   80.   90.

Troisieme Classe : Centaines.

ק.   ר.   ש.   ת.   ך.   ם.   ן.   ף.   ץ.

100. 200. 300. 400. 500. 600. 700. 800. 900.

Pour les Milliemes & de plus grands Nombres, les Hébreux répétoient les marques des
Centaines, & cela formoit des expressions très
embarrassantes. Les Peuples Orientaux, les
Perses & les Arabes adopterent les notes des Hébreux, en y ajoutant néanmoins quelques lettres de leur alphabet ; mais les Grecs firent
usage de leur propre alphabet, qu'ils divise-
serent, comme les Hébreux, en trois Classes.

Premiere Classe : Unités.

α.   β.   γ.   δ.   ε.   ϛ.   θ.   η.   ξ.

1.   2.   3.   4.   5.   6.   7.   8.   9.

Seconde Classe : Dixaines.

ι. κ. λ. μ. ν. ξ. ο. π. ϟ.

10. 20. 30. 40. 50. 60. 70. 80. 90.

Troisieme Classe : Centaines.

ρ. σ. τ. υ. φ. χ. ψ. ω. ϡ.

100. 200. 300. 400. 500. 600. 700. 800. 900.

Pour les Milliemes , les Grecs notoient les lettres avec une virgule , & ils exprimoient les plus grands Nombres en joignant plusieurs lettres ensemble.

Dans la suite ces Peuples voulurent simplifier ces expressions , ou les rendre plus nettes. Ils se servirent à cet effet de leurs Lettres capitales , savoir , I Π Δ H X M , auxquelles ils donnerent les valeurs suivantes.

I.	Unité. . . .	1
Π.	Cinq. . . .	5
Δ.	Dix. . . .	10
H.	Cent. . . .	100
X.	Mille. . . .	1000
M.	Dixaine de mille.	10000

En répétant ces caracteres , ils avoient des nombres composés. Ainsi II valoit 2 , ΔΔ 20 , ΔΔΔ 30 , &c.

Les Romains imiterent les Grecs ; c'est-à-dire qu'ils se servirent des lettres de leur alphabet , entremêlées de quelques signes particuliers. Par une ligne simple I , ils désignerent l'Unité ; par deux lignes croisées X , Dix ; & en parta-

geant cette figure par la moitié, ils eurent ce
caractere V, qui signifie Cinq. La lettre C, ou
le caractere [, exprima Cent, & la moitié de
ce caractere qui donne cette figure L, Cinquante. M , défignoit Mille. Enfin en employant d'autres lettres conjointes & répétées,
ils exprimoient les plus grands nombres ,
comme on en peut juger par la Table suivante.

Valeur des Caracteres Romains.

Caracteres Romains.	Caracteres ordinaires.
I.	1
V.	5
X.	10
L.	50
C.	100
D. *ou* IƆ.	500
M. *ou* CIƆ.	1000
IƆƆ.	5000
CCIƆƆ.	10000
IƆƆƆ.	50000
CCCIƆƆƆ.	100000
DM.	500000
X-MM.	1000000

Ces caracteres furent long-tems en usage ;
ils le font même encore parmi nous. Cependant
vers le neuvieme fiecle les Arabes employerent
de nouveaux caracteres , qu'ils tenoient des
Indiens : ce font ceux dont on se sert communé-
ment aujourd'hui. Ces caracteres , au nombre

de

de dix, furent d'abord portés en Espagne par les Sarrasins. Un Moine, nommé *Gerbert*, qui fut élevé à la Papauté sous le nom de *Silvestre II*, les fit connoître aux François. On ne sait point absolument ce qui donna lieu à la découverte de ces caracteres : on n'a là-dessus que des conjectures, dont la plus vrai-semblable est celle-ci.

Il est certain qu'on marqua l'unité par une petite ligne perpendiculaire. Deux lignes situées horisontalement indiquerent le nombre deux, & trois lignes posées de même formerent le nombre trois; ce qui donna ces trois caracteres, 1, $=$, $\equiv$. En liant ces dernieres lignes, pour simplifier chaque caractere, on eut les caracteres ι, ϟ, auxquels on a donné cette forme plus élégante 2, 3. Le quatrieme caractere renfermoit quatre lignes, qu'on joignit pour qu'elles occupassent moins d'espace : c'étoit d'abord une croix †, dont on a ensuite fait le 4.

En employant des lignes droites pour former des caracteres, on trouva beaucoup d'embarras à s'en servir dans l'expression des autres nombres. On eut donc recours aux lignes courbes. Un demi-cercle, avec un trait au-dessus, forma cinq, d'où vient le caractere 5. Un cercle entier, avec une queue en haut, exprima le nombre six, ce qui donna le caractere 6. En renversant ce caractere & en ouvrant le cercle, on fit ce caractere du nombre sept, 7. Deux cercles joints ensemble exprimerent le nombre huit, formé par conséquent de cette maniere 8. Enfin en renversant le caractere du nombre six, on fit ce caractere 9, qui exprima le nombre neuf.

Dans leur origine ces caracteres ressembloient un peu aux caractéres Grecs; & à mesure que l'art d'écrire s'est perfectionné, ils ont acquis la forme qu'ils ont aujourd'hui. Du tems de *Planude*, Auteur Grec qui vivoit au quatorzieme siecle, ils avoient une forme assez approchante de quelques - uns des caractéres grecs.

Quoique cet Auteur ne compte que neuf caractéres, les Indiens & les Arabes faisoient usage d'un dixieme : c'étoit un zéro, qu'ils exprimoient par un cercle ; mais comme ils ne lui donnoient aucune valeur, ils ne croyoient pas qu'on dût le mettre au rang des caractéres des nombres. On le nommoit *Chifra*, mot qui signifie rien ; d'où vient le nom général *chiffre*, qu'on a donné dans la suite aux caractéres Arabes, c'est-à-dire aux nôtres.

L'usage de ces caractéres si simples facilita beaucoup les opérations de l'Arithmérique, & cette facilité donna lieu à de nouveaux artifices dans le calcul. L'an 1520, *Lucas de Burgo Sancti Sepulcri* apporta ces artifices de l'Orient, & les publia en 1523, dans un livre de sa composition, intitulé : *De summa Arithmetica ac Geometria.* Parmi les nouveautés que contient ce livre, on distingue les regles de fausse position simples & doubles, qu'il nomme *Régles d'Elcalain.*

Il ne s'agissoit plus que de simplifier toutes ces méthodes pour perfectionner l'Arithmétique, & c'est ce que les Mathématiciens ont fait dans la suite d'une maniere insensible. Les plus habiles d'entr'eux, en variant les différentes regles ou inventions de cette partie des Mathématiques, ont formé d'autres sortes d'Arithmétiques.

Environ en 1460, un Mathématicien habile hommé *Jean Muller*, & connu sous le nom de *Regiomontan*, de Konisberg en Franconie, introduisit dans les Mathématiques une maniere d'éviter les inconvéniens des Fractions ou Nombres rompus, en se servant de Fractions de 10e, 100e, 1000e parties, qu'il appella *Arithmétique décimale*. Il avoit en vue de faciliter par cette invention le calcul des tables des Logarithmes. *Simon Stevin*, Mathématicien estimé, la recommanda surtout aux Astronômes, aux Géometres & aux Jaugeurs; mais l'usage a fait voir qu'elle n'est véritablement utile que dans les calculs de la Géométrie, où elle sert très bien pour l'extraction des racines quarrées & cubiques.

L'Arithmétique décimale paroissoit à peine, que le Baron *Neper*, Ecossois, publia une nouvelle Arithmétique, à laquelle il donna le nom de *Rabdologie*. Elle consiste à faire les calculs avec de petites baguettes en forme de pyramides rectangulaires, dont chaque face contient une partie de l'abaque ou table ordinaire de la Multiplication. Cette table est ainsi divisée en neuf petites lames, dont chacune a neuf cellules. La premiere de ces cellules contient un de ces caracteres simples, qui sont compris depuis 1 jusqu'à 9. Les autres cellules contiennent les produits des Multiplications du caractere qu'elles portent en tête, par chacun des nombres simples; & en combinant ensembles ces baguettes on fait les principales opérations de l'Arithmétique.

Cette combinaison, ou plutôt arrangement, n'est pas difficile à faire. Ce qu'il y a d'embar-

1460.

1617.

B ij

raffant, c'eft de trouver dans le moment la baguette qui eft néceffaire pour l'opération qu'on
veut faire ; & comme on eft obligé d'avoir
beaucoup de baguettes, cette recherche eft fort
longue , fans parler du tems qu'on met à les
arranger.

Ces inconvéniens firent regarder cette invention comme une chofe purement ingénieufe. Un homme de mérite (M. *Petit* , Inten-
dant des Fortifications) , fâché de ce qu'on l'a-
bandonnoit , chercha à la ramener à une pratique plus facile. Il imagina de changer le tambour des orgues , vulgairement nommés *Or-*
gues de Barbarie , en une machine d'Arithmétique.

Dans cette vue , il forma des baguettes de
carton & ies ajouta autour de ce tambour. Par
le moyen de quelques boutons qui y tenoient,
il arrangeoit les unes auprès des autres telles
lames qu'il vouloit. Cela étoit encore fort embarraffant , & cette idée ne fut pas accueillie.
Le grand *Pafcal* y fit cependant attention. Pour
faciliter le mouvement de ces baguettes, à l'aide de roues & de poids , il trouva le moyen de
faire les opérations en tournant quelques roues.
C'eft une véritable machine , & par conféquent
une chofe fort délicate & très compofée.

M. *Grillet* , homme connu par quelques inventions de méchanique , voulut la fimplifier.
Il fupprima le tambour & les poids , & diftri-
bua fi bien les baguettes fur quelques roues,
qu'en tournant les roues d'un côté, il opéroit
l'addition , & qu'il faifoit la fouftraction en
tournant de l'autre côté. L'illuftre *Leibnitz* a
fuivi cette idée prefque fans fuccès.

M. *Perrault*, Médecin & Membre de l'Académie Royale des Sciences, a voulu aussi la réduire en une pratique aisée ; mais on a abandonné aujourd'hui cette recherche, parcequ'on a reconnu que les avantages qu'on pouvoit retirer d'une machine Arithmétique, ne valoient pas les frais de l'invention.

En effet, une personne exercée dans le calcul, fera plus vîte & plus sûrement les regles les plus composées de l'Arithmétique, qu'on ne feroit les opérations les plus simples sur la machine la plus parfaite. Il faut laisser ces secours à ceux qui n'ont pas des yeux & qui veulent compter ; car pour ceux qui voient, les comptes faits valent infiniment mieux.

Il est vrai que pour les aveugles il faudroit rendre les chiffres sensibles au tact. C'est aussi ce que fit M. *Sanderson*, Professeur de Mathématiques à Cambrigde, quoiqu'aveugle dès l'âge de douze mois. Cet homme dont la pénétration étoit extraordinaire, étoit parvenu, à force de méditations, non-seulement à faire toutes les opérations de l'Arithmétique, mais encore à résoudre les problêmes les plus difficiles de l'Algebre, sur laquelle il a écrit un grand Traité en deux volumes *in-4º*.

Pour faire ses calculs, il avoit imaginé une table élevée sur un petit chassis, afin qu'il pût toucher également le dessus & le dessous. Sur cette table, étoient tracées un grand nombre de lignes paralleles qui étoient croisées par d'autres ; ensorte qu'elles faisoient ensemble des angles droits. Les bords de cette table étoient divisés pas des entailles distantes d'un demi pouce l'une de l'autre, & chacune comprenoit cinq de ces paralleles. Par ce moyen chaque pouce quarré étoit partagé en cent petits quarrés. A chaque angle de ces quarrés ou intersection des paralleles, il y avoit un trou qui perçoit la table de part en part. Dans chaque trou on mettoit deux sortes d'épingles, de grosses & de petites, pour pouvoir les distinguer au tact. C'étoit par l'arrangement des épingles, que *Sanderson* faisoit toutes les opérations de l'Arithmétique. La force de son imagination & l'habitude lui avoient tellement rendu familiere la combinaison de ces épingles, que je doute que l'homme le plus intelligent pût faire avec sa table la moindre regle d'Arithmétique.

Dans le tems qu'on perfectionnoit la Rabdologie de *Neper*, le Docteur *Wallis*, célebre Professeur de Mathématiques, mit au jour une nouvelle Arithmétique, sous le titre d'*Arithmétique des Infinis*. C'est l'art de trouver la somme d'une suite composée d'une infinité de termes.

Dans la progression naturelle, l'unité est la différence entre deux termes qui se suivent immédiatement. La différence entre 8 & 9 est 1 : en interposant entre ces deux nombres 8 & 9, mille autres termes qui soient en progression Arithmétique, la différence qui regnera dans la progression sera encore 1, mais 1 millieme. Et si on interpose entre cette nouvelle progression mille autres termes, on aura encore une nouvelle progression dont la différence sera 1, mais 1 millieme de millieme. En continuant de même, on forme enfin une progression dont 1 est la différence , mais c'est 1 infiniment petit ; c'est-à-dire que la différence est si petite qu'on peut la concevoir comme nulle sans erreur.

Wallis applique ensuite cette théorie à la progression des quarrés. Et en supposant entre chacun des nombres de la progression naturelle, un nombre infini de moyens proportionnels , qui fasse une nouvelle progression dans laquelle regne une différence plus petite qu'aucune quantité qu'on puisse imaginer, on peut concevoir alors qu'il n'y a aucune différence sensible entre les quarrés de ces Nombres , qui seront les termes de cette nouvelle progression.

Cet Inventeur fait le même raisonnement pour les cubes ; & par ces progressions il détermine aisément l'aire des surfaces & la solidité de tous les corps , en cherchant la somme des élémens qui les composent, lesquels élémens forment alors une progression dont la différence est infiniment petite.

Rien n'est plus beau , sans doute , que cet usage des progressions ; mais celui qu'en fit dans ce tems le grand *Pascal* , est encore bien ingénieux. Il imagina de joindre les deux progressions Arithmétique & Géométrique , & forma par cette réunion un triangle qu'il appella *Triangle Arithmétique* , lequel a plusieurs belles propriétés , dont la principale est de donner la combinaison des Nombres toute faite.

Ces succès engagerent plusieurs Mathématiciens à étudier les rapports des Nombres, pour faciliter l'art du calcul. M. *Weigel* , Professeur de Mathématiques à Geneve , crut pou-

1664.

1687.

B iv

voir simplifier cet art en n'employant que trois
caracteres. Il mit au jour, en 1687, une Arithmétique à laquelle il donna le nom d'*Arithmétique tetractique* ; parcequ'il ne se sert que des
caracteres 1, 2, 3 & 0, & qu'il ne compte
que jusqu'à 4, comme nous ne comptons que
jusqu'à 10 dans l'Arithmétique ordinaire.

Avec ces seuls caracteres *Weigel* fait les opérations qu'on fait avec dix ; c'est-à-dire, l'Addition, la Soustraction, la Multiplication &
la Division. Tout l'Art de cette Arithmétique
consiste à changer les Nombres ordinaires en
Nombres tétractiques, comme il est aisé de le
faire par la comparaison suivante.

Nombres ordinaires.

1, 2, 3, 4, 5, 6, 7, 8, 9, 10, 11,

Nombres Tétractiques.

1, 2, 3 ; 10, 11, 12, 13 ; 20, 21, 22, 23 ;

Nombres ordinaires.

12, 13, 14, 15, 16, 17, 18, 19, 20,

Nombres Tétractiques.

30, 31, 32, 33 ; 100, 101, 102, 103 ; 110,

Nombres ordinaires.

21, 22, 23, 24, 25, 26, 27, 28,

Nombres Tétractiques.

111, 112, 113 ; 120, 121, 122, 123 ; 130,

Nombres ordinaires.

29, 30, &c.

Nombres Tétractiques.

131, 132, &c.

Cet exemple suffit pour faire juger de la marche des Nombres tétractiques, ou de leur rapport avec les Nombres ordinaires. On doit l'idée de cette Arithmétique à *Aristote*. Cet ancien Philosophe s'étonne dans ses Ouvrages, de ce qu'on compte jusqu'à dix. Pourquoi, dit-il, aller si loin, ou s'arrêter-là ? Est-ce qu'en répétant les nombres 1, 2, 3, on ne pourroit pas exprimer les plus grands nombres avec autant de facilité ?

Pour donner du poids à ces questions, *Aristote* avance qu'il y avoit de son tems une Nation qui ne comptoit que jusqu'à quatre, & il assure que cette façon de compter étoit plus facile à apprendre que le calcul jusqu'à dix.

Réfléchissant sur cette Arithmétique tétractique, l'illustre *Leibnitz* crut qu'on pouvoit encore plus simplifier la chose. Au commencement de ce siecle, il inventa une *Arithmétique binaire*, dans laquelle il ne fit usage que des deux caracteres 1 & 0, avec lesquels il exprima ainsi tous les Nombres.

1713.

Nombres ordinaires.

1, 2, 3, 4, 5, 6, 7, 8, 9,

Nombres Binaires.

1; 10, 11; 100, 101; 110, 111; 1000, 1001;

Nombres ordinaires.

10, 11, 12, 13, 14, 15, 16,

Nombres Binaires.

1010, 1011; 1100, 1101; 1110, 1111; 10000,

Nombres ordinaires.

17,   18,   19,   20,   21,   22;

Nombres Binaires.

10001 ; 10010, 10011 ; 10100, 10101 ; 10110,

Nombres ordinaires.

23,   24,   25,   26,   27,

Nombres Binaires.

10111 ; 11000,   11001 ;   11010, 11011 ;

Nombres ordinaires.

28,   29,   30, &c.

Nombres Binaires.

11100 , 11101 ; 11110 , &c.

On peut bien faire avec ces Nombres binaires les regles ordinaires de l'Arithmétique ;
mais l'opération est plus embarrassante, qu'en
se servant de dix caracteres.

Leibnitz en convient : la pratique par dix est
plus abregée, & les Nombres y sont moins
longs. Il prétend même qu'on auroit encore
plus de facilité, si on comptoit par douze ou
par seize ; mais il assure que le calcul par deux,
c'est-à-dire par 0 & 1, en récompense de sa
longueur, est plus fondamental pour la science
des Nombres ; qu'il est propre à faciliter de
nouvelles découvertes tant pour la pratique
des Nombres que pour la Géométrie ; parceque les Nombres étant réduits aux plus simples principes, comme 0 & 1, il regne dans

tous les calculs un ordre merveilleux [*].

On n'a pas suivi cette idée de *Leibnitz*, &
l'Arithmétique binaire n'a pas fait d'autres progrès. Les Mathématiciens se sont contentés de
faire diverses applications de l'Arithmétique
commune, aux usages ordinaires de la vie
civile. De là sont nées deux sortes d'Arithmétiques, qu'on a appellé *Arithmétique calcula-
toire*, & *Arithmétique divinatoire*.

La premiere est l'art de calculer avec des jettons. Elle consiste à ranger des jettons d'une
certaine maniere pour qu'ils expriment des
Nombres, soit entiers, soit rompus. C'est une
curiosité arithmétique, qui ne contient aucune
nouveauté pour l'art du calcul.

Il en est de même de l'Arithmétique divinatoire. Il ne s'agit dans cette Arithmétique que
de faire quelques opérations de l'Arithmétique
ordinaire. On les enveloppe seulement ici de
maniere qu'on ne s'apperçoive point du résultat
de ces opérations : cela veut dire qu'on devine
le nombre qu'un homme a pensé, en lui faisant faire quelques opérations qui découvrent
le nombre qu'il a pensé. Il est possible de donner une idée de cette Arithmétique par quelques exemples.

Un Joueur de Gobelets vous dit de penser
un nombre. Quand vous l'avez pensé, il vous
ordonne de le tripler & de prendre la moitié
de ce triple. Il vous dit ensuite de tripler cette
moitié, & en demande la neuvieme partie.
Cela fait il double cette neuvieme partie, &
c'est le nombre que vous avez pensé. Car sup-

(*) *Mémoires de l'Académie Royale des Sciences*,
Année 1703, pag. 107.

poſons qu'on ait penſé 6, le triple de 6 eſt 18, dont la moitié eſt 9. Le triple de 9 eſt 27, dont la neuvieme partie eſt 3. Le nombre étant doublé donne 6, qui eſt le nombre penſé.

Le même Joueur de Gobelets promet auſſi de deviner où eſt le nombre impair de jettons, dont vous prendrez un nombre dans chaque main. Pour cela il vous dit de multiplier le nombre de la main droite par un nombre impair, & celui de la main gauche par un nombre pair ; & il demande ſi la ſomme des deux produits eſt paire ou impaire. Si elle eſt paire, il vous dit le nombre pair eſt dans la main droite ; ſi elle eſt impaire, il vous aſſure que le nombre pair eſt dans la main gauche : en comptant les jettons, on reconnoît la vérité de ſon aſſertion.

En effet, ſuppoſons qu'on ait pris ſix jettons dans la main droite, & qu'on en ait mis cinq dans la gauche. Suivant ce que preſcrit le Joueur de Gobelet, il faut multiplier par un nombre impair, tel que 3, par exemple, le nombre de jettons qui eſt dans la main droite, c'eſt-à-dire 6, ce qui donne 18 ; & multiplier encore le nombre de jettons qui ſont dans la main gauche, par un nombre pair, tel que 4. Multipliant donc 5 par 4, on a 20 pour le ſecond produit. La ſomme de ces deux produits eſt 38, qui eſt un nombre pair : donc le nombre pair eſt dans la main droite ; ce qui eſt vrai, puiſque 6 eſt un nombre pair.

Si le nombre impair étoit dans la main droite, la ſomme des produits ſeroit impaire ; car il faudroit multiplier par 3 le nombre 5, qui ſeroit dans ce cas dans la main droite, ce qui donneroit 15 ; & multiplier par 4, 6 qui se trouveroit dans la main gauche, & on auroit alors 24 pour produit. Or la somme de ces deux produits 15 & 24 seroit 39, qui est un nombre impair. Donc il faudroit conclure que le nombre impair est dans la main droite ; & on auroit deviné.

Le secret de cela est fondé sur ces deux vérités. 1°. Que tout nombre pair, multiplié par un nombre pair ou impair, produit un nombre pair. 2°. Que tout nombre impair, multiplié par un nombre pair, donne toujours un nombre pair ; & que multiplié par un nombre impair, il rend un nombre impair.

Mais voici quelque chose de plus extraordinaire : le Joueur de Gobelets promet de nommer la personne qui aura pris une bague en secret, & de déterminer la main, le doigt & la jointure où cette bague sera, à condition qu'on fera les cinq choses qu'il va prescrire dans l'ordre suivant.

1°. Doublez, dit-il, le nombre du rang de la personne qui a pris la bague, & ajoutez 5 à ce nombre.

2°. Multipliez cette somme par 5, & ajoutez-y 10.

3°. Ajoutez à cette somme, 1 pour la main droite, & 2 si c'est la main gauche, & multipliez le tout par 10.

4°. Joignez-y le nombre du doigt, en commençant par le pouce, & multipliez le tout par 10.

5°. Enfin joignez à cela le nombre de la jointure & 35, & donnez cette derniere somme.

De cette somme , le Joueur de Gobelets ſouſtrait 3535 , & le reſte eſt compoſé de quatre chiffres , dont le premier indique le rang de la perſonne ; le ſecond , le rang de la main ; le troiſieme , le rang du doigt ; le quatrieme & dernier , le rang de la jointure. Un exemple va rendre cette opération ſenſible.

Suppoſons que ce ſoit la quatrieme perſonne de la compagnie , ſuivant le rang , qui ait pris la bague ; qu'elle l'ait miſe à la main gauche , que nous avons déſignée par le nombre 2 ; que ce ſoit au quatrieme doigt & à la ſeconde jointure ou ſeconde phalange. Cela poſé , faiſons l'opération ci-deſſus preſcrite.

Le double de 4 , qui eſt celui de la perſonne , eſt 8 , à quoi ajoutant 5, on a 13.

En ſecond lieu , il faut multiplier cette ſomme 13 par 5 & y ajouter 10 , & on a 75.

Troiſiemement on doit ajouter à ce nombre 75 , 2 pour la main gauche , & multiplier le tout par 10 : l'opération donne 770.

En quatrieme lieu , il faut ajouter le nombre du doigt , qui eſt 4 , & multiplier encore le tout par 10. A 770 ajoutez 4 , la ſomme eſt 774 , qui étant multipliée par 10 , donne 7740 pour produit.

Il ne reſte plus qu'à ajouter le nombre de la jointure , qui eſt 2 , & le nombre 35 : la ſomme eſt 7777.

En retranchant de ce nombre 7777 , 3535 , on aura 4242 , dont le premier chiffre 4 montre que c'eſt la perſonne qui eſt à la quatrieme place ſuivant le rang , qui a pris la bague , qu'elle l'a miſe à la main gauche déſignée par le nombre 2 , qu'elle eſt au quatrieme doigt , comme l'indique le troisieme chiffre 4 suivant, & qu'elle est à la seconde jointure ou phalange, qui est indiquée par le dernier chiffre 2.

On peut juger par ces exemples de l'objet de l'Arithmétique divinatoire. Le dernier sur-tout est un des plus curieux & des plus compliqués. D'après celui-là, on peut en former plusieurs autres. Mais en voilà assez pour faire voir que cette Arithmétique n'est qu'une espece de jeu, dont la subtilité consiste à faire dire aux Spectateurs la chose qu'on demande, en l'enveloppant dans différentes opérations, afin de leur en dérober la connoissance.

Telles sont les découvertes qu'on a faites dans la science des Nombres. Rien n'est sans doute plus susceptible de variations. Comme on ne peut rien déterminer dans la nature que par comparaison, on a une infinité d'occasions de faire usage du calcul, & ces occasions ont donné lieu à une multitude d'opérations, qui, ramenées à leurs principes, se réduisent à ces quatre Regles, savoir : l'Addition, la Soustraction, la Multiplication & la Division. Les Anciens connoissoient pareillement ces Regles; & comme les Modernes n'ont fait que les varier & les appliquer à d'autres usages, on n'a pas tenu compte de ces inventions, qui, après tout, ont été plutôt l'ouvrage du tems que celui du génie.

HISTOIRE
DE
L'ALGEBRE.

MALGRÉ les efforts des Mathématiciens pour perfectionner la science des Nombres & pour résoudre par le moyen de cette science les problêmes les plus curieux & les plus difficiles, cependant on reconnut qu'elle étoit resserrée dans des limites étroites. Les Nombres étant déterminés, on ne peut donner, en s'en servant, que des solutions particulieres.

Chaque problême de même genre exige une solution qui lui soit propre : tout est même donné en Arithmétique. La chose qu'on cherche est presque exprimée, quoiqu'elle ne soit point désignée spécialement. Il est néanmoins des problêmes où l'inconnue ne peut être représentée par des Nombres. Il faut pour l'indiquer un caractere symbolique qui n'ait aucune valeur : l'Arithmétique est alors en défaut.

Les Mathématiciens Arabes le sentirent les premiers ; & pour y suppléer, ils chercherent à la généraliser, en calculant avec des caracteres symboliques. Par le moyen de deux sortes de caracteres, ils distinguerent les choses connues de celles qu'ils ne connoissoient pas, & formerent ainsi une nouvelle Arithmétique, qu'ils appellerent *symbolique.*

Nous

Nous ignorons ce que c'étoient que ces fym- boles, & en quel tems les Arabes commence- rent à les employer : feulement nous favons qu'en fuivant cette idée , c'eft-à-dire en fe fer- vant d'expreffions générales & de fignes univer- fels, ils vinrent à bout de calculer non-feulement ce qu'ils ne connoiffoient pas encore , mais auffi ce qu'on ne fauroit exprimer par aucun nombre.

Ils firent plus : ils foumirent au calcul les quantités pofitives & les quantités négatives , & dès-lors ils réfolurent des queftions dans lefquelles il s'agiffoit d'évaluer en même-tems & le bien qu'un homme avoit, & celui qu'il ne poffedoit pas. Ainfi ils dirent un homme qui a mille louis, a une quantité pofitive ou un bien réel : mais celui qui n'a rien & qui doit mille louis , a une quantité négative ou un bien négatif ; car il s'en faut de mille louis qu'il foit dans le même état d'un homme qui n'a rien , mais qui ne doit rien.

On croit que ces Peuples ont appris tout cela des Indiens. C'eft une prétention. Il y a des Erudits , au contraire , qui veulent que ce foient les Grecs qui aient enfeigné cette invention aux Arabes. Quoi qu'il en foit , ceux-ci em- ployoient des caracteres grecs pour exprimer les quantités connues & les quantités incon- nues. Ils purent par ce moyen décompofer une queftion , pour comparer enfemble ces quanti- tés , & ils formerent ainfi une Arithmétique fymbolique , ou un Art qu'ils appellerent *Algial Walmulkabala* , deux mots qui fignifient répa- rer , rétablir , & que nous avons rendus par le mot *Algebre.*

Les Ouvrages qu'ils publierent fur cet art ,

ne font point venus jufqu'à nous , & nous ignorerions la découverte qu'ils en ont faite, fi *Diophante*, qui vivoit vers le milieu du quatrieme fiecle, ne nous l'eût appris : on peut même regarder cet Auteur comme le premier Algébrifte. Son livre eft intitulé , *Queftions Arithmétiques*. C'eft là qu'on voit les progrès que les Arabes y avoient faits jufqu'à ce tems. Ces progrès font affez confidérables , car ils avoient réfolu des queftions où l'inconnue eft un quarré, ou autrement eft élevée à la feconde puiffance.

Il eft fâcheux que *Diophante* ne nous ait fait connoître ni leur marche , ni celle qu'il a fuivie dans fes méditations. Il fe fert de caracteres grecs pour exprimer les quantités & les fignes qui les uniffent ou qui les féparent ; & dans la réfolution des problêmes , fa méthode confifte à faire enforte que l'expreffion des quantités forme toujours un quarré , lorfque l'inconnue eft élevée à la feconde puiffance.

Cet Oüvrage , tout abftrait qu'il eft , fut commenté par une femme : c'étoit la fille de *Théon*, célebre Géometre , la favante *Hypathia*, qui a fait l'honneur de fon fexe & de fon fiecle. Egalement verfée dans les Mathématiques & dans la Philofophie , elle donna des leçons publiques fur ces deux fciences , avec un applaudiffement univerfel.

Ce devoit être une chofe étonnante , d'entendre une femme parler un langage auffi difficile & auffi nouveau que celui de l'Algebre. Les meilleurs efprits admirerent ce prodige , & le peuple qui ne connoît pas les merveilles que les perfonnes de génie peuvent enfanter , attribua les fuccès d'*Hypathia* , à la magie.

Cette idée échauffa les esprits, & la superstition se joignant à l'envie, les ennemis que son mérite lui avoit suscités firent entendre qu'elle étoit la cause de la mésintelligence qui regnoit entre *S. Cyrille*, Patriarche d'Alexandrie, & le Gouverneur *Oreste*. Il n'en fallut pas davantage pour mettre le peuple en fureur : il se saisit de cette illustre fille & la massacra. C'est ainsi que finit une Savante, qui la premiere débrouilla le cahos de l'Algebre. Et voilà ce que produit l'ignorance, mere de la barbarie.

Xilandre, dans le cinquieme siecle, traduisit l'Ouvrage de *Diophante* du grec en latin. Et environ vers le huitieme siecle un Arabe, nommé *Mohammed ben-Musa*, composa un Traité d'Algebre, dans lequel il donna la résolution des problêmes du second dégré, problêmes qu'on n'avoit point encore résolus parfaitement.

800 après J. C.

J'ai déjà dit qu'un problême du second dégré, est celui où l'inconnue est élevée à la seconde puissance ; mais il convient de donner quelques notions de ces problêmes & de ceux en général qu'on résout par l'Algebre, afin de rendre plus intelligible la suite de cette histoire.

On résout toutes les questions en Algebre où il entre autant de choses connues que des choses inconnues. Dans ce cas, ce qui est inconnu, n'est inconnu qu'en partie, & l'on connoît quelques-uns de ses rapports avec ce qui est déja connu, quoiqu'on en ignore le reste. On se sert de ce qu'on sait, pour découvrir ce qu'on ne sait pas.

Pour faire cette découverte, il faut bien diftinguer ce que l'on fuppofe & que l'on donne
pour connu, d'avec ce qui ne l'eft pas & qu'on
cherche à connoître. On tâche enfuite d'examiner avec attention les rapports des chofes inconnues avec les chofes connues, & on les dé-
gage l'un de l'autre, afin de les manier & de
les combiner aifément. Et comme l'efprit pourroit être troublé par la multitude des rapports,
& par l'embarras qu'il y auroit à les comparer
fi on ne le faifoit pas avec ordre, on exprime
toutes les parties & tous les rapports par des
expreffions bien précifes & bien nettes, qui
non-feulement les préfentent à l'efprit, mais
qui les mettent encore fous les yeux tels qu'ils
font.

On fe fert aujourd'hui des premieres lettres
de l'alphabet pour défigner ce qui eft connu,
comme a, b, c, & des dernieres lettres s, t, x,
y, z, &c. pour marquer les chofes inconnues.
Un nombre, une ligne, une furface donnée,
on l'appelle a. Ses puiffances, c'eft-à-dire fon
quarré, fon cube, ou tout autre produit plus
grand, on les défigne ainfi, a^2, a^3, a^4, &c.
On fait de même pour les quantités inconnues;
c'eft-à-dire que x exprime un nombre, ou une
ligne, ou une furface inconnue, & que x^2,
x^3, x^4 défigne leurs puiffances ou leurs produits.

Cela pofé, on forme des équations des
quantités connues avec des quantités inconnues; je veux dire qu'on forme une égalité des
rapports des quantités connues & des quantités inconnues; ce qui donne autant d'équations qu'il y a de quantités inconnues. Lorfque

dans ces équations l'inconnue eft fimple comme x, le problême eft du premier dégré. Si l'inconnue eft élevée à la feconde puiffance, comme x^2, elle eft du fecond dégré ; & il eft du troifieme ou quatrieme, lorfque l'inconnue eft élevée à la troifieme ou quatrieme puiffance, comme x^3, x^4, &c.

La chofe la plus difficile dans l'Algebre, & fur laquelle on ne peut prefcrire aucune regle, c'eft de former les équations par le moyen des conditions du problême qu'il faut favoir démêler. C'eft l'ouvrage pur de l'efprit, qui ne peut être aidé par l'art. L'équation eft compofée de deux membres féparés par ce figne ===, qui fignifie *égal*, & chaque membre peut être compofé de plufieurs termes ou expreffions qui font joints ou disjoints par des fignes, qui fignifient *plus* dans le premier cas, & *moins* dans le fecond. Un exemple fuffira pour donner une idée de la folution des problêmes.

Un jeune Cadet devant partir pour l'armée, fon grand-pere, fon oncle & fa tante fe cottifent pour les frais de fon voyage. Il lui faut 240 écus. Son oncle donne tout l'argent qu'il a ; la tante & le grand-pere en font autant. C'eft de leur part la même bonne volonté, mais ce n'eft pas le même préfent ; car la tante prétend avoir donné trois fois plus que l'oncle, & le grand-pere affure avoir mis dans la bourfe du jeune homme autant que l'oncle & la tante. On demande quel eft le préfent de chacun.

Pour répondre à cette queftion, on nomme x le préfent de l'oncle, qui eft la quantité inconnue, & a 240 écus, qui eft la quantité connue. Puifque la tante a donné trois fois plus

que l'oncle, son préfent fera triple du fien ex-
primé par x ; il fera donc 3 x. Le préfent du
grand-pere équivaut à celui de l'oncle & à celui de la tante, il fera donc égal à x plus trois x,
c'eft-à-dire à 4x. Mais la fomme de tous ces
préfens fait 240 écus ; donc x, plus trois x,
plus quatre x, qui eft 8 x, égale a 240. Donc
x égale 240 divifé par 8, parceque la divifion
détruit la multiplication, c'eft-à-dire que x
vaut 30 écus, qui eft le quotient de 240 par 8 ;
c'eft le préfent de l'oncle. Celui de la tante étant
triple, fera donc de 90 écus ; & celui du grand-
pere, qui vaut autant que celui de l'oncle & de
la tante, fera de 120 écus. Ces trois préfens
font 240 écus ; car la fomme de 30, 90 &
120 eft 240 : par conféquent le problême eft
réfolu.

Ce problême eft du premier dégré. Si l'inconnue x eut été élevée à la feconde puiffance,
le problême auroit été du fecond dégré ; & il
eût été du troifieme, fi elle eût été élevée à la
troifieme puiffance, c'eft-à-dire fi on avoit eu
x^2 dans le premier cas, x^3 dans le fecond, &c.
On a ainfi divers problêmes qui deviennent
d'autant plus difficiles à réfoudre, qu'ils renferment plus d'inconnues.

Les Algébriftes que j'ai nommés ci devant,
avoient trouvé des régles pour réfoudre les problêmes du premier & du fecond dégré, & ils
en étoient reftés-là. En 1494, *Lucas de Burgo*
publia ces regles dans un livre intitulé : *Summa Arithmeticæ & Geometriæ*. Il les répandit
ainfi en Europe. Les Italiens furent les premiers à en faire ufage. Ils reprirent l'Algébre,
où les Anciens l'avoient laiffée, c'eft-à-dire

à la solution des problêmes du troisieme degré.

Un Mathématicien nommé *Scipio Ferreus*, trouva une solution particuliere de ces sortes de problêmes. Ce fut une grande joie pour lui. Fier de sa découverte, il cacha avec soin sa méthode, & ne la communiqua qu'à *Florido*, l'un de ses disciples. Mais celui-ci moins secret, ou plus vain que son maître, se hâta d'en faire parade. Il défia les plus habiles Mathématiciens de résoudre les problêmes du troisieme dégré; & s'adressant particulierement à *Tartalea*, qui passoit à juste titre pour un des plus grands Géometres de son siecle. il lui proposa de résoudre, conjointement avec lui, un certain nombre de problêmes dans un tems déterminé, avec cette condition que celui qui les résoudroit seroit régalé par l'autre autant de fois qu'il montreroit de solutions.

Ces problêmes étoient du genre de ceux pour la solution desquels *Ferreus* avoit une méthode. *Florido* avoit beau jeu, puisqu'il possédoit seul le secret de cette méthode : aussi se faisoit-il une fête de son triomphe.

Tartalea connoissoit la capacité de son Adversaire. Il comprit qu'en affectant de proposer à résoudre une certaine classe de problêmes, il avoit ses raisons. Il conjectura de-là que la solution des problêmes du troisieme dégré n'étoit peut-être pas impossible, comme les Anciens l'avoient cru.

Dans cette idée, il chercha la solution de ces problêmes, & à force de méditations il fut assez heureux de la trouver d'une maniere même si générale, que non-seulement il résolut le cas de *Florido*, mais encore les autres cas que forment les problêmes du troisieme dégré. Par cette découverte , *Tartalea* trouva en peu de tems la solution de tous les problêmes que celui-ci lui avoit proposés. Son Adversaire en fut bien étonné , mais sa mortification devint d'autant plus douloureuse , qu'il ne pût résoudre aucun des problêmes que *Tartalea* lui proposa.

Tout glorieux de son Triomphe , *Tartalea* voulut tenir sa découverte secrete , afin d'avoir le plaisir de faire des choses auxquelles les autres Mathématiciens ne pourroient pas atteindre. Il en parla cependant au célebre *Cardan*. Celui-ci sentit le prix de cette invention : il pressa l'Auteur de lui découvrir sa méthode , & fit des instances si pressantes , que *Tartalea* se laissa gagner , à condition néanmoins que ce secret ne seroit communiqué à personne. *Cardan* promit tout & ne tint pas parole. Il ne divulga pas seulement cette méthode ; il fit plus , il se l'attribua dans un livre qui parut en 1545, sous le titre , *De Arte magna* ; nom qu'il donne à l'Algebre , à l'exemple de *Lucas de Burgo* , qui l'appelle dans son Ouvrage , l'*Arte magiore*. *Tartalea* fut sensible avec juste raison à ce procedé , & cria tout haut au parjure & au vol.

Cardan voulut se justifier , en prétendant que sa découverte avoit entierement changé de face entre ses mains , & qu'il l'avoit tellement développée , qu'il se l'étoit rendue propre. Il prit même à cet égard un ton de supériorité qui offensa *Tartalea*. Celui-ci piqué de ce ton , le défia de résoudre les mêmes problêmes que lui. De-là naquit une guerre d'émulation , qui ne fut terminée que par la mort de *Tartalea*, arrivée en 1557.

Cardan avoit tort sans contredit : mais il faut convenir qu'il perfectionna assez la théorie des problêmes du troisieme dégré. Il essaya même de résoudre ceux du quatrieme. Ce qui donna lieu à cette recherche, ce fut un problême que lui proposa un nommé *Jean Colla*, où l'inconnue se trouva élevée à la quatrieme puissance. *Cardan* proposa à un jeune homme ardent & fort rompu dans le calcul, de travailler à la solution de ce problême. C'est ce que fit *Louis Ferrari* (c'est le nom du jeune homme), en ajoutant des quantités à chaque membre de l'équation que donnoit le problême ; & en l'arrangeant d'une certaine maniere, il vint à bout d'extraire la racine, & par conséquent de résoudre le problême.

Quelques années après, *Raphael Bombelli* composa un Traité sur l'Algebre, pour mettre dans un plus grand jour toutes ces découvertes. Il fit voir sur-tout que certains cas particuliers du troisieme dégré pouvoient avoir leur solution ; ce que *Cardan* n'avoit pas cru : & il prouva ce qu'il avançoit, par des constructions géométriques particulieres. Il donna encore un moyen de réduire les équations quarrées en deux quarrés, moyennant les cubiques.

Dans ces calculs les quantités étoient écrites ; c'est-à-dire qu'on nommoit la chose inconnue, *la Cosa*. On appelloit *Censo*, le produit ou le quarré de la quantité cherchée ; *Cubo*, ou le Cube, la troisieme puissance de cette quantité. On changea bien en différens tems cette maniere d'exprimer les quantités, mais on les écrivoit toujours. A l'égard des signes, on se servoit des premieres lettres de l'alphabet. Les Nombres entroient aussi dans les équations, & tout cela embarrassoit beaucoup & ne donnoit gueres que des solutions particulieres.

Afin de simplifier les choses & de rendre les solutions plus générales, *Jean Buteon* imagina, à ce qu'on prétend, de se servir de lettres pour exprimer les quantités inconnues ; mais cette prétention est sans fondement, & on ne voit pas sur quoi elle est fondée : car quoiqu'on eût deux Traités récents sur l'Algebre, on n'avoit rien ajouté aux inventions de *Bombelli*. Le premiere parut en 1554 ; il est de *Jean le Pelletier*, qui n'est gueres connu que par cet Ouvrage. Le second, qui fût publié la même année sous le titre d'*Arithmetica integra*, est de *Michel Stifels*, homme singulier, qui, quoique bon Mathématicien, ne laissoit pas que d'être un grand fou. Il s'occupa pendant la plus grande partie de sa vie à déterminer la fin du monde ; & comme il étoit Ministre, il ne manquoit pas de l'annoncer au peuple, lorsqu'il croyoit avoir résolu ce problême.

La grande estime qu'on faisoit de lui, la vénération qu'on avoit pour son caractere, & plus que tout cela l'amour du merveilleux, donnoient beaucoup de crédit à ses prédictions ; tellement qu'un jour ayant assuré que le monde devoit finir dans un an, les paysans persuadés qu'il devoit le savoir, ne songerent qu'à tirer parti de la vie avant que de mourir. Ils mangerent gaiement leur bien, & prirent si bien leurs mesures, que le jour marqué pour le dernier, ils se trouverent absolument sans pain.

1559.

Alors *Stifels* monta en chaire, & exhorta ces pauvres gens à se préparer à recevoir Dieu, qui alloit descendre sur la terre, disoit-il, pour juger tous les hommes. Chacun avoit les yeux ouverts & le cœur serré. On resta plusieurs heures dans cet abattement & cette impatience.

Le Ministre commençoit déja à craindre de s'être trop avancé, lorsqu'un orage qui se forma tout-à coup, releva ses espérances. Il crut que sa prédiction alloit s'accomplir. Dans cette idée, il redoubla d'ardeur pour émouvoir son assemblée. Tous ses Auditeurs prosternés fondoient en larmes; mais le Ciel redevint bientôt serein, & rien ne parut. Il n'y eût dès-lors plus d'espoir de voir le jugement universel. Le peuple comprit clairement que *Stifels* étoit ou un fourbe, ou un ignorant. Indigné d'avoir été trompé, il se livra aux mouvemens de son indignation. Il l'arracha de sa chaire, & après l'avoir maltraité de coups, il le mena garotté à Wittemberg. Son imprudence étoit grave. Heureusement *Luther*, dont il avoit été Disciple, s'intéressa pour lui & appaisa cette affaire. Il l'exhorta d'être plus sage à l'avenir. *Stifels* le lui promit, & ne tint pas parole. Il chercha la fin du monde jusqu'à la fin de sa vie, qu'il termina en 1567, âgé de quatre-vingts ans.

Cependant on écrivoit toujours les quantités, comme je viens de le dire. Cela formoit un grand embarras dans la résolution des équations. M. *Viete* est le premier qui s'est servi des lettres de l'alphabet, pour désigner les quantités connues. C'étoit un Magistrat (il étoit Maî-

tre des Requêtes) qui avoit une aptitude finguliere pour la méditation. Il paſſoit juſqu'à
trois jours de ſuite ſans quitter ſon fauteuil, &
pendant les repas qu'il prenoit dans cette ſituation, ſon eſprit étoit toujours appliqué. Il avoit
ainſi le talent qu'il falloit pour être habile calculateur : auſſi fit-il de grands progrès dans
l'Algebre.

D'abord il trouva que les ſolutions, de propres qu'elles étoient à un cas particulier, devenoient par ſa méthode abſolument générales,
parceque les lettres pouvoient exprimer toutes ſortes de Nombres. Cet avantage reconnu,
il s'attacha à faciliter l'opération de la comparaiſon des quantités inconnues avec les quantités connues, en les arrangeant d'une certaine maniere & en faiſant évanouir les fractions.

Il inventa auſſi une regle pour extraire la racine de toutes les équations arithmétiques.
Cette découverte le conduiſit à une autre : ce
fut d'extraire la racine des équations littérales
par approximation, ainſi qu'il le faiſoit pour
les nombres. Il fit plus : comme l'Algebre, par
la nouvelle forme qu'il venoit de lui donner,
étoit extrêmement ſimplifiée, en examinant les
problêmes de près, il découvrit l'art de trouver des quantités ou des racines inconnues par
les moyen des lignes : ce qu'on appelle *Conſtruction géométrique.*

Toutes ces inventions donnerent une nouvelle forme à l'Algebre, & l'enrichirent extrêmement. Cependant comme les choſes ne ſe
perfectionnent pas tout à coup, & qu'un homme quelqu'éclairé qu'il ſoit, ne peut pas tout

voir, on remarqua, après *Viete*, que l'expreſſion du rapport des quantités connues avec les quantités inconnues, c'eſt à-dire l'équation, n'étoit point aſſez nettement expoſée. Les termes[a], qui expriment la quantité inconnue étoient confondus avec les autres.

Au commencement du ſeizieme ſiecle, *Harriot*, Mathématicien Anglois, apprit à dégager ces termes. Pour exprimer les quantités, il introduiſit de petites lettres à la place des grandes ; & en les joignant il ſupprima les ſignes, qui indiquoient leur multiplication ; c'eſt-à-dire qu'au lieu d'écrire *a* multiplié par *b* ou *a* × *b* (le ſigne × indique la multiplication), il écrivit *ab*. Ainſi pour exprimer un quarré, il écrivoit deux fois la même lettre (*aa*) ; pour un cube trois fois (*aaa*) ; quatre fois pour une quatrieme puiſſance (*aaaa*) &c.

Il chercha après cela à donner aux équations une forme plus commode pour les opérations. Au lieu d'égaler les termes qui contiennent la quantité inconnue, à ceux qui expriment la quantité connue, il fit paſſer ce dernier terme du même côté que les autres ; & en lui ſubſtituant un ſigne contraire à celui qu'il avoit, il égala toute l'expreſſion à zero. Cela devint plus net, ſans rien changer aux conditions.

En effet, ſi 4 plus 6 égale 10, il eſt certain que 4 égale 10 moins 6. Ainſi au lieu d'écrire 4 + 6 = 10, on peut écrire 4 = 10 — 6 ; car 10 moins 6 eſt 4. Lorſque les termes de l'équation ſont nombreux, cette maniere de diſpoſer les termes, met ſouvent plus d'ordre dans l'arrangement de ces termes.

Harriot, en maniant les équations, fit une

1600.

découverte importante ; c'eſt que toutes les équations compoſées, ou d'ordres ſupérieurs, ſont des produits des équations ſimples ; d'où il conclut que dans toute équation il y a autant de valeurs, que le dégré qui la caractériſe a d'unités ; de ſorte qu'une équation du ſecond dégré a deux valeurs, une équation du troiſieme degré trois valeurs, &c.

Il trouva encore, par induction, combien une équation peut contenir de racines fauſſes & de racines véritables. On appelle *racine fauſſe*, la valeur d'une quantité inconnue, qui eſt moins que rien ; & *racine véritable*, celle qui eſt plus que *zero*. Cet Algébriſte expoſa toutes ces découvertes en 1631, dans un livre qu'il mit au jour ſous ce titre : *Artis analyticæ praxis.*

Pendant qu'il compoſoit ce livre, un Géometre Hollandois, nommé *Albert Girard*, en publia un qu'il intitula : *Invention nouvelle en Algebre*, dans lequel il traita ſavamment les racines négatives ou affectées du ſigne moins, & montra que dans certaines équations cubiques ou du troiſieme dégré, il y a toujours trois racines, ou deux poſitives & une négative ; ou deux négatives & une poſitive. *Girard* entrevoyoit bien d'autres vérités ; mais il falloit remonter plus haut pour les développer, & ce travail demandoit un génie du premier ordre. *Deſcartes* parut, & l'Algebre prit une autre face.

Ce grand homme changea d'abord la maniere d'exprimer les puiſſances. Pour la ſeconde puiſſance ou le quarré, il écrivit un 2 au-deſſus de la lettre qui déſignoit la quantité élevée à cette puiſſance. Pour le cube, ou la troiſieme puiſſance, il mit un 3 ; un 4 pour la quatrieme. Il ajouta à la théorie d'*Harriot*, une regle pour déterminer, à l'inſpection des ſignes, le nombre des racines vraies & fauſſes d'une équation.

Il donna encore une méthode pour réduire les équations du quatrieme dégré à ceux du ſecond, qu'on nomme la *Méthode des indétermi-nées*, parcequ'elle conſiſte à ſuppoſer dans une équation un coefficient indéterminé, c'eſt-à-dire un nombre qui multiplie le terme d'une équation, & à en fixer la valeur par la comparaiſon des termes de cette équation même avec ceux d'une autre équation qui doit lui être égale.

Enfin il découvrit une regle pour trouver toutes les racines commenſurables, ou les diviſeurs de tant de dimenſions que l'on veut. Il eſt vrai que cette regle exige de grands calculs, parcequ'il faut tenter beaucoup de diviſions ; car il peut arriver que le dernier terme ait tant de diviſeurs, qu'il faille faire une grande quantité de tentatives, qui ſont très laborieuſes.

Un Conſeiller au Parlement de Blois, nommé *de Beaune*, qui avoit fait des progrès conſidérables dans les Mathématiques, & qui a la gloire d'avoir connu & accueilli le premier, en France, la Géométrie de *Deſcartes* ; M. *de Beaune*, dis-je, voulut ſimplifier cette méthode. Il s'aviſa de chercher les limites des équations, c'eſt-à-dire de déterminer entre quels termes ſont renfermées la plus grande & la moindre des racines. Cela étoit plus ſimple que la regle de *Deſcartes* ; mais les Algébriſtes reconnurent bien-tôt qu'elle n'étoit utile que

1640.

dans le cas où les racines qu'on cherche font prefque égales entr'elles.

Newton, cet homme célebre à qui les Mathématiques doivent tant, travailla à la rendre plus générale. Il chercha d'abord à donner une forme plus commode aux équations, en ajoutant quelque quantité complexe qui rendit chaque membre fufceptible d'extraction de racine ; mais il reconnut bien - tôt que cette méthode n'exigeoit gueres moins d'effais que celle de *Defcartes*.

Defefpérant de pouvoir trouver précifément les racines d'une équation, il jugea qu'il n'y avoit pas d'autre moyen que de les déterminer d'une maniere approchée ; ce qu'on ne pouvoit éviter fur-tout lorfque les racines fe trouvoient irrationnelles, c'eft-à-dire *inextrayables*. A cette fin il imagina une formule d'approximation, laquelle confifte à fuppofer qu'on a la racine entiere la plus approchée, ou qui ne differe de la véritable que d'une unité.

Viete avoit bien fait ufage d'une méthode d'approximation, pour extraire la ruine d'une équation ; mais ce n'étoit qu'une méthode fort bornée. *Newton* en donna une infiniment plus générale, & après lui *Wallis, Halley, Rapfon, Ward, Bernoulli* (Jean), & *Wolf* en ont donné d'autres, qui reviennent à celle de *Newton*.

En effet, toutes ces méthodes ou formules fe réduifent à une fuite infinie convergente, c'eft-dire qui s'approche toujours plus de la quantité cherchée. Cette méthode eft fi générale, qu'elle s'étend non-feulement aux racines commenfurables ou qu'on peut extraire, ou aux

Divifeurs

diviseurs d'une dimension , mais encore aux diviseurs de tant de dimensions que l'on veut.

En publiant sa méthode , *Newton* s'en réserva la démonstration. M. *s'Gravesande* , qui a commenté l'*Arithmétique universelle* de ce grand homme , où cette méthode se trouve , a découvert cette démonstration , & l'a rendue publique dans son Commentaire , qu'il a intitulé : *Specimen Commentarii in Arithmeticam universalem* ; & M. *Clairaut* , dans ses *Elémens d'Algebre* , a fait voir par quelle route il a pu découvrir sa méthode.

Ce ne sont pas les seuls progrès que *Newton* ait faits en Algebre. Il simplifia encore cette partie des Mathématiques , en introduisant des Lettres au lieu de Chiffres , pour exprimer la puissance où une quantité est élevée , de façon que cette puissance n'est point déterminée particulierement : ce qui donne une forme générale à tous les problêmes : & comme on appelle *Exposant* le nombre qui exprime cette puissance , on donne le nom d'*Exposant indéterminé* à cette Lettre.

Leibnitz partage la gloire de cette invention. Ce beau génie , qui avoit des vues sur toutes les connoissances humaines, & dont la sagacité saisissoit également les principes les plus opposés & les vérités les plus abstraites, *Leibnitz* , dis-je , avoit aussi trouvé le moyen d'extraire les racines irrationnelles des équations. Il croyoit encore que toutes les équations du huitieme , neuvieme & dixieme dégré , pouvoient s'abaisser jusqu'au septieme ; mais ce n'étoit qu'une idée qu'il n'avoit point approfondie , & de laquelle il fut distrait par d'autres vues plus importan-

tes. Je dis plus importantes ; car *Leibnitz* ne faifoit pas grand cas de ces artifices algébriques ,
qui font bien moins l'ouvrage de l'efprit que
celui du tems.

Il n'y a que des génies froids & bornés, qui
attachent un grand mérite à ces fortes de découvertes. Auffi n'étoit-ce qu'en fe jouant, pour
ainfi dire, que cet illuftre Philofophe imagi-
noit des méthodes pour faciliter la réfolution
des équations. C'eft ainfi qu'il réfolut les deux
expreffions radicales , qui compofent la formule de *Cardan*, en une fuite infinie.

Pendant que *Leibnitz* répandoit de tems en
tems quelque nouvelle lumiere fur la réfolution des équations, un Géometre François,
nommé *Rolle*, inventoit des regles pour trouver leurs racines rationnelles , ou pour approcher de celles qui font irrationnelles. Elles
confiftent , ces regles , en trois opérations ,
par lefquelles il réduit toutes les équations à
une équation du premier dégré. Dans ces opérations on forme trois équations , dont chacune s'appelle *Cafcade* ; de forte que cette invention de *Rolle* eft connue fous le nom de la
Méthode des Cafcades.

Malgré tous ces travaux , l'Algebre avoit une
grande imperfection ; c'étoit de ne pouvoir reconnoître dans les équations le nombre de racines imaginaires qu'elles contiennent , fans
être obligé de les réfoudre. On appelle *racine
imaginaire* , la racine d'une quantité qui eft
moindre que zéro , & qui eft confidérée comme
la puiffance d'un dégré , dont l'expofant eft un
nombre pair.

Newton avoit bien trouvé une regle affez

simple ; mais elle étoit imparfaite. MM. *Ma-claurin*, & *Campbell*, Algébristes Anglois, & MM. *de Gua* & *Fontaine*, Mathématiciens François, ont donné des regles plus parfaites que celles de *Newton*. Le dernier sur-tout, qui a fait une étude particuliere de cette matiere, a promis des tables qui, en facilitant beaucoup la pratique de ces regles, donneront peut-être à l'Algebre son dernier degré de perfection. Il ne reste gueres plus qu'à en étendre l'usage.

M. *Hook*, Philosophe Anglois, avoit imaginé une Algebre philosophique, pour découvrir les vérités cachées dans la nature. Il est mort sans avoir mis ses idées en ordre. C'est un malheur pour les Sciences, d'autant plus qu'il eût sans doute établi des rapports entre les effets qu'on connoît dans la nature, & même les faits de morale, & ceux qu'on ignore. Et ces rapports étant évalués par l'art des équations, on auroit bien étendu nos connoissances dans le monde moral comme dans le physique.

Cela peut se faire encore, mais la chose n'est pas aisée. Il faut pour cette application, être plus qu'Algébriste ; car un Algébriste, proprement dit, quelqu'habile qu'il soit, n'est qu'un Calculateur, qui ne marche sûrement que quand il a des objets sous les yeux qui le guident ; & pour l'application dont je parle, il seroit nécessaire de former des équations de choses souvent très métaphysiques, que l'esprit seul pourroit saisir, je veux dire cet esprit de finesse, qui, comme l'a fort bien fait voir le grand *Pascal*, est bien différent de l'esprit géométrique.

L'utilité de l'Algebre dans la Géométrie,

dans la Méchanique, dans l'Aftronomie, & en général dans les Mathématiques, eſt ſans doute très conſidérable ; mais l'uſage le plus ingénieux qu'on a fait de cette Arithmétique univerſelle, eſt d'avoir calculé par ſon moyen les probabilités & les haſards.

M. *Huygens* eſt le premier qui s'en eſt ſervi pour déterminer le ſort des joueurs. *Paſcal* a écrit auſſi ſur cette matiere, & M. *de Moivre* en a fait un Traité intitulé : *De Menſura ſortis*. C'étoit un Géometre François, qui avoit préféré le ſéjour de l'Angleterre à celui de la France, parcequ'il y fût mieux accueilli que dans ſa Patrie. Il étoit fort eſtimé de *Newton* ; & quoiqu'il fît un cas infini de ce grand homme, dont il étoit bien en état d'apprécier le mérite, il diſoit pourtant, qu'il auroit mieux aimé être *Moliere*, fameux Auteur comique, que *Newton* ; c'eſt-à-dire qu'il croyoit qu'il falloit avoir plus de génie pour compoſer les comédies de *Moliere*, que les ouvrages philoſophiques de *Newton*. C'eſt-là une opinion qu'on peut fort bien ne pas adopter, ſi ce n'eſt pas même une affaire de goût, plutôt qu'un jugement de la raiſon.

Quoi qu'il en ſoit, M. *de Montmort* ayant lu avec attention tout ce qu'on avoit écrit ſur les jeux de haſard, crut que le ſujet méritoit d'être approfondi. Dans cette idée, il compoſa un livre ſur ces Jeux, qui parut au commencement de ce ſiecle, ſous le titre : d'*Eſſai d'Analyſe ſur les Jeux de haſard*. Il donne dans ce Traité la ſolution de divers problêmes ſur les jeux de cartes qui étoient en uſage de ſon tems, comme le Piquet, l'Hombre, &c, &

de ceux de pur hasard, tels que le Pharaon, la Bassette, le Lansquenet & le Treize. Il détermine l'avantage & le désavantage des joueurs dans toutes les circonstances possibles de ces jeux. Il fait voir, par exemple, que si un joueur met au Pharaon 13 livres sur une carte, qui a passé trois fois, le talon n'étant plus que de douze cartes, il donne de pur don, une livre un sol & huit deniers au banquier.

Tout ceci n'est point sans quelque utilité morale ; car de même qu'il y a des jeux qui se reglent par hasard, & d'autres qui se reglent en partie par le hasard, & d'autres en partie par le joueur ; de même entre les choses de la vie il y en a dont le succès dépend entierement du hasard, & d'autres auxquelles la conduite des hommes a beaucoup de part ; de sorte que dans tous les événemens de la vie où nous pouvons prendre notre parti, notre délibération peut se réduire (comme dans les paris sur les jeux), à comparer le nombre de cas où arrivera un certain événement, au nombre de cas où il n'arrivera pas. Nous pouvons ainsi déterminer le juste dégré de nos espérances dans nos diverses entreprises, & connoître la conduite que nous devons tenir pour y trouver le plus d'avantages qu'il est possible.

Pour venir à bout de résoudre ce problême, M. *de Montmort* prescrit ces deux regles. 1°. Bornez la question que vous vous proposez, à un petit nombre de suppositions établies sur des faits certains. 2°. Faites abstraction de toutes les circonstances auxquelles la liberté pourroit avoir part.

C'est en suivant ces deux regles, que le Doc-

teur *Halley* a déterminé le dégré de la morta-
lité du genre-humain ; & le fruit qu'il retire de
la folution de ce problême, c'eft de trouver à
quel denier fe doivent régler les rentes à fond
perdu. Il réduit fon calcul à une table calculée
pour les différens âges, de cinq en cinq années, depuis un an jufqu'à foixante & dix.
D'après cette table, il fait voir qu'une perfonne âgée de dix ans, ne doit avoir que la
treizieme partie de fon fond ; qu'un homme
âgé de trente-fix ans, n'en doit avoir que la
onzieme ; & que l'intérêt de dix pour cent n'eft
dû qu'aux perfonnes âgées de quarante-trois à
quarante-quatre ans. Il va encore plus loin : il
fait voir quelle doit être la rente viagere qui
feroit fur la tête de deux ou plufieurs perfonnes de différens âges.

Un favant Géometre Hollandois (M. *Struiks*
dans fa *Géographie phyfique*), a enchéri fur
ces travaux de M. *Halley.* Par le moyen de femblables tables, il a déterminé la durée des mariages ; & il a trouvé que de cent mariages de
perfonnes entre trente-cinq & quarante ans, il
en fubfiftera encore vingt-huit au bout de vingt
ans ; il fera mort cinquante-deux hommes &
quarante-une femmes. On trouve de même par
ces tables, que fi cent hommes âgés de quarante-cinq à quarante-neuf ans, époufent cent
femmes âgées de quinze à dix-neuf ans, il ne fubfiftera que vingt-cinq mariages au bout de vingt
ans ; que fi cent hommes âgés de cinquante à
cinquante-quatre ans, époufent cent femmes
depuis vingt jufqu'à vingt-quatre ans, il n'en
fubfiftera que vingt mariages ; & enfin que fi
cent hommes de foixante ans époufent des

femmes de vingt ans, il ne subsistera que vingt-trois mariages, toujours au bout de vingt années, &c.

Mais voici quelque chose de plus étonnant. Des Anglois, par l'usage de l'Algebre, ont voulu estimer la probabilité que donne le témoignage des hommes, soit par la voie orale ou par l'écriture. On suppose que la croyance décroît à mesure qu'on s'éloigne d'un événement; c'est-à-dire que si une personne a vu une chose extraordinaire, cette personne a toute la certitude physique qu'on peut avoir. Cette personne rapporte ce qu'elle a vu à une autre; celle - ci a sans contredit une certitude de moins de l'événement, puisqu'elle ne la croit que sur le témoignage de l'autre, & qu'elle peut douter si cette personne a bien vu. De cette seconde bouche, l'événement passe à une troisieme personne, qui a deux sujets de douter. 1°. Si la premiere personne a bien vu. 2°. Si celle qui rapporte l'événement, n'altere point le récit.

En transmettant ainsi un événement de bouche en bouche, il y a lieu de présumer que la vérité du récit s'altere par le rapport de différentes personnes; de sorte que la cent-unieme personne qui apprend ainsi un événement par la voie orale, a cent dégrés de moins de certitude que celle qui l'a vu: ce qui ne forme plus, depuis cette premiere personne, que des dégrés de probabilité, qui forment une progression décroissante.

C'est ainsi qu'on trouve qu'un tradition orale qui se transmettroit dans une société d'âge en âge, en prenant vingt ans pour chaque âge, perdroit à chaque âge un douzieme de sa certitude ; de maniere qu'au bout de 480 ans elle n'auroit plus aucun dégré de certitude.

Tout ceci n'est au reste qu'hypothétique ; car le dégré de croyance ne dépend pas seulement de l'éloignement de l'évenement ; mais de la probité, de l'intégrité, & même de l'habileté ou de l'aptitude de celui qui le rapporte, sans compter l'intérêt qu'il peut avoir ou de le faire valoir, ou de le déprimer.

Ces considérations doivent entrer dans le dégré de foi que nous donnons au récit d'une personne ; & comme il n'est pas possible qu'on trouve ces qualités réunies dans plusieurs personnes & au même dégré, il est donc impossible d'établir une progression décroissante exactement conforme à la vérité.

Quoique ceci soit de la plus grande évidence, cependant M. *Craige*, Mathématicien Anglois, a voulu déterminer la fin du monde, en calculant la diminution des dégrés de la Foi sur la naissance & les miracles de *Jesus-Christ*. Fondé sur ce passage de l'Ecriture, que le monde finira lorsque la foi sera éteinte, il cherche la diminution de la validité que le tems peut apporter à un témoignage ; & il trouve que 3150 ans après la naissance de *Jesus-Christ*, il n'y aura plus de probabilité que le Fils de Dieu soit venu au monde ; d'où il conclut que le monde finira alors. C'est un jeu d'esprit qui n'est qu'ingénieux. Il est exposé dans un livre intitulé : *Theologiæ Christianæ Principia Mathematica* ; c'est-à-dire, *Principes Mathématiques de la Religion chrétienne.*

HISTOIRE
DE LA
GÉOMETRIE.

LA GEOMETRIE est la troisieme partie des Mathématiques. Elle a pour objet la mesure de toutes les Figures & de tous les Corps, quoique son nom n'annonce que la science de la mesure de la terre ou des terreins ; car ce mot *Géométrie* est composé de deux mots Grecs, dont l'un signifie la *terre*, & l'autre *mesure*. La Géometrie n'étoit en effet que cela dans sa naissance ; & quoiqu'elle s'étende aujourd'hui à tout ce qui est mesurable, comme elle est toujours appuyée sur les mêmes principes, on lui a conservé son nom.

On en attribue l'invention aux Egyptiens : mais on ignore en quel tems, & comment ils en ont fait la découverte. *Hérodote* veut que ce soit au tems de *Sesostris*. *Newton* a adopté ce sentiment. C'est une opinion fondée sur deux autorités très respectables. *Hérodote* dit que *Sesostris* voulant faire une répartition des terres de l'Egypte entre ses sujets, fit diviser tout le terrein par des canaux. Son Ministre nommé *Thot*, connu dans l'Histoire sous le nom d'*Osiris*, fut chargé de faire travailler à cette division. Il falloit que dans ce partage, chacun eût un bien suivant le droit qu'il pouvoit posseder, ou selon la volonté du Prince. La division devoit donc être relative à ces deux objets ; mais elle ne pouvoit avoir lieu qu'en divisant le terrein, & c'est cette nécessité qui donna naissance à la Géométrie.

On ne nomme point celui qui en jetta les premiers fondemens. On a bien là-dessus des conjectures vagues, des fables même, qui ne méritent point d'avoir place dans une histoire, & une histoire des Sciences exactes.

Ce qu'on sait avec certitude, c'est qu'un certain *Euphorbe*, de Phrygie, trouva la description du Triangle, & rechercha le premier les propriétés de quelques figures. On peut assurer encore que *Théodore* de Samos, l'un des Architectes du Temple d'Ephese, inventa l'Equerre & le Niveau. Il se servoit du compas & de la regle, dont on ne connoît point l'origine ; car elle remonte cette origine aux tems fabuleux. Le compas a été, dit-on, inventé par le neveu de *Dédale* ; mais on ne parle pas de celui qui a imaginé la regle.

Tout cela est si général, que les Historiens font honneur de l'invention de la Géométrie, aux Prêtres d'Egypte. Ceux de Memphis passoient pour les plus savans. Lorsque la Grece voulut secouer le joug de la barbarie dans laquelle elle étoit plongée depuis les tems les plus reculés, elle alla chercher des connoissances en Egypte. Le plus habile d'entre les Grecs en apporta les premieres notions de la Géométrie : c'est *Thalès*, l'un des sept Sages de la Grece.

640 ans avant J. C.   Ces notions étoient sans doute fort peu de chose, à en juger par les découvertes que ce

Philofophe fit lui-même, qui font très élémentaires. En effet, on lui doit d'abord la découverte de la propriété du Triangle ifocelle ; c'eft-
à-dire du Triangle qui a les deux côtés égaux,
laquelle eft d'avoir les deux angles fur la bafe
égaux. Il trouva enfuite cette vérité : fi deux
lignes droites fe coupent, les angles oppofés
par la pointe font égaux.

Il découvrit après cela plufieurs propriétés
des Triangles & du Cercle, & nommément
celles-ci fi importantes : Que les Triangles,
qui ont leurs angles égaux, ont leurs côtés proportionnels ; & pour le Cercle : Que tous les
Triangles, qui ont pour bafe le diametre du
Cercle & dont l'angle au fommet touche la circonférence, ont cet angle droit. Cette derniere
lui fit tant de plaifir, qu'il en remercia les Mu-
fes par un facrifice. L'Hiftoire nous apprend
qu'il découvrit encore d'autres vérités de cette
efpece, fans les indiquer.

Ces connoiffances étoient fans doute trop
abftraites, pour qu'on pût les accueillir. Mais
Thalès mérita l'eftime des Grecs, & même leur
admiration, par une découverte infiniment
plus aifée, parcequ'ils la comprirent : ce fut de
mefurer la hauteur des pyramides par le moyen
de leur ombre. *Diogene* de Laërce dit que ce
Philofophe choifit l'inftant où l'ombre de fon
corps étoit égal à fa hauteur ; & qu'il conclut de-
là que l'ombre de la pyramide devoit être dans
le même-tems égale à fa hauteur. La mefure de
l'ombre fut donc celle de la hauteur de la pyramide. Cela n'étoit pas bien merveilleux : cependant le Roi *Amafis*, qui vit cette opération,

la trouva admirable & lui donna les plus grands
éloges.

Thalès se fit encore connoître d'une maniere
plus avantageuse, en mesurant géométriquement la distance de quelques Navires arrêtés
loin du rivage. Il mit le comble à sa gloire,
lorsqu'il rendit guéable un fleuve pendant quelques heures, & qu'il le remit ensuite à son lit
ordinaire. (C'étoit le fleuve *Halys*, connu aujourd'hui sous le nom de *Casilrimac*.) *Thalès*
étoit alors Ingénieur dans l'armée de *Crésus*,
qui marchoit contre *Cyrus*, & cette armée,
sans son secours, auroit été arrêtée aux bords de
ce fleuve.

La réputation que ce Philosophe s'étoit acquise, lui attira un grand nombre de Disciples, parmi lesquels se trouva une Courtisanne :
c'est la fameuse *Aspasie*, qui croyoit que les
charmes les plus séduisans ne suffisoient pas
pour faire des conquêtes, & qu'il falloit y joindre des connoissances & de l'esprit, soit pour
les rendre plus nombreuses, ou pour s'en assurer la possession.

Cependant les seuls Disciples de *Thalès*, qui
s'attacherent à la Géométrie, furent *Ameriste*
& *Anaximandre*. Le premier étoit frere du
Poète *Stésichore*. On nous assure qu'il étoit savant en Géométrie ; mais on ne nous dit point
en quoi consistoit sa capacité. *Anaximandre* est
plus connu. C'étoit un Philosophe ingénieux,
qui fit dans les Mathématiques de belles découvertes. Il composa les premiers Elémens de
Géométrie qui aient paru. Son ouvrage n'existe
pas, & c'est une perte pour l'histoire de cette
Science.

Anaximandre étoit à la tête de l'école de *Mi-let*. Il eut pour successeur *Anaximenes*, qui étudia vrai-semblablement la Géométrie, quoique les Historiens de ce Philosophe ne parlent que de sa découverte des Cadrans solaires.

Cette découverte est, en effet, plus remarquable que celle qu'*Anaximenes* avoit pu faire sur les propriétés de quelques figures, telles que le Triangle, le Quarré & le Cercle. On devoit pourtant être assez avancé dans la connoissance de ces propriétés, puisque le fameux *Anaxagore*, disciple d'*Anaximenes*, passoit pour un habile Géometre, & qu'il s'occupoit de la solution du problême de la quadrature du Cercle.

Personne n'a fait plus d'honneur aux Sciences, que ce Philosophe : il les estimoit davantage que les dignités & les richesses de ce monde. Avec ces sentimens, il ne pouvoit approuver ces frivoles distinctions qui décorent ordinairement les gens en place. Cela offensa les Grands, qui ne sont tels que par leur crédit. Ils regarderent *Anaxagore* comme l'ennemi de leur autorité. Pour se venger de ce mépris, ils l'accuserent de blâmer ouvertement les loix & les coûtumes d'Athenes, & après l'avoir fait charger de fers & enfermer dans une prison, ils le condamnerent à une amende & à un exil. Ce fut dans cette prison que cet illustre persécuté travailla à résoudre le problême de la quadrature du Cercle.

Pendant qu'*Anaxagore* étudioit la Géométrie, *Pythagore* recueilloit en Egypte les lumieres que les Prêtres avoient sur cette science ; & ses dispositions naturelles secondant

590 ans
avant J. C.

merveilleufement les inftructions qu'on lui donnoit, il fut bientôt en état de contribuer à fes progrès. Il découvrit deux propofitions, qui forment la bafe de cette partie de Mathématiques. L'une eft que l'angle extérieur d'un triangle eft égal aux deux angles intérieurs oppofés, & que les trois angles font égaux à deux angles droits ; l'autre que le quarré fait fur la bafe d'un triangle rectangle eft égal aux quarrés des deux côtés pris enfemble. Tous les Hiftoriens affurent qu'il facrifia cent bœufs aux Dieux, pour les remercier de lui avoir infpiré cette connoiffance.

Ce Philofophe reconnut encore une propriété remarquable du cercle & du corps formé par la révolution de cette figure autour de fon axe, c'eft-à-dire de la fphere, c'eft que de toutes les figures de même contour, le cercle eft la plus grande, & que parmi les folides ou corps, c'eft la fphere.

Ces découvertes donnerent une fi grande idée de la fagacité de *Pythagore*, que quoiqu'il fût plus connu par fa qualité de Philofophe, que fes préceptes fur la morale, fa doctrine fur la tranfmigration des ames, fes réflexions fur la théorie de la Mufique, qu'il a en quelque forte créée, lui avoient méritée ; néanmoins on croyoit que celle de Géometre lui faifoit encore plus d'honneur.

Dans toutes les Médailles où l'on a voulu conferver l'image de ce grand homme, il eft repréfenté tantôt tenant à la main cette baguette, dont il fe fervoit à la promenade à tracer des figures géométriques fur le fable, tantôt affis devant une colonne portant une sphere sur laquelle il pose la main.

Le plus grand nombre des Disciples de *Py-thagore* voulut se rendre recommandable par le même endroit. Dans leur voyage, comme dans leur pays, ces Disciples s'occupoient de la Géométrie, & laissoient souvent sur leurs routes des marques de leur étude.

On sait qu'*Aristipe*, après avoir étudié la philosophie sous *Socrate*, voulut se perfectionner dans cette étude par la connoissance des hommes. A cette fin il quitta Athenes pour parcourir les autres Villes de la Grece. Il fit naufrage dans une de ses courses, & la tempête ayant jetté dans une Isle déserte le Navire dans lequel il étoit embarqué, tous les Voyageurs & l'équipage en prirent l'allarme. *Aristipe* moins effrayé, chercha à connoître cette Isle. En la parcourant, il apperçut sur le sable des figures de Géométrie. Transporté de joie, il s'écria : Rassurez-vous mes amis, j'apperçois des traces d'hommes : *Vestigia hominum agnosco*. Belles paroles, qui faisoient entendre que les productions de l'esprit doivent seules faire connoître les hommes. Aussi ce Philosophe mettoit les connoissances à un si haut prix, qu'un particulier fort riche lui ayant demandé quelle récompense il vouloit pour enseigner la Philosophie à son fils ; il exigea mille dragmes. Mille dragmes, répondit le particulier ! j'aurois un esclave pour cette somme. Vous en auriez deux, repliqua séchement *Aristipe* ; celui que vous acheteriez & votre fils.

Quelqu'estime que ce Philosophe fît de la Géométrie, il ne contribua point à ses progrès.

Il ne cultivoit que la morale, & il trouvoit ridicule que l'homme recherchât ce qui eſt hors de lui, & ſe négligeât lui-même. Ses Diſciples embraſſerent cette doctrine.

Diogene le Cinique, qui vint après *Ariſtipe*, fit conſiſter en cela toute la ſcience des Philoſophes. La Géométrie perdoit ainſi bien du terrein, & il fallut que les Dieux s'en mêlaſſent pour qu'elle reprît faveur. La peſte fit en Attique un ravage affreux. Les habitans affligés de ce fléau, envoyerent des Députés à Délos, pour conſulter l'Oracle ſur les moyens d'appaiſer la colere des Dieux. L'Oracle répondit qu'elle ſe calmeroit ſi l'on doubloit l'autel d'*Apollon*, qui étoit cubique.

Les Architectes trouverent la choſe fort aiſée, & les Atticiens s'eſtimerent très heureux d'en être quittes à ſi bon marché. On doubla, ſans autre examen, les côtés de l'autel, & on crut avoir ſatisfait à la demande. Mais l'autel au lieu d'être double de ce qu'il étoit, devint octuple. Les Dieux ne s'y tromperent pas; & comme on ne leur donnoit pas ce qu'ils demandoient, ils continuerent de déſoler les Atticiens par la peſte. Ce fut une grande calamité pour eux. Ces peuples s'aſſemblerent, & réſolurent d'aller conſulter de nouveau l'Oracle de Délos. Les Dieux répondirent par ſa bouche, qu'ils ne leur avoient point donné ce qu'ils avoient demandé.

Les Architectes furent très étonnés de cette réponſe; & en examinant la choſe de plus près, ils comprirent qu'ils n'avoient point réſolu en effet le problême de la duplication de l'autel. Ils avouerent même à cet égard leur incapacité,

&

& conseillerent d'implorer le secours des Géometres. On en parla à *Platon*, un des plus beaux
génies de l'antiquité. Ce Philosophe ne put résoudre le problême, quoiqu'il cultivât la Géométrie avec le plus heureux succès, & qu'il en
fît tant de cas, qu'il refusoit dans l'Ecole ou
l'Académie qu'il avoit fondée, tous ceux qui
ignoroient la Géométrie.

350 ans
avant J. C.

On sait que *Platon* est le premier qui a donné le nom d'*Académie*, à une Ecole de Philosophie ; parceque celui qui lui avoit laissé le
lieu où il tenoit son Ecole, s'appelloit *Academus*. Ce lieu étoit une espece de parc situé aux
portes d'Athenes. Il étoit orné de fontaines,
de cabinets de verdure, & de toutes sortes
d'arbres. Au-dessus de la porte on lisoit cette
Inscription : *Que ceux qui ignorent la Géométrie
n'entrent point ici.* C'est là que *Platon* changea la
face de la Géométrie, & la mit en considération.

Il inventa d'abord l'Analyse, c'est-à-dire une
méthode d'invention. Elle consiste à regarder
pour vrai, ce qui est en question, ou pour résolu, ce qu'on se propose de résoudre, & à tirer
de-là une suite de conséquences ; de façon que
de conséquences en conséquences on parvienne
à une fausseté ou à une vérité évidente pour un
théoreme ou une proposition dont on cherche
la vérité, ou à une chose possible ou impossible
à exécuter, s'il s'agit d'un problême.

Platon fit encore d'autres découvertes sur la
Géométrie, qui n'ont point été spécifiées
dans l'histoire de ce Philosophe. Mais le
plus grand avantage qu'il ait procuré à cette
science ; c'est d'avoir enflammé tous ses Disciples de son amour. Il ne cessoit de leur en re-

E

commander l'étude ; & dans la chaleur de ſes exhortations à cet égard, il diſoit que Dieu étoit un Géometre éternel, & qu'il *géométriſoit* ſans ceſſe.

Cependant le problême de la duplication du cube n'étoit point réſolu : *Platon* l'avoit même abandonné, & ſes Diſciples avoient ſuivi ſon exemple. A leur défaut, un Commerçant que le haſard fit Géometre, voulut s'y eſſayer, & fut aſſez heureux que d'en venir à bout : il ſe nommoit *Hyppocrate*. Il trafiquoit ſur mer, & il le faiſoit ſans ſuccès comme ſans induſtrie. Perſonne n'étoit moins propre que lui aux affaires : auſſi les perſonnes qui ne font cas que des biens, le regardoient comme un imbécille ; mais cet imbécille qui n'avoit nul talent pour amaſſer des richeſſes, avoit une grande ouverture d'eſprit pour les Sciences exactes : c'eſt ce que les haſard lui fit connoître.

Un jour la curioſité l'ayant conduit dans une Ecole de Philoſophie, il entendit les leçons de Géométrie qu'on y donnoit. Il ſaiſit les vérités qu'on y démontroit, & fut ſurpris de leur évidence. Son imagination s'échauffa : il entra dans un tel enthouſiaſme, qu'il réſolut d'abandonner abſolument le commerce & les affaires, pour ne s'occuper que de cet objet. Il entendit bientôt tout ce qu'on avoit découvert juſques-là, & il ſe trouva ainſi en état d'aller plus loin.

La premiere découverte qu'il fit, fut un moyen de doubler le cube par deux proportionnelles entre deux lignes données ; car le cube décrit ſur la premiere proportionnelle a même raiſon à celui qu'on décriroit ſur la ſeconde, que la premiere ligne à la quatrieme.

Enhardi par ce succès, il voulut résoudre le problême de la quadrature du cercle. Il échoua dans ce projet, mais ce ne fut pas sans fruit. Dans cette recherche, il découvrit que deux lunulles formées par deux arcs de cercle, & décrites en quelque forte fur les côtés d'un triangle qui forment l'angle droit, font égales à un triangle ; de façon qu'il détermina l'aire de deux figures terminées par deux portions de cercle. De toutes fes études, il forma un Traité de Géométrie, qu'il publia fous le titre d'*Elémens de Géométrie* : ouvrage qui n'eft point parvenu jufqu'à nous.

Ces travaux mirent la Géométrie en vigueur. Tous les Philofophes s'en occuperent ; & un des plus célebres d'entr'eux (*Démocrite*), quoiqu'affez fage pour regarder le plus grand nombre des démarches des hommes comme des actes de folie, fut touché des beautés de cette fcience.

Il crut devoir s'y appliquer particulierement, parcequ'il comprit que cette étude, ne conduifant qu'à des vérités, méritoit de fixer principalement l'attention d'un être raifonnable. Afin de ne rien négliger à cet égard, il alla dans les Pays où les fciences étoient le plus cultivées. Ses voyages le retinrent long tems hors de fa Patrie. Pendant ce tems-là fon patrimoine dépérit, & quoiqu'il n'y eût que lui qui dût fouffrir de cette heureufe négligence, on lui en fit un crime.

Les perfonnes bornées & puiffantes trouverent mauvais qu'il n'eût apporté de fes courfes que des inftructions ou des vérités dont elles ne connoiffoient pas le prix. Elles le citerent devant les Juges, pour avoir diffipé fon bien en des voyages inutiles & entrepris par une vaine curiofité. *Démocrite* comparut devant le Sénat d'Abdere, fa patrie ; & au lieu de répondre à cette ridicule accufation, il lut un Traité qu'il venoit de finir. Les Juges l'écouterent avec attention, & le trouverent fi beau, qu'ils frapperent des mains & le comblerent d'éloges.

Ce fut pour lui un grand triomphe ; mais bien loin d'en faire parade, ce Philofophe ne fongea qu'à s'écarter du commerce des hommes où il y avoit tant de rifques à courir, & réfolut de vivre déformais dans le recueillement & dans la retraite. Il chercha un endroit retiré où l'on ne fût point tenté de le venir voir. Son choix tomba fur un fépulcre. Il jugea avec raifon que perfonne ne s'aviferoit de le vifiter dans un lieu fi trifte & uniquement deftiné aux morts. C'eft-là que livré à la méditation la plus profonde, il écrivit fur l'attouchement du cercle & de la fphere, fur les lignes irrationnelles, & fur les folides.

Peu de tems après, un Géometre nommé *Eudoxe* imagina de nouvelles efpeces de rapports ; chercha à perfectionner la théorie des courbes formées par la fection d'un cone, & appellées fections coniques, & tenta la folution du problême de la duplication du cube par l'invention de certaines courbes. C'étoit un Géometre très laborieux. Son zele fut d'un merveilleux exemple : il valut à la Géométrie deux freres qui cultiverent cette fcience avec fuccès : ils fe nomment *Menechme* & *Dinoftrate*.

Le premier augmenta beaucoup la théorie des fections coniques, & le fecond inventa une courbe, qu'il appella *quadratrice*, pour tâcher de divifer un angle en raifon donnée. Cette courbe eft décrite avec une autre autour du même axe. Sa propriété eft que fa demi-largeur étant connue, on fait en même-tems l'aire & la portion de l'autre courbe qui y répond.

On prétend que dans le même-tems, un Géometre nommé *Leon*, trouva la maniere de diftinguer les problêmes folubles de ceux qui ne le font pas.

On perfectionnoit ainfi la Géométrie, & on ne fongeoit pas à mettre en ordre les vérités qu'on y découvroit. Chacun faifoit des découvertes qui dépendoient les unes des autres, fans s'appercevoir de leur liaifon ou de leur dépendance. C'étoient des matériaux épars d'un édifice qu'il étoit tems de conftruire.

Un habile homme bien intentionné pour les progrès des fciences & pour le bonheur du genre-humain, fi connu fous le nom d'*Euclide*, entreprit ce travail. Il recueillit toutes les découvertes qu'on avoit faites, les enchaîna les unes aux autres fuivant leur progrès naturel, & y ajouta plufieurs propofitions nouvelles qui forment le cinquieme livre de fes *Elémens* : c'eft le titre qu'il donna à cette collection.

300 ans avant J. C.

Ces propofitions contiennent une doctrine univerfelle fur la maniere d'argumenter par proportions. L'accueil qu'on lui fit furpaffa même les efpérances d'*Euclide*. Tout le monde fut enchanté de l'évidence des vérités géométriques & de leur enchaînement.

La Géométrie acquit par-là tant de faveur, que tous les gens biens nés fe piquoient de la favoir. Le Roi *Ptolemée* voulut lui-même montrer l'exemple. Il lut les *Elémens d'Euclide* avec le plus grand foin ; mais peu accoûtumé à fuivre un long raifonnement, il en trouva la lecture trop difficile. Il fit venir ce Géometre, & lui demanda s'il n'y avoit point de voie plus aifée d'apprendre cette fcience. Non, répondit *Euclide*, il n'y en a point de particuliere pour les Rois : *Non eft regia ad Mathematicam via.*

Cependant cet homme eftimable n'avoit traité que fort legerement de la théorie des corps réguliers, de façon que fes Elémens ne contenoient que treize livres. Un Géometre d'Alexandrie nommé *Hypficle*, en ajouta deux autres pour approfondir ou perfectionner cette théorie. Ces livres ont été fuivis d'un feizieme & d'un dix-feptieme (en 1598), dans lefquels la théorie de ces corps, & de leur rapport en-tr'eux, eft prefque épuifée. Ils font l'ouvrage de *M. de Foix de Candalle*, l'un des Commentateurs d'*Euclide*.

Les nouveaux Elémens paroiffoient à peine, qu'*Ariftée*, difciple d'*Euclide*, compofa deux Traités fort favans. L'un, divifé en cinq livres, contenoit la théorie des Sections coniques : il s'agiffoit dans le fecond des *lieux folides*. On appelle ainfi des lignes qu'on imagine fe former par la fection d'un plan. Ainfi cet homme juftement célebre dans l'antiquité, jetta les fondemens de la Géométrie compofée, c'eft-à-dire de la fcience des lignes courbes, & des corps qu'elles produifent.

La Géométrie commença ainfi à prendre une forme ; mais elle fit des progrès bien plus rapides à la naiffance d'*Archimede*. Ce grand homme, qui étoit fi paffionné pour les fciences,

287 ans avant J. C.

qu'il oublioit dans ses méditations le soin de veiller à la conservation de son corps , fit une étude particuliere de la Géométrie , & l'enrichit de plusieurs belles découvertes. Il trouva d'abord la maniere de mesurer la surface & la solidité de la sphere & du cilindre, soit que ces corps soient entiers , ou qu'on les conçoive coupés par des plans paralleles à leur axe.

Il découvrit ensuite cette importante vérité , que la sphere est les deux tiers tant en surface qu'en solidité du cilindre circonscrit.

Il alla bientôt plus loin : il démontra que la surface de chaque segment cilindrique compris entre des plans perpendiculaires à l'axe , est égale à celle du segment sphérique qui lui répond. Toujours profond & ingénieux dans ses recherches , il trouva encore que tout cercle & tout secteur circulaire est égal à un triangle dont la base est la circonférence ou l'arc du secteur , & la hauteur le rayon.

Cette découverte le conduisit à celle-ci : que le rayon du cercle étant l'unité, la circonférence est moindre que $3\frac{10}{70}$, & plus grande que $3\frac{10}{71}$; de sorte que le diametre est trois fois $\frac{1}{7}$ la circonférence du cercle ; c'est-à-dire qu'il est à la circonférence comme 7 à 22. Le raisonnement qu'il fit pour trouver ces vérités , est si beau , que je crois devoir en enrichir cette histoire.

Un polygone , dit *Archimede* , est égal à un triangle dont la base est égale à la somme des côtés du polygone , & la hauteur à la perpendiculaire abaissée du centre du polygone sur un de ses côtés. Or le rayon d'un cercle étant

la perpendiculaire abbaissée sur un des côtés
d'un polygone, qui a pour centre l'autre extrémité de cette perpendiculaire, l'aire d'un triangle, dont la hauteur sera égale à cette ligne,
sera égale à celle de ce polygone.

Cela posé, ce grand homme décrit un cercle ayant cette ligne pour rayon ; inscrit & circonscrit deux polygones à ce cercle, & conclut,
avec raison, que le poligone circonscrit est plus
grand que le cercle, & que le polygone inscrit
est moindre. L'un de ces polygones est aussi plus
grand que le triangle, & l'autre plus petit que ce
même triangle : & cette raison des deux polygones au triangle est toujours moindre, à mesure
qu'on augmente les côtés des polygones inscrit
& circonscrit, jusqu'à ce que leur différence de-
vienne presque nulle : de sorte que l'aire du polygone circonscrit ne peut surpasser celle du
triangle que d'une quantité plus petite qu'aucune autre quantité, & que l'aire du triangle
n'excede celle du poligone inscrit que de la même quantité.

La même vérité a lieu à l'égard du cercle,
l'aire de ces polygones approchant toujours de
l'aire du cercle. Donc le cercle & le triangle
sont constamment les limites entre ces poligones : ils sont donc égaux. De-là il suit que
l'aire d'un triangle, qui a sa base égale à la
circonférence d'un cercle, & sa hauteur égale à
son rayon, est égale à celle de ce cercle (*].

Telle fut la méthode dont *Archimede* se servit pour mesurer les figures curvilignes, en les
comparant avec d'autres figures plus simples :

____

(*) *Histoire critique des infiniment petits*, pag. **xiv.**

méthode très ingénieuse & supérieure même pour la vigueur du raisonnement, aux moyens qu'on a imaginés depuis à cette fin.

Après avoir ainsi formé une théorie générale des lignes courbes, ce profond Géometre travailla à celle des solides engendrés par la révolution des courbes qui naissent des sections du cône, & il appella ces solides *conoïdes*. Comme il rédigeoit le Traité qu'il a publié sur ces corps, un de ses amis nommé *Conon* lui demanda quelles pouvoient être les propriétés d'une courbe qui fait plusieurs tours autour d'elle & au tour du point où elle commence. C'est la spirale que *Conon* désignoit par-là. *Archimede* rechercha la nature de cette courbe & ses propriétés, & les découvrit. Il crut d'abord qu'elle serviroit à connoître l'aire du cercle; mais il se trompa. Cette idée lui fit pourtant faire une découverte importante. Ce fut de déterminer l'aire d'une courbe formée par une section conique, & connue aujourd'hui sous le nom de *Parabole*.

Tandis qu'*Archimede* produisoit toutes ces merveilles à Syracuse, *Eratostene* se rendoit célebre en Egypte par l'étendue & la variété de ses connoissances. Il étoit Orateur, Poète, Antiquaire, Mathématicien & Philosophe. En qualité de Mathématicien, il fit des découvertes singulieres en Géométrie. Il trouva d'abord une méthode pour connoître les Nombres premiers, c'est-à-dire les Nombres qui n'ont point de commune mesure entr'eux, laquelle consiste à donner l'exclusion aux Nombres qui n'ont point cette propriété. Elle fut nommée le *Crible d'Eratostene*.

240 ans avant Jesus-Christ.

Cet habile homme composa ensuite un Traité pour perfectionner l'analyse , qu'il publia sous ce titre : *De locis ad medietates*. Enfin il résolut le problême de la duplication du cube, par l'invention d'un instrument composé de plusieurs planchettes mobiles. Avec cet instrument il ne trouva pas seulement deux moyennes proportionnelles , comme l'exige le problême de la duplication du cube , mais autant de moyennes proportionnelles qu'il voulut. Cette découverte le flatta si fort , qu'il la célebra par de beaux vers. Il en fit hommage au Roi par une dédicace, & en suspendit un modele dans un lieu public. Cette invention n'étoit pas cependant aussi parfaite qu'il le croyoit, car le Géometre *Nicomede*, qui vécut quelque tems après, fit voir qu'elle avoit deux défauts essentiels : le premier, d'exiger un tatonnement, & le second , de manquer d'exactitude.

Eratostene ne vit point tout cela. Le Roi qui l'avoit nommé son Bibliothéquaire, en fit toujours un cas infini. Ce Géometre jouit de sa protection & de son estime jusqu'à l'âge de quatre-vingts ans, qu'il mourut. La maniere dont il finit, mérite d'être rapportée. Dégoûté de la vie par les infirmités auxquelles il étoit en proie, il crut qu'il étoit tems de quitter ce monde. Il voulut s'épargner tous ces détails de dépérissement qui conduisent à la mort. Il parvint à ce terme plus promptement : ce fut en se laissant mourir de faim , imitant en cela le fameux *Zénon*, qui , étant vieux & infirme, se cassa le doigt par une chûte. Ce fut pour lui un indice qu'il falloit mourir. O mort ! dit-il , je suis prêt à te suivre , tu pouvois te difpenfer de m'en avertir. Il rentra auffi-tôt chez lui & s'empoifonna.

Eratoftene eut pour fucceffeur un homme très grand Géometre, Ecrivain laborieux, mais préfomptueux & vain à l'excès. Il fe nommoit *Appollonius*. Il étoit né à Perge en Pamphylie. Son premier foin fut de raffembler tout ce qu'on avoit écrit jufques-là fur les fections coniques; & après y avoir ajouté quelques découvertes, il en compofa un Traité. Il donna auffi à ces courbes le nom qu'elles ont aujourd'hui, favoir celui de *Parabole*, d'*Ellipfe* & d'*Hyperbole*. Dans cet Ouvrage, ce Géometre, furnommé *Grand* par fes Contemporains, examina quelles font les plus grandes & les moindres lignes qu'on peut tirer de chaque point donné à leur circonférence, & ébaucha les queftions importantes des plus grandes & des moindres, c'eft-à-dire, *de maximis & minimis*. Enfin *Appollonius* termina fes travaux géométriques par la comparaifon de l'icofaedre, & du dodecaetre infcrits dans la même fphere, & ajouta beaucoup à ce que fes Prédéceffeurs avoient découvert avant lui fur la Géométrie.

Ces travaux furent pour la Géométrie compofée, ce que les Elémens d'*Euclide* étoient pour la Géométrie élémentaire. On traduifit & on commenta par-tout le nouveau traité des fections coniques, & il paffa pour un des Ouvrages les plus profonds que l'efprit humain eût produits.

Tout cela donna beaucoup d'ouverture pour la fcience des courbes. Tous les Géometres s'étudierent à ajouter de nouvelles courbes aux trois fections coniques. *Appollonius* avoit à

200 ans avant Jefus-Chrift.

peine fini fa carriere, qu'un Géometre nommé *Nicomede* inventa une courbe, qu'il appella *Conchoïde*, dont il fe fervit pour réfoudre le problême de la duplication du cube. Cette courbe n'eft en ufage aujourd'hui que pour la folution des problêmes folides ; mais elle eft fort utile pour tracer d'un feul trait la ligne de diminution d'une colonne dans l'Architecture, comme l'a fort bien remarqué feu M. *Blondel*, Profeffeur de Mathématiques.

Bien-tôt après un Ingénieur, qui s'appelloit *Diocles*, inventa une autre courbe, connue fous le nom de *Ciffoide*, laquelle a plufieurs belles propriétés (*). C'eft en cherchant deux moyennes proportionnelles entre deux lignes données, qu'il en fit la découverte. Il vouloit s'en fervir pour divifer un angle en trois, mais le fuccès ne répondit point à fes efpérances.

Cet Ingénieur ttouva encore la folution d'un problême très difficile, & qu'*Archimede* avoit tenté : ce fut de divifer une fphere par un plan en raifon donnée. Il employa dans cette folution une analyfe favante & fubtile, qui donne une grande idée de fa capacité en Géométrie.

Au milieu de ces découvertes, deux hommes de mérite travailloient à bien mériter des Géometres par leur dévouement à la fcience de leur profeffion. *Ifidore*, c'eft le nom du premier, réfolut le problême de la duplication du cube, & inventa un inftrument pour décrire la Parabole par un mouvement continu. Le fe-

(*) Elles font expofées dans le *Dictionnaire univerfel de Mathématique & de Phyfique*. art. *Ciffoide*.

tond , nommé *Eutocius* , commenta les Ouvrages d'*Archimede* & d'*Appollonius*.

Ce furent ici prefque les derniers efforts des
Géometres de l'antiquité. On crut être parvenu
au terme le plus élevé & le plus fublime de
cette fcience , & cette penfée produifit le dé-
couragement.

Plufieurs années s'écoulerent fans qu'on fongeât à redoubler d'ardeur & de courage. La
Géométrie étoit prefque abandonnée , lorfque
Geminus , Mathématicien de Rhodes , peu de
tems avant la naiffance de Jefus-Chrift , fongea
à ranimer les efprits. Il compofa un Ouvrage
divifé en fix livres , intitulé , *Enarrationes Geometricæ* , dans lequel il expofa d'une maniere
fort claire les découvertes les plus importantes.
Il diftingua les lignes en trois fortes , en droite,
en circulaire , & en fpirale cylindrique ; enfeigna la génération de la Conchoïde & de la
Ciffoïde , & démontra plus clairement que
Thalès la cinquieme propofition des Eléments
d'*Euclide* , dont j'ai parlé ci-devant.

Geminus auroit bien fouhaité pouvoir faire
davantage ; mais les Romains ayant formé le
projet de fe rendre maîtres de l'Univers , ne
crurent devoir accueillir que ceux qui avoient
de la force & du courage. Ce n'étoit pas de
cela que fe piquoient les Philofophes : auffi les
écarta-t-on de Rome comme des gens inutiles
& dangereux. On rendit même un decret , qui
portoit qu'ils euffent à fortir inceffamment de
cette Ville.

Le but des Romains étant de fubjuguer les
hommes par la force , ils mettoient les fciences
au rang des amufemens frivoles , plus propres

à amollir le cœur qu'à élever l'ame & à lui inspirer des sentimens d'indépendance & de liberté. Ces sentimens leur paroissoient seuls capables de faire des hommes, quoiqu'ils étoufassent ceux de la nature. Pour être Citoyen on cessoit d'être pere, mari ou ami, & on sacrifioit sans pudeur à la patrie, l'attachement le plus tendre & l'amitié la mieux méritée. Les personnes éclairées gémissoient bien de cet aveuglement, mais on ne les écoutoit pas. On vouloit absolument qu'on ne s'attachât qu'à obéir aux loix, à respecter les Magistrats, & à s'accoûtumer de bonne heure aux travaux de la guerre. Ce ne pouvoit être qu'une obéissance aveugle & un respect servile, & des Citoyens ainsi formés étoient bien moins des hommes que des esclaves. Quoi qu'il en soit, il fallut ceder à la force. Quelques Géometres voulurent bien faire un dernier effort, mais ils ne purent gagner les esprits. Ces Géometres sont *Theodose*, *Menelaus*, *Serenus*, *Perseus* & *Philon*.

30 ans
après J. C.

Pour faire connoître les beautés les plus sublimes de la Géométrie, *Théodose* fit pour la science des courbes, ce qu'*Euclide* avoit fait pour celle des figures terminées par des lignes droites. Il rassembla en un corps toutes les propositions qu'on avoit découvertes jusques-là sur cette science des courbes, & établit des principes géométriques pour les calculs astronomiques. Il composa deux autres Traités, pour démontrer les phénomenes que doivent appercevoir les habitans de différens lieux de la Terre, & les publia sous ce titre : *De habitationibus, & de diebus & noctibus.*

Ménélaus compofa le premier Traité de Trigonométrie, qui eſt l'art de calculer les triangles par le rapport qu'il y a entre leurs parties. Il approfondit auſſi la théorie des lignes courbes.

Dans le cours du fiecle fuivant, *Serenus* publia un Traité fur les ſections des Cilindres & des Cones, dans lequel il fit voir, contre l'opinion reçue, que l'Ellipſe formée par la ſection du cône, eſt la même que celle qui provient de la ſection du cilindre, & il perfectionna ou éclaircit également toute la théorie des ſections coniques.

On croit que c'eſt dans ce tems-là que *Perſeus* inventa des lignes fphériques, c'eſt à-dire des courbes qui fe forment en coupant le folide engendré par la circonrotation d'un cercle autour d'une corde ou d'une tangente.

Enfin *Philon*, de Thyane, s'attacha particulierement à perfectionner la théorie des lignes courbes, & imagina de nouvelles courbes formées par la révolution de certaines furfaces.

Les Romains, qui devenoient tous les jours plus puiſſans, ne firent point accueil à ces productions. Les Philoſophes leur étoient toujours fuſpects. Ils croyoient que leurs loix fuffifoient pour faire des hommes. Elles fervirent bien pendant quelque tems à écarter la fuperftition qu'entraîne toujours l'ignorance, & qui eſt le plus grand fléau d'un Etat ; mais lorſque cette ignorance eut pris des accroiſſemens, ces hommes fi fiers & fi grands en apparence devinrent très puſillanimes & extrêmement petits. On crut à la magie & aux fortileges. On fit des

100 ans après J. C.

200.

Dieux pour tous les maux réels ou imaginaires
dont on étoit affligé , & cette forte de promo-
tion de Divinités fut fi nombreufe , qu'il n'y
avoit aucun lieu dans Rome qui ne fût confacré
à quelque Dieu , ni aucun jour qui ne fût célé-
bré par quelque facrifice.

Toutes fortes de maux naquirent de ce dé-
réglement ; de forte qu'*Agrippa* , gendre d'*Augufte* , & Gouverneur de Rome , crut devoir
défendre la pratique de ces cérémonies dans
Rome.

Tibere alla enfuite plus loin : il chaffa de
l'Italie tous ceux qui ne vouloient pas y re-
noncer. Les fuperftitieux regarderent ces Or-
donnances contr'eux comme des perfécutions ;
& perfuadés qu'il valoit mieux obéir aux Dieux
qu'aux hommes, ils continuerent en fecret le
culte qu'ils leur rendoient. C'eft un mauvais
parti en effet que celui de perfécuter quelqu'un en matiere de Religion : il faut l'éclairer , lui faire connoître fon erreur , & le ramener par la douceur & par la raifon à la vérité &
à fon devoir. Les Philofophes pouvoient feuls
produire cette converfion , mais les Empereurs Romains n'en favoient pas affez pour
fentir le prix des lumieres & du favoir.

Plufieurs fiecles s'écoulerent dans cet aveuglement général ; & ce ne fut qu'au commencement du quinzieme fiecle que les fciences reprirent faveur. C'eft auffi dans ce tems qu'on
recommença à cultiver la Géométrie. Deux
hommes de génie formerent enfemble une forte
de ligue pour remettre les Mathématiques en
crédit. Le premier fe nommoit *Purbach*. Il s'attacha à rendre plus exacts les calculs de la Trigonométrie ,

1400 ans
après J. C.

nométrie, en supposant le rayon du cercle divisé en six cens milliemes parties, au lieu de le diviser en soixante comme le faisoient les anciens. Il inventa aussi un instrument pour faciliter la pratique de la Géométrie, qu'il appella *Quarré Géométrique*, parcequ'il a la forme d'un quarré, lequel sert à mesurer les superficies horizontale & verticale, & employa le premier un fil à plomb pour marquer les divisions d'un instrument de Mathématique.

Son adjoint, & presque son disciple, connu sous le nom de *Régiomontan*, examina la division du rayon par *Purbach*, & la trouva insuffisante. Il substitua à la division de six cens mille parties du rayon du cercle, celle de 1000000 ; & d'après cette division, il calcula de nouvelles tables pour tous les dégrés & minutes du quart de cercle. Il introduisit encore dans la Géométrie l'usage des tangentes, & perfectionna ainsi cette partie de la Géométrie.

On ne fit pas grand accueil à ces travaux, & le quizieme siecle finit sans qu'on cherchât à imiter ou à suivre les traces de *Purbach* & de *Régiomontan*. Il fallut même que la nature fît en quelque sorte un miracle pour produire un Mathématicien.

Un homme d'une naissance obscure, & ne subsistant que par ses travaux, avoit un enfant qu'il mit fort jeune au service en qualité de soldat. Cet enfant eut le malheur d'être blessé dans ses premieres campagnes. Ce fut sur-tout à la tête que les coups porterent, & les blessures qu'il reçut le rendireut begue. Il fut par-là hors d'état de continuer le service. Il songea à acquérir quelque connoissance qui pût le faire

1460.

1500.

F

vivre. Il apprit à lire tout feul, & reçut d'un maître à écrire des leçons d'écriture. Son génie fe développant à mesure qu'il fe mettoit à portée de s'inftruire, il prit du goût pour les Mathématiques. Les progrès qu'il fit l'encouragerent ; & l'efpérance de fe procurer par ce moyen une fortune honnête, alluma fon ardeur. Il étudia particulierement l'Algebre, comme on l'a vu dans l'Hiftoire de cette partie des Mathématiques, & découvrit dans la Géométrie quelques artifices pour la pratique de cette fcience, parmi lefquelles on diftingue celle de mefurer l'aire d'un triangle par la feule connoiffance des trois côtés. Son mérite lui concilia la confidération & l'eftime du petit nombre d'Amateurs des Sciences, lefquels lui procurerent une chaire de Mathématiques à Venife. On ignore le véritable nom de cet homme de génie : il n'eft connu que fous celui de *Tartalea*, qu'on lui donna lorfqu'il devint bégue.

1550.

Tartalea eut encore la fatisfaction de ranimer l'étude de la Géométrie. Excité par fon exemple & fes fuccès, un Médecin, nommé *Frédéric Commandin*, préféra l'art de mefurer, à celui de guérir. Il traduifit les ouvrages des Anciens, & détermina les centres de gravité des folides. Ce Médecin mourut en 1575. Il eut pour fucceffeur *Maurolicus*, de Meffine, qui donna des éditions de plufieurs ouvrages de Géométrie de l'antiquité, & fit encore quelques découvertes fur les fections coniques. Il confidera ces courbes dans le cône même où elles font formées, & démontra plufieurs belles propriétés, comme celles des tangentes & des affymptotes pour l'hyperbole, & cela avec une élégance qui charma tous les Géometres de ce tems.

La Géométrie gagna ainſi bien du terrein. Les ſciences étant de jour en jour plus protégées, les Mathématiques acquirent beaucoup de conſidération. Une diſpute qui s'éleva entre deux Géometres, parut même ſi importante, que tous les Savans voulurent y prendre part. Il s'agiſſoit de l'angle de contingence, c'eſt-à-dire de l'angle formé par la tangente du cercle & par la circonférence. *Jacques Pelletier* ſoutenoit que cet angle n'eſt point différent d'un angle rectiligne. Le P. *Clavius*, ſon adverſaire, vouloit, au contraire, que cet angle fût d'une autre eſpece que l'angle rectiligne, & par conſéquent que ces deux angles ne pouvoient pas plus être comparés enſemble, qu'une ligne peut l'être avec une ſurface, ou une ſurface avec un corps. La queſtion ne fut point décidée, & elle ne l'a été que le ſiecle ſuivant, après quelques conteſtations aſſez vives entre deux Géometres habiles, les PP. *Leotaud* & *Grégoire de Saint-Vincent.*

1560.

Il eſt prouvé aujourd'hui (& c'eſt au célebre *Wallis*, dont nous aurons occaſion de parler dans la ſuite de cette hiſtoire de la Géométrie, qu'on doit cette connoiſſance), il eſt prouvé, dis-je, que l'angle de contingence eſt un angle rectiligne, parceque la partie infiniment petite de la circonférence qui forme un angle avec la tangente, eſt une ligne droite. *Pelletier* avoit donc raiſon.

Quelques Amateurs de la Géométrie, plutôt que des Géometres véritables, recommanderent l'étude de cette ſcience à tous ceux qui vouloient acquérir la justesse d'esprit. Ce furent *Oronce Finée*, Auteur de quelques Ouvrages élémentaires, & *Pierre Ramus*, le premier restaurateur de la Philosophie (*), qui mirent en crédit la théorie de la Géométrie.

M. *de Candale*, Archevêque de Bordeaux, donna quelques éditions des Elémens *d'Euclide*, & augmenta ces Elémens de trois livres sur les corps réguliers & sur des corps régulierement irréguliers. Mais *Viete*, qui cultivoit l'Algebre avec tant de succès, enrichit cette science de formules analytiques, pour trouver le rapport des Sinus des arcs multiples ou sous multiples, & construisit sur ce principe des tables trigonometriques.

Il parut à la fin de ce siecle un Mathématicien habile, qui imagina une division très ingénieuse, par le moyen de laquelle on a les sous-divisions des divisions principales ; de façon qu'on a aisément & avec exactitude les dégrés & les minutes. Cette division est connue sous le nom de *Division de Nonius*, qui est celui de l'Auteur.

Ce Géometre résolut encore un problême très difficile, c'est de déterminer le jour du plus petit crépuscule. Il rechercha encore la courbe que décrit un vaisseau en suivant une route qui coupe tous les méridiens sous un même angle, c'est à-dire la nature de la *Loxodromie*, qui est le nom qu'on a donné à cette courbe. *Nonius* étoit Portugais ; & on peut le regarder comme le restaurateur des Mathématiques dans sa Pa-

(*) Voyez l'Histoire de ce Philosophe, dans le Tome III de l'*Histoire des Philosophes modernes*.

trie, où il n'oublia rien pour les faire fleurir.

Au commencement du dix-septieme siecle, les Géometres crurent qu'il étoit important de déterminer le plus exactement qu'il seroit possible le rapport du diametre du cercle à la circonférence. L'un d'eux, nommé *Adrien Metius*, détermina ce rapport de 113 à 35, lequel ne differe du vrai rapport que de $\frac{3}{10000000}$. *Adrien Romanus* poussa jusqu'à dix sept décimales, le rapport approché du diametre du cercle à la circonférence. *Ludolph Vanceulen*, jaloux de parvenir à un extrême dégré de justesse, exprima ce rapport en trente-six chiffres, de sorte que l'erreur qu'il y a entre le vrai rapport du cercle & celui qu'il trouve, est moindre qu'une fraction dont l'unité seroit le numérateur & le dénominateur un nombre de trente-six chiffres. Ce travail est sans doute étonnant, car il fallut qu'il fit des extractions jusqu'à ce qu'il trouvât dans la circonférence du cercle trente-six chiffres. Aussi pour en conserver la mémoire à la postérité, & pour caractériser cet homme laborieux, on a fait graver ces chiffres sur sa tombe, qu'on voit à Leyde à l'Eglise de Saint Pierre : monument glorieux, bien capable d'exciter de l'émulation dans toutes les ames bien nées, que la perfection des sciences touche particulierement.

Cette sorte de tribut qu'on paya au travail de *Vanceulen* ne fut pas sans fruit. Il fit naître plusieurs Géometres en Allemagne, qui, sans cet aiguillon, auroient peut-être négligé les dispositions heureuses qu'ils avoient reçues de la nature. Car rien n'encourage davantage que la justice qu'on rend au mérite. Comme tous les gens d'esprit sont épris de l'amour de la gloire, ainsi que les ames basses le sont de l'intérêt, leur imagination s'allume à la vue des louanges, & ils sont alors capables des plus grandes choses.

Les Allemands ayant presque sous les yeux cette sorte de monument qu'on avoit élevé à *Vanceulen*, cultiverent avec ardeur la Géométrie. D'abord *Jean Werner* donna la solution du problême proposé par *Archimede*, & sur lequel plusieurs Géometres s'étoient exercés. Il s'agissoit de diviser une sphere par un plan en raison donnée. Il voulut ensuite rétablir l'ouvrage d'*Apollonius*, intitulé : *De sectione rationis*. Il composa à cet effet un livre savant, qu'il publia sous ce titre : *Tractatus Analyticus, Euclidis datorum pedisequus* ; parceque l'ouvrage d'*Apollonius* vient immédiatement après les données d'*Euclide* ; & après avoir écrit sur la Trigonometrie, il mourut en 1528, âgé de 60 ans.

Rheticus, successeur de *Werner*, s'attacha à perfectionner aussi cette partie des Mathématiques. A cette fin il decouvrit l'utilité des sécantes pour le calcul des triangles, & fit des tables de *sinus* (*), plus exactes que celles qu'on avoit. Il exprima le sinus total par le nombre 1 suivi de quinze zeros, & calcula sur ce fondement les sinus, tangentes & sécantes pour tous

---

(*) On appelle *sinus* la ligne droite tirée des extrémités d'un arc perpendiculaire sur le diametre. On se sert de ces lignes en Trigonometrie, pour connoître dans un triangle le rapport des angles à ses côtés, & celui de ses côtés aux angles ; parceque dans tout triangle rectiligne, les côtés sont entr'eux comme les sinus des angles opposés.

les arcs croiſſans de minute en minute juſqu'au quart de cercle.

Rheticus ne jouit pas du fruit de ſon travail ; il mourut ſans avoir eu le tems d'achever ſon ouvrage & de le mettre au jour. En attendant que quelqu'habile homme le finît, un conſtructeur d'inſtrumens de Mathématiques, nommé *Juſte Byrge*, que la nature avoit formé pour de plus grandes choſes, alla encore plus loin que *Rheticus*. Il calcula des Tables de ſinus de deux en deux ſecondes. Ce travail mettant en jeu les facultés de ſon entendement, il fit deux découvertes très belles, ſavoir les Logarithmes & le Compas de proportion. On appelle *Logarithme* une ſuite de nombres en proportion arithmétique, correſpondans à d'autres en proportion géométrique ; & le *Compas de proportion* eſt une eſpece de compas compoſé de deux regles, lequel ſert à connoître les quantités de même eſpece. Ces découvertes furent long-tems inconnues. *Byrge* étoit un homme ſimple & d'une ſi grande modeſtie, qu'il ne croyoit pas que ſes inventions fuſſent dignes de voir le jour. Il travailloit dans le ſilence & dans l'obſcurité, & tâchoit de bien mériter des humains, ſans les engager ni à des remercimens, ni à de la reconnoiſſance. Ce noble déſintéreſſement, bien digne d'un Philoſophe, nuiſit cependant à ſa gloire.

Le Baron de *Neper* eut les mêmes idées que lui ſur cette ſuite de nombres. En combinant les deux proportions géométrique & arithmétique, il trouva qu'on pouvoit par leur moyen faire les opérations de la multiplication & de la diviſion, par l'addition & la ſouſtraction ;

de forte que lorfqu'il s'agit de trouver le quatrieme terme de trois nombres affez confidérables, il fuffit d'ajouter les logarithmes du fecond & du troifieme terme, & d'ôter de leur fomme celui du premier. Le refte eft le logarithme du quatrieme. C'eft en calculant les efpaces que parcourent en tems égaux deux points dont l'un fe meut d'un mouvement acceléré, & l'autre d'un mouvement uniforme, que ce Baron découvrit, & la doctrine & la propriété des logarithmes : idée heureufe dont *Newton* a tiré les plus grands avantages.

1614.

Neper n'enferma pas dans fon cabinet cette découverte ; il la publia en 1614, dans un livre intitulé : *Mirifici logarithmorum canonis Defcriptio*. Il travailla enfuite à la Trigonométrie fphérique, c'eft-à-dire à la doctrine des triangles fphériques, qu'il fimplifia extrêmement. Il étoit encore plein de nouvelles vues fur la perfection de la Géométrie, lorfque la mort l'enleva en 1618. Avant que d'expirer, il fit part à *Henri Briggs*, Profeffeur de Mathématiques à Oxford, du projet qu'il avoit fait de changer la forme de fes logarithmes, & lui en recommanda l'exécution. *Briggs* lui promit & tint parole. Il mit au jour, en 1624, des Tables de Logarithmes des nombres naturels depuis l'unité jufqu'à vingt mille, & depuis quatre-vingt-dix mille jufqu'à cent un mille. Ce Profeffeur devoit pouffer encore fon calcul plus loin ; mais la mort l'enleva avant qu'il eût pu accomplir fon deffein. Ce fut *Henri Gellibrand* qui y mit la derniere main. Il calcula la feconde Table que *Briggs* defiroit, & la publia en 1630, fous le titre de *Trigonometria Britannica*.

Pendant que toutes ces belles chofes paroiffoient en Angleterre, *Lucas Valerius*, Italien,
& *Villebrord Snellius*, Hollandois, illuftroient
leur Patrie par des découvertes. Le premier
trouva un moyen de déterminer le centre de
gravité de tous les corps formés par la révolution d'une fection conique, c'eft-à-dire de tous
les conoïdes & fpheroïdes, & découvrit une
quadrature particuliere de la parabole. Il fit
préfent au Public de ces découvertes, dans un
Livre qui parut en 1604 avec ce titre : *De
centro gravitatis folidorum*. Quant à *Snellius*,
il enrichit la Géométrie de deux Théoremes,
par lefquels il détermina les limites du cercle, en lui infcrivant & circonfcrivant des polygones avec une exactitude prefque auffi grande que celle que *Ludoph Vanceulen* avoit eue
pour l'extraction de fes racines.

Dans ce tems-là *Kepler* publia en Allemagne une nouvelle méthode de réfoudre avec
beaucoup de facilité & d'élégance les problêmes dont les Anciens ne trouvoient la folution
que par des voies pénibles & embarraffées, laquelle confiftoit à introduire l'ufage de l'infini
dans la Géométrie. Il confidera le cercle comme compofé d'une infinité de triangles, ayant
leur fommet au centre du cercle, & leur bafe
à la circonférence ; le cône comme compofé
d'une infinité de pyramides, appuyées fur les
triangles infiniment petits de fa bafe, & ayant
leur fommet commun avec celui du cône ; les
cilindres comme compofés d'un nombre infini
de prifmes, &c.

Ce Géometre examina auffi la génération
des corps qu'on appelle conoïdes & fphéroïdes ;

1615.

& au lieu de les former comme on l'avoit fait jufques - là depuis *Archimede*, par la révolution des fections coniques autour de leur axe, il les engendra par la circonvolution de ces fections autour d'une ligne quelconque prife en dedans ou dehors de ces lignes.

Ces découvertes font belles. Ce ne font pas cependant celles qui ont immortalifé *Kebler*, comme on le verra dans l'Hiftoire de l'Aftronomie. Cette fcience fit principalement fes délices, & il abandonna pour elle tous fes projets de fortune, la croyant plus capable de le conduire aux honneurs & à la gloire. Il ne fe trompoit pas, car l'étude des fciences lui procura tant de fatisfactions, qu'il vécut content dans cette médiocrité heureufe qui fait la félicité du Sage. Il mourut en 1631, Profeffeur de Mathématiques à Roftoc, & ne laiffa qu'un grand nom à fes parens, qui étoient fort pauvres quoique Nobles.

1632.

Cette perte affligea tous les Mathématiciens. Cependant le P. *Lafaille* mit au jour, l'année fuivante, une nouvelle maniere de déterminer les centres de gravité de différentes parties du cercle & de l'ellipfe, dans un Livre de fa compofition intitulé : *De centro gravitatis partium circuli & ellipfis*. On trouva fes folutions fort bonnes, mais un peu prolixes. Auffi le P. *Guldin* crut faire une chofe utile, que de réfoudre les problêmes fur la détermination de ces centres de gravité avec plus de précifion & de généralité.

Il forma une efpece de théorie des centres de gravité des figures planes & des lignes courbes, & trouva aifément par ce moyen le centre

des arcs de cercle , des fecteurs & des fegmens
foit circulaires , foit elliptiques. De-là il paffa
aux centres de gravité des folides ; & par la circonvolution de quelques figures planes , dont
il avoit déterminé les centres de gravité , il détermina non feulement la proportion des folides entr'eux , mais encore leur centre de gravité. Son principe , eft que tout folide formé
par la rotation d'une ligne ou d'une furface
autour d'un axe immobile , eft le produit de
la quantité génératrice par le chemin que décrit fon centre de gravité.

Dans cette même année un Jéfuate , nommé *Cavalleri* , inventa une efpece de Géométrie nouvelle , qui parut fous le nom de Géométrie des Indivifibles : *Geometria Indivifibi-
lium.* C'eft le titre qu'il donna au Traité qu'il
compofa fur cette Géométrie. Elle confifte en
une maniere particuliere de confidérer les
corps , & à réfoudre d'après cette confidération les problêmes qui en dépendent , avec plus
de facilité qu'on ne l'avoit fait jufques-là.

Il fuppofe que les corps font compofés d'une
multitude de furfaces , les furfaces d'une infinité de lignes. Ainfi il divife un parallelogra-
me , un prifme , un cilindre , en élémens femblables à leur bafe. Il appelle ces Elémens des
Indivifibles ; & par le rapport de leur accroiffe-
ment & de leur diminution ou décroiffement ,
il détermine la mefure des figures ou leur con-
nexion entr'elles. Par exemple , puifqu'un cône
eft compofé d'une infinité de cercles décroiffans
de la bafe au fommet , & qu'un cilindre de
même bafe & de même hauteur eft compofé
d'une infinité de cercles égaux , la raifon du

cône au cilindre , eſt exprimée par le rapport de la ſomme de tous ces cercles décroiſſans dans le cône avec celle de tous les cercles égaux qui forment le cilindre. Pour avoir donc le rapport des deux corps , il ne faut que déterminer celui de leurs *Indiviſibles* ou élémens.

Dans le cône , ces élémens décroiſſent comme les quarrés des termes d'une progreſſion arithmétique. Dans le conoïde parabolique , cette diminution ſuit les termes d'une progreſſion arithmétique , & dans les corps uniformément réguliers , tels que le cilindre & le parallelipipede , les termes des indiviſibles ſont égaux.

Cette invention fut très accueillie. *Cavalleri* compoſa auſſi un ouvrage pour les ſections coniques qu'on goûte beaucoup. Ces deux productions valurent une fortune à l'Auteur : ce fut une chaire de Mathématiques dans l'Univerſité de Boulogne , c'eſt-à-dire un état honorable & un revenu honnête : deux choſes qui tiennent lieu à un Philoſophe de toutes les richeſſes & de toutes les dignités de ce monde. Pour obtenir cette chaire , *Cavalleri* ne fit aucune démarche. Il envoya aux Magiſtrats les ouvrages dont je viens de parler. Ce ſilence éloquent valut plus que les ſollicitations les plus preſſantes & les plus fortes protections. Les Magiſtrats firent examiner ces ouvrages ; & ſur le compte favorable qu'on leur en rendit , ils nommerent *Cavalleri* à la chaire vacante.

Ce Géometre fut par ce moyen en état de ſe livrer ſans réſerve à l'étude d'une ſcience pour laquelle il avoit tant de difpofitions, & il ne tarda point à recueillir le fruit de fes peines. Il découvrit d'abord une forte de conformité entre la parabole & la fpirale, & par cette découverte il détermina avec facilité les aires fpirales.

Ce fuccès le porta à examiner un problême très difficile propofé par *Kepler*, favoir de déterminer le folide décrit par la révolution de la parabole autour de fon ordonnée, ou de la tangente au fommet. Dans cet examen il vit à quoi le problême devoit fe réduire, & vint ainfi à bout de mefurer les paraboles de tous les ordres, & même des conoïdes.

Après avoir réfolu différens problêmes fur les fections coniques, il termina heureufement fes travaux géométriques par la folution d'un problême tenté inutilement par *Kepler* ; ce fut de déterminer les foyers des verres d'une égale fphéricité.

Toutes ces découvertes échaufferent les efprits. On travailla avec ardeur à en faire ufage ; & l'amour propre, joint à l'amour de la Géométrie, entrant en jeu dans ces travaux difficiles, on voulut auffi avoir part à la gloire de l'invention.

M. *de Fermat*, Confeiller au Parlement de Touloufe, doué de ce génie heureux qui manie avec une égale facilité les connoiffances les plus oppofées, fut allier les fonctions importantes de fa Charge, avec la culture de la Géométrie & l'étude des Langues. Il découvrit d'abord des fpirales & des paraboles des dégrés fupérieurs, & communiqua fa découverte à M. *de Roberval*, Profeffeur de Mathématiques au College

1636.

Royal, en l'invitant à réfoudre des problêmes qui avoient pour objet les aires des paraboles avec des conditions particulieres. Celui-ci réfolut les problêmes.

Une louable émulation naquit parmi les Géometres. M. *de Fermat* ayant enfuite imaginé une nouvelle méthode pour déterminer les centres des conoïdes, defira qu'elle parvînt à *Defcartes*, ce grand génie, qui étoit l'oracle & des Géometres & des Philofophes. A cette fin il l'envoya au Pere *Merfenne*, Minime, ami de *Defcartes*, & l'homme le plus zélé pour le progrès des connoiffances humaines qui ait paru jufqu'à ce jour. Son intention fut accomplie. *Defcartes*, qui étoit allé en Hollande, reçut cette méthode, qu'il goûta ; mais ayant mis lui-même la main à la plume pour la fuivre, il en trouva une autre infiniment plus générale, laquelle s'étendoit à la quadrature de toutes les paraboles, à la détermination de leurs tangentes & de la grandeur de la figure des corps formés par léur circonvolution.

Cependant *Roberval*, glorieux de fes fuccès, travailloit à mériter de nouvelles couronnes par quelque invention. Son application lui valut une méthode particuliere pour mener les tangentes : ce fut de former les courbes par le mouvement compofé de deux lignes, qui produifoit la longueur & la largeur de la courbe ; & c'eft en déterminant le rapport des mouvemens de ces lignes, qu'il détermina, dans quelques cas, les tangentes.

Peu de tems après, ce Profeffeur donna d'autres preuves de fa fagacité, à l'occafion d'un problême propofé par le P. *Merfenne*. Cet illuftre favant, en confidérant le mouvement d'une roue, avoit remarqué que chaque rayon de la roue décrit ou trace en l'air une courbe particuliere. Il voulut connoître la nature de cette courbe, & propofa ce problême à *Roberval*. Après bien du travail & des recherches, celui-ci trouva le rapport de cette courbe au cercle générateur, c'eft-à-dire au cercle qui la produit. Ce fut pour lui un grand fujet de gloire & de triomphe.

Le P. *Merfenne* fe hâta de faire part à *Defcartes* de cette découverte, qui faifoit beaucoup d'honneur à *Roberval*. *Defcartes* la trouva belle fans en eftimer beaucoup l'invention. Il réfolut lui-même le problême avec une facilité admirable & d'une maniere plus générale. *Roberval* vit cette folution, & en fut un peu humilié. Pour fe confoler, il publia par-tout que *Defcartes* ne l'avoit trouvée, que parcequ'il avoit vu le réfultat de la fienne, dont il s'étoit aidé. Le P. *Merfenne* écrivit, imprudemment fans doute, ce difcours à *Defcartes*. C'étoit une efpece d'infulte qui offenfa, avec raifon, ce Philofophe. Il s'en vangea promptement. Inftruit que *Roberval* cherchoit depuis long-tems à déterminer les tangentes de la cycloïde, il détermina lui-même ces tangentes avec cette fupériorité qui caractérifoit toutes fes belles productions, & défia *Roberval* de réfoudre ce problême.

Ce défi étoit mortifiant, mais il falloit y fatisfaire pour juftifier en quelque forte fa vanité. *Roberval* effaya long-tems la folution du problême, & n'en fortit qu'avec tant de peine, que fes Partifans convinrent qu'il avoit un peu legérement déprimé la capacité de *Descartes* en Géométrie. M. *de Fermat*, qui avoit quelque sujet d'être mécontent du Philosophe, comme on va le voir, voulut tempérer sa gloire. Il travailla à ce problême & en trouva une solution très-générale.

Tout cela faisoit tant de bruit en France, que le P. *Merfenne*, qui étoit en correspondance avec le célebre *Galilée*, que j'aurai occasion de faire connoître dans l'Hiftoire de l'Aftronomie, crut devoir l'en inftruire. C'étoit une invitation de concourir à ces travaux. *Galilée* y répondit en cherchant à déterminer l'aire de cette courbe, qu'on nomma d'abord *Roulette*, & qui fût appellé dans la fuite *Cycloïde*; mais il mourut en 1642, fans avoir pu rien donner fur cet objet.

Ses Difciples *Toricelli* & *Viviani* s'en occuperent. Celui-là détermina l'aire, & celui-ci les tangentes. Le premier publia dans le même-tems (en 1644) un Ouvrage fur le rapport de la fphere au cilindre, & fur la quadrature de la parabole, dans lequel il réfolut avec beaucoup d'élégance, les problêmes qui ont ce rapport & cette quadrature pour objet.

La théorie de la Cycloïde n'étoit cependant point entierement développée. Il reftoit à déterminer le centre de gravité de cette courbe, celui de fes parties, la dimenfion des furfaces, & des folides & demi-folides, formés par la circonvolution de fon axe & de fa bafe, & le centre de gravité de ces corps. C'eft ce que fit le grand *Pafcal* en 1658, à la follicitation d'un de fes amis (M. *de Carcavi*), quoiqu'il eût

abandonné

abandonné l'étude des Mathématiques, aux progrès defquelles il avoit contribué avec tant d'éclat.

La folution de tous ces problêmes étoit très difficile, & cette difficulté piqua fa curiofité fur la capacité des Géometres de fon tems. Caché fous le nom *d'Ettonville*, il leur adreffa une lettre circulaire pour les inviter à effayer leurs forces fur cette queftion. Il s'engagea même à donner quarante piftoles au premier qui les réfoudroit, & vingt au fecond, dans un tems qu'il limita. C'étoit à M. *de Carcavi* qu'on devoit adreffer ces folutions. Il en reçut bientôt une de *Wallis*, favant Géometre Anglois, & qui avoit en main une Méthode (*), par laquelle il étoit en état de furmonter les plus grandes difficultés. *Pafcal* refufa cependant de lui donner la récompenfe qu'il avoit promife, parcequ'il ne s'étoit point affujetti dans l'envoi de fa folution, aux formes qu'il avoit prefcrites.

Il propofa encore de nouveaux problêmes fur cette courbe, avec un prix attaché à la folution ; mais perfonne ne réfolut ces problêmes dans le tems fixé. Un Jéfuite nommé *Laloubere* en envoya la folution un mois après le terme échu ; encore fe trouva-t-elle tachée d'une erreur de calcul, qui n'échappa point à *Pafcal*. Le P. *Laloubère* fe vengea bientôt de cette inadvertance, en approfondiffant avec beaucoup de fagacité toute la théorie de la *Cycloïde*. Il découvrit même une courbe for-

_____

(*) C'eft l'Arithmétique des Infinis, dont il eft l'inventeur. *Voyez ci-devant* l'Hiftoire de l'Arithmétique.

G

mée avec un compas sur la surface d'un cilindre droit, qu'il appelle *Cyclocilindrique*.

Ce Mathématicien ne fut pas le seul qui fit
attention au défi de *Pascal*. Le Chevalier
Christophe Wren se proposa encore des difficultés. Il chercha quelle étoit la longueur de cette
courbe, & quoique ce problême fût très difficile, il le résolut : il fit plus, il détermina la
surface des solides formés autour de sa base &
de son axe, & trouva par-là son centre de
gravité.

Il restoit encore à déterminer les surfaces des
solides formés autour des paralleles à la base,
les centres de gravité de ces surfaces & celui
des demi-surfaces ; mais cette détermination
devint les colonnes d'Hercule pour les Géometres. *Pascal* fut le seul qui en vint à bout. Il
jugea par-là qu'il étoit tems de publier ses découvertes. C'est ce qu'il fit en 1659, dans un
écrit intitulé : *Lettre de A. d'Ettonville à M. de
Carcavi.*

Tout ce que le P. *Laloubere* & le Chevalier
Wren avoient découvert sur cette courbe, n'est
presque qu'une conséquence des principes que
ce grand homme expose dans cette savante Lettre. On admira cela sans surprise, parcequ'on
étoit accoûtumé à voir produire par *Pascal* des
choses extraordinaires.

A l'âge de seize ans il démontra toute la théorie ancienne des sections coniques par le
moyen d'une seule proposition, de laquelle il
déduisit quatre cens colloraires. Il avoit imaginé ensuite un *Triangle Arithmétique*, qui
contient la propriété des nombres figurés, &
par le moyen duquel on résout les problêmes

les plus épineux , qui dépendent des combi-
naisons & des hasards.

En considérant les élémens des courbes, il
avoit encore trouvé leur longueur, l'espace
qu'elles renferment , les solides que cet espace
forme par ses révolutions & leur centre de gravité. Telles sont les découvertes géométriques
de cet homme célebre qui a si bien mérité du
genre - humain par ses méditations philosophiques.

Une multitude de Géometres enchérit bientôt sur ces découvertes ; car toutes les sciences
furent cultivées avec beaucoup d'ardeur vers
le milieu du dix-septieme siecle ; & comme la
Géométrie est presque la premiere , & parcequ'elle est vraie, & parcequ'elle sert de fondement aux autres, tous les bons esprits l'étudierent avec soin.

Le P. *Grégoire de Saint-Vincent* , Jésuite, s'y
dévoua entierement. Il se proposa de résoudre
enfin le problême fameux de la quadrature du
Cercle. C'étoit une entreprise un peu témé-
raire ; mais le desir de se signaler vainquit la
répugnance que devoient inspirer naturellement les efforts de ses Prédécesseurs en ce genre
de travail. Extrêmement patient & laborieux ,
il tenta toutes sortes de voies pour y parvenir. Il
s'arrêta principalement à la théorie des sections
coniques , qu'il croyoit propres à le conduire
à cette quadrature ; & ses travaux lui firent faire
plusieurs belles découvertes sur ces courbes. Son
imagination remplie & échauffée par toutes
ces choses , lui persuada qu'il avoit enfin résolu ce problême, & sans prendre la peine d'examiner comment ce problême étoit résolu , il se

hâta de publier le fruit de ſes veilles dans un volume *in-folio*, qui parut en 1647, ſous le titre : *De Quadratura circuli & hyperbolæ*. Ce titre étoit impoſant, auſſi fixa-t-il l'attention de tous les Mathématiciens. Ils chercherent avec empreſſement dans ce livre la ſolution du problême de la quadrature du cercle, & ils ne la trouverent point.

Deſcartes découvrit bientôt l'erreur qui avoit ſéduit le P. *Grégoire de Saint-Vincent*, & s'en tint là. Un jeune Géometre, qui s'eſt acquis une grande célébrité par ſa profonde capacité dans toutes les parties des Mathématiques, M. *Hughens*, crut devoir mettre au jour la mé-priſe de ce Jéſuite. A cette fin il publia un écrit ſage & ſolide, qui ne le déſabuſa point. Le P. *Léotaud* ſe joignit à ce Géometre. Mais le P. *de Saint-Vincent* eut des Diſciples zélés, qui prirent ſa défenſe : ce furent les PP. *Ainſcon & Sarraſſa*. Le Pere *Léotaud* répondit à leurs écrits, & ſomma en vain ces Diſciples de dé-terminer le rapport du diametre à la circonfé-rence, qu'ils diſoient avoir été donné par leur Maître.

Cette conteſtation donna lieu à un Ouvrage que compoſa *Jacques Grégori*, pour prouver que la quadrature du cercle eſt impoſſible, & qu'on ne peut déterminer que par approxima-tion le rapport du diametre du cercle à la cir-conférence. Ce Géometre découvrit une pro-priété des polygones inſcrits & circonſcrits aux ſections coniques.

De cette découverte, il déduiſit une ſuite de termes convergente, c'eſt-à-dire qui approche toujours plus de la grandeur d'un Secteur curviligne : mais il prétendit démontrer que la loi de cette convergence ou approximation, fera toujours telle qu'on ne pourra jamais affigner le dernier terme. Cette démonftration fut attaquée par *Hughens*, & il y eut entr'eux à ce fujet une difpute affez vive.

Les Géometres n'y firent cependant pas attention ; & l'on ignore encore lequel des deux avoit raifon. Ils étoient fpectateurs d'un combat plus important, dont les acteurs étoient *Defcartes* & *Fermat*. Ces grands Mathématiciens avoient inventé chacun de leur côté une nouvelle Géométrie, par le moyen de laquelle ils menoient les tangentes & déterminoient les plus grands & les moindres effets (ou, pour parler le langage des Géometres, les *maxima* & les *minima*), ainfi que les centres de gravité & l'aire de quelques figures curvilignes.

Le grand *Defcartes* fur-tout découvrit des vérités fans nombre & toutes très fubtiles. Il imagina deux méthodes extrêmement ingénieufes, pour mener les tangentes des courbes ; établit la théorie des queftions fur les grands & les moindres effets (*de maximis & minimis*), & celle des points d'inflexion ; affujettit à une même conftruction tous les problêmes de même genre ; inventa de nouvelles courbes, dont il détermina la nature & les propriétés ; & appliquant l'Algebre à la Géométrie, réduifit à des folutions fimples les problêmes les plus compliqués.

Fermat voulut partager la gloire de quelques-unes de ces inventions : c'étoient les théories des queftions *de maximis & de minimis*, des points d'inflexion, & des tangentes, dont il avoit fait lui-même la découverte. Ce partage ne diminuoit point l'honneur qu'elles faisoient à *Descartes* ; mais il lui enlevoit le titre d'Inventeur de ces belles choses ; titre plus flatteur pour un Savant, que toutes les qualités dont les Grands se parent avec tant de complaisance, pour se distinguer du reste des hommes. Aussi fut-il fâché de se voir enlever une partie d'un bien qui lui étoit cher. Il chercha d'abord à écarter son concurrent ; mais il avoit l'ame trop belle pour refuser de rendre à *Fermat* la justice qui lui étoit due ; & de son côté ce Magistrat, admirateur de son Adversaire, lui fit demander par le P. *Mersenne* la continuation de son amitié, la préférant aux honneurs les plus distingués. Ainsi finit cette dispute, comme elle devoit se terminer entre les deux plus grands Géometres de leur siecle, & qui étoient seuls en état d'aprécier leur mérite.

Descartes n'en fut pourtant pas quitte. Au défaut *de Fermat*, M. *de Roberval* se présenta au combat ; & pour le faire avec plus d'avantages, il commença par lui contester la gloire de ses inventions analytiques, & prétendit en revendiquer quelques-unes en faveur d'*Harriot*, Algébriste Anglois : prétention injuste & renouvellée par le Docteur *Wallis*, avec plus d'injustice encore. Il l'attaqua ensuite sur ses découvertes géométriques ; mais *Descartes* lui fit voir clairement que ses coups portoient à faux. Tous les Géometres en convinrent, & laissant *Roberval* & sa mauvaise humeur, ils s'attacherent à bien entendre sa Géométrie & à la faire connoître.

M. *de Beaune*, Conseiller au Présidial de

Blois, s'appliqua à éclaircir les parties les plus abstraites de cette Géométrie. Il proposa même à *Descartes* un problème qui est devenu très célebre, sous le nom de *Problême de M. de Beaune*, lequel consistoit à construire un courbe, avec des conditions qui rendoient cette construction extrêmement difficile. *Descartes* résolut le problême, sans indiquer la route qu'il avoit tenue. Il envoya cette solution à M. *de Beaune*, & loua beaucoup ses travaux & les éclaircissemens qu'il avoit donnés de sa Géométrie. Ces éloges flatterent ce Conseiller. Il voulut en mériter d'autres ; & s'étant appliqué dans cette vue avec beaucoup d'assiduité, il découvrit un moyen de déterminer la nature des courbes par les propriétés de leurs tangentes. C'est l'invention de ce théoreme de *Descartes*, par lequel il détermine les tangentes par les propriétés de la courbe. Ce Philosophe trouva cette découverte fort belle & en fit compliment à l'Auteur.

A l'exemple de M. *de Beaune*, *Schooten* & le P. *Rabuel* ont commenté la Géométrie de *Descartes*. Le premier a aussi beaucoup mérité des Géometres, par un Ouvrage où il enseigne la maniere de décrire les sections coniques par un mouvement continu. Enfin MM. *Hudde*, *Neil* & *Van-Heuraet* ont perfectionné la Géométrie de *Descartes*, à laquelle ils ont fait des additions.

M. *Hudde* s'étoit rendu si familiere la construction des courbes, qu'il vouloit en former une qui exprimât tous les traits du visage d'un homme connu, & les définir par une équation algébrique. Il faut regarder ce projet comme

une plaisanterie, quoiqu'il ait été publié fort
serieusement par un grand homme (*Leibnitz*),
dans les actes de Léipsick. *Hudde* vouloit sans
doute faire entendre par-là qu'on pouvoit décrire toutes sortes de courbes & les faire passer
par les points que l'on voudroit : chose assez
difficile, mais à laquelle il ne donnoit pas
grande valeur.

A l'égard de *Neil* & de *Van-Heuraet*, l'étude
de la Géométrie de *Descartes* les conduisit à la
découverte d'une méthode par laquelle ils réduisirent presque dans le même-tems & sans se
connoître, la rectification d'une ligne courbe
à la quadrature d'une autre figure curviligne.

1650-66.

C'est ainsi qu'on approfondissoit la théorie
des courbes, & qu'on achevoit de perfectionner la Géométrie, qui ne dépendoit que de
cette théorie. Aussi tous les Géometres ne songerent plus qu'à imaginer de nouveaux moyens
pour soumettre la nature & les propriétés des
courbes au calcul. En 1666, *Barrow*, savant
Anglois, fit à cet effet des recherches très profondes, & trouva sur-tout une méthode de mener les tangentes, qui donna bientôt lieu au
calcul des infiniment petits. Elle consiste en l'a-
nalogie d'un triangle infiniment petit formé
par un arc de la courbe, par la différence de
deux ordonnées ; c'est-à-dire de deux lignes
paralleles au diametre de la courbe & par
leur distance, avec le triangle formé par l'ordonnée de la courbe, la tangente & la soutan-
gente.

La regle que *Barrow* donna pour trouver ce
rapport, quoique presque semblable à celle de
Fermat, étoit une espece de calcul différentiel,

puisqu'elle étoit fondée fur la différence des élémens de la courbe. Il y a même lieu de penfer que ce grand Géometre y feroit parvenu s'il eut fuivi fa découverte. Mais content d'avoir mis fur la voie un génie tranfcendant bien capable de la développer (*Newton*), qui avoit été fon Difciple, il abandonna l'étude des Mathématiques pour fe livrer à celle de la Morale & de la Théologie.

Newton fe montra bientôt l'émule de *Barrow*. Il découvrit une certaine progreffion de quantités, qui marchant par ordre s'approchent continuellement de la quantité que l'on cherche. C'eft ce qu'on appelle *fuites infinies*. *Mercator* fit en même-tems une femblable découverte & s'en fervit pour quarrer, c'eft-à-dire pour trouver l'aire de l'hyperbole. Cependant la méthode de *Newton* avoit cet avantage fur celle de *Mercator*, que non-feulement il quarra par fon moyen toutes fortes de courbes, mais encore qu'il en trouva la longueur, le centre de gravité & les folides formés par leurs révolutions.

Cette découverte fit tant de plaifir aux Anglois, qu'ils comblerent *Newton* d'éloges, & n'oublierent rien pour l'encourager à ofer davantage. Ils virent bien par ce début, qu'il devoit faire la gloire de la Nation, & les confoler un peu de l'avantage dont fe glorifioit la France d'avoir produit *Defcartes*, le plus grand homme qui eût paru dans le monde. *Newton* réalifa bientôt leurs efpérances, & on le citoit déja comme le plus fublime génie qui fut dans l'Univers.

Cette joie fut cependant tempérée. *Defcartes*

n'étoit plus ; mais *Leibnitz* vint au monde , & balança cette haute opinion. C'étoit un Allemand , doué d'une fagacité admirable , qui manioit tous les objets des connoiſſances humaines avec une dextérité & une facilité extraordinaires. *Mercator* venoit à peine de publier ſa découverte , qu'il trouva auſſi pluſieurs ſuites ; & quelques années après il mit au jour les *Principes du calcul différentiel* , je veux dire d'un calcul qui a pour objet la différence des grandeurs infiniment petites à l'égard d'autres grandeurs : c'étoit en 1684.

1684.

Trois années après, *Newton* rendit publics les élémens du même calcul , ſous le nom de *Méthode des Fluxions* , dans laquelle il conſidere les grandeurs comme produites par un mouvement continuel ; de ſorte que la ligne eſt conſiderée comme produite par le mouvement d'un point , la ſurface par le mouvement d'une ligne , le ſolide par le mouvement de la ſurface. Pour réduire enſuite ces conſidérations au calcul , *Newton* remarqua , que les quantités qui croiſſent ainſi , ſont produites en tems égaux , & deviennent plus ou moins grandes ſelon qu'elles ont crû avec plus ou moins de vîteſſe.

Tout ceci étoit de la part de *Leibnitz* & de *Newton* , plutôt des eſſais que l'expoſition d'une invention nouvelle. Ni les Anglois, ni les Allemands , ni les François , ni même leurs Auteurs ne connurent point le prix de leurs découvertes. La Suiſſe eut la gloire de donner deux hommes rares , qui en virent l'étendue. Ce furent MM. *Bernoulli* , freres. L'aîné , nommé *Jacques Bernoulli* , en développa ſi bien le germe , qu'il vint à bout de réfoudre par fon moyen un problême dont les plus grands Mathématiciens n'avoient pu trouver la folution : c'étoit de déterminer la courbe que forme un fil fufpendu par fes extrémités, & également pefant. *Jean Bernoulli*, fon frere, qui démêla auffi cette nouvelle idée en lui donnant une forme, réfolut d'autres problêmes non moins difficiles ; & appliquant ce calcul à la folution de toutes les queftions qui avoient été jufques-là agitées par les Géometres, il la trouva avec beaucoup de facilité.

Cette maniere aifée de vaincre les plus grandes difficultés en Géométrie, étonnoit beaucoup tous les Mathématiciens de l'Europe. On en cherchoit inutilement la clef. Les François fur-tout qui ne manquoient pas de bons Géometres, étoient fort avides de favoir comment cela fe pouvoit faire. Dans le tems qu'ils étudioient avec foin les folutions données par les *Bernoulli*, *Jean Bernoulli* vint à Paris. On faifit avidement cette occafion pour apprendre le nouveau calcul ; & un Seigneur fort amoureux de la Géométrie, amena *Bernoulli* à fa Terre afin de lui enlever fes connoiffances fur le calcul différentiel : c'étoit le Marquis de *Lhopital*.

Ce grand Mathématicien lui donna en effet la clef de fon calcul, & le mit en état de réfoudre les problêmes de Géométrie les plus compliqués. En travaillant avec lui, il découvrit un nouveau calcul, qu'il appella *Calcul exponentiel*, qui n'eft autre chofe que le calcul différentiel appliqué aux expofans.

Le Marquis *de Lhopital* revint de fa Terre

tout glorieux des connoiſſances qu'il avoit acquiſes. Il les communiqua aux Géometres de
Paris ; & lorſque *Bernoulli* eût quitté cette
Capitale , il le remplaça. Il concourut avec les
Newton , les *Leibnitz* & les *Bernoulli* , aux prix
attachés à la ſolution des problêmes que ces
grands hommes ſe défioient réciproquement
de réſoudre.

Ce Marquis tenoit ainſi un rang parmi les
quatre plus grands Mathématiciens de l'Europe , & paſſoit par conſéquent pour le plus
habile qu'il y eût en France. Il devoit cette
gloire au calcul différentiel. Cela donna une
grande idée de ce calcul aux Géometres qui ne
le connoiſſoient pas. Ils le prierent qu'on leur en
découvrît les myſteres ; & quoique M. *de Lhopital* fût très jeune , il compta parmi ſes Diſciples des Mathématiciens formés , très avan-
cés en âge , & qui jouiſſoient de la réputation
la plus diſtinguée. Je puis citer *Hughens* , qui
étoit deux fois plus âgé que lui , & qui ne
rougit pas d'être l'Ecolier d'un jeune homme ,
après avoir éte le maître & la lumiere des plus
grands hommes de ſon tems.

Tous les Géometres ne furent pas auſſi grands
ſur cet article. Ils dédaignerent un calcul qu'ils
ne connoiſſoient pas ; & pour ſe venger de la
ſupériorité que ce calcul donnoit à ceux qui en
avoient la clef , ils le décrierent comme faux
& illuſoire. L'Abbé *Catelan* , connu par une
diſpute qu'il avoit eue avec *Hughens* ſur le centre d'oſcillation , fut le premier agreſſeur. Dans
l'avertiſſement d'un Livre qu'il publia en 1692
ſous ce titre , *Logiſtique univerſelle , & Méthode
pour les tangentes* , il exhorta les Mathémati-

ciens à ne pas se laisser séduire par les nouveautés, & à suivre les principes de *Descartes*, qui
seuls devoient conduire à la perfection de la
Géométrie. Dans le corps du livre, il voulut
pourtant faire usage du nouveau calcul, parcequ'il ne pût résoudre certains problêmes, par
la Géométrie ordinaire ; mais comme il ne
vouloit pas se démentir il déguisa son vol, &
par l'alliage qu'il en fit avec la méthode ancienne, il forma une composition d'une obscurité & d'une confusion indéchifrable. Il se
trompoit aussi quelquefois. C'est ce que fit
voir le Marquis *de Lhopital*, en justifiant le
calcul différentiel. Sa victoire fut complette ;
mais elle n'intimida point les autres Adversai-
res du calcul.

Niewentit & *Rolle* se presenterent au combat avec des armes plus fortes que celles de
l'Abbé *Catelan*. Le premier forma ce dilême
contre le nouveau calcul : Ou les quantités infiniment petites ont une différence réelle, ou
elles n'en ont point. Si elles ont une différence
réelle, cette différence n'est point infiniment
petite. Si elles n'ont point de différence réelle,
il n'y a aucun rapport enrr'elles, & par conséquent elles ne peuvent pas être comparées. *Leibnitz* répondit à cela que les différences respectives ne sont que des rapports de quantités fi-
nies, & tâcha de rendre sensibles ces rapports
par la comparaison du diametre & de l'axe
d'une courbe.

Niewentit ne fut point satisfait de cette réponse ; mais *Varignon*, Géometre François,
l'expliqua d'une maniere très satisfaisante. Il
montra que les différentielles sont les dernie-

res raiſons des élémens reſpeƈtifs de l'abciſſe (c'eſt l'une des parties de l'axe) & de l'ordon-donnée (ou demi-diametre de la courbe), leſquels peuvent croître au point de s'anéan-tir.

Niewentit ſe rendit. *Rolle* ne fut pas ſi do-cile. Au défaut des raiſonnemens métaphyſi-ques, il chercha dans la Géométrie de nouvel-les objeƈtions, & crut avoir trouvé par ſon moyen, de la contradiƈtion dans le procedé du nouveau calcul. Le défenſeur de ce calcul (*Va-rignon*) lui fit bientôt voir que cette contra-diƈtion apparente ne venoit que de ce qu'il ne ſavoit point prendre la différence d'une quan-tité compoſée de pluſieurs termes.

Rolle prit cette réponſe pour une injure. Comme il étoit habile Algébriſte & qu'il jouiſ-ſoit en cette qualité de beaucoup de conſidé-ration, il cria fort haut ſur la maniere dont on le traitoit. Ses clameurs retentirent dans l'Aca-démie des Sciences, dont il étoit membre, & gagnerent quelques Géometres qui l'eſtimoient & qui ne vouloient pas connoître le calcul dif-férentiel.

Il ſe forma ainſi un parti. *Rolle* n'oublioit rien pour le fortifier de jour en jour par de nouvelles objeƈtions ; & quoique *Varignon* anéantît ſes objeƈtions, ſa préſomption étoit ſi grande, qu'il ſe croyoit toujours viƈtorieux. Il eſt vrai qu'il diſoit quelquefois des injures ; tellement que cette diſpute dégénéra en une querelle très vive & très ſérieuſe. L'Académie, dont *Rolle* & *Varignon* étoient Membres, crut devoir interpoſer ſon autorité pour la termi-ner. Elle nomma à cet effet le P. *Gouie*, Jéſuite,

& MM. *Caſſini* & *de la Hire* , pour peſer les raiſons des deux Adverſaires.

La balance ne fut pas juſte : elle pencha pour *Rolle* ; mais l'Académie ne prononça point. C'étoit preſque donner gain de cauſe à cet ennemi du nouveau calcul. Il ne fut pas néanmoins content de ce ſilence. Dans la crainte que *Varignon* & ſes Partiſans n'en tiraſſent avantage , il leur défia de réſoudre par le nouveau calcul des problêmes fort difficiles : c'étoit de mener des tangentes à des points où des branches de courbe s'entrecoupent. Il attaqua auſſi ſans ménagement l'*Analyſe des infinimens petits* , qui contient les regles de ce calcul , & que le Marquis *de Lhopital* venoit de publier.

M. *Saurin* , Géometre de l'Académie , accepta le défi , & vengea le calcul & le livre du Marquis , en faiſant voir que le problême dont il parloit étoit prévu , & même réſolu dans ce livre. *Rolle* répondit à *Saurin* ; mais celui-ci ne crut pas devoir repliquer. Son Adverſaire publia que c'étoit par impuiſſance , & s'en glorifia. *Saurin* jugea qu'il étoit tems de rabattre ſa vanité & de le tirer d'erreur. Il le preſſa même ſi vivement , qu'il le réduiſit aux invectives & aux injures. C'eſt ce parti qu'embraſſa *Rolle* ; & pour s'autoriſer à mépriſer ſon Antagoniſte , il prit un ton de ſupériorité & de confiance qui révolta preſque tout le monde. *Saurin* en fut piqué , & repouſſa ſes attaques ſur le même ton , aux injures près.

M. *Bignon* , qui prenoit un intérêt vif aux progrès des ſciences , & par conſéquent à l'Académie , dont il étoit un des bienfaiteurs ;

M. *Bignon*, dis-je, fut scandalisé de cette maniere d'agiter une querelle littéraire. Il voulut savoir d'où la faute venoit, & se fit instruire par l'Abbé *Galois* & *de la Hire* du fond de la question. Le compte que ces deux Académiciens lui en rendirent, ne fut pas favorable au nouveau calcul, ni à la conduite de *Rolle*. Si on n'osoit lui donner le tort pour le fond, on le blâma du moins hautement pour la forme.

1705.

M. *Bignon* jugea par-là que *Rolle* méritoit une petite réprimande de la part de l'Académie, & une exhortation de se mieux conformer aux Réglemens de cette Compagnie. A l'égard de M. *Saurin*, il fut renvoyé *a son bon cœur*, c'est-à-dire que l'Académie l'invita obligeamment à vivre de bonne intelligence avec *Rolle*.

Ce Mathématicien revenu de son enthousiasme pour les méthodes anciennes, reconnut qu'il avoit condamné avec trop de précipitation le nouveau calcul. Pour faire diversion à son remords & donner un aliment au goût naturel qu'il avoit de critiquer, il voulut censurer l'Algebre de *Descartes;* mais il fut seul de son parti, & ne trouva aucun Adversaire.

L'Abbé *Gallois* fut fâché de la conversion de *Rolle* pour le calcul différentiel : il voulut le remplacer. Ce ne fut point pour les Auteurs de ce calcul un ennemi redoutable. On triompha bientôt de toutes ses chicanes, & le nouveau calcul fut généralement adopté.

Ce succès flatta beaucoup les inventeurs. Les Partisans de *Leibnitz* lui en firent honneur, sans parler de *Newton*. C'étoit une injustice. Un peu injustes à leur tour, les Anglois soutinrent que l'invention du calcul différentiel étoit l'ouvrage

vrage de *Newton*, parceque ce grand homme avoit imaginé la méthode des fluxions, qui n'eſt autre choſe que ce calcul ſous un autre nom.

Les eſprits s'échaufferent ſur cette concurrence. *Keil*, Mathématicien Anglois, ſoutint en 1708, que non - ſeulement *Newton* étoit l'inventeur du calcul différentiel, mais encore que *Leibnitz* ſe l'étoit attribué en le défigurant pour cacher le plagiat. *Leibnitz* ſe plaignit de cette calomnie à la Société Royale de Londres, & en demanda vengeance. *Keil* ſe défendit & offrit de ſe juſtifier. A cette fin il requeroit qu'on examinât les lettres que *Newton* & *Leibnitz* s'étoient écrites réciproquement. C'eſt ce que fit la Société Royale. Elle nomma des Commiſſaires pour extraire de ces lettres tout ce qui avoit rapport à l'invention du nouveau calcul, afin de voir ſi *Newton* avoit communiqué cette invention à *Leibnitz*. *Newton* jouiſſoit à juſte titre de la plus grande conſidération & de la plus haute faveur. Il pouvoit diſpenſer également la fortune & la gloire. Il n'eſt donc point étonnant que les Commiſſaires aient donné gain de cauſe à *Keil*, & par conſéquent à *Newton*. La Société fit imprimer les extraits de ces lettres, pour mettre le public en état de connoître ſon jugement, & les raiſons qui l'avoient ſuggeré. Ces extraits formerent un volume *in-4°*. qui parut ſous le titre de *Commercium epiſtolicum*.

Les Anglois répandirent ce livre dans toute l'Europe. Il indiſpoſa *Leibnitz*. Il appella de ce jugement. *Bernoulli*, qui avoit tant de part à l'invention du calcul différentiel, le trouva injuste, & voulut qu'il passât pour tel dans l'esprit du Public. Il publia à cet effet une lettre anonime adressée à *Leibnitz*, dans laquelle il avança que non-seulement *Newton* n'avoit point inventé ce calcul, qu'il publioit sous le nom de *Méthode des Fluxions*; mais encore qu'il ne l'entendoit pas. C'étoit une proposition bien étrange & très hardie; mais *Bernoulli* fit voir que *Newton* ne savoit pas prendre les différences des quantités dans quelques cas.

Les Anglois jetterent les hauts cris à la lecture de cette lettre. Elle mit même *Newton* en colere. Ce grand homme sortant de son caractere, osa appeller *Bernoulli*, un *prétendu Mathématicien*. Celui-ci se fit connoître, & *Newton* changea de langage. Il s'excusa comme il le devoit envers *Bernoulli*, & laissa désormais le soin de sa réputation aux Anglois, qui harcelerent de toutes les manieres le Géometre Suisse. *Bernoulli* leur tint tête & terrassa *Keil*, l'auteur de la dispute.

Cette querelle tourna à l'avantage du nouveau calcul. *Bernoulli* eut tant d'occasions d'en faire usage, qu'il lui mérita l'estime de tous les Mathématiciens. On établit par son moyen une théorie générale de toutes les courbes. Il y en avoit deux sur-tout que M. de *Tschirnausen* venoit de découvrir, qui les exercerent beaucoup. Elles étoient formées par des rayons de lumiere réflechis ou réfractés sur une autre courbe, que leur Inventeur appella *Caustiques par réflection* dans le premier cas, &

Cauſtiques par réfraction, dans le ſecond.

Tſchirnauſen avoit encore remarqué une autre courbe formée par la révolution d'un cercle
ſur un autre cercle, à laquelle il donna le nom
d'*Epicicloïde*. Par le ſecours du nouveau calcul de l'infini, on trouva les propriétés de ces
courbes; & on en imagina une infinité d'autres moins remarquables.

Malgré ces ſuccès, un homme de mauvaiſe
humeur publia, en 1734, une Lettre intitulée l'*Analyſte*, dans laquelle il repréſenta
le calcul des infinimens petits, comme plein
de myſteres & comme fondé ſur de faux raiſonnemens. Cette Lettre fut ſuivie d'une autre
mieux faite, dans laquelle on paroiſſoit attaquer ce calcul avec avantage.

Quelques Géometres craignirent la ſéduc-
tion, & M. *Maclaurin*, l'un des plus célebres,
ſe chargea de mettre dans tout ſon jour l'évidence des principes du calcul des infiniment
petits, ou de la méthode des fluxions. Il forma
le projet de démontrer cette méthode à la maniere des anciens, & de ne l'appuyer que ſur
un petit nombre de principes inconteſtables
par les démonſtrations les plus rigoureuſes,
& il l'a exécuté avec le plus grand ſuccès dans
ſon *Traité des Fluxions*. C'eſt un des Livres
les plus abſtraits qu'on ait publiés ſur la Géométrie. Le premier tome contient une métaphyſique ſi ſubtile du mouvement, & une ſuite
de raiſonnemens ſi ſuivis, qu'il exige la plus
grande contention. MM. *Simpſon* & *Muller*
ont ſimplifié cette maniere de développer les
principes de la méthode des fluxions, dans

1734.

1740.

1750.

H ij

deux Traités qui ont paru vers le milieu de ce ſiecle.

Tel eſt l'état actuel de la Géométrie. On a bien imaginé de nouvelles courbes, éclairci des endroits difficiles du Calcul des infiniment petits appliqué à la Géométrie, c'eſt-à-dire de la Géométrie tranſcendante ; mais ces inventions ou ces éclairciſſemens très dignes d'éloges, ne ſont point des progrès réels. Ce qu'on peut en conclure, c'eſt que la Géométrie touche à ſa perfection, & cette concluſion eſt une vraie connoiſſance.

HISTOIRE
DE
L'ASTRONOMIE.

LES CHALDÉENS s'attribuent l'invention de l'Astronomie, & citent comme un grand Astronome, un certain *Zoroastre*, Roi de Bactriane, qui vivoit 500 ans avant la guerre de Troye. Les Egyptiens revendiquent cette invention, & en font honneur à un homme savant, selon eux, qu'ils appellent *Thot*, ou *Mercure Trimegiste*. Mais ces prétentions, bien ou mal fondées, ne font point connoître en quel état étoit chez eux cette science dans ces tems reculés.

Ce qu'on sait certainement, c'est que les plus anciennes observations astronomiques que les Chaldéens aient faites, ne datent que de 719 ans avant *Jesus-Christ*. Ce sont trois éclipses de Lune. On doit à ces peuples la découverte de la période luni-solaire, je veux dire une période d'années, qui ramene les nouvelles & pleines Lunes aux mêmes jours, heures & minutes. Cette période est de 6585 jours 8 heures, ou de 223 mois Lunaires. Les Chaldéens connurent encore le tems que le Soleil emploie à parcourir l'écliptique, c'est-à-dire la durée de l'année, & le compterent de 365 jours, 6 heures, 11 minutes.

719 ans avant J. C.

Les Egyptiens ne cultivoient pas l'Astronomie avec moins d'ardeur que les Chaldéens. On compte trois cens soixante-treize éclipses de Soleil, & huit cens trente-deux éclipses de Lune, qu'ils avoient observées. Si ce nombre n'est pas exagéré, il faut que ces Peuples se soient appliqués de très bonne-heure à observer les Astres. Aussi prétend-on que leurs premieres observations sont de seize siecles avant Jesus-Christ. C'est une conjecture mieux fondée que celle qui attribue aux Egyptiens l'invention de l'art de calculer les Eclipses. Voici du moins les connoissances que *Thalès*, de Milet, apporta de chez eux.

610 ans
avant J. C.

Ce Philosophe étant allé à Memphis, pour étudier sous les Prêtres de ce Pays, qui étoient les hommes les plus éclairés de l'Univers, y vit des pyramides qui servoient d'observatoires à ces Prêtres, & dont les quatre faces étoient exactement dirigées vers les quatre points cardinaux. On savoit donc en Egypte tracer une Méridienne ; ce qui est une opération très délicate. De retour de ce Pays, *Thalès* enseigna aux Grecs la vraie cause des Eclipses de Soleil, & en prédit une. C'est la premiere prédiction qui en a été faite. Elle eut son accomplissement l'an 585 ans avant Jesus-Christ. Elle arriva précisément dans l'instant où *Cyaxare*, Roi des Medes, & *Aliathe*, Roi des Lydiens, étoient prêts à se livrer bataille. Cet événement les déconcerta, & parceque l'ignorance est la mere de la superstitition, ils le regarderent comme un avis du Ciel de faire la paix.

Thalès enseigna encore que la terre est ronde. Il partagea la sphere du Ciel en cinq cercles paralleles ; démontra la cause des phases de la Lune, & mesura le diametre apparent du Soleil, qu'il estima la sept cent vingtieme partie de son orbite : estimation assez exacte.

Ce premier Astronome ne se borna point-là. Quoique ce fût beaucoup d'avoir découvert tant de choses, il voulut encore faire servir ces connoissances à l'usage de la société. Il songea d'abord à perfectionner le Calendrier Grec; mais ce ne fut qu'un projet. Cette perfection ne pouvoit avoir lieu qu'en déterminant exactement les révolutions du Soleil & de la Lune, & *Thalès* n'en savoit pas assez pour cela. Il fut plus heureux dans l'idée qu'il eût de rendre la navigation plus sûre, en faisant usage de la petite Ourse. Pour exposer ses vues là-dessus, il composa, à ce qu'on assure, une Astronomie nautique : production qui n'est point parvenue jusqu'à nous.

Quelques Historiens attribuent encore à ce Philosophe, d'avoir remarqué le premier l'obliquité de l'écliptique, qui est la ligne que le Soleil parcourt dans le cours de l'année ; mais l'opinion générale est que cette découverte est d'*Anaximandre*, successeur & disciple de *Thalès*. On doit à ce Philosophe l'invention de la sphere armillaire, qui représente la division des Cieux suivant *Thalès*. Il est aussi le premier qui ait avancé que le Soleil est un amas de matiere enflammée.

Anaximenes, successeur d'*Anaximan Ire* dans l'école de Milet, s'occupa, comme lui, de l'Astronomie. Il enseigna que les Astres sont de grandes roues remplies de feu qui s'échappe par une ouverture, & crut que les éclipses ne ve-

H iv

noient que d'un engorgement de cette ouverture. On prétend qu'il difoit encore que les
Aftres ne circulent point dans des orbites,
mais qu'ils tournent autour de la terre, qu'il
croyoit plate. *Anaxagore*, qui vécut dans le
même-tems que lui, foutint que les cieux &
les aftres étoient de pierre ou de matiere fort
compacte, & que le mouvement circulaire auquel ces aftres font en proie, les retenoit dans
leur orbite. Mais *Pythagore* forma bientôt
après un cours de fcience aftronomique.

590 ans
avant Jefus-
Chrift.

Il reconnut la rondeur de la Terre, l'exiftence des Antipodes, la fphéricité des Aftres,
la caufe de la lumiere de la Lune, & celle de fes
Eclipfes, & obferva le cours de Venus & de
Mercure, les deux planetes les plus proches
du Soleil : obfervation que les Egyptiens
avoient déja faite. Il fit connoître Venus, en
montrant que c'étoit l'aftre qui précede ou
fuit le lever ou le coucher du Soleil, & qu'on
appelloit l'étoile du matin & du foir. Dans la
contemplation de toutes ces belles chofes, il
lui échappa une idée à laquelle on a fait une attention ridicule : c'eft que les aftres ne font
pas feulement utiles aux hommes, mais encore
qu'ils forment entr'eux un concert agréable
dont jouit la divinité & ceux qui participent à
fa gloire.

Jamblique adoptant cette opinion, a prétendu que notre Mufique tiroit fa naiffance
de la Mufique du Ciel. Comme celle-ci doit
être parfaite, *Cenforin* a cru faire une chofe mer-
veilleufe, que de déterminer les intervalles
des tons qu'il y a entre les planetes. De quoi
n'eft-on pas capable quand l'efprit eft échauffé.

& que l'entêtement se joint au délire de l'enthousiasme ?

M. *Pelisson* a connu un homme qui disoit
entendre le bruit & le choc des spheres célestes.
Rendons cependant justice aux Anciens qui ne
firent nulle attention à cette pensée de *Pythagore* sur la Musique des Astres.

Après lui , *Philolaé* , Philosophe Grec , observa avec soin les mouvemens des Astres : il
voulut même les expliquer. A cet effet , après
les avoir en quelque sorte combinés , il pensa
que la Terre étoit livrée à deux mouvemens ,
un de rotation sur son axe , & un de progression ou de translation sur l'écliptique. Ce sentiment , quoique conforme à la vérité , parut ridicule , parcequ'on voyoit marcher le Soleil ,
& qu'on n'appercevoit pas le mouvement de la
Terre. Mais ce Philosophe étonna bien davantage , quand il soutint que le Soleil n'a de lui-
même ni lumiere , ni chaleur ; que ce n'est qu'u-
ne espece de miroir qui réfléchit l'une & l'autre , lesquelles lui viennent des Planetes. Ce
sentiment n'eut aucun partisan.

Des objets plus importans occuperent les
successeurs de *Philolaé*. Un Astronome , nommé *Phainus* , étudia le cours des Astres & en fit
la base de l'Astronomie. Il eut pour disciple
Methon , qui se lia avec *Euctemon* pour suivre
les conseils de son Maître. Ils observerent ensemble l'entrée du Soleil dans le tropique du
cancer , c'est-à-dire le Solstice d'Eté , & firent
usage d'un Héliometre , instrument qui leur
servoit à mesurer le cours du Soleil. C'est tout
ce que nous en savons. Ils observerent aussi particulierement le lever & le coucher de quel-

431 ans
avant J. C.

ques Etoiles. Ces obfervations & une découverte importante que *Methon* fit dans la chronologie le rendirent célebre dans la Grece.

C'étoit alors un parti pris par *Ariftophane*, Auteur dramatique, de tourner les Philofophes en ridicule fur la fcene. La célébrité de *Methon* fixa fon attention. Dans fa comédie *des Oifeaux*, il le fait parler fur l'Aftronomie comme un infenfé. Le but de cette plaifanterie étoit d'expofer au grand jour une action peu honorable de cet Aftronome. Dans la guerre de Sicile, *Methon* ne pouvoit fe difpenfer de prendre les armes. Cela lui paroiffoit d'autant plus dur, qu'il n'étoit accoûtumé à manier que des inftrumens aftronomiques, & qu'il prenoit fort peu d'intérêt aux querelles de politique, qui font fouvent égorger les meilleurs Citoyens. Afin de fe tirer d'embarras, il contrefit le fou; & comme on le jugea tel, on ne fongea point à lui faire porter les armes.

Plus d'un fiecle s'écoula, & l'Aftronomie ne fit aucun progrès fenfible. On obfervoit les Aftres, & on s'en tenoit-là. Les Aftronomes qui fe diftinguerent le plus en ce genre de travail, furent *Ariftille* & *Timocaris* : ils firent un fi grand nombre d'obfervations, qu'ils fe trouverent en état de former un catalogue des Etoiles.

Cependant *Ariftarque* de Samos travailloit à déterminer la diftance du Soleil à la Terre. C'étoit une entreprife très hardie & qui étonna d'autant plus les Savans, qu'on regardoit cette diftance prefque infinie. *Ariftarque* faifit l'inftant où la partie vifible de la Lune eft à moitié éclairée, & mefura pour lors la grandeur de l'arc intercepté entre le Soleil & cette Planette. Ces opérations lui donnerent un triangle rectangle, dont un côté étoit formé par la diſtance de la Lune à la Terre, l'autre par celui de la Lune au Soleil, & le troiſieme par la diſtance du Soleil à l'œil du Spectateur. Connoiſſant donc les angles & la diſtance de la Lune à la Terre, il détermina aiſément les autres côtés du triangle, & eut ainſi la diſtance du Soleil à la Terre. Il trouva de cette maniere que la diſtance du Soleil à la Terre eſt vingt fois plus grande que celle de la Terre à la Lune.

Après avoir réſolu un problême ſi difficile, il eut aiſément la ſolution d'un autre bien moins compliqué : ce fut de connoître le diametre de la Lune, qu'il eſtima environ le tiers de celui de la Terre. Enfin il ébaucha le premier un ſyſtême aſtronomique, en plaçant le Soleil au milieu des Etoiles, & en faiſant tourner les planettes autour de lui.

Le zele d'*Ariſtarque* & ſes ſuccès étoient un aiguillon bien puiſſant pour encourager les Amateurs de l'Aſtronomie à faire de nouvelles découvertes dans cette ſcience ; mais cent années paſſerent ſans qu'il y eût perſonne capable de ſuivre les travaux de cet Aſtronome. Il ſembloit qu'on alloit oublier les Aſtres & leur mouvement, lorſqu'enfin parut dans le monde un génie fécond en inventions, qui cultiva l'Aſtronomie avec le plus grand ſuccès.

Hipparque, né à Nicée en Bithinie, environ cent quatre-vingt à cent quatre-vingt-dix ans avant *Jeſus-Chriſt*, obſerva d'abord, pendant une longue ſuite d'années, le mouvement du Soleil (ou de la Terre), c'eſt-à-dire les retours

80 ans
avant J. C.

de cet Astre à l'Equateur & aux Tropiques, &
pour s'assurer de l'exactitude de ses observations, il les compara avec celles d'*Aristarque*.
Il parvint par ce moyen à déterminer la grandeur de l'année, qu'il trouva de 365 jours,
5 heures, 55 minutes & 12 secondes. Il voulut ensuite soumettre au calcul le mouvement
du Soleil ou de la Terre. On savoit alors que
cet Astre parcourt plus vîte la partie australe
de l'Ecliptique que la partie boréale. Pour expliquer ces irrégularités, on supposoit que la
Terre n'occupe pas le centre de l'orbite du
Soleil ; mais afin d'avoir quelque chose de
plus précis là-dessus, il falloit connoître cette
excentricité ou cet écart de la Terre du centre
autour duquel le Soleil fait sa révolution an-
nuelle. C'est à quoi réussit *Hypparque*, en combinant les intervalles inégaux du Soleil pendant les équinoxes & les solstices. Par cette
combinaison, il trouva que cette excentricité
est d'$\frac{1}{24}$ du rayon de l'orbite.

Ce grand Astronome mesura aussi la durée
des révolutions du mouvement de la Lune ;
détermina l'excentricité de l'orbite lunaire,
l'inclination de cette orbite sur l'écliptique,
& calcula des tables des mouvemens du Soleil & de la Lune.

Encouragé par ces succès, il voulut mesurer la distance des corps célestes à la Terre, &
la grandeur de l'Univers. C'étoit un projet qui
demandoit une sagacité d'autant plus extraordinaire, qu'il paroissoit exceder les forces de
l'esprit humain. Aussi *Hipparque* développa, à
cette occasion, toutes les ressources d'un génie
transcendant. Il imagina une méthode très

compliquée , qui exigeoit plusieurs observations fort délicates : c'étoient celles des diametres apparens des Astres , des parallaxes ho-
risontales (*) du Soleil & de la Lune , de
leurs distances & grandeurs respectives , & du
diametre de l'ombre terrestre dans les éclipses
de Lune. Toutes ces observations le mirent en
état d'exécuter son projet. Il trouva par leur
moyen que la plus grande distance du Soleil à
la Terre , est de 1586 demi-diametres ter-
restres , sa moyenne de 1472 , & la petite
distance de 1357 ; que sa parallaxe horisontale est de trois secondes ; que la distance
moyenne de la Lune à la Terre est de 59 de
ces demi-diametres ; que le diametre de la
Lune est un peu moins du tiers de celui de
la Terre , & que celui du Soleil est cinq fois
& demi plus grand que celui de la Terre.

Au milieu de ces sublimes opérations, une
étoile nouvelle parut. Etonné de ce phénomene , *Hipparque* en conclut que le Ciel éprouve des changemens. Il voulut en tenir compte ,
& fit pour lors l'énumération de toutes les étoiles , dont il forma un catalogue. Afin de ne
pas s'égarer dans ce travail immense , il divisa les étoiles en constellations , c'est-à-dire
en plusieurs groupes ou assemblages , & les pro-
jetta sur une sphere. Il rangea par ce moyen
toutes les étoiles suivant leur véritable lieu
dans le firmament. Il en avoit observé un grand
nombre ; mais quoiqu'il ne doutât point de
l'exactitude de ses observations, il voulut s'en

(*) On entend par Parallaxe , la différence entre le lieu
apparent & le lieu véritable d'un Astre ; & on appelle *Parallaxe horisontale*, la parallaxe d'une Planete à l'horison.

assurer, en les comparant avec celles *d'Aristille*, & de *Timocaris*. Il reconnut que les étoiles avoient changé de place, en rétrogradant suivant l'ordre des signes d'environ deux dégrés. Il ne put savoir autour de quoi se faisoit cette rétrogadation. Au défaut de connoissances réelles, il conjectura que ce mouvement avoit lieu autour des Pôles du Zodiaque.

Enfin cet homme immortel ébaucha la théorie des mouvemens de la Lune ; mesura la durée de ses révolutions, en comparant les anciennes observations des éclipses avec les siennes ; détermina l'excentricité de son orbite, qu'il fixa à cinq dégrés ; mesura avec plus d'exactitude qu'on ne l'avoit fait, le mouvement des apsides & celui des nœuds. D'après tous ces travaux, il calcula des tables des mouvemens de la Lune & du Soleil. Il termina sa carriere par deux découvertes importantes : ce fut de faire usage des longitudes pour fixer la position des lieux sur la Terre, & de se servir à cet effet des éclipses de Lune.

Quoique l'exemple de cet illustre Observateur dût faire des Prosélytes à l'Astronomie, on ne trouve qu'un seul Astronome qui se soit distingué entre lui & *Ptolémée*. C'est *Agrippa* : il s'appliqua à la connoissance du mouvement des étoiles, pour suivre le travail d'*Hypparque*, & observa vers la fin du premier siecle de l'Ere chrétienne une occultation des pléïades par la Lune. C'est tout ce que nous savons des travaux de cet Astronome.

Trente-huit après parut *Ptolémée*, qui donnant en quelque sorte une forme à la science des Astres, mérita d'être qualifié le premier

93 ans après J. C.

120.

ou le Prince des Aftronomes. Il naquit à Pto-
lomaïde en Egypte, au commencement du fecond fiecle de l'Ere chrétienne. Né avec un
goût dominant pour l'Aftronomie, il s'y adon-
na entierement. Après avoir étudié avec foin
tout ce qu'on en avoit écrit, il jugea que pour
proceder avec méthode dans cette étude, il falloit commencer par déterminer dans quel ordre font rangés & les Globes qui roulent fur
notre tête, & celui que nous habitons; en un
mot, faire un fyftême aftronomique. Le fruit
de fes méditations fut que les Aftres font fitués
dans le Ciel de la maniere fuivante.

La Terre eft au milieu du monde. Autour
d'elle tournent les Planettes & les Etoiles fixes
d'Orient en Occident. La Lune fait fa révolution autour de la Terre. Viennent enfuite Mercure, Venus, le Soleil, Mars, Jupiter & Saturne. Comme cet arrangement ne fuffifoit pas
pour expliquer les inégalités du mouvement
des Planetes autour du Soleil, *Ptolémée* fuppofa que chaque Planete fe meut dans un cercle, pendant le tems que fon centre avance
dans fon orbite. Il remarqua enfuite, ou crut
voir que les Etoiles font en proie à quatre mouvemens. Le premier, un mouvement commun
avec les Planetes en vingt-quatre heures; le
fecond, un mouvement diurne par lequel elles
retournent un peu du Couchant au Levant; le
troifieme, un mouvement qui les fait balancer
tantôt du Couchant à l'Orient, & tantôt de
l'Orient au Couchant; & enfin le quatrieme,
celui par lequel elles paroiffent balancer vers
les deux Pôles.

Il falloit rendre raifon de tous ces mouvemens, pour que son systême fût probable. C'est pourquoi *Ptolémée* imagina trois Cieux. L'un qu'il appella *premier mobile* , fait mouvoir , selon lui, les Planetes & les Etoiles autour de la Terre ; & les deux autres , auxquels il donna le nom de *Cristallins* , doués d'un mouvement de vibration , servirent à expliquer les autres mouvemens des Planettes. Il ne rendit pas si aisément raison de ceux de la Lune, qui sont d'une irrégularité extrême. Il fut obligé de faire mouvoir cette Planete dans un cercle qu'il appella *épicicle* , & cet épicicle sur un excentrique qu'il fit encore mouvoir ; & avec ces hypotheses il explique assez bien les mouvemens de la Lune.

Les choses ainsi disposées , *Ptolémée* résolut de suivre la découverte d'*Hipparque* sur le mouvement des Etoiles fixes. Il observa long-tems ces Astres. Il compara ensuite ses observations avec celles de cet Astronome, & reconnut par-là que les Etoiles avoient avancé parallelement à l'écliptique de 2 dégrés 40 minutes depuis *Hipparque* ; c'est-à-dire dans l'espace de 265 ans. De-là il conclut que le mouvement des Etoiles est d'un dégré par siecle.

En réunissant toutes ces observations , ce Restaurateur de l'Astronomie en forma un catalogue contenant la longitude & la latitude de mille vingt-deux étoiles. Enfin il déposa ses découvertes & ses travaux dans un Ouvrage qu'il nomma lui-même *compositionem magnam* , & qui parut sous le titre d'*Almageste* , c'est-à-dire de très grand Ouvrage. *Ptolémée* y décrit l'instrument nommé Armilles , qui avoit servi à *Hipparque* pour ses observations ,

&

& avec lequel il avoit fait les siennes. C'étoit une sorte de sphere armillaire à laquelle on avoit ajouté un cercle qui tournoit sur les Pôles de l'Ecliptique, & qui étoit garni de pinules diamétralement opposées. On plaçoit cette sphere dans le plan de la sphere céleste, & par la situation d'un astre à son égard, qu'on connoissoit soit par la lumiere qu'il jettoit sur les cercles, soit par les pinules, on déterminoit sans calcul le lieu de cet Astre dans le Ciel.

On trouve aussi dans l'*Almageste* la description d'un Astrolabe assez semblable à celui qui est encore en usage, avec lequel *Ptolémée* observoit la hauteur des Astres, & celle d'un instrument composé de trois regles, qui formoient un triangle isocele, & qu'il nommoit *Regles parallactiques*. Ce triangle étoit garni de pinules à un de ses côtés, & on le rectifioit par le moyen d'un fil à plomb. Il servoit sur-tout à mesurer la distance d'un astre au zenith.

Tout cela n'étoit pas encore suffisant pour les observations. Il étoit nécessaire de mesurer le tems pendant lequel on les faisoit ; car c'est de-là que dépend leur exactitude. On n'avoit point alors ni pendules ni montres. On ne connoissoit que des clepsidres : moyens trop grossiers pour donner des divisions & une mesure du tems juste. A leur défaut, *Ptolémée*, à l'exemple d'*Hipparque*, remarquoit à l'instant de l'observation dont on vouloit connoître le tems, remarquoit, dis-je, la hauteur du Soleil pendant le jour, & celle d'une Etoile pendant la nuit ; & combinant la position de l'astre avec la latitude du lieu, il déterminoit exactement l'heure comme il le desiroit. Cet Astronome dé-

crivit enfuite dans deux Ouvrages deux inftrumens connus fous le nom de *Planifphere* & d'*A-
nalemme*, lefquels repréfentent la projection du
cercle & de la fphere fur un plan.

Ces fuccès avoient rendu le nom de *Ptolémée* fi célebre, & avoient donné de lui une fi
haute idée, qu'on defefpéra pendant long-tems
d'ajouter à fes découvertes. On adopta même
aveuglement fon fyftême & fes hypothefes, &
on paffa une fuite de fiecles dans l'admiration
de fes Ouvrages. De-là naquit un décourage-
ment, une forte de pufillanimité qui fut nuifi-
ble aux progrès de l'Aftronomie. Le tems n'é-
toit pas propre, outre cela, à la culture des
fciences, c'étoit celui où la Philofophie étoit
perfécutée. On n'ofoit fe donner pour favant,
ou même pour amateur des Sciences, afin de
ne pas s'expofer à la perfécution. L'ignorance
jouoit alors le premier rôle dans le monde, &
fubjuguoit la raifon de tous les Peuples.

Les maux que la barbarie avoit produits,
lafferent enfin les hommes. Ils voulurent s'en
délivrer, & comprirent que ce ne pouvoit être
que par l'ufage de la raifon. Enfin ils connurent le prix des fciences, les étudierent & donnerent l'effor à leur imagination. L'Aftronomie ne tarda pas à fe reffentir de cette liberté.

Un Arabe nommé *Mohamed ben Geller*, &
connu fous le nom d'*Albategnius*, n'adopta pas
tellement les hypothefes de *Ptolémée*, qu'il
s'en interdît l'examen. Il trouva que la théorie
de la Lune & des Planettes ne répondoit point
aux phénomenes, & tacha de la corriger. En
comparant le fentiment de cet Aftronome fur la

870 ans
après J. C.

situation du Soleil , il reconnut une erreur :
c'est que le mouvement du Soleil n'est pas égal
à celui des Etoiles , comme *Ptolémée* l'avoit
cru , mais qu'il est un peu plus rapide. Il découvrit encore une erreur plus considérable dans ses
tables. Cet Astronome s'y étoit borné à rectifier les calculs d'*Hipparque*. Il avoit admis que
les Etoiles avancent d'un dégré en longitude
dans cent ans. C'étoit une opinion fausse. *Albategnius* trouva que ce mouvement n'est que
d'un dégré dans soixante-six ans ; découverte
qui rendoit le catalogue de *Ptolémée* presque
inutile. Mais l'Astronome Arabe répara cette
perte en formant un nouveau catalogue : il le
publia en 880 , dans un livre qui parut sous ce
titre : *De Scientia stellarum.*

Enfin il détermina avec exactitude l'excentricité de l'orbite du Soleil (ou de la Terre),
& la durée de son cours , qu'il fixa à 365
jours, 5 heures, 46 minutes, 24 secondes.

Ces succès encouragerent les Arabes à suivre les traces de leur illustre Compatriote. Le
premier d'entr'eux qui se distingua, se nommoit *Ibn-Ionis*. Au commencement du dixieme siecle , il calcula de nouvelles tables , &
fit un recueil d'observations qui est estimé.

Arsachel , autre Arabe qui cultiva l'Astronomie, calcula aussi des tables , & s'attacha à
déterminer les élémens de la théorie du Soleil.
Il fit à cet effet un grand nombre d'observations, & imagina une méthode plus simple &
plus sûre que celle dont *Hipparque* & *Ptolémée*
faisoient usage. Il observa aussi l'obliquité de
l'écliptique , qu'il détermina à 23 dégrés 34
minutes.

1000 ans
après J. C.

I ij

Il parut ainſi, de tems en tems, juſqu'au douzieme ſiecle, des Aſtronomes qui s'étudierent ſoit à rectifier le travail de *Ptolémée*, ſoit à faire de nouvelles obſervations. Cependant un homme de mérite, nommé *Alpétragius*, en examinant le ſyſtême de *Ptolémée*, trouva ſes hypotheſes ſi compliquées, qu'il ne crut pas qu'on pût l'adopter. Il en imagina un autre plus ſimple, ce fut de faire mouvoir les planetes dans des ſpirales, afin d'expliquer leur mouvement propre & leur mouvement diurne. Il eſt vrai que cette explication étoit forcée, mais c'étoit toujours une invention ingénieuſe, & qui mérita des éloges à ſon Auteur.

La bonne volonté ne manquoit pas aux Aſtronomes pour mettre leur ſcience en faveur; mais on n'étoit point encore revenu de cet aſſoupiſſement qui avoit énervé preſque tout le genre humain. Il étoit néceſſaire que les perſonnes en place donnaſſent le ton & encourageaſſent ceux qui ſe vouoient à l'étude des ſciences. C'eſt ce qui arriva heureuſement dans le douzieme ſiecle. L'Empereur *Frédéric II*, touché des beautés de l'Aſtronomie, fit traduire les ouvrages de *Ptolémée*, afin de mettre tout le monde à portée de la cultiver. Il fit auſſi conſtruire un grand Globe céleſte, repréſentant au dehors les conſtellations, & en dedans la diviſion des Cieux & la diſpoſition des orbites des Planetes.

Vers le milieu du treizieme ſiecle, *Alphonſe*, Roi de Caſtille, prit encore l'Aſtronomie plus à cœur. Il voulut d'abord connoître cette ſcience, pour concourir avec plus de ſuccès à ſa perfection. A cet effet, il fit venir à grands frais des Astronomes de tous les Pays de l'Europe. Il les logea magnifiquement dans un de ses Palais, & les invita à perfectionner l'Astronomie ancienne, dont la théorie paroissoit de jour en jour plus défectueuse par les nouvelles observations. Le premier travail de ces Savans fut de rectifier les tables de *Ptolémée*. *If. Haçan*, Juif, commença à les corriger. D'après les changemens qu'il fit, ses Adjoints formerent le projet de calculer de nouvelles tables, & imaginerent pour cela une nouvelle théorie du mouvement des Etoiles. On ne sait point sur quel fondement ils crurent que les Etoiles étoient en proie à un mouvement inégal en longitude ; mais on sait que pour assujettir ce mouvement au calcul, ils supposerent une progression dans leur mouvement tantôt accéléré, tantôt retardé, & une augmentation & une diminution périodiques dans l'obliquité de l'écliptique. Enfin après quatre ans de travail, ils publierent en 1252 de nouvelles tables sous le titre de *Tabulæ Alphonsinæ.*

Elles paroissoient à peine, qu'un Astronome Arabe, nommé *Alboacen*, en fit une critique très severe. Il attaqua sur-tout la supposition du mouvement des étoiles fixes, & montra solidement que ces Astres ont un mouvement égal, conformément au sentiment d'*Albategnius*. Les Astronomes d'*Alphonse* convinrent de leur tort. En habiles gens, sans entêtement & sans prévention, ils se rétracterent, & publierent en 1256 des tables plus correctes.

Leur Protecteur leur sut gré de leur docilité & de leurs travaux, & les récompensa avec une générosité presque sans exemple. Il n'im-

puta pas même les erreurs qu'ils avoient com-
mifes au défaut de leur pénétration & de leur
fagacité , mais au vice de la conftruction de
l'Univers. On fait la folle vanité de ce Prince , qui difoit que fi Dieu l'avoit confulté
quand il créa le monde , il l'auroit conftruit
d'une maniere plus fimple & dans un meilleur
ordre.

On ne pouvoit donner une idée plus haute
de l'eftime qu'il faifoit des Savans qui avoient
fecondé fes intentions pour la perfection de
l'Aftronomie. Après un pareil exemple, on eft
étonné de ne trouver jufqu'à la fin du quatorzieme fiecle , aucun Prince qui imitât *Alphon-
fe*. La fcience des Aftres ne fut pas abfolument
négligée , mais on ne produifit rien qui mérite d'être confervé dans les faftes de cette
fcience.

Un Cardinal , grand amateur des Mathématiques (*Cufa*) , effaya bien de ranimer les efprits ; mais il ne mit l'Aftronomie en confidération que par fa dignité. C'étoit quelque chofe.
Il faut ajouter cependant , qu'il releva quelques erreurs des Tables Alphonfines , & qu'il
exhorta fort à adopter le fentiment de *Philolaé*
fur le mouvement de la Terre.

Au commencement du quinzieme fiecle ,
George Purbach , né avec les difpofitions les
plus heureufes , & encouragé par les bienfaits de *Frédéric III* Empereur , fe confacra
entierement à l'étude de l'Aftronomie. Son
premier foin fut de donner une traduction des
Ouvrages de *Ptolémée*. Il travailla enfuite à
vérifier la théorie de l'Aftronomie ancienne
par de nouvelles obfervations. Il rectifia pour

tela les inftrumens des Anciens, & en imagina de nouveaux. Il corrigea la théorie des Planetes de *Ptolémée*, mefura le lieu des Etoiles plus exactement qu'on ne l'avoit fait, & dreffa un grand nombre de tables de différentes efpeces. La mort furprit cet homme de génie au milieu de fes travaux & de fa carriere.

On trouva dans fes papiers un abrégé de l'Almagefte de *Ptolémée*, qu'un de fes Difciples acheva : c'eft *Jean Muller*, connu fous le nom de *Regiomontan*, qui devint l'un des plus grands Mathématiciens de fon tems. Il s'étoit attaché à *Purbach* à l'âge de quatorze ans, & avoit donné dès lors des marques d'une grande fagacité. Auffi ne fût-il pas feulement l'Ecolier de cet Aftronome : il fe montra bientôt digne d'être affocié à fes travaux & à fa gloire. Il fit avec lui un grand nombre d'obfervations, & mit bientôt à profit toutes ces connoiffances pour perfectionner l'Aftronomie. Il commença l'Almagefte de *Ptolémée* ; réfolut plufieurs problêmes ; compofa un Traité fur les Inftrumens aftronomiques qui étoient alors en ufage, & en inventa plufieurs.

Après avoir publié différentes Tables du mouvement des Aftres, il mit au jour des Ephémérides, dont les calculs comprennent trente ans, commençant en 1475, & finiffant en 1505. Enfin *Regiomontan* fit la premiere obfervation exacte d'une Comete qui parut en 1472, & cette obfervation donna lieu à un Traité qu'il compofa fur ce fujet.

Ce Mathématicien fût fecondé dans fes obfervations par un riche Amateur des Mathématiques, & qui avoit un goût particulier pour

1450.

I iv

l'Aſtronomie. Il ſe nommoit *Bernard Wal-ther*. Il n'épargna rien pour avoir des inſtru-mens grands & parfaits, & ſe mit en état de continuer les obſervations de ſon Prédeceſſeur *Regiomontan*. En obſervant Venus, il s'apper-çut que cette Planete étoit viſible, quoiqu'il fût bien aſſuré qu'elle étoit encore ſous l'ho-riſon. Ce phénomene le ſurprit, & après en avoir cherché la raiſon, il reconnut que c'étoit un effet de la réfraction de la lumiere, c'eſt-à-dire que les rayons de lumiere, en traverſant l'atmoſphere, ſe courboient en ſe briſant, & rendoient par-là la Planete viſible : décou-verte importante, qui apprit à s'aſſurer déſor-mais plus exactement de la véritable hauteur des Aſtres.

Quelques Aſtronomes tels que *Jean Ange-lus*, *Jean Bianchini*, &c. entretinrent le goût de l'Aſtronomie pendant le reſte de ce ſiecle. Ce dernier publia même de *Nouvelles Tables cé-leſtes*, dignes d'eſtime : mais le ſiecle ſuivant fut plus fécond en Aſtronomes.

1500.

Jean Werner, Profeſſeur de Mathématiques dans l'Univerſité de Vienne, ouvrit la carriere. Il compoſa un Ouvrage ſur le mouvement des Etoiles fixes, dans lequel il confirma l'opinion du mouvement égal des Etoiles. Pluſieurs Aſ-tronomes ſeconderent ſon zele, ſans ſe rendre cependant recommandables.

Pendant ce tems-là il s'en formoit un qui étudioit l'Aſtronomie avec le plus grand ſuc-cès, & qui méditoit un nouveau ſyſtême aſtro-nomique qui lui a acquis une gloire immor-telle. C'eſt *Nicolas Copernic*, né en Pruſſe en 1472, de Parens nobles. Son goût pour l'Aſ-

tronomie, se manifesta dès ses premieres études. Il en apprit les élémens d'un Professeur de
Philosophie, & comprit qu'il falloit observer
les Astres, pour connoître véritablement cette
science. *Dominique Maria* jouissoit alors de la
réputation de grand Observateur. Il avoit même acquis quelque célébrité, en soutenant que
le Pôle du Monde approchoit de l'Equateur.
Cette opinion étoit fondée sur une observation de la hauteur du Pôle, qu'il avoit trouvée plus grande que *Ptolémée* ne l'avoit déterminée.

Cette espece de découverte avoit intéressé
tous les Astronomes, qui connoissoient l'habileté de *Maria* dans l'art d'observer. C'étoit cependant une erreur. En vérifiant la maniere dont
Ptolémée avoit déterminé la hauteur du Pôle,
on reconnut qu'elle manquoit d'exactitude.
On ne pouvoit par conséquent rien inférer de
ce qu'elle ne s'accordoit point avec l'observation de *Maria*.

Quoi qu'il en soit, *Copernic* qui jouissoit
d'une fortune honnête, se rendit à Boulogne,
où étoit cet Astronome, demanda ses conseils,
& observa avec lui pendant long-tems. De
Boulogne il alla à Rome : on voulut l'y arrêter ; mais son Oncle, Evêque de Wormie, lui
ayant donné un Canonicat dans sa Cathédrale,
le fixa dans cette Ville. Ce fut-là que *Copernic* fit une étude sérieuse du Ciel. Il sentit, comme *Ptolémée*, la nécessité de déterminer dans
quel ordre sont rangés les Astres, pour pouvoir
expliquer leurs mouvemens. En étudiant le
systême de cet Astronome, il reconnut tant
d'embarras dans l'arrangement qu'il avoit ima-

giné, qu'il pensa à en faire un autre.

Il savoit que *Philolaé* prétendoit que la Ter-re tourne autour du Soleil, & que quelques Philosophes de l'antiquité avoient même soup-çonné que Vénus & Mercure font leur révolu-tion autour de cet Astre. Il résolut de vérifier tout cela. Il observa particulierement Mars, Jupiter & Saturne, & ses observations lui ap-prirent que ces trois Planetes ne paroissoient pas toujours de la même grandeur. Toutes ces découvertes étant combinées, il imagina le systême suivant.

Il place le Soleil à peu-près au centre du monde planétaire. Mercure, Venus, la Terre, Mars, Jupiter & Saturne font leur révolution autour de cet Astre. Les Planetes avancent d'Occident en Orient & tournent autour de leur axe. Pour rendre raison de l'irrégularité de leur mouvement, il fait mouvoir, comme *Ptolémée*, la Planete dans un cercle, pendant qu'elle avance sur son orbite. Les Cieux sont immobiles dans ce systême, & les Etoiles y sont placées à une distance immense du Soleil. A l'égard de la Lune, elle circule autour de la Terre.

Copernic ne crut pas devoir rendre public son Ouvrage, sans s'assurer par lui-même que ce nouvel arrangement répondoit à tous les phénomenes célestes. Il observa à cet effet les Astres pendant trente-six ans; & persuadé qu'on ne pouvoit rien imaginer qui répondît mieux aux observations, il mit son systême au jour.

Le premier Astronome qui adopta ce systê-me, fut *Joachim Rheticus*, disciple de *Coper-*

nic. Il s'en déclara publiquement le partifan, en 1540. *Erafme Reinold*, Profeffeur de Mathématiques à Wittemberg, qui avoit bien mérité de l'Aftronomie par des notes qu'il avoit faites fur les théories de *Purbach*, *Reinold*, dis-je, calcula de nouvelles Tables aftronomiques, conformément à la nouvelle hypothefe, & les publia fous le nom de *Tables pruténiques.*

1550.

Ces travaux & ces fuccès mirent l'Aftronomie en honneur ; mais elle acquit une bien plus grande confidération, lorfqu'on vit un Souverain en faire une étude férieufe. *Guillaume II*, Landgrave de Heffe, fut fi frappé des beautés de cette fcience, qu'il réfolut de la cultiver pendant toute fa vie. Il fit bâtir dans cette vue un Obfervatoire, qu'il enrichit de bons inftrumens, & y obferva feul pendant feize ans. Il eut dans la fuite pour adjoints dans fes études deux Mathématiciens habiles, *Chriftophe Rothman & Jufte Byrge*, qui fe chargerent de mettre en ordre fes obfervations. Ils trouverent que le Landgrave avoit obfervé avec la plus grande exactitude quatre cens étoiles, dont ils formerent un catalogue. La méthode qu'avoit imaginée ce Prince eft en effet excellente, & on l'eftime encore aujourd'hui.

Pendant que le Landgrave travailloit ainfi à Heffe-Caffel à la perfection de l'Aftronomie, *Tycho-Brahé* la cultivoit avec le plus grand fuccès en Dannemarck. C'étoit un Gentilhomme qui fut épris des beautés de cette fcience dès l'âge le plus tendre. Il fuivit fon goût avec une ardeur fi grande, qu'il fit bientôt des progrès étonnans. Ce ne fut point à la fatisfaction de ſes parens, qui prétendoient que l'ignorance devoit être le partage d'un homme de ſa condition. *Tycho-Brahé* prit le parti de les laiſſer dire, & pour ne point entendre des reproches ridicules & éternels, il quitta ſon pays. Il parcourut d'abord l'Allemagne, & retourna dans ſa patrie ſans avoir intention de s'y arrêter; mais il trouva un de ſes oncles, qui penſoit différemment que ſes autres parens. Bien loin de le blâmer de s'appliquer à l'Aſtronomie, il le loua, au contraire, ſur ſes études, & lui offrit un endroit commode dans une de ſes Terres pour y continuer ſes obſervations. *Ticho* accepta cette offre avec joie. A peine s'étoit-il établi dans cet endroit, qu'il découvrit une nouvelle Etoile. Elle parut tout-à-coup dans la conſtellation de Caſſiopée. Il l'obſerva pendant dix-huit mois, qui fut le tems de ſon apparition. C'eſt en 1572, qu'il fit cette découverte. Elle lui acquit une réputation.

Le Landgrave de Heſſe crut devoir ſeconder un Aſtronome qui s'annonçoit d'une maniere ſi avantageuſe. Il en parla au Roi de Dannemarck. Ce Prince qui croyoit qu'il étoit de la magnificence & du devoir d'un Souverain de favoriſer ceux qui cultivent les ſciences, ſe fit un mérite d'offrir à *Tycho* tous les ſecours qu'il pouvoit procurer par ſes libéralités. De tous les lieux qui étoient ſous la domination du Roi, ce grand Aſtronome n'en trouva point de ſi propre aux obſervations que la petite Iſle d'Huene, ſituée à l'entrée de la Mer Baltique. Ce fut là qu'il fit conſtruire, aux frais du Roi, un magnifique Obſervatoire, dans lequel il obſerva pendant vingt ans. Le Roi mourut. Son Suc-

tronome nommé *Raimard Ursus*, le revendi-
qua. Il soutint l'avoir déja donné dans un Ouvrage de sa composition, publié en 1588 sous
le titre de *Fundamentum Astronomiæ*. Il avança
même que le Landgrave de Hesse avoit fait
construire une sphere armillaire, conformément à son système. *Tycho-Brahé* ne nia pas
que *Raimard* n'eût publié avant lui ce système ;
mais il soutint qu'il l'avoit emprunté de lui en
le venant voir.

Il y a pourtant une différence entre le systême de *Tycho* & celui de *Raymard* ; c'est que
ce dernier Astronome suppose dans le sien, que
la terre tourne autour de son axe en vingt-
quatre heures : particularité qui le lui rend propre & qui l'a fait appeller *système demi - Ty-
chonicien*.

En observant les Astres *Tycho-Brahé* avoit
suivi le cours de différentes Cometes. On
croyoit alors que c'étoient de simples météores, mais *Tycho* ne crut pas que des météores
pussent avoir un cours régulier. Il avança que
c'étoient de véritables Planetes. *Seneque* & *Appollonius*, Meyndien, avoient déja eu cette
idée, qui n'étoit pourtant qu'une simple conjecture. *Tycho*, pour donner du poids à son
opinion, voulut déterminer la parallaxe de la
Comete de 1577, dont il avoit observé le cours
avec grand soin. Son dessein étoit de déterminer par-là la distance de cette Comete à la terre,
mais il trouva qu'elle n'avoit point de parallaxe : d'où il conclut que les Cometes se meuvent dans des orbites fort éloignées de celle
de la Lune ; & queles Cieux au-delà de cette
Planete sont remplis d'une matiere extrêmement subtile : opinion d'autant plus hardie,

qu'on croyoit fermement alors que les Cieux étoient solides.

Tycho soumit encore au calcul les réfractions astronomiques, & forma des Tables de réfractions pour différentes hauteurs. Mais une obligation considérable qu'on lui a, c'est d'avoir fait sur le mouvement de la Lune trois découvertes considérables. La premiere est celle d'une certaine *variation* dans son mouvement. La seconde est un autre mouvement qui dépend d'une situation particuliere de la Lune. Et la derniere est un troisieme mouvement qui est occasionné par sa distance du Soleil. Pour expliquer ces mouvemens, ce grand Astronome fait mouvoir le centre de la Lune sur un cercle particulier qui se meut lui-même autour d'un autre cercle.

En continuant d'observer le Satellite de la Terre, *Tycho* trouva que l'inclinaison de son orbite varioit (ce qu'aucun Astronome n'avoit pas même soupçonné), & que les nœuds retrogradent dans certaines circonstances & avancent dans d'autres.

Tous les Savans ne firent pas le même accueil à ces découvertes. Les Aristoteliciens trouverent fort mauvais que *Tycho-Brahé* eût de sa propre autorité observé des Cometes au-dessus de la Lune, & qu'il eût percé les Cieux pour les faire passer. Ces Cieux étoient, selon eux, plus durs que le diamant, parcequ'*Aristote* l'avoit dit, & il ne convenoit pas à un simple mortel de lui donner à cet égard un démenti. Pour venger leur Maître de cette espece d'affront, ces Astronomes se liguerent pour réfuter *Tycho - Brahé*. Ce grand homme n'étoit plus , & ils espéroient beaucoup de l'avantage d'attaquer quelqu'un qui ne peut se défendre : mais *Tycho* avoit eu pour disciple un homme très capable de les réduire au silence.

Kepler né en 1571 , de parens nobles , & peu favorisé de la fortune , trouva dans *Tycho* un bienfaiteur qui le mit en état de suivre son goût pour les sciences , & qui l'aida même à faire ses belles découvertes. Il l'avoit invité à assister à une observation délicate sur Mars. C'est de toutes les Planetes celle dont les mouvemens sont les plus irréguliers. *Tycho* expliquoit ces mouvemens en accumulant des cercles qui en compliquoient extrêmement la théorie. *Kepler* ne goûta pas cette explication. Il crut qu'on pouvoit rendre raison de ces mouvemens d'une maniere plus simple. Il imagina de rapprocher le centre de l'orbite de Mars de la moitié de l'excentricité qu'on lui donnoit, & il représenta ainsi son mouvement beaucoup mieux qu'on ne l'avoit fait jusqu'alors.

En examinant cette explication avec plus de soin , il vit qu'elle ne répondoit point encore à tous les phénomenes. Il conjectura que ce défaut venoit de ce que la figure de l'orbite n'étoit pas telle qu'il la supposoit. Il pensa aussitôt à substituer celle d'une ellipse à la circulaire, & cette idée fut très heureuse. Il rendit raison par-là non-seulement des mouvemens de Mars, mais encore de ceux des autres planetes. Il établit donc que les planetes se meuvent dans une ellipse dont le Soleil occupe un des foyers.

Les observations qu'il fit d'après cette découverte , lui apprirent que les planetes décrivent

1600.

crivent des aires proportionnelles aux tems , &
que les quarrés des tems qu'elles emploient
dans leur révolution , font comme les cubes de
leurs diftances. Ces deux regles fi belles & fi
juftes font en quelque forte la clef de la théorie
des planetes. Elles ont immortalifé *Kepler*. Cet
Aftronome devina auffi la caufe de leur mouvement ; car il penfa qu'elles gravitent vers le
Soleil , comme les corps qui tombent gravitent
vers la terre.

Une autre conjecture que fit ce grand homme , & qui fait bien voir qu'il avoit faifi le mé-
chanifme de l'Univers , c'eft que le Soleil
tourne autour de fon axe : ce qui eft une vérité
bien reconnue. Il remarqua encore la forme elliptique du Soleil & de la Lune , lorfque ces
aftres font proches de l'horifon.

Ce Savant eut fans doute fait d'autres obfervations importantes ; mais il convenoit qu'il
calculât des Tables Aftronomiques d'après fa
théorie des Planetes, pour conftater la folidité
de cette théorie. Auffi y facrifia-t-il le refte de
fes jours ; car c'eft une chofe bien affligeante
pour l'humanité , que le tems manque toujours
aux plus beaux génies. Si la nature favorife
quelque mortel d'une aptitude propre à étendre la fphere des connoiffances humaines , elle
lui prefcrit en même-tems une carriere fi courte,
qu'il peut à peine dépofer fes premieres vues.
Quel dommage que *Kepler* n'ait pas vécu des
fiecles ! Ce grand Aftronome venoit prefque de
finir fes Tables, lorfqu'il paya fon tribut à la
nature dont il dévoiloit les fecrets. Elles parurent en 1626 , fous le titre de *Tables Rodol-*

K

phiennes, à l'honneur de *Rodolphe II*, & il mourut le 5 Décembre 1631.

L'Aſtronome qui ſeconda ce Mathématicien mérite auſſi les mêmes regrets ; c'eſt *Galilée*, né à Piſe en 1564, de Parens nobles, & l'un des plus beaux génies qui aient paru dans le monde. Son pere, qui cultivoit les ſciences avec ſuccès, découvrit avec joie les diſpoſitions heureuſes que ſon fils montra pour l'étude dès l'âge le plus tendre. Il ſentit qu'il devoit être la gloire de ſa Famille & de ſa Nation, & le tems vérifia la juſteſſe de ſon jugement. Le jeune *Galilée* s'appliqua d'abord à la Méchanique, dans laquelle il fit quelques découvertes. Il allioit cette étude avec celle l'Aſtronomie ; mais l'invention du Teleſcope, en 1609, lui parut ſi propre à connoître le Ciel, qu'il ſe livra entierement à l'obſervation des Aſtres.

Le premier uſage qu'il fit du Teleſcope, fut de conſidérer la Lune. Il découvrit des inégalités ſur ſa ſurface, qui lui parurent de véritables montagnes. Il oſa même meſurer par un moyen géométrique la plus haute de ces montagnes, & il trouva qu'elle étoit plus élevée qu'aucune de celles de la terre. Il obſerva les Aſtres avec le même inſtrument, & découvrit que la voie lactée n'étoit qu'un amas confus d'Etoiles.

Il fit encore d'autres découvertes importantes. En 1610, il apperçut trois petites Planetes qui tournoient autour de Jupiter, & peu de tems après il en vit une quatrieme. Il les nomma les Satellites, ou les Gardes de Jupiter. A l'égard des autres Planetes vers leſquelles il dirigea ſon Teleſcope, Venus fut la ſeule qui lui

1610.

préfenta un fpectacle décifif ; ce fut des phafes femblables à celles de la Lune. Je dis décifif, parcequ'il ne découvrit rien d'affuré dans les autres Planetes. Seulement il crut remarquer autour de Saturne deux efpeces de Globes, qu'il prit d'abord pour deux Satellites, & qui n'é-toient ni des Globes, ni des Satellites. Il com-prit clairement fon erreur, lorfqu'il vit deux ans après difparoître ces Satellites prétendus. Ce phénomene forma une énigme pour lui, qui ne fut devinée qu'après fa mort.

Cependant ces découvertes valurent à *Gali-lée* la plus grande réputation. Elles porterent fon nom dans tout l'Univers, & lui procure-rent cette fatisfaction qu'on goûte lorfqu'on a fait quelque chofe qui eft utile au genre hu-main. Malheureufement fes fuccès furent trou-blés par une affaire fâcheufe que fon zele pour l'amour de la vérité lui fufcita.

Il admettoit le mouvement de la Terre; & de tous les fyftêmes aftronomiques, il jugeoit que celui de *Copernic* étoit le plus vrai. Ses Difci-ples embrafferent cette opinion, & la répandi-rent. Un Moine (le P. *Fofcarini*, Carme) vou-lut même la concilier avec les paffages de l'E-criture-Sainte, où il eft dit que la Terre eft im-mobile. Il faifoit voir que l'Efprit-Saint s'étoit énoncé là, conformément au langage du tems. Cela étoit fort fenfé, & cependant cette ex-plication gâta tout. On déféra fon livre à la Con-grégation des Cardinaux Prépofés pour juger tous les ouvrages où la Religion étoit intéreffée; & ce Tribunal le condamna. Celui de l'Inqui-fition prit auffi connoiffance des fentimens du P. *Fofcarini* fur le mouvement de la Terre. On fut que plusieurs personnes l'adoptoient. C'étoit la réputation de *Galilée* qui lui faisoit sur tout des partisans. Ce grand homme avoit un grand nombre de disciples, qui embrassoient avec empressement ses opinions. L'Inquisition le déclara donc fauteur d'hérésie, & le fit enfermer.

Dans une occasion où la force vouloit subjuguer la raison, *Galilée* jugea que le parti le plus sage étoit de désavouer son sentiment. Il le fit de bouche, mais il fit connoître quelque tems après qu'il pensoit toujours de même. L'Inquisition en fut scandalisée, & pour le punir d'une maniere efficace, elle le condamna à une prison perpétuelle. Il n'y resta pourtant qu'une année, mais il fut le reste de sa vie sous la dépendance de ce Tribunal.

1615.

On attribue encore à cet homme illustre la découverte des taches du Soleil ; mais elle est sûrement du P. *Scheiner*, Jésuite, qui la fit le 12 Novembre 1611. En observant le Soleil avec une telescope, il y apperçut quelques taches noirâtres. Il en fut d'autant plus surpris, que tous les Philosophes soutenoient depuis *Aristote*, que le Soleil étoit tout brillant de lumiere ; mais des observations réitérées ne lui permirent plus de douter qu'*Aristote* ne se fût trompé. Il communiqua sa découverte à son Provincial, qui, en zélé Péripatéticien, se moqua de lui, & lui conseilla de mieux nettoyer ses verres. Ce conseil étoit mortifiant. Le P. *Scheiner* se retira très fâché d'avoir vu des taches dans le Soleil.

Cependant un Senateur d'Aufbourg, nommé *Velfel*, amateur des Sciences, & avide de gloire, fit attention à cette découverte. Comme le

P. *Scheiner* paroiſſoit décidé à garder le ſilence, il ſongea à ſe faire honneur de ſa découverte. Pour ne rien avancer au haſard, il crut devoir la communiquer à *Galilée*. Ce grand homme lui répondit que rien n'étoit plus certain que le Soleil avoit des taches ; que le P. *Scheiner* avoit bien vu, & qu'il les avoit obſervées lui-même il y avoit long-tems. *Velſer*, encouragé par cette réponſe, compoſa en ſecret un livre dans lequel il s'attribua l'obſervation des taches du Soleil. Ce livre parut ſous le titre d'*Appelles poſt tabulam*.

On fut étonné qu'un Magiſtrat qui ne s'adonnoit point à l'Aſtronomie, eût fait une découverte qui avoit échappé à tous les Aſtronomes. On le regardoit avec admiration. *Velſer* en rioit, ſans dédaigner les complimens qu'on lui en faiſoit. Malheureuſement le P. *Scheiner*, moins timide qu'auparavant, oſa revendiquer cette découverte. Le Magiſtrat d'Auſbourg ne la lui conteſta point & s'en tira en galant homme, en prenant un ton de plaiſanterie qui le mit à l'abri des reproches.

Tout glorieux de ſa découverte, le P. *Scheiner* ſe hâta d'en prendre acte. Il compoſa à cet effet un Ouvrage intitulé, *De Roſa urſina*, dans lequel il rendit compte au public de ſes obſervations. Tous les Aſtronomes lui rendirent juſtice ; mais *Galilée* prétendit qu'il avoit obſervé les taches du Soleil, ſans avoir eu connoiſſance des obſervations de ce Jéſuite. Cela pouvoit être, mais il n'en eſt pas moins vrai que le P. *Scheiner* fut le premier à en faire ſa remarque & à la rendre publique.

Quoi qu'il en soit, ce Jésuite connut par les taches du Soleil, que cet astre tourne sur un axe incliné au plan de l'écliptique. Il croyoit que c'étoient de petites planetes qui tournoient autour de lui ; de sorte que le P. *Malapertius* & M. *Tarde* Chanoine de Sarlat, adoptant cette opinion, leur donnerent le premier le nom de *sidera Austriaca*, & le Chanoine celui de *sidera Borbonia*.

Pendant que *Scheiner* s'assuroit ainsi la découverte des taches du Soleil, *Simon Marius*, Astronome de l'Electeur de Brandebourg, se faisoit honneur de cette découverte & de celle des Satellites de Jupiter. Il soutenoit avoir fait la derniere en 1609. Pour persuader cela au Public, il publia, en 1614, un Ouvrage intitulé : *Mundus Jovialis, anno* 1609 *detectus, &c.* dans lequel il donne des tables pour calculer le mouvement des Satellites ; mais ces calculs sont si éloignés de la vérité, que *Galilée* en conclut non - seulement qu'il n'avoit point découvert les Satellites, mais encore qu'il ne les avoit jamais vus. Il est vrai que les Astronomes n'ont pas jugé *Marius* avec tant de rigueur ; mais ils ont laissé *Galilée* en possession de la découverte des Satellites.

1617. Les Astronomes ne manquerent pas dans ce siecle : il fut fertile en grands hommes dans tous les genres. Il parut dans tous les coins de la terre des Savans, qui étendirent infiniment la sphere des connoissances humaines. Tandis que les astres fixoient toute l'attention des Astronomes, un Mathématicien habile, nommé *Snellius*, forma le projet de connoître la grandeur du globe que nous habitons. Les Anciens avoient bien pensé à cela ; mais ils n'avoient eu que de la volonté.

Les Grecs estimoient que la Terre avoit quatre cens mille stades de circonférence. C'étoit une estime peu propre à satisfaire quiconque demande des raisons. L'un d'eux doué d'une grande sagacité, & dont on a parlé dans l'Histoire de la Géométrie, *Erastotene*, avoit voulu savoir à quoi s'en tenir là-dessus : il avoit mesuré l'arc du Méridien entre Syene & Alexandrie par deux observations de l'ombre que jetta un style le même jour à Syene, située sous le tropique du cancer, & à Alexandrie qu'il avoit jugé être sous le même Méridien. Il avoit ainsi mesuré cet arc, par le moyen duquel il avoit connu la grandeur de la circonférence de la Terre.

Peu contents de cette mesure, les Arabes avoient résolu de connoître mieux notre globe. Le Prince *Almamon* se mit à la tête de cette entreprise, qu'il soutint de sa protection & de ses bienfaits. Sous ses auspices deux compagnies de Mathématiciens se divisèrent l'une pour aller au Nord, & l'autre pour marcher au Sud, & mesurèrent avec une coudée à la main une étendue alignée sur un méridien de la valeur d'un dégré. En rapportant leur mesure, ils trouvèrent qu'ils avoient quatre mille coudées, qu'ils réduisirent à cinquante six mille pour un dégré.

Snellius remit sous ses yeux tous ces travaux, & n'en fut point satisfait. Pour y suppléer, il imagina une méthode par laquelle il détermina en toises la grandeur d'un dégré du méridien. Elle

1617.

K iv

consiste à connoître la distance qu'il y a entre
deux lieux situés sous le même méridien par une
suite de triangles formés en l'air, de quelques
lieux éminens & connus, sur une base mesurée exactement avec une toise. Il détermina
ainsi le dégré de méridien de 55021 toises de
Paris.

Cette opération étoit à peine finie, qu'un
Astronome nommé *Blaeu* en entreprit une semblable, dont le résultat est le même ; c'est-à-
dire que cet Astronome a déterminé avec exactitude la grandeur d'un dégré de méridien ;
car la mesure de *Snellius* est de la plus grande
justesse, comme l'ont reconnu les Mathématiciens de nos jours.

Cette conformité entre deux hommes du premier mérite dans le genre dont il s'agit, faisoit
bien voir que le problême de la grandeur de la
terre étoit résolu : cependant un certain *Richard Norwod*, Mathématicien Anglois, voulut, d'après un moyen méchanique & fort mauvais qu'il avoit inventé, voulut, dis-je, mesurer de nouveau un dégré du méridien, &
trouva que ce dégré avoit environ trois cens
toises de plus que *Snellius* & *Blaeu* ne lui donnoient, ce qui étoit une méprise de sa part, qui
répondoit parfaitement à sa méthode.

C'est ainsi qu'on ramenoit l'Astronomie à une
utilité prochaine. Tout invitoit par conséquent
à la cultiver pour en tirer de plus grands avantages. On le faisoit aussi, & on n'entendoit parler au commencement de ce siecle (le dix-septieme) que de découvertes, de nouvelles vues,
d'acquisitions dans le Ciel. Ce n'est point ici le
tems où des années s'écoulent sans qu'on gagne

quelque connoiſſance. Dans celui-ci les richeſſes ſont abondantes, & un Hiſtorien n'eſt plus
occupé que de conſerver l'ordre en les analy-
ſant. Cet ordre m'a fait différer de rendre
compte d'un travail important auquel étoit livré *Jean Bayer*, d'Auſbourg, tandis qu'on ob-
ſervoit les ſatellites de Jupiter : c'étoit de donner un nom aux Etoiles. En 1603, il publia une
deſcription des conſtellations, dans laquelle il
indiqua chaque Etoile par un lettre grecque ou
latine. Cette deſcription parut ſous le titre d'*U-
ranométria.*

On déſignoit alors les conſtellations par les
noms de différens animaux ou par d'autres noms,
ſuivant qu'ils s'étoient préſentés à l'eſprit des
Aſtronomes. On ignore ce qui a donné lieu à
tous ces noms. Seulement on croit que la conſtellation du Taureau, repréſentoit dans l'antiquité
Jupiter ſous la forme du Taureau, qu'il prit pour
enlever Europe ; que la conſtellation de Ganimede eſt encore Jupiter, qui ſous cette figure
ravit Ganimede ; que la conſtellation de l'Our-
ſe vient de la fable de Calliſto ; que les Gé-
meaux repréſentent Caſtor & Pollux, &c.

A l'égard des conſtellations du Zodiaque,
M. *Warbuton*, ſavant Anglois, prétend qu'elles n'ont reçu le nom qu'elles ont, que pour
exprimer la ſituation & l'effet de l'action du Soleil qui les parcourt, La conſtellation du Lion
eſt ainſi nommée, parceque cet animal exprime la force ou l'ardeur du Soleil qui entre dans
cette conſtellation au mois de Juillet. La Vierge, au mois d'Août, ſignifie le tems de la ré-
colte du bled. La Balance, dans laquelle le Soleil entre dans le mois de Septembre, annonce

l'égalité des jours & des nuits. Le Scorpion , au mois d'Octobre , eft l'emblême des maladies dont les hommes font ordinairement affligés dans cette faifon , &c.

Mais toutes ces conjectures , quoique adoptées par l'Auteur de l'*Hiftoire du Ciel* (M. *Pluche*) font fort vagues & peu dignes d'avoir place dans une hiftoire de l'Aftronomie. Laiffons-là ces fictions , & difons qu'au tems de *Ptolémée* on ne comptoit que quarante-huit conftellations ; que *Kepler* en ajouta vingt-fix qu'il compofa des Etoiles que *Ptolémée* appelloit informes , & auxquelles il donna des noms d'animaux , comme le Phœnix , la Paon , la Grue , l'Abeille , &c. Un Aftronome Allemand fut le premier qui fe fcandalifa de ce qu'on mettoit tant de bêtes dans le Ciel. Il compofa un *Ciel chrétien* , dans lequel il fubftitua le nom des Saints , à celui des animaux. En 1627, *Jules Schiller* fuivit l'exemple de *Bede* , & publia un Ciel chrétien , fous le titre de *Cœlum ftellatum.*

On ne fit point du tout attention à ces fcrupules , & on laiffa les chofes telles qu'elles étoient. Les véritables Savans s'occuperent d'objets plus importans. *Philippe Lansberge* , Aftronome des Pays-Bas , fongeoit à conftruire des Tables céleftes qui puffent fervir dans tous les tems. Nullement fatisfait des fyftêmes de *Tycho-Brahé* & de *Kepler* , il en imagina un nouveau , d'après lequel il crut pouvoir calculer des Tables plus exactes que celles dont on étoit alors en poffeffion. Ses Tables parurent fous le titre de *Tabulæ motuum cœleftium perpetuæ.* Ce titre éblouit. Mais *Horoccius* vengea bientôt *Tycho* & *Kepler* , en renverfant les

1620.

principes nouveaux qui leur avoient servi de fondement.

Cela n'empêcha pas que le livre de *Lansberge* ne fît quelque tort au systême de *Kepler*. Ce dernier examina de nouveau sa théorie, rectifia quelques méprises qui s'y étoient glissées, & osa prédire le passage de Mercure sur le Soleil. Il annonça ce Passage aux Astronomes pour l'année 1631. Sa prédiction se vérifia. L'illustre *Gassendi*, Philosophe Provençal, vit passer Mercure sur le disque du Soleil, au tems désigné par *Kepler*. Il détermina par ce moyen le diametre apparent de cette Planete.

1630.

L'accomplissement de cette prédiction lui inspira tant de confiance pour les calculs de *Kepler*, qu'il se disposa à observer le passage de Venus, qui avoit été encore prédit par cet Astronome pour la fin de la même année ; mais il fut frustré dans son attente, & après avoir été dans son observatoire pendant plusieurs jours de suite, il ne vit rien.

Il avoit composé, dans l'intervalle des Passages de Mercure & de Venus, un écrit sur le premier Passage, & il attendoit pour le mettte au jour le Passage de Venus, dont il vouloit rendre compte au public. Comme ce Passage n'eut pas lieu, son second écrit devint négatif. Il fit donc imprimer son Ouvrage sous ce titre : *De Mercurio in sole viso, & Venere invisa*. Il parut en 1632. M. *Schickard*, Professeur de Mathématiques à Tubinge, répondit à la seconde partie de cet Ouvrage, pour justifier la seconde prédiction de *Kepler*. Il prétendit prouver que Venus avoit passé sur le Soleil, quoique ce Passage n'eût pas été visible en Europe.

1639.

Quelques tems après, deux jeunes Astronomes firent une observation très importante, ce
fut la conjonction de Venus avec le Soleil,
qu'ils avoient en quelque sorte prédite. Elle arriva au mois de Décembre 1639. Ces deux Astronomes, nommés *Horoxes & Crabrée*, ont été
utiles à l'Astronomie, par les efforts heureux
qu'ils ont faits pour expliquer les irrégularités
des mouvemens de la Lune. Ni le système de
Tycho-Brahé, ni celui de *Kepler* n'expliquoient
bien ces mouvemens. Plusieurs Astronomes
trouvoient même que celui de *Kepler*, qui
étoit le plus probable, avoit encore bien des
défauts. *Ismael Bouillaud*, de la Congrégation
de l'Oratoire, dans le dessein de le perfectionner, y fit les additions suivantes.

Il imagina un cône oblique, dont l'axe passe
par le foyer de l'ellipse, qui est opposé à celui
qu'occupe le Soleil. Il place l'ellipse ou l'orbite que le Soleil décrit sur ce cône, & il fait
mouvoir la planete dans une ellipse particuliere,
dont il enseigne la génération ; de maniere que
la planete décrit des arcs égaux autour de l'axe
de ce cône.

1645.

Ce système parut en 1645, dans un Ouvrage intitulé : *Astronomia Philolaica. Seth Ward*,
Mathématicien Anglois, l'attaqua & le ren-
versa. Il établit par de si bonnes raisons, que les
planetes parcourent une ellipse simple, autour
de laquelle elles décrivent des arcs égaux en
tems égaux, qu'on le regarde comme Auteur
d'une nouvelle hypothese, à laquelle on donne
le nom d'*Hypothese elliptique simple*, quoique
ce soit là le système de *Kepler*. Malgré cette
méprise, dans laquelle *Bouillaud* est tombé, il

a mérité l'estime des Astronomes par des Ouvrages véritablement dignes d'éloges.

Cependant *Ward* publia sa nouvelle hypothese, dans un livre intitulé : *Astronomia Geometrica*. Mais *Vincent Wing* adoptant celle de *Bouillaud*, sans égard aux objections de *Ward* contre cette hypothese, calcula d'après elle de nouvelles Tables célestes, qui parurent en 1657, dans son *Astronomia Britannica*.

1645.

Elles ne furent pas goûtées des Astronomes. Le Comte de *Pagan*, *Stréet* & *Jean Newton* en calculerent d'autres, l'un dans sa *Théorie des Planetes*, en 1658 ; le second, dans son *Astronomia Carolina*, & *Jean Newton*, en 1669, dans l'*Astronomie Britannique* (les Tables de *Stréet* sont les plus estimées). Enfin, pour ne plus revenir sur ce sujet, M. *de la Hire* a publié de nouvelles Tables en 1701, sous le titre de *Tables Louisiennes* calculées d'après ses observations. M. *Cassini*, fils du grand *Cassini*, dont on parlera bientôt, en a mis au jour en 1738, calculées de même.

Le milieu du dix-septieme siécle fut très fécond en Astronomes. En 1647, *Hevelius*, né à Dantzick en 1611, de Parens nobles, publia un Ouvrage intitulé, *Selenographia*, dans lequel il donna une description exacte des taches de la Lune & de ses différentes phases. Il écrivit ensuite sur les cometes, & enfin il publia un recueil de ses Observations, auxquelles il devoit sur-tout sa célébrité En effet cet Astronome avoit le plus bel Observatoire & le mieux fourni qu'il y eût en Europe, & il observoit avec un art & une dextérité infinies. Aussi jouissoit-il à cet égard de la réputation la plus éten-

1647.

due. On le confultoit de toutes parts, comme
l'Oracle du firmament.

On lit dans les *Inftitutions Aftronomiques*,
que cet habile homme avoit eu deffein de donner aux taches de la Lune les noms des Philofophes ou Mathématiciens ; mais que crai-
gnant les guerres civiles qui fe feroient élevées
à ce fujet entre les Philofophes modernes, au
lieu de leur diftribuer tout ce domaine, comme
il fe l'étoit propofé, il jugea qu'il feroit plus à
propos d'y appliquer les noms de notre Géographie. C'étoit une terreur mal fondée, qui le
priva même de la fatisfaction d'avoir donné des
noms aux taches de la Lune, quoiqu'il en eût
levé en quelque forte le plan qu'il a mis fous
les yeux du Public, par une planche gravée de
fa propre main.

Quant à la nature de ces taches, il croyoit,
comme *Galilée*, que c'étoient des montagnes de
la Lune. Sur celles du Soleil il a un fentiment
particulier, c'eft que quelques-unes tiennent
au globe du Soleil, & que les autres font en-
veloppées dans une efpece de brouillard, auquel il donne le nom de noyau. Celles-ci fe
détachent fouvent & fe diffipent par éclats,
comme il a eu occafion de l'obferver.

Le zele & les veilles d'*Hévélius* firent naître dans le cœur de tous les Mathématiciens
beaucoup d'ardeur pour les progrès de l'Aftronomie. Le grand *Caffini* & l'illuftre *Hughens*
voulurent concourir à ces travaux. Le premier,
né en 1625, dans le Comté de Nice, fe voua
de très bonne heure à l'étude de cette fcience,
& la cultiva avec tant d'application, qu'il y
perdit la vue.

1650.

Après avoir acquis toutes les connoissances aftronomiques qu'on peut puifer dans les livres, il reconnut qu'on avoit négligé dans toutes les obfervations, de tracer une bonne méridienne. Il falloit pour cela avoir un gnomon ou ftile extrêmement élevé, qui marquât le paffage du Soleil par le méridien. Il y en avoit un à Boulogne, dans l'Eglife de Sainte Pétrone, qu'un certain Pere *Dante* avoit conftruit en 1575, qui n'étoit point exact. En 1653, on fit des réparations fi confidérables à cette Eglife, qu'on fut obligé de détruire le gnomon. *Caffini* propofa d'en faire un autre, & fa propofition fut acceptée. A la hauteur de quatre-vingt-trois pieds, il plaça horifontalement une plaque de bronze percée d'un trou circulaire d'une pouce de diametre, qui donne tous les jours à midi l'image du Soleil fur une méridienne qu'il avoit tracée dans l'Eglife.

La premiere obfervation qu'il fit par le moyen de ce gnomon, fut l'entrée du Soleil dans l'Equateur à l'équinoxe du Printems. Il détermina enfuite, plus exactement qu'on ne l'avoit encore fait, l'obliquité de l'écliptique. Tous les Aftronomes l'eftimoient de 23 dégrés, 30 minutes, & il trouva qu'elle étoit de 23 dégrés, 28 minutes, 30 fecondes. Il connut par-là que la demi-diftance des foyers de l'ellipfe que la Terre parcourt, étoit moindre que *Kepler* ne l'avoit cru; que les réfractions de la lumiere avoient plus de quarante-cinq dégrés d'élévation, contre le fentiment de *Tycho-Brahé*, qu'elles s'étendoient même jufqu'au zenith, & que le mouvement de la Terre (ou du Soleil) étoit inégal.

Ces nouvelles connoiſſances changerent preſque tous les élémens de la théorie du Soleil ,
& découvrirent bien des défauts dans les Tables aſtronomiques qu'on avoit. *Caſſini* en calcula de nouvelles d'après ſes découvertes , & les
publia en 1662. En calculant ces Tables , ce
grand Aſtronome ne négligeoit point ſes obſervations. Il avoit les yeux perpétuellement fixés
au Ciel. Une connoiſſance qui lui tenoit ſur-
tout au cœur , c'étoit celle de la nature de la
bande lumineuſe qui entoure Saturne. *Hévé-*
lius , quoique très habile obſervateur , n'avoit
pu deviner cette énigme , quoiqu'il eût déterminé les retours périodiques des mêmes pha-
ſes. Cependant *Caſſini* crut enfin pouvoir aſſurer , que cette planete étoit entourée d'un eſſain
de ſatellites , qui produiſoit toutes ces appa-
rences. Il ſe trompoit.

Hughens , par le ſecours d'un teleſcope qu'il
avoit fait lui-même , découvrit que Saturne
étoit environné d'un corps plat , en forme d'anneau incliné au plan de ſon orbite & toujours
parallele à lui-même. La maniere dont il explique par-là tous les phénomenes , ne permet
pas de douter de l'exiſtence de cet anneau. Ce
fut en 1655 qu'*Hughens* fit cette découverte.
Caſſini fut un des premiers à la reconnoître & à
donner mille louanges à *Hughens*. Cet Aſtronome en fut flatté ; & comme rien n'enflamme
plus l'émulation que la juſtice qu'on rend au
mérite , il s'appliqua avec une nouvelle ardeur à obſerver. Il fut bientôt récompenſé de
ſes ſoins. A la fin de la même année , il découvrit que Saturne avoit un ſatellite dont il
fixa la révolution à près de ſeize jours.

L'attention

L'attention de *Caſſini* ſe reveilla lorſqu'il apprit cette obſervation. Il ne douta point après cela qu'il n'y eût d'autres ſatellites, outre celui que *Hughens* venoit d'appercevoir. Il dirigea ſon teleſcope vers Saturne ; & ſon aſſiduité & ſon intelligence lui valurent la découverte de quatre nouveaux ſatellites, un en 1671 & les trois autres en 1672. On ne ſe hâta pas ſeulement d'annoncer au monde ſavant cette importante découverte, on voulut encore la tranſmettre à la poſtérité par un monument durable, qui conſervât en même-tems le nom de *Caſſini*, dans les tems les plus reculés : c'eſt ce qu'on exécuta par une Médaille qu'on frappa, & qui porte ces mots pour légende : *Saturni ſatellites primùm cogniti.*

De Saturne *Caſſini* paſſa aux autres Planetes. Il obſerva d'abord Jupiter avec une attention continue, & il y apperçut une tache par le moyen de laquelle il vit tourner cette Planete ſur ſon axe dans environ dix heures. Il trouva de même des taches dans Mars & dans Venus, & connut par elles leur mouvement de rotation & la durée de ce mouvement

Tout cela étoit le fruit de ſon habileté à obſerver ; mais il fit bientôt voir qu'il étoit auſſi profond dans la théorie, qu'il s'étoit montré habile dans la pratique. Il détermina avec une dextérité merveilleuſe le mouvement des ſatellites de Jupiter, & ſur le champ il fit voir l'uſage de ſes ſatellites pour déterminer les longitudes.

Il étonna encore bien davantage, lorſqu'il preſcrivit la route que devoit ſuivre une Comete. Les Savans du monde virent la Comete

L

de 1680, paſſer par les points que *Caſſini* lui
avoit aſſignés. La théorie que ſuivoit néanmoins cet Aſtronome étoit défectueuſe. Il ſuppoſoit que les Cometes ſe meuvent dans un
cercle extrêmement excentrique à la terre, mais
ſi grand que la partie viſible au Spectateur devenoit une ligne droite. Il eſt démontré aujour-
d'hui que ces corps céleſtes décrivent une parabole ou une ellipſe extrêmement allongée.
Auſſi eſt-ce par d'heureuſes circonſtances que
Caſſini rencontra ſi juſte ; car la parabole que décrivit la Comete de 1680 étoit ſi allongée, que
ſes deux branches étoient preſque deux lignes
droites. Au reſte l'idée de cette hypotheſe de
Caſſini, eſt du Chevalier *Wren*, & M. *Auzout*
publia même au commencement de 1665 des
Ephémérides pour la Comete qui paroiſſoit
alors, calculées ſur le même principe. Ce qu'il y
a d'étonnant, c'eſt que *Wren* & *Caſſini*, qui
mettoient les Cometes au rang des Planetes,
ne les aient pas fait circuler dans une ellipſe,
comme ces derniers corps. Il eſt vrai que *Caſſini*
ne croyoit pas que les Planetes ſe meuvent
dans une ellipſe, telle que *Kepler* l'avoit déterminée. Il voulut même en ſubſtituer une
autre, & il ſe donna bien de la peine pour faire
à cet égard un ouvrage inutile.

Un travail plus heureux & digne des plus
grands éloges, eſt celui auquel il ſe livra pour
déterminer, à l'aide d'un ſeul obſervateur, la
parallaxe d'une Planete (détermination qu'on
attribue cependant à *Morin*), & pour perfectionner cette belle idée de *Kepler*, de repréſenter pour tous les habitans de la Terre les
éclipſes du Soleil par la projection de l'ombre

de la Lune sur le disque de la Terre. On doit encore à ce grand Astronome la découverte d'une atmosphere lumineuse qui environne le globe du Soleil, & qu'on nomme *lumiere zodiacale.*

On conçoit que tandis que *Cassini* perfectionnoit ainsi l'Astronomie, les autres Astronomes ne restoient point oisifs. Les PP. *Riccioli* & *Grimaldi* cultivoient de concert cette belle science. Le premier composa, à l'exemple de *Ptolémée*, un corps complet d'Astronomie, qu'il intitula, *Almagestum novum*, dans lequel il exposa tous les travaux des Astronomes qui avoient paru jusqu'à ce tems. Il voulut aussi concourir à la perfection de cette science par des vues particulieres. Il mit au jour une Astronomie réformée (*Astronomia reformata*), contenant de nouvelles hypotheses qui ne furent pas goûtées. De son côté, *Grimaldi* fit paroître une description exacte des taches de la Lune, auxquelles il donna le nom qu'elles ont aujourd'hui.

Un plus grand objet occupoit alors *Hughens.* C'étoit de connoître le diametre apparent d'un astre, en mesurant son image qui paroît au foyer de l'objectif du telescope. Il y réussit à peu près, en plaçant au foyer commun de l'objectif & de l'oculaire une espece de diafragme ou plaque percée circulairement, dont il mesura l'ouverture par le tems qu'une Etoile mit à la parcourir; & par le moyen d'une verge de métal qu'il introduisit dans le télescope, il renferma l'image de l'objet qui y étoit peinte. En cherchant ensuite le rapport de l'espace qu'occupoit cette image avec la grandeur de l'ouverture, il eut le diametre apparent de l'objet.

Le Marquis *Malvafia*, de Boulogne, ami du grand *Caffini*, fimplifia cette invention. Il plaça au foyer du telefcope, plufieurs fils qui fe croifoient, afin de divifer par parties l'ouverture du diafragme. *Auzout* ajufta ces fils fur un chaffis qu'il introduifit dans le telefcope, & par le moyen d'un fil qu'il fit avancer à l'aide d'une vis, il put refferrer dans un efpace le plus petit objet. C'eft en 1667 que parut cet inftrument, connu fous le nom de *Micrometre*. Il fit beaucoup d'honneur à *Auzout*. Quelques jaloux de cette gloire, voulurent l'en dépouiller. Un Anglois, nommé *Richard Townley*, prétendit qu'un autre Anglois, connu fous le nom de *Gafcoigne*, avoit déja inventé le Micrometre, avant que la defcription de celui d'*Auzout* eût paru. Il citoit en preuve certains papiers, dans lefquels on trouvoit cette invention. Cela pouvoit être, & tout ce qu'on feroit en droit d'en conclure, c'eft que *Gafcoigne* s'étoit rencontré avec *Auzout*, s'il n'avoit point eu véritablement connoiffance du Micrometre de ce dernier. Il eft du moins certain qu'on a reconnu que *Auzout*, Aftronome François, eft l'inventeur de cet inftrument.

Cet Aftronome eut encore la premiere idée d'appliquer le telefcope au quart de cercle aftronomique. *Picard*, de la Fleche, un des premiers Membres de l'Académie des Sciences de Paris, fit de cette idée un ufage fi heureux, qu'on lui fit un honneur abfolu de cette invention. Elle ne fut pas adoptée par tous les

1667.

Aſtronomes, & nommément par *Hévélius*, qui craignit que les réfractions des verres ne dérangeaſſent l'axe viſuel : mais il fut aiſé de démontrer par les loix de la dioptrique, que cette crainte étoit mal fondée.

Un autre ſujet plus important partageoit les Aſtronomes, c'étoit la meſure préciſe d'un dégré du Méridien. *Snellius* avoit déterminé aſſez bien la valeur de ce dégré. Cependant *Riccioli* prétendoit qu'il y avoit une erreur de plus de ſept mille toiſes. Quoique cette prétention fut très mal ſoutenue, cet Aſtronome avoit des partiſans, & cela faiſoit deux partis qui rendoient ſuſpecte la meſure de *Snellius*. Avec les lumieres & les ſecours acquis par la perfection des inſtrumens, *Picard* ne douta point qu'il ne connût la vérité, s'il ſe donnoit la peine de meſurer un dégré du Méridien. Il forma donc le deſſein de faire cette vérification ſous la protection du Roi & les auſpices de l'Académie, & après avoir pris les précautions les plus ſcrupuleuſes, il le détermina de 57060 toiſes.

Fondé ſur quelques omiſſions qu'on croit avoir reconnu dans le travail de *Picard*, on a cru depuis que le dégré du Méridien n'étoit pas préciſément tel qu'il l'avoit aſſuré. On a donc vérifié ſa meſure ; mais l'erreur qu'on a reconnue dans cette meſure, eſt ſi peu de choſe, qu'on doute encore ſi on doit y avoir égard ; car on trouve que ce dégré eſt de 57095 toiſes ; ce qui n'eſt encore qu'une eſtime qui confirme plutôt la meſure de *Picard*, qu'elle ne la rend ſuſpecte.

Cet habile homme fit une entrepriſe plus utile, dont il poſa les fondemens, & à l'exécution de laquelle il concourut. En examinant les cartes de la France, il avoit reconnu beaucoup d'inexactitude. Cela provenoit de ce qu'on les avoit levées géométriquement, sans avoir assez d'égard à la situation des lieux par rapport au Ciel. Afin de réunir ces lieux à une espece de point commun, il forma le projet de tracer une Méridienne de l'Observatoire de Paris, à travers tout le Royaume. Le Ministre & l'Académie des Sciences goûterent ce projet, & se réunirent pour le mettre à exécution. Plusieurs Membres de l'Académie s'étant divisés en deux Compagnies, dont l'une alla du côté du Nord & l'autre prit la route opposée, tracerent la Méridienne desirée. A la tête de ces deux Compagnies étoient *Cassini*, fils du grand *Cassini*, & *la Hire*, Mathématicien François.

Le premier suivit, avec succès, les traces de son Pere, & le second succeda en quelque sorte à *Picard*. C'étoient les deux Astronomes en France qui soutenoient, avec honneur, la prééminence de la science dont ils faisoient profession. L'Angleterre, à qui cette science n'étoit pas moins précieuse, possédoit deux hommes d'un premier mérite, *Flamstéed & Halley*, qui ne contribuoient pas avec moins d'ardeur & de succès à sa perfection.

Cassini & la Hire calculerent (comme on l'a déja dit) de nouvelles Tables célestes, d'après les observations des autres Astronomes & les leurs. Celui-la détermina l'arc du Méridien entre Paris & l'extrémité septentrionale du Royaume. Dunkerque fut le point où il se fixa, & il trouva que l'arc du Méridien compris entre Paris & cette Ville, est de deux dégrés, quarante minutes, cinquante secondes ; d'où il conclut que la grandeur moyenne du dégré est de 56960 toises. *La Hire* trouva une méthode très exacte, dont on fait aujourd'hui usage pour calculer les éclipses.

Cette méthode étoit aussi un objet de recherches pour *Flamstée 1*, né en 1646 dans le Comté de Derby. Celle qu'il imagina n'est pas si juste que celle de *La Hire*, mais elle est très ingénieuse & peut-être plus expéditive que l'autre. Elle consiste à déterminer la projection de l'ombre de la Lune sur le disque de la terre. *Flamstéed* fit une quantité considérable d'observations de toutes especes, d'après lesquelles il détermina les lieux de trois mille Étoiles, & sur-tout ceux des Etoiles du Zodiaque.

Sur ces positions on a formé des Cartes célestes qui sont très estimées, & qui sont bien supérieures à celles du P. *Pardies*, en six planches, quoique celles-ci fussent les meilleures avant que celles de *Flamstéed* eussent paru. Cet Astronome avoit laissé le plan en quelque sorte de ces Cartes dans le Recueil de ses Observations, qu'on imprima en 1712, sous le titre d'*Historia cœlestis Britannica*, en un volume *in-folio*, & en trois volumes de même format, en 1625.

Ce Recueil est très précieux. On y trouve, comme je l'ai déja dit, les lieux de trois mille Etoiles : c'est beaucoup. Cependant il y en a encore davantage dans le Ciel. *Flamstéed* n'avoit observé que celles qui sont visibles dans l'hémisphere de Londres. Il n'avoit donc pas vu celles qui sont vers le Pôle du Sud dans l'hémisphere austral. Son Successeur s'imposa cette tâche, & la remplit à la satisfaction des Astro-

nomes : c'est *Halley*. Il détermina à l'Isle Sainte
Helene, les distances respectives d'environ 350
Etoiles, & y observa le passage de Mercure sur
le disque du Soleil. De cette observation, il
conclut qu'on pouvoit déterminer par-là la parallaxe du Soleil. C'étoit une chose très importante, qui enflamma le zele de cet habile Astronome.

Les passages de Mercure & de Venus sur le
Soleil sont fort rares. *Halley*, en calculant le
mouvement de ces Planetes, ne trouva pas de
passage plus prochain que celui de Venus en
1761. Cela ne le regardoit plus, car il n'étoit
pas possible qu'il pût vivre jusqu'à ce tems ;
mais la perfection de l'Astronomie lui tenoit si
fort au cœur, qu'il fit tous les frais en quelque
sorte de ce passage, comme s'il eût dû en être
témoin. Et pour engager les Astronomes à suivre ses préceptes & ses avis, il démontra que
cette observation devoit faire connoître la
distance du Soleil à la Terre, à un 500me
près.

Il prit encore le même intérêt pour une sorte
de phénomene qu'il ne devoit point voir : c'é-
toit le retour de la Comete qui a paru en 1758.
D'après les observations les plus exactes, il
calcula les révolutions de vingt-quatre Cometes, en supposant que leur orbite est une parabole. De ses calculs, il forma une Table par
laquelle il trouva la période de la Comete de
1758, qu'il fixa à soixante-quinze ans. Ainsi
il prédit l'apparition de cette Comete à ce
tems : prédiction que l'événement a justifiée.

Ce qui l'avoit conduit à cette découverte des
périodes des Cometes, c'est celle qu'il venoit

de faire de la période des mouvemens de la
Lune. Les Anciens avoient déja remarqué que
dans deux cens vingt-trois lunaisons, les éclipses de Soleil & de Lune se renouvellent dans le
même ordre. En examinant la chose de près,
il reconnut que les phénomenes luni-solaires
avoient la même période. Pour s'assurer de la
vérité de cette découverte, il observa la Lune
pendant toute sa vie ; mais il mourut avant que
d'avoir achevé cette période. M. *le Monnier*,
de l'Académie des Sciences, l'a finie cette période, & en a commencé une seconde.

Halley s'étoit acquis ainsi la réputation du
plus grand Astronome de l'Angleterre, & d'un
des plus habiles du monde. Il y avoit pourtant à Londres un homme du premier mérite
dans ce genre, qui observoit les Astres avec la
plus grande assiduité. Il passoit les mois entiers sans sortir de son Observatoire : il se
nommoit *Bradley*, nom bien connu de tous
les Astronomes, & qui sera toujours recommandable dans l'histoire des Sciences. Le premier projet qu'il forma, fut de connoître la
parallaxe des Etoiles. Il se fixa pour cela à une
Etoile des plus brillantes de la constellation
du Dragon, & découvrit dans cette Etoile un
mouvement singulier : c'est qu'elle s'approchoit du Midi, & qu'elle s'en éloignoit ensuite quelque tems après. Cela lui parut d'autant plus extraordinaire, que tous les Astro:
nomes assuroient que les Etoiles n'avoient aucun mouvement du Midi au Nord. Il craignit long-tems de se faire illusion, & quand
il fut certain du fait, il s'étudia à en connoître
la cause.

1725.

Bien convaincu que ce mouvement ne pouvoit être qu'apparent, il se rappella que *Roëmer*, de l'Académie des Sciences de Paris, & éleve de *Picard*, avoit reconnu, avec le grand *Cassini*, que la lumiere du Soleil, pour venir jusqu'à nous, a un mouvement progressif ; de sorte qu'elle emploie sept minutes du Soleil à la Terre : c'en fut assez pour rendre raison de l'apparence du mouvement des Etoiles du Midi au Nord. Il comprit que cela dépendoit du mouvement de la lumiere comparé à celui de la Terre. En effet, qu'on observe une Etoile, le rayon de lumiere qui la rend visible, doit la rendre aussi visible lors du mouvement de la Terre, jusqu'à ce qu'un autre rayon de lumiere soit venu au Spectateur dans l'endroit où il se trouve actuellement. Mais comme la Terre est emportée dans son orbe, la Spectateur a changé de place : il doit donc voir l'Etoile à deux endroits différens, puisqu'il la voit par deux différens rayons.

Cette découverte fut accueillie comme elle méritoit de l'être. *Bradley* en conclut qu'en observant de nouveau le Ciel avec une assiduité constante, il y avoit lieu d'esperer de connoître mieux les mouvemens des Astres. Il se renferma dans son Observatoire ; & sans se permettre presque le moindre repos, il épia tous les mouvemens de l'orbe céleste.

Tandis qu'il étoit occupé aux recherches les plus délicates, les Astronomes François étoient divisés entre la mesure du dégré du Méridien faite par *Snellius*, & celle du même déterminée par le P. *Riccioli*. Il y avoit pourtant une grande différence entre ces deux mesures ; mais

Riccioli avoit fortifié son opinion de tant de raisons spécieuses qu'on pouvoit croire que la détermination de *Snellius* n'étoit pas rigoureusement exacte. D'ailleurs cet Astronome ne s'étoit point servi de lunettes d'approche, dont l'usage pour les Observations astronomiques lui étoit inconnu, & c'étoit un grand avantage pour les nouvelles observations. Tout sollicitoit donc en faveur de la vérification de ces mesures, & d'une détermination précise d'un dégré du Méridien. C'est aussi le projet qu'on forma en 1730. Pour ne rien faire à demi, on résolut (en France) de mesurer trois dégrés du Méridien, un sous l'Equateur, un autre près le Pôle arctique, & le troisieme celui qui est compris entre Paris & Amiens.

Le projet ainsi arrêté, deux Compagnies de Mathématiciens partirent, l'une pour aller mesurer un dégré du Méridien près de l'Equateur, & l'autre pour mesurer le dégré vers le Pôle arctique. On mesura ensuite le troisieme dégré renfermé entre Paris & Amiens, & ces trois mesures étant rapprochées & combinées, on conclut que la Terre est applatie vers les Pôles, & que le rapport de l'axe au diametre de l'Equateur est comme 177 à 178 ; desorte que ce diametre est plus long que l'axe, d'environ soixante huit lieues moyennes de France.

Ce travail étoit à peine fini, qu'on apprit dans le monde que les veilles continuelles de 1747 & 50. *Bradley* lui avoient procuré une connoissance importante, c'est que l'axe de la Terre a une espece de balancement ou de vibration, dont le centre de la terre est le point fixe, de façon que cet axe s'incline plus ou moins sur le plan de l'écliptique. La valeur de cette libration ou *nutation* est de dix-huit secondes pendant dix-neuf ans. C'est-là aussi la période des nœuds de la Lune. On ignore la cause de ce mouvement, & il n'est pas décidé s'il est réel ou apparent. Cela forme un problême qui n'a pas encore été résolu. Il ne paroît pas même que les Astronomes du tems s'en occupent beaucoup. Il faut attendre, & terminer ici l'Histoire de l'Astronomie depuis son origine jusqu'à nos jours.

HISTOIRE
DE LA
GNOMONIQUE.

LA GNOMONIQUE est l'art de faire des Cadrans ou Horloges solaires. C'est une partie de l'Astronomie, laquelle consiste à représenter sur un plan le cercle divisé en tems égaux, que le Soleil parcourt chaque jour, & à indiquer par l'ombre d'un stile la marche de cet astre. On doit cette invention à *Anaximenes*, Philosophe Grec. On prétend que ce fût à Lacédémone qu'elle parut. Tout le monde fut étonné de voir l'ombre d'un stile marquer avec justesse les mouvemens du Soleil. Il n'y eut personne qui ne sentit l'avantage de connoître ainsi la division du tems. En vain *Epicure* voulut-il rendre cette invention ridicule, en disant qu'elle n'étoit bonne qu'à marquer précisément l'heure du dîner. On rit de cette plaisanterie, & on ne s'attacha pas avec moins d'ardeur à tracer de toutes parts des Cadrans solaires. *Vitruve* a nommé les Mathématiciens qui en firent, & auxquels ils donnerent chacun un nom particulier ; mais il ne décrit aucun de ces Cadrans. Ces Mathématiciens sont *Berose*, *Eudoxe*, *Aristarque*, *Scopas*, &c.

    Le premier Cadran, qui parut à Rome, fut tracé par *Papirius Cursor*, dans le temple de

500 ans
avant J. C.

Quirinus. Il se trouva fort mauvais , & trente ans après *Marcus Valerius Mussala* étant allé en Sicile , en apporta un de cet endroit, qui, quoiqu'excellent sur le lieu, fut inutile à Rome , parcequ'il n'avoit pas été tracé pour la latitude de cette Ville. On comprit l'erreur , & on s'appliqua à en tracer un à Rome même. Ce fut un essai, qui réussit assez.

On avoit pourtant opéré sans principes & par le seul tatonnement. Un homme intelligent, fort connu sous le nom de *Bede*, rechercha les regles de la Gnomonique & les publia ; mais comme c'étoit dans un tems où les Sciences furent abandonnées , ces regles resterent dans l'oubli.

A la renaissance de l'Astronomie, cette science, ou cet art de faire des cadrans, reprit faveur. Vers le commencement du seizieme siecle , les Astronomes *Jean Stadius* , *André Stiborius* & *Jean Werner* s'en occuperent ; mais on ne peut gueres apprécier leur travail, qui n'a pas été rendu public par l'impression. Le premier Ouvrage qui ait paru par cette voie , est celui de *Munster*. *Oronce Finée* , Professeur de Mathématiques au College Royal , écrivit aussi sur la Gnomonique. Et *Clavius* publia un grand Traité divisé en huit livres , dans lequel il exposa savamment , quoique très obscurément , toute la théorie de cette science.

Depuis *Clavius* cette théorie a été extrêmement simplifiée , & presque mise à la portée de tout le monde par différens Mathématiciens , & nommément par *Picard & la Hire.*

MM. *Ozanam, Clapies, Devarcieux, Rivard ,* &c. ont appliqué particulierement cette

447 de la fondation de Rome , &c.

1500 ans après J. C.

1581.

1700.

théorie à la pratique, en la rendant plus lumineuse. De sorte qu'on construit aisément par
leur regles, & d'après les Tables qu'ils ont publiées, toutes sortes de Cadrans solaires, de
Cadrans horizontaux, de Cadrans verticaux
déclinans ou inclinans, &c. On s'est rendu
même la science de la Gnomonique si familiere, qu'on s'est joué des difficultés. On a tracé des Cadrans sur des cilindres, sur des anneaux, sur des cartons, avec une simple pinnule de cuir (tel que le Cadran de M. de *la
Hire*, connu sous le nom de *la Harpe de la
Hire*), &c.

M. *s'Gravezande* s'est même servi des regles
de la Perspective pour tracer un Cadran, en
projettant sur un mur un Cadran horisontal.

Enfin on a imaginé les Cadrans solaires qui
marquent l'heure par le moyen d'un rayon
de lumiere que réfléchit un petit miroir sur le
plafond ou les murs d'une chambre. On doit
cette idée au P. *Kirker*, & c'est une chose
ingénieuse.

Voilà ce que c'est que la Gnomonique &
son histoire. Ce n'est, comme je l'ai déja dit,
qu'une partie de l'Astronomie. Aussi tous les
Astronomes sont Gnomonistes, sans se glori-
fier de cette qualité.

LA plus ancienne mesure du tems (qui est la science de la Chronologie), est celle qu'on lit dans le premier Livre de la Genese. *Moyse* nous y apprend que le tems fut d'abord divisé en jours , & ensuite en semaines. Les Egyptiens adopterent cette division , s'ils ne l'imaginerent pas ; car les observations qui la leur ont suggerée , donneroient presque lieu de croire qu'ils ne connoissoient point le recit de *Moyse*. En effet , ils appellerent *jour* la succession de la clarté & des tenébres , c'est-à dire le tems que le Soleil emploie depuis son lever jusqu'à son coucher.

On chercha ensuite à diviser le tems en parties. Cela parut difficile. Si l'on en croit l'Histoire , ou peut être la Fable , *Hermes* le Trimégiste , crut qu'il falloit diviser le jour en douze parties ; parcequ'un certain animal qui étoit consacré au Dieu *Serapis* , urinoit douze fois par jour (*). Si cette origine n'est pas vraie , comme on peut bien le penser , il faut avouer que nous ignorons celle des heures. Ce qu'il y a de certain , c'est que les anciens Egyptiens divisoient le jour en douze heures , & la nuit en douze heures , sans avoir égard à leur longueur , qui varie suivant les saisons. Cela jetta une grande confusion dans cette division des tems. En Été , les heures du jour étoient fort longues , & celles de la nuit très courtes. C'étoit

I . . . ans
avant J. C.

(*) *Historia Matheseos universæ* , pag. *69.*

le

le contraire en Hiver, ou dans les petits jours.

Pour éviter cet inconvénient, on divisa la nuit & le jour en vingt-quatre parties égales, qu'on désigna par une Planete sous la protection de laquelle on la mit : ainsi on rangea les heures suivant l'ordre des Planetes. La premiere heure fut donc désignée par Saturne, la seconde par Jupiter, la troisieme par Mars, la quatrieme par le Soleil, la cinquieme par Venus, la sixieme par Mercure, & la septieme par la Lune. Les Egyptiens croyoient que ces Planetes étoient rangées dans les Cieux suivant cet ordre. La huitieme heure retournoit sous l'autorité de Saturne, & la neuvieme sous celle de Jupiter, &c. de sorte que la quinzieme & la vingt-deuxieme étoient encore pour Saturne, la vingt-troisieme pour Jupiter, & la vingt-quatrieme pour Mars. La premiere heure du second jour étoit donc sous l'empire du Soleil, & on suivoit alors pour les autres jours l'ordre des Planetes.

Ces mêmes Planetes suggererent aux Egyptiens une autre division du tems : ce fut de ne compter que sept jours, parcequ'on ne comptoit que sept Planetes ; ce qui forma la semaine. Chaque jour avoit le nom de la Planete qui désignoit la premiere heure. Ainsi le premier jour étoit Saturne (*Dies Saturni*) : en suivant l'ordre des Planetes pour vingt-quatre heures ; le second jour étoit le Soleil (*Dies Solis*) ; le troisieme la Lune (*Dies Lunæ*) ; le quatrieme Mars (*Dies Martis*) ; le cinquieme Mercure (*Dies Mercurii*) ; le sixieme Jupiter (*Dies Jovis*) ; & le septieme Venus (*Dies Veneris*). Pour voir comment cet arrangement des jours avoit lieu, voici une Table où sont les heures au-dessus de

M

chaque Planete correspondante, & les Planetes qui répondent à chaque premiere heure
du jour, d'où ce jour prenoit son nom.

Table de la division des heures & des jours en semaines suivant les Egyptiens, & des noms que ces Peuples leur donnoient, conformément à l'ordre des Planetes.

Planetes qui répondent aux heures & aux jours.

Jours.	Heures.																							
	1	2	3	4	5	6	7	8	9	10	11	12	13	14	15	16	17	18	19	20	21	22	23	24
I.	♄	♃	♂	☉	♀	☿	☽	♄	♃	♂	☉	♀	☿	☽	♄	♃	♂	☉	♀	☿	☽	♄	♃	♂
II.	☉	♀	☿	☽	♄	♃	♂	☉	♀	☿	☽	♄	♃	♂	☉	♀	☿	☽	♄	♃	♂	☉	♀	☿
III.	☽	♄	♃	♂	☉	♀	☿	☽	♄	♃	♂	☉	♀	☿	☽	♄	♃	♂	☉	♀	☿	☽	♄	♃
IV.	♂	☉	♀	☿	☽	♄	♃	♂	☉	♀	☿	☽	♄	♃	♂	☉	♀	☿	☽	♄	♃	♂	☉	♀
V.	☿	☽	♄	♃	♂	☉	♀	☿	☽	♄	♃	♂	☉	♀	☿	☽	♄	♃	♂	☉	♀	☿	☽	♄
VI.	♃	♂	☉	♀	☿	☽	♄	♃	♂	☉	♀	☿	☽	♄	♃	♂	☉	♀	☿	☽	♄	♃	♂	☉
VII.	♀	☿	☽	♄	♃	♂	☉	♀	☿	☽	♄	♃	♂	☉	♀	☿	☽	♄	♃	♂	☉	♀	☿	☽

On remarqua enfuite, que la Lune étoit éclairée par parties, jufqu'à ce qu'elle parvint à l'être dans tout fon difque, & que cette lumiere décroiffoit après cela tellement qu'elle devenoit invifible. Cette période dure environ quatre femaines. De cette durée les Egyptiens firent une divifion du tems, que les Orientaux ont appellé *Man*, qui fignifie la Lune, & que nous nommons aujourd'hui *Mois*. On penfa que c'étoit un moyen fort fimple & bien fenfible de divifer le tems ; mais on s'apperçut bientôt qu'il manquoit d'exactitude. Les retours des mêmes faifons en offrit un autre plus jufte, puifqu'ils dépendent de la révolution du Soleil dans fon orbite. On fongea donc à déterminer le tems de cette révolution, & on crut qu'elle étoit de douze lunaifons ou douze mois. Il s'en falloit cependant onze jours & quelques heures que douze révolutions de la Lune égalaffent une révolution du Soleil. On voulut d'abord concilier ces deux mouvements, mais la difficulté fe trouva extrême. Les Egyptiens y renoncerent, & s'en tinrent au mouvement du Soleil. Les Arabes, au contraire, ne s'attacherent qu'à celui de la Lune. Et les Grecs, qui ne faifoient rien fans confulter l'Oracle, lequel fe plaifoit fouvent à les embarraffer, voulurent abfolument accorder ces deux mouvements du Soleil & de la Lune, pour fe conformer à la réponfe qu'il leur avoit faite à ce fujet.

On prétend que *Thalès* affura que douze mois & demi égaloient une révolution du Soleil, & qu'il imagina une période de deux ans au bout de laquelle il intercaloit un mois. Cela n'étoit gueres exact, & ne pouvoit l'être, parceque les

600 ans
avant Jesus
Chrift.

mois Lunaires n'étoient pas déterminés. C'est à quoi s'attacha un Astronome nommé *Solon*, contemporain de *Thalès*. Après plusieurs obfervations il reconnut que les Lunaifons étoient d'environ vingt-neuf jours & demi. Il jugea, avec raifon, que cette fraction ne pouvoit avoir lieu dans une divifion du tems. Il rejetta donc ce demi-jour ou ces douze Lunes au mois fuivant ; deforte qu'il établit un mois de 29 jours, qu'il appella *mois cave*, & un mois de 30, qu'il diftingua par *mois plein*.

Cependant tout cet arrangement ne s'accordoit pas encore avec la révolution du Soleil ; car deux années Lunaires étoient de 738 jours, & on avoit remarqué que l'année folaire étoit plus courte. L'Aftronome *Cléoftrate*, peu poftérieur à *Thalès*, s'appliqua particulierement à trouver dans combien de tems s'acheve préciféement la période du cours de la Lune ; enforte que les nouvelles & pleines Lunes reviennent aux mêmes jours, heures & minutes. Le fruit de fon travail fut que cette période eft de huit ans. En conféquence il l'appella *Octaederis*. C'étoit fe prefler un peu que de donner un nom à une période dont la certitude n'étoit pas reconnue. Il s'en falloit beaucoup même qu'elle pût jamais l'être. *Cleoftrate* avoit fondé fon calcul fur ces deux erreurs. La premiere, que l'année Lunaire eft de 354 jours ; & la feconde, que l'année Solaire eft de 365 jours & 6 heures.

Harpale s'en apperçut le premier. Il eftima l'année plus grande de deux jours que *Cléoftrate* ne le penfoit ; ainfi l'année étoit, felon lui, de 367 jours & 6 heures. C'étoit encore trop : les Aftronomes le jugerent de même, fans pou-

voir déterminer le tems où le Soleil & la Lune
font au même point du Ciel. Ils proposerent
pourtant une nouvelle période composée de
vingt octaéderides , moins une Lunaison inter-
calaire. Cela étoit assez juste ; mais cette période parut trop longue pour l'adopter. On crut
devoir s'en tenir aux octaéderides, & on ne songea qu'à rectifier celle de *Cléostrate* : vains efforts qu'on reconnut dans la suite des tems. Les
erreurs qu'on négligeoit , s'accumulerent au
point que les jours marqués & pour les sacrifices & pour l'ordre des affaires publiques, furent
intervertis. Le Peuple se mocqua hautement des
Astronomes & des Magistrats qui s'en rappor-
toient à eux. Plusieurs Philosophes célebres ,
tels que *Philolaé* , *Démocrite*, &c, proposerent
de nouveaux cycles , & aucun ne mérita d'être
adopté. Il falloit que le véritable cycle fût difficile à découvrir , comme il l'est effectivement ;
car *Philolaé* & *Démocrite* étoient des Mathématiciens très habiles. Aussi commençoit-on à
desespérer de ramener jamais la Lune & le Soleil au même point du Ciel , lorsque *Methon*
découvrit un cycle de dix-neuf ans , ou *En-
néadecatéride* , par le moyen duquel il concilia fort bien les mouvemens du Soleil & de la
Lune.

Ce fut l'an 433 avant *Jesus-Christ* , que *Methon* fit cette découverte. Elle a eu lieu le dix-
neuvieme jour après le Solstice d'Eté , parceque
l'année Grecque commençoit dans ce tems-là.
Antrefois l'année commençoit au Printems.
Les Hébreux l'avoient réglé ainsi , lorsqu'ils sor-
tirent de l'Egypte pour se conformer à cette opinion reçue parmi eux , que le monde avoit été

433 ans
avant J. C.

créé dans cette saison. Les Grecs dérogerent à cette coutume, lorsqu'ils établirent les jeux olympiques. C'étoient de grandes fêtes qu'on célébroit tous les quatre ans à l'honneur de Jupiter olympien. Elles furent instituées par *Hercule*, l'an du monde 2836, sur les bords du fleuve Alphée, près d'Olympe, Ville d'Elide. On appelloit *Olympiade* l'intervalle d'une fête à une autre. La premiere commença 777 ans avant *Jesus-Christ*. Ce fut dans une de ces fêtes que *Methon* exposa une Table qui contenoit l'explication de son cycle. Il fit sur toute l'assemblée l'impression la plus vive. On combla l'Auteur d'éloges, & pour faire connoître le cas qu'on faisoit de son travail, on donna le nom de *Nombre d'or* à celui qui exprimoit le nouveau cycle.

Cependant ce cycle n'étoit point parfait. Il s'en faut de quelques heures que les 235 Lunaisons s'accordent précisément avec le mouvement de la Lune & avec celui du Soleil. Ce défaut devint dans la suite si considérable, qu'au renouvellement de la période, la Lune se trouva avancée de sept heures & demie. Le tems apprit encore mieux la nécessité de rectifier le cycle de *Méthon*. C'est ce qu'entreprit *Callipe*, Astronome Cygicenien. Il quatrupla le cycle de *Methon*, & forma ainsi un nouveau cycle de soixante-seize ans, dont il retrancha un jour. Il prétendit qu'à la fin de ce cycle les nouvelles & pleines Lunes retombent aux mêmes jours de l'année solaire. C'étoit une prétention assez bien fondée. Aussi tous les Astronomes adopterent cette période, sous le nom de *Periode Calippique*. Ils observerent même d'a-

330 ans avant J. C.

près elle, presque persuadés qu'ils en confirme-
roient d'autant plus la vérité ; mais leurs observations firent tort à leur opinion. Elles apprirent
que les années Lunaires & Solaires étoient un
peu moindres que *Calippe* ne l'avoit cru. Le célébre *Hypparque* reconnut particulierement que
cette période manquoit d'un jour entier dans
304 ans. Pour corriger ce défaut, ce grand Astronome quatrupla la Période Callipique, &
retrancha ce jour d'excès au bout de ce terme.
Il forma de cette maniere un nouveau cycle
beaucoup plus exact que celui de *Calippe*. Il le
proposa aux Grecs, qui, accoûtumés à se servir
de ceux de *Methon* & de *Calippe*, ne crurent pas
devoir changer leur façon de compter. Ils ne
s'occuperent qu'à régler l'année & à distinguer
les mois par des noms. Ils établirent donc que
l'année commune seroit de douze mois, que
l'année bissextile seroit de treize, & que les
mois auroient 29 & 30 jours alternativement.
On nomma le premier mois *Hecatombaeon*, le
second *Metagitrion*, les suivans *Boedromion*,
Moemaclerion, &c.

   A l'exemple des Grecs, les Arabes compose-
rent l'année de douze mois, qui avoient chacun alternativement 29 à 30 jours ; de sorte que
cette année étoit de 354 jours. C'étoit trop peu,
comme le reconnut *Yerdegerd*, Roi de Perse.
Ce Prince engagea les Astronomes à déterminer
plus exactement le tems d'après la révolution
du Soleil : & sur le compte qu'ils lui rendirent
de leurs travaux, il arrêta que l'année seroit de
365 jours ; ensorte qu'elle seroit divisée en douze mois de 30 jours, auxquels on ajouteroit
cinq jours. Les Perses ne s'apperçurent pas d'a-

130 ans
avant J. C.

M iv

bord que le Soleil employoit plus de 365 jours à parcourir son orbite ; mais la suite des tems le fit voir. Ils observerent donc de nouveau le cours de cet astre, & trouverent que sa durée étoit de 365 jours, cinq heures, 49 minutes, & environ 16 secondes. Ils reglerent l'année en conséquence de 365 jours pour l'année commune, & de 366 jours pour l'année bissextile, qui a lieu tous les ans. Les Perses crurent avoir si bien déterminé par-là le cours du Soleil, qu'ils résolurent de s'y tenir désormais, & ils perséverent encore dans cette résolution.

Les autres Peuples déterminerent les années à-peu-près de la même maniere. Le premier des Romains voulut pourtant s'en écarter. *Romulus*, peu instruit du mouvement du Soleil, & de la nécessité de s'en rapporter à ce mouvement pour déterminer le tems, forma l'année de dix mois, qu'il nomma & disposa ainsi : *Martius, Aprilis, Maius, Junius, Sextilis, September, October, November, December.* Le premier mois se rapportoit au nôtre ; ainsi l'année Romuléene commençoit à la fin de l'hyver. *Romulus* avoit donné le nom de *Martius* au premier mois, pour rendre hommage au Dieu Mars, qui passoit pour son pere. Le nom du second mois vient, à ce qu'on prétend, du mot *aperire*, qui signifie ouvrir, parceque dans ce mois le beau tems ranime les productions de la terre. Le mot *Maïus* étoit en usage avant *Romulus*, pour désigner un mois. C'est le nom que les anciens Peuples d'Italie donnoient à Jupiter, à cause de sa mere *Maïa*. On prétend que le nom de *Junius* qu'avoit le quatrieme mois, étoit celui de *Junius Brutus*, qu'on avoit voulu immortaliſer par-là, pour reconnoître le ſervice qu'il avoit rendu aux peuples dont Rome ſe forma en chaſſant les Tarquins. A l'égard des noms des autres mois, ils exprimoient le rang que chacun tenoit dans l'arrangement de *Romulus*. Ainſi *Quintilis*, dérivé de *Quintus*, qui ſignifie cinq, déſigne que ce mois eſt le cinquieme ; celui de *Sextilis*, dérivé de *Sextus*, ſix, indique que c'eſt ſixieme ; *September*, qui vient de *Septem* ou *Septimus*, que ce mois eſt le ſeptieme. Enfin les noms *October*, d'*Octo*, qui ſignifie huit ; *November*, de *Novem*, qui veut dire neuf, & *December*, de *Decem*, ou dix, indiquent que ces mois ſont les huitieme, neuvieme & dixieme. Cette diviſion des tems eſt connue des Chronologiſtes ſous le nom d'*Année Romuléene*. Elle étoit trop défectueuſe, pour qu'on ne la réformât pas bientôt. C'eſt auſſi ce qui arriva après la mort de *Romulus*.

Numa Pompilius, ſon ſucceſſeur, ajouta deux mois à l'année Roruléene, parcequ'il crut que le Soleil faiſoit ſa révolution dans douze mois Lunaires. Il nomma ces mois *Januarius* (Janvier), & *Februarius* (Février). Il fit commencer l'année par le premier après le ſolſtice d'hiver, & lui donna le nom de *Januarius*, à l'honneur de *Janus*, Roi d'Italie. Le ſecond ſe trouva dans le tems des purifications ou expiations ; cérémonies religieuſes qu'on pratiquoit dans ce tems-là pendant douze jours, & il le nomma *Februarius*, qui ſignifie purifier, ou faire des expiations. Les mois furent donc rangés dans l'ordre ſuivant.

Ordre des Mois, suivant NUMA POMPILIUS.

Noms des Mois.				Nombre des Jours.
Januarius.	.	.	.	29
Februarius.	.	.	.	28
Martius.	.	.	.	31
Aprilis.	.	.	.	29
Mayus.	.	.	.	31
Junius.	.	.	.	29
Quintilis.	.	.	.	31
Sextilis.	.	.	.	29
September.	.	.	.	29
October.	.	.	.	31
November.	.	.	.	29
December.	.	.	.	29

Pompilius adopta pourtant de l'ouvrage de *Romulus* les divisions des mois, & les noms qu'on donnoit à certains jours marqués. Comme les Prêtres des Romains appelloient le peuple à la campagne le jour de la nouvelle Lune, que ce jour étoit précisément le premier jour du mois, on avoit donné un nom à ce premier jour, c'étoit celui de *Calenda* (Calende), mot dérivé de celui de *Caleo*, qui signifie appeller. Ces Prêtres assembloient le peuple à la campagne, pour qu'il apprît par la bouche du souverain Pontife, comment il devoit compter les jours jusqu'aux Nones. C'étoient les noms dont on se servoit pour désigner certains jours des mois. Dans les mois qui avoient 31 jours, savoir les mois de Mars, de Mai, de Quintile (ou Juillet) & Octobre, on appelloit *Nones* les septiemes jours : c'étoit au quatrieme jour, qu'on les comptoit les autres mois. Ainſi pour déſigner par exemple le ſecond jour de l'un des mois qui avoient ſix Nones, on diſoit *ſex Nonas*, ou *ante Nonas*; & on deſignoit ce jour dans les autres mois par ces mots, *quatuor Nonas.*

Aux Nones ſuccedoient les *Ides*. On donnoit ce nom aux jours qui ſuivoient les Nones, juſqu'au huitieme incluſivement. Dans les mois de Mars, de Mai, de Juillet & d'Octobre, les Ides commençoient au huitieme jour du mois, & elles finiſſoient au quinzieme. Elles commençoient le ſixieme jour dans les autres mois, & finiſſoient le treizieme. Ainſi on comptoit par Calendes, Nones & Ides. Après les Ides, on datoit les jours du quantieme avant les Calendes. Par exemple, le 30 Avril, on diſoit: *Pridiè calendas Maii*, la veille des calendes de Mai, &c.

Numa Pompilius trouva tout cela établi; & quoiqu'il ſoit le ſucceſſeur de *Romulus*, on ignore ſi c'eſt à ce premier Romain qu'on doit cette diviſion des mois. La voix générale eſt qu'elle eſt l'ouvrage des Prêtres. Cependant *Pompilius* ayant reconnu que la longueur de l'année, telle qu'il l'avoit réglée, ne s'accordoit point avec celle de l'année ſolaire, fit au bout de quatre années une intercallation de quarante-cinq jours, & forma encore quelques Réglemens pour les tems des cérémonies religieuſes, dont il commit l'exécution aux Pontifes; mais cette commiſſion gâta tout. Ces Prêtres ſe crurent offenſés de recevoir des ordres de leur maître; & pour s'en venger ils s'attacherent à prendre le contraire du réglement. Il

réfulta de-là un fi grand defordre, que les fêtes de l'Automne furent célébrées au Printems, & celles de la moiffon au milieu de
l'hyver.

140 ans
avant J. C.

Cela ne pouvoit pas aller loin. *Jules-Cefar*,
Dictateur & fouverain Pontife, fe fit un devoir de remédier à ces défordres. Il appella d'A-
lexandrie *Jofigenes*, l'Aftronome le plus eftimé
de fon tems, & l'engagea à déterminer avec
exactitude la grandeur de l'année folaire. C'eft
ce que fit *Jofigenes*. Il trouva que cette année étoit de trois cens foixante-cinq jours &
fix heures. Bien affuré de l'exactitude de cette
détermination, *Jules-Céfar* ne fongea qu'à régler l'année civile. De l'avis de fon Aftronome,
il fixa l'année à trois cens foixante-cinq jours,
& pour comprendre les fix heures qu'on négligea, il fut arrêté qu'on y auroit égard tous les
quatre ans, en faifant cette quatrieme année de
trois cens foixante-fix jours ; parceque quatre
fois fix heures font un jour. On arrêta auffi
qu'on feroit cette intercalation le 24 Février,
qu'on nommoit *biffexto calendas Martii* ; c'eft-
à-dire le fecond fixieme avant les calendes de
Mars : d'où eft venu le nom de *Biffextile*, qu'on
donne à cette quatrieme année. *Jules.-Céfar*
ajouta ainfi un jour au mois de Février, qui fut
de vingt-neuf jours dans les années biffextiles,
& de vingt-huit jours dans les années commu-
nes. Il ajouta auffi des jours aux autres mois,
afin que leur fomme fût de trois cens foixante-
cinq jours, & changea le nom du cinquieme &
du fixieme. Au lieu de *Quintilis* qu'avoit celui-
là, il lui donna celui de *Julius*, parceque ce
mois étoit celui de fa naiffance, & nomma *Au-*

gustus, le sixieme en l'honneur d'*Auguste*.
L'année fut donc réglée de la maniere suivante :

Année JULIENNE, ou de JULES-CESAR.

Nom des Mois.	Nombre des Jours.
Januarius.	31
Februarius.	28
Martius.	31
Aprilis.	30
Mayus.	31
Junius.	30
Julius.	31
Augustus.	31
September.	30
October.	31
November.	30
December.	31

Jules-Cesar annonça par un Edit la correction qu'il avoit faite au *Calendrier* de *Pompilius*, nom qu'on donnoit à la distribution des temps, & qui dérive du mot *Calendes*. Elle fut adoptée par toutes les Nations, qui l'appellerent le *Comput Julien*.

Malgré cet applaudissement universel, la nouvelle réforme n'étoit point sans erreur. La suite des tems fit voir que l'année solaire n'est pas tout-à-fait de trois cens soixante-cinq jours & six heures. Elle est plus courte de onze minutes ; desorte que ces onze minutes d'excès firent avancer les équinoxes d'un jour dans cent trente-un ans, & l'équinoxe du Printems se trouva le 10 Mars. Ce dérangement devint confidérable pour les tems deftinés aux cérémonies religieufes. Les premiers Chrétiens réfolurent d'y remédier.

Au commencement du fecond fiecle, *S. Hyppolite*, Evêque de Porto, propofa un Cycle de feize années Juliennes, qui avoit le défaut de laiffer anticiper les nouvelles Lunes de plus de trois jours. À la fin de ce fiecle, *S. Anatolius* imagina un Cycle de dix-neuf années, dans le courant defquelles il n'admettoit que deux biffextiles : mais il ne fut pas plus heureux que *S. Hyppolite*. On voulut après cela introduire un cycle de quatre-vingt-quatre années, qui fut encore rejetté à caufe de quelques erreurs qu'on y reconnut. Enfin *Eufebe* de Céfarée crut que ce qu'il y avoit de mieux à faire, c'étoit de faire ufage du Cycle de *Methon*. On inftruifit de cet avis les Peres du Concile de Nicée, qui s'affembla en 325, pour régler le tems de la fête de Pâque, & ce Concile l'approuva ; mais il arrêta que ce Cycle feroit vérifié de nouveau par les plus habiles Aftronomes du tems. Il chargea du foin de cette vérification le Patriarche d'Alexandrie, & lui enjoignit de faire part à l'Evêque de Rome du réfultat de la vérification, afin qu'il indiquât le tems de Pâque à tout le monde chrétien. Avant la tenue de ce Concile, l'Eglife, à l'exemple des Juifs, célébroit la Pâque le mois dont le quatorze de la Lune tomboit le jour de l'équinoxe du Printems, ou en approchoit. Le Concile confirma cet ufage, mais il ordonna qu'on la célébreroit le premier Dimanche après le quatorzieme jour de la Lune.

Cependant le Patriarche d'Alexandrie n'eût

aucun égard à l'injonction du Concile. On adopta purement & simplement le Cycle Lunaire de *Méthon* de dix neuf ans. Ce Cycle n'est pourtant pas exact. L'année Solaire qu'on avoit fixée à trois cens soixante-cinq jours six heures, ne s'accordoit pas avec la révolution du Soleil, qui est moindre de plusieurs minutes. De la premiere inexactitude, il devoit résulter qu'au bout de 625 ans, les nouvelles Lunes devoient précéder de deux jours celles qu'annonçoit le calendrier. Et de la seconde erreur il s'ensuivit que l'équinoxe du Printems avança dans la suite de dix jours ; desorte qu'au lieu d'arriver le 21 Mars, comme elle arrivoit dans le Concile de Nicée, elle se trouva au seizieme siecle le 11 du même mois.

Les Astronomes prévirent cette double erreur, ou s'en apperçurent avant le tems. Le fameux *Bede* fit remarquer, trois siecles après, que l'équinoxe anticipoit déja de trois jours. En 1200, cette anticipation étoit si considérable, que le célebre *Roger Bacon*, Philosophe Anglois, crut devoir écrire au Pape pour l'en avertir, & pour lui proposer un moyen de réforme : mais le Pape n'eut aucun égard à sa lettre & à ses raisons. Au commencement du quinzieme siecle, on présenta au Concile de Constance des Mémoires si pressans sur la nécessité de cette réforme, qu'elle fût mise en délibération. Peu de tems après le Cardinal *de Cusa*, savant Mathématicien, fit les mêmes instances au Concile de Latran. Rien ne fut résolu néanmoins dans ces Conciles. Par les avis de *Régiomontan*, le Pape *Sixte IV* entreprit ce grand ouvrage ; mais la mort de ce fameux

700 ans
après J. C.

1474.

Mathématicien fit échouer cette entreprise. Les Astronomes ne la perdirent néanmoins pas de vue.

Dans le seizieme siecle, les plus zélés d'entr'eux éleverent leur voix sur la nécessité de mieux régler le tems. Il parut une multitude d'écrits plus pressans les uns que les autres. Parmi ces écrits, on en distinguoit un de *Paul de Middelbourg*, Evêque de Fossombrone, dans lequel on trouvoit les Lunaisons pour les trois mille premieres années de l'Ere chrétienne, & les Lunes Paschales déterminées astronomiquement. Un autre Astronome, nommé *Pierre Pitatus*, fixa les années Lunaires & Solaires par un grand nombre d'observations astronomiques.

Mais *Aloisius Lilius*, Astronome Veronnois, présenta en 1582 un projet de réformation, qui fut généralement approuvé. Sur le bon témoignage qu'on lui en rendit, le Pape *Grégoire XIII* forma une assemblée pour travailler à l'exécution. *Lilius* mourut dans le tems qu'on faisoit ces dispositions si glorieuses pour lui. Son frere prit soin de suivre cette affaire & d'exposer à l'Assemblée le nouveau plan de réforme. Il eut donc entrée dans cette assemblée, laquelle étoit composée de plusieurs Cardinaux & Prélats, & d'*Egnazio Dante*, *Ciaconius* & *Clavius*, Mathématiciens habiles. Il y fut résolu que l'année actuelle auroit dix jours de moins, afin que l'année suivante 1583 l'équinoxe du Printems se trouvât le jour de l'équinoxe. Et pour éviter le même inconvénient, il fut réglé que tous les trois cens ans on omettroit l'année de trois cens soixante-six jours, & qu'on n'y auroit égard qu'à la 400.me. On

détermina

détermina ainsi exactement le tems du cours du Soleil, & le jour de l'Equinoxe.

Il restoit à accorder cet arrangement avec l'année Lunaire, & c'étoit ici le point le plus difficile de la réformation. A cet effet *Aloisius Lilius* crut devoir oublier le Nombre d'Or, ou le Cycle Lunaire de 19 ans, pour ne s'attacher qu'à l'excès de l'année Solaire sur l'année Lunaire. Or cet excès est de 11 jours; car l'année Lunaire est composée de douze mois synodiques, qui font 354 jours, & l'année Solaire est de 365; ce qui donne 11 pour la différence des deux années. Ainsi en supposant que les deux années aient commencé en même-tems, à la fin l'année Solaire aura 11 jours de plus que l'année Lunaire. L'année suivante elle aura 22 jours, & la troisieme 33 jours d'excès. Mais comme 33 jours font un mois, l'Auteur de cette remarque ne tint compte que de 3 jours, parceque son dessein étoit de connoître l'âge de la Lune, c'est-à-dire de savoir le nombre de jours écoulés depuis qu'elle étoit nouvelle. Il appella cet excès *Epacte*.

La Compagnie de la réformation adopta cette invention, & après avoir rédigé les résolutions qu'elle avoit prises sur le nouveau Calendrier, elle les communiqua au Pape. Sa Sainteté en fit part à tous les Souverains Catholiques, pour savoir leur avis. Bien assuré que cette réformation étoit généralement approuvée, au mois de Mars 1582, le Pape publia un Bref, par lequel il abrogea le Calendrier Julien, & ordonna l'exécution du nouveau. *Clavius* fut chargé de l'expliquer & de le faire valoir. C'est aussi ce qu'il fit dans un Livre qui parut avec ce titre : *De Calendario Gregoriano*. Mais à peine fut-il annoncé, qu'on se hâta de l'examiner, toujours rigoureusement, & souvent avec peu d'équité & de justesse. Les Protestans furent les premiers qui le censurerent. L'un d'eux se chargeant de toute la mauvaise humeur de ses Confreres envers le Pape, publia en 158; une critique très sévere du nouveau Calendrier. Il se nommoit *Mœstelin*, & étoit fort habile en Astronomie. On ne fit pas grande attention à cette censure précipitée. Pour se vanger de cette sorte de mépris, un second écrit parut plus vigoureux encore que le premier. Il étoit intitulé : *Alterum examen novi Calendarii Gregoriani*. Cette attaque réitérée regardoit directement *Clavius* ; & comme *Mœstelin* jouissoit d'une grande considération en qualité d'Astronome, il y auroit eu de la pusillanimité de la part de *Clavius*, & peut-être du danger pour l'adoption du nouveau Calendrier, si on avoit négligé d'y répondre. Le Défenseur de cet Ouvrage, *Clavius*, prit donc la plume, & réfuta solidement les écrits de *Mœstelin*.

Il se présenta bientôt un nouvel Adversaire à *Clavius* : ce fut *Scaliger*, qui étoit tellement courroucé contre la Congrégation du nouveau Calendrier, parcequ'on ne l'avoit point appellé, qu'il avoit abandonné l'Eglise de Rome, pour embrasser le Protestantisme. Aussi sa colere éclata dans sa critique, & fit tort à son jugement. Non-seulement il censura fort mal le Calendrier Grégorien ; mais encore dans un nouveau qu'il proposa, il s'appropria le travail de *Lilius*, dont il fit un mauvais usage. Aussi *Clavius* le réfuta avec une supériorité qui l'aigrit beaucoup. De-là naquit une difpute fort vive dans laquelle entra *Viete*, célebre Analyfte François. Celui-ci fit à *Clavius* le même reproche que *Clavius* faifoit à *Scaliger*, c'étoit d'avoir gâté le plan de *Lilius*. Ce reproche étoit ici très grave. Avant que de fe juftifier, *Clavius* examina rigoureufement l'écrit de *Viete*, & y découvrit plufieurs méprifes, entr'autres celles dans lefquelles cet Analyfte étoit tombé, en donnant aux mois Lunaires tantôt 27, 28 ou 32 jours. L'avantage devint par ce moyen confidérable. *Clavius* fut en profiter; & prenant un ton de fupériorité, il traita fort mal fon Adverfaire. Ce fut ici le dernier affaut qu'il foutint. Il parut pourtant encore une cenfure du nouveau Calendrier, fous le titre d'*Elenchus Calendarii Gregoriani*; mais le P. *Guldin*, Confrere de *Clavius*, y répondit par un Ouvrage intitulé : *Elenchi Calendarii Gregoriani refutatio.*

Ce n'étoit cependant pas fans raifon qu'on attaquoit ainfi de toutes parts l'ouvrage de *Grégoire XIII*. Premierement en fixant l'Equinoxe au 21 Mars; comme on l'avoit fait dans l'affemblée formée par le Pape pour la réformation du Calendrier Julien, on n'avoit point eu égard aux Obfervations aftronomiques, qui apprennent, que l'Equinoxe du Printems arrive fouvent le 20, le 22, & même le 23 de Mars. En fecond lieu, on prétendoit que par l'arrangement du nouveau Calendrier, il s'en falloit au moins un jour, qu'on ne ramenât les nouvelles Lunes à leur véritable tems.

Ces défauts & une certaine haine pour le Pontife Romain de la part des Proteftans, furent un obstacle à l'adoption du nouveau Calendrier en Angleterre, en Hollande, & dans une grande partie de l'Allemagne. On s'en tint dans ces Pays au Calendrier Julien, malgré ses imperfections Cette division apporta une si grande diversité dans la maniere de compter entre les Protestans & les Catholiques, que ceux-là comptoient au commencement de ce siecle le 0 Mars, tandis que ceux-ci comptoient le 21. Les premiers étoient sans doute dans l'erreur : ils le comprirent enfin ; & l'amour de l'ordre & de la vérité imposant silence à la passion, ils résolurent d'adopter du moins l'année Grégorienne, en rejettant les onze jours qui causoient leur erreur. Quant aux épactes, les Protestans n'ont pas cru devoir en faire usage, parcequ'ils ne pensent pas que ce moyen soit assez exact pour déterminer précisément l'année Lunaire & la fête Paschale. Ils rejettent absolument tous les cycles, qu'ils trouvent imparfaits, & s'en tiennent au calcul astronomique.

Pendant que les Protestants se disposoient à recevoir le Calendrier Grégorien, les Catholiques estimerent convenable de le soumettre à un nouvel examen, afin de les engager à s'unir à eux avec plus de confiance. *Clément XII* forma pour cet effet une Congrégation composée des plus habiles Astronomes d'Italie, & présidée par le Cardinal *Noris*, qui s'étoit rendu recommandable par une vaste érudition. M. *Bianchini*, Camérier du Pape, en fut nommé le Secrétaire.

Les nouvelles publiques eurent à peine annoncé cette Congrégation, que tous les Savans de l'Europe s'empreſſerent à concourir à l'exécution de ſon projet. M. *Caſſini* lui envoya différens Mémoires, qui contenoient une nouvelle méthode de fixer invariablement les équinoxes au même jour, & une maniere de régler les Epactes & les nouvelles Lunes, ſupérieure à celle de *Lilio*. Le P. *Bonjour*, MM. *Manfreti* & *Maffei*, s'occuperent auſſi à cette réformation, & publierent leurs idées qui formerent une controverſe à laquelle les vues de M. *Caſſini* donnerent lieu. Quoique *Bianchini* fût obligé de rendre compte de tous ces écrits à la Congrégation, il trouvoit encore le tems d'examiner la choſe par lui même. Cet examen le conduiſit à une découverte : ce fut une période de 1184 ans qui ramenoit les nouvelles Lunes & la fête de Pâque au même jour & à la même minute. Il propoſa auſſi un cycle, dans lequel il renfermoit toutes les variations des nouvelles Lunes & les Fêtes mobiles. Tous ces travaux devinrent néanmoins inutiles. La Congrégation en ſentit bien le mérite, mais elle découvrit tant d'embarras dans l'exécution des meilleurs projets qu'ils contenoient, qu'elle jugea qu'il valoit mieux encore laiſſer les défauts du Calendrier, que de le perfectionner par des moyens ſi diffic les.

Cependant on confirma l'uſage des Lettres, pour indiquer les Dimanches de chaque année. On s'en ſervoit déja dans le Calendrier Julien, à l'exemple des Romains qui en marquoient les Nones, & qu'ils appelloient à cauſe de cela *Nundinales*. Ces Lettres ſont la lettre A, juſques à la lettre G, incluſivement. Elles indiquent le premier Dimanche du mois de Janvier, & servent pour tout le reste de l'année. De sorte que si le premier jour de l'an est un Dimanche, la lettre Dominicale est la lettre A. C'auroit été la lettre B, si le premier jour de l'année eût été un Samedi, parceque le premier jour de Janvier est toujours représenté par la lettre A. Ainsi pour trouver la Lettre Dominicale d'une année, on n'a qu'à connoître le premier jour de l'année, & en nommant ce premier jour A, & suivant l'ordre des lettres B, C, D, E, F, G, la lettre, qui marquera le Dimanche qui suivra, sera la Lettre Dominicale. Cette lettre est la lettre B, si le jour de l'an est le Samedi. Ce sera la lettre G, si ce jour est un Lundi. Ces Lettres Dominicales suivroient pendant sept années leur ordre naturel, s'il n'y avoit point d'année bissextile; mais cette année, qui arrive tous les quatre ans, change cet ordre une fois à chaque révolution. Ce ne peut donc être qu'au bout de vingt-huit ans, produit de 7 par 4, qu'il est rétabli. On appelle *cycle solaire* cet espace de tems.

Enfin on résolut de continuer à diviser le tems par *Indictions*. C'est un cycle de quinze années, qu'on suppose avoir commencé trois ans avant la naissance de *Jesus-Christ*. Il a été imaginé en 312, par *Constantin* le Grand, afin qu'on ne comptât plus par les années Olympiades, mais par Indictions. On s'en sert pour conserver la mémoire du Concile de Nicée.

L'usage de ces cycles étoit assez borné. *Joseph Scaliger*, en les combinant, en tira un plus grand avantage. Il multiplia ensemble ces trois cycles, celui de *Methon*, ou cycle Lunaire, de

19 ans ; le cycle Solaire de 28 ans, & le cycle d'Indiction de 15. Le produit de ces trois nombres est 7980, ce qui forma un nouveau cycle composé de 7980 années, qu'on a appellé la *Période Julienne*. Or en supposant que cette période ait commencé 4713 ans avant la naissance de J. C., elle sert à caractériser chaque année par ses événemens, parceque ces trois cycles Lunaire, Solaire & d'Indiction ne pouvant se rencontrer qu'une seule fois en 7980 ans, & ayant été en usage dans les calculs des Chronologistes, elle indique les vrais tems & réforme les erreurs. Aussi ramene-t-on à cette période toutes les époques. Les Chronologistes fixent par ce moyen le tems des plus grands événemens. Ils déterminent le tems de la création du monde à 953 de la Période Julienne, celui des Olympiades ou de l'institution des Jeux Olympiques, l'an 3938 de cette période ; celui de la fondation de Rome l'an 3961, & celui de la naissance de J. C. l'an 4713 de la même période, &c.

Cela est fort avantageux. Tout le monde en convient. Cependant un Capucin, nommé *Jean-Louis*, d'Amiens, ayant remarqué que la période Julienne ne pouvoit être d'aucun usage pour ceux qui comptent plus de 4713 ans depuis la création jusqu'au Messie, inventa à la fin du dernier siecle une période de 15960 ans, qu'il trouva en multipliant les cycles Lunaire & Solaire par 30. Il l'appella la *Période Louise*, à l'honneur du siecle de *Louis* le Grand ; mais comme on ne voit point dans cette période d'autres avantages que celui de reculer l'origine des choses, les Chronologistes s'en tiennent à la Période Julienne, qui eſt établie ſur des fondemens plus ſolides.

C'eſt ici le dernier effort qu'on a fait pour perfectionner la Chronologie ; car il ne faut pas compter les diviſions vagues des tems, imaginées par quelques Chronologiſtes pour fixer les époques. *Varron*, par exemple, diviſe le tems en *Tems obſcur & incertain*, en *Tems fabuleux*, & eu *Tems hiſtorique*.

Le *Tems obſcur* eſt celui qui s'eſt écoulé depuis la création juſqu'au déluge : ce qui comprend 220 ans.

Le *Tems fabuleux* commence au déluge, & finit aux Olympiades, l'an du monde 228.

Le *Tems hiſtorique* commence aux Olympiades, & n'eſt pas terminé.

On a encore diviſé le tems en ſix âges. Le premier âge comprend le tems écoulé depuis l'origine du monde juſqu'au déluge l'an 1657. Le ſecond commence à la fin du déluge, & ſe termine à l'alliance que Dieu fit avec *Abraham*, l'an du monde 2083. Le troiſieme âge commence à *Abraham* & finit à la ſortie des Iſraëlites hors de l'Egypte, l'an 2513. Le quatrieme a commencé dans le tems de cette loi, & s'eſt terminé à la dédicace du Temple de *Salomon*, l'an 3000. Le cinquieme commence à l'entiere conſtruction de ce Temple, & ſe termine à la captivité des Juifs de Babylone, l'an 3468. Enfin le ſixieme âge date du tems de la liberté accordée aux Juifs par *Cyrus*, & finit à la naiſſance de J.C.

Les Poëtes ont voulu auſſi donner des époques des tems, & les ont diviſés en *ſiecle d'or*, *ſiecle d'argent*, *ſiecle d'airain*, *ſiecle de fer*, pour exprimer la félicité primitive de l'homme,

& le progrès de ses malheurs suivant cette division. Nous sommes dans le siecle de fer, parceque cet âge marque la guerre que les hommes se font entr'eux & la suite de leurs divisions. Mais toutes ces fictions ne méritent pas d'avoir place dans l'histoire d'une science.

C'est encore un problême que de ranger dans un ordre méthodique les faits essentiels de l'histoire sacrée & profane. L'année seule de la naissance de *Jesus-Christ* a formé cinquante opinions. La Bible des Septante compte depuis la création jusqu'à la naissance d'*Abraham*, 1500 ans de plus que la Vulgate ou la Bible Hébraïque. Ce qui cause cette obscurité impénétrable, c'est la différente maniere de compter des peuples, & les noms différens qu'ils donnoient à un même Prince.

Au commencement de ce siecle le grand *Newton* imagina un systême pour ramener les événemens à des époques sûres par le secours de l'Astronomie. Il chercha dans quels dégrés de leurs signes *Chiron* avoit fixé les points équinoxiaux, lorsqu'il imagina les constellations pour l'usage des Argonautes, & il trouva que c'étoit au quinzieme dégré. Or l'an 316 de l'Ere de Nabonassar, ou l'an 4285 de la période Julienne, *Methon* avoit observé le solstice d'Eté au huitieme dégré du Cancer. Les Solstices avoient donc reculé de sept dégrés. Ils reculent d'un dégré en 72 ans, & par conséquent de 7 dégrés en 504 ans. Ainsi en ajoutant ce nombre d'années à celui où *Methon* vivoit, *Newton* détermine le tems de l'existence de *Chiron*, & par conséquent celui de l'expédition des Argonautes, qu'il fixe à 936 ans avant J. C.

1700.

Tout ceci change beaucoup les époques de l'hiſtoire ; mais *Newton* rappelle aiſément ces événemens au calcul aſtronomique, en changeant la longueur des regnes des Rois. Cela eſt très ingénieux. Cependant ce n'eſt pas-là un titre ſuffiſant pour valoir la certitude : auſſi a-t-on examiné, & même critiqué avec tant d'avantage ce ſyſtême, qu'il s'en faut beaucoup qu'on puiſſe encore en faire uſage, pour déterminer les événemens. C'eſt ſans doute un préjugé peu favorable pour la Chronologie, qu'elle n'ait pas pu être aſſujettie à des regles par un homme tel que *Newton*. On ne manquera pas d'imaginer d'autres ſyſtêmes : mais il ne ſera pas impoſſible de démontrer que ce ne ſeront que des ſyſtêmes ; & la ſcience des tems pourra ſe renfermer dans le petit nombre de principes ou de regles que j'ai rapportés dans cette hiſtoire.

HISTOIRE DE LA NAVIGATION.

C'EST un problême qu'on n'a encore pu résoudre, de savoir si l'art de naviguer a été connu avant le déluge. Il est des Historiens qui tiennent pour l'affirmative, parcequ'on a trouvé en divers endroits, à plus de cent brasses de profondeur, les débris de plusieurs Navires chargés de caracteres antiques qu'on n'avoit pu ni lire, ni déchiffrer. Ils prétendent même que *Japhet*, troisieme fils de *Noé*, avant cette inondation générale, avoit fait construire le port de Jopé dans une forme plus réguliere, & qu'il lui avoit donné son nom. Si on les en croit, *Noé* connoissoit déja la Méditerranée, qu'il parcourut avec ses trois enfans. Il avoit montré à *Sem* le rivage Asiatique depuis le Tanaïs jusqu'au Nil ; à *Cham* les côtes de l'Afrique, depuis le Nil jusqu'au détroit de Gadès ; & à *Japhet* toutes les côtes de l'Europe depuis Gadès jusqu'au Tanaïs. Mais tout cela n'est appuyé que sur des conjectures qu'on détruit aisément par d'autres conjectures qui ne méritent pas plus de croyance.

Ce qu'il y a de certain, c'est que les enfans de *Japhet* furent navigateurs. *Horace* appelle par cette raison la race de *Japhet*, *audax Iapeti genus*. Etablis sur le rivage de la mer, ils firent

2348 ans avant J. C.

pour les cotoyer, de petits navires conſtruits, à ce qu'on croit, ſur le modele de l'Arche. On ne ſait pas autrement ce que c'étoit que ces vaiſſeaux. Ceux qui penſent que toutes les choſes ſe ſont développées par degrés, diſent qu'ils ſe haſarderent peu à peu à quitter le rivage ; qu'ils s'enhardirent à oſer davantage, & que cette hardieſſe ayant quelquefois dégénéré en témérité, les vents & les courans les avoient jettés malgré eux ſur des côtés plus éloignées, où ils avoient mieux aimé établir leur ſéjour, que de s'expoſer à un péril éminent en tâchant de revenir chez eux.

Mais avec quels bâtimens ces premiers navigateurs ſe livroient ils à la mer ? C'eſt ce qu'on ignore. On aſſure cependant qu'on a commencé à naviguer avec des radeaux. Ils étoient formés avec des poutres jointes enſemble, & couvertes avec des planches ou avec des peaux couſues & enflées : des animaux les traînoient le long du rivage ; & quelquefois auſſi les faiſoit on voguer avec de longues perches qu'on appuyoit fortement contre le rivage. On en attribue l'invention à un Roi d'Egypte nommé *Erythros*. A cet invention ſucceda celle des barques. Les premieres furent faites de joncs. On en fit enſuite avec des troncs d'arbres creuſés. On prétend que ces barques furent long-tems en uſage ; cependant nous liſons dans l'Hiſtoire que *Seſoſtris*, Roi d'Egypte, ſe

1491 ans avant J. C.

ſe trouvant trop reſſerré dans ſes Etats, eut l'ambition de faire des conquêtes au-delà de la mer rouge, qu'aucun de ſes prédéceſſeurs n'avoit encore franchi, & qu'il fit conſtruire à cette fin une flotte de quatre cents vaiſſeaux avec leſquels il s'étoit rendu maître de toutes les Isles & des Villes qui étoient situées sur cette mer ou sur ses bords. L'Histoire nous apprend encore qu'il passa le Golfe Arabique ; qu'il assujettit tous les rivages de la mer jusqu'aux Indes, qu'avec une autre flotte sur la méditérannée il soumit la plus grande partie des Cyclades, les Isles de la mer Égée, celles de Crete & de Phénicie ; & que la rébellion de *Danaü*, son frere, qui vouloit monter sur le Trône confié à ses soins, l'obligea à retourner en Egypte & à s'y fixer.

Danaus ne jugea pas à propos d'attendre le retour du Roi pour se soustraire au châtiment dont il étoit menacé. Il se retira à Argos dans le Peloponèse sur un vaisseau qui fut le premier qu'on vit paroître en Grece, car on ne s'y servoit alors que de radeaux & de monoxilles. La question est de savoir ce que c'étoit que ce vaisseau. Des Savans très estimables, *Schefer*, *Fabreti*, *Morisot*, s'accordent en ce point, que le premier navire avoit la figure d'un poisson. La tête de cet animal formoit la proue, son ventre, la poupe & le corps même du Bâtiment : sa queue tournante autour d'une cheville, formoit le gouvernail, & les nageoires étoient faites avec des pieces de bois, par le moyen desquelles on faisoit voguer le navire : c'étoit des especes de rames. L'expérience fit voir que cette imitation n'étoit pas heureuse. Ce Bâtiment étoit trop lourd pour qu'il pût siller aisément. On tâcha donc de le perfectionner en le rendant plus léger & plus maniable. On fit de petites Galeres avec lesquelles on se hasarda en pleine mer. On ne perdoit pas les côtes de vue ; de sorte que l'art de naviguer consistoit dans la connoiſſance des côtes. Il y avoit dans chaque Havre des Pilotes qui facilitoient cette connoiſſance aux navigateurs, & qui les inſ-truiſoient en même tems de la qualité des vents qui regnoient ſur chaque côte, & du tems des marées.

Bientôt aux rames on joignit la voile. On ne ſait point exactement à qui on en doit l'invention. Quelques Hiſtoriens en font l'honneur à *Dedale*, d'autres à *Eole*, ou à *Icare* : perſonnages fabuleux, qu'on ne connoît point dans l'hiſtoire des faits. J'ai cru moi-même qu'on pouvoit l'attribuer à *Iſis*, d'après une médaille dont j'ai donné l'explication, & qui paroît avoir été frappée pour tranſmettre à la poſtérité l'origine de la voile (a). Si mon ex-plication eſt vraie, c'eſt au haſard qu'on doit cette invention. En effet *Iſis* n'en fit pas autre-ment la découverte. Elle avoit perdu ſon fils, qu'elle aimoit éperduement, & déſeſpérée de ne le pas trouver ſur les côtes, elle entra dans le premier bâtiment de mer qui ſe préſenta à ſa vue, & courut le chercher ſur les eaux. Son deſeſpoir lui donna d'abord aſſez de force pour manier de lourdes rames ; mais l'épuiſement ſuccedant à la fatigue, elle ſe leva, & défit ſon voile de tête pour ſe mettre plus en liberté. La vivacité de cette action permit aux vents de faire impreſſion ſur ce voile, & lui indiqua ainſi l'uſage qu'elle en devoit faire au défaut des rames.

Quoi qu'il en ſoit de cette origine, les pre-

____

(*) Voyez les *Recherches hiſtoriques ſur l'origine & les progrès de la conſtruction des Navires des Anciens*.

mieres voiles furent de différentes matieres:
on leur donna presque toutes sortes de figures.
On en fit de rondes, de triangulaires & de
quarrés : on les peignit aussi de diverses couleurs. Les voiles de *Thesée* quand il passa en
Crete, étoient blanches ; celles *d'Alexandre*
étoient peintes ; & la superbe *Cleopâtre* en avoit
de pourpre à la bataille d'Actium. On plaçoit
les voiles les unes sur les autres, & avec ces
secours on gagnoit le large, mais c'étoit toujours sans perdre les côtes de vue. On s'arrêtoit la nuit.

Les Sidoniens furent les premiers qui oserent
naviguer au milieu des ténebres. *Strabon*, qui
nous aprend cela, ne dit point comment ils
faisoient. Les astres leur servoient-ils de guide?
C'est ce qu'on ignore. Ce qu'il a de certain,
c'est qu'on doit aux Phéniciens l'art de naviguer
par le secours des astres. Ces peuples s'imaginerent qu'il y avoit du côté du nord des étoiles
qui paroissoient toujours vers le même endroit
du ciel, & ils penserent, avec raison, qu'elles
pouvoient servir à s'orienter. Ils se servirent
d'abord de la grande ourse ou du grand char-
riot. *Thalès* ayant reconnu que la petite ourse
ou le petite chariot étoit encore plus fixe que
l'autre, conseilla aux Grecs de faire usage de
celle-ci : mais on ne suivit point ce conseil.

Les Phéniciens parcoururent ainsi toute la
méditérannée. L'inspection seule de la grande
ourse suffisoit pour les faire reconnoître. Cela
est admirable : mais le merveilleux est bien
plus grand, lorsqu'on voit ces peuples se ré-
pandre sur toutes les mers, les couvrir de flottes
nombreuses, & s'y rendre célebres par leurs

600 ans
avant J. C.

courses & leurs conquêtes. Malgré les efforts de très savans hommes, pour connoître leur navigation, une obscurité impénétrable envelope ce point important de l'Histoire. On nous a seulement appris que les Caldéens inventerent un instrument pour observer les astres, qu'ils appellerent *Bâton de Jacob*, & qu'on a nommé depuis *Arbalete*. Ils prenoient avec cet instrument la latitude ou la distance à l'équateur du lieu où le navire étoit. Ils mesuroient aussi le chemin du vaisseau. Ils avoient ajusté pour cela à côté du navire, une roue garnie de vannes; de maniere que l'eau, en coulant le long du navire, frappoit ces vannes, & selon qu'elle y couloit avec plus ou moins de vîtesse, elle faisoit tourner plus promptement cette roue. Pour connoître le nombre de ses révolutions, on avoit placé une autre roue que celle-ci faisoit mouvoir. Cette seconde roue étoit remplie de cailloux, qui tomboient à mesure que la roue tournoit; chaque révolution en donnoit un. Sachant ensuite par expérience, combien il falloit de révolutions de la roue pour faire une lieue, ce qu'on connoissoit par le nombre de cailloux, on avoit les premiers termes d'une regle de proportion qui devenoient les fondemens perpétuels de l'estime du sillage ou de la vîtesse du navire.

Ces inventions, quelqu'imparfaites qu'elles soient, étoient, sans contredit, très ingénieuses. C'étoit déja des moyens propres à entreprendre de longues navigations. Mais comment les anciens faisoient-ils pour diriger la route de leur navire? Les mémoires manquent absolument à cet égard. On ne connoît pour cela que l'u-
sage

fage de la bouſſole, & il eſt preſque démontré
que cet inſtrument n'a été inventé qu'en 1300,
par *Flavio Giogia*. Il eſt vrai qu'on connoiſſoit
avant cette invention la propriété de l'aimant
à ſe diriger au nord , & ſon uſage. En effet
la bouſſole ne conſiſte que dans la diſpoſition
d'une aiguille aimantée, de maniere qu'on puiſſe diriger aiſément par ſon moyen la route d'un
vaiſſeau. Or, en 1200, les François tiroient
parti de la propriété directrice de l'aimant
pour ſe conduire ſur mer : & comme on ne ſait
pas s'ils ont fait cette découverte , on conjecture qu'ils la tenoient de quelque peuple plus
ancien qu'eux.

En remontant ainſi , on peut bien penſer que
la propriété que l'aimant a de ſe diriger au
Nord , a été connue des anciens, & qu'ils s'en
ſont ſervis dans leur navigation. Si cela eſt ,
il n'y a plus rien d'extraordinaire dans les grandes courſes qu'ils ont faites ſur toutes les mers.
Ce qu'il y a de certain , c'eſt qu'on ne trouve
point dans l'Hiſtoire l'époque de la découverte
de cette propriété de l'aimant. Les Anglois
prétendent bien qu'on la doit à *Roger Bacon* ;
mais c'eſt une ſimple prétention ſans vraiſem-
blance & ſans preuve ; car *Bacon* vivoit dans le
treizieme ſiecle, & l'on ſavoit en France au douzieme ſiecle , que l'aimant ſe dirigeoit toujours
au Nord.

Voila tout ce qu'on peut dire & tout ce qu'on
ſait ſur la navigation des anciens. Malgré le
grand nombre de Savans Mathématiciens, qui
brillerent dans l'antiquité , aucun ne chercha
à la ſoumettre à des principes & à des regles.
Ce ne fut que dans le quinzieme ſiecle qu'on y

pensa. Encore le hasard contribua-t-il à cette entreprise. Des marins de Portugal ayant fait quelques découvertes sur les côtés de l'Afrique, firent naître dans l'esprit de Dom *Henri*, fils de *Jean*, Roi de Portugal, l'envie de faciliter aux navigateurs les moyens d'en faire de plus considérables. Il communiqua son dessein à deux Mathématiciens qui passoient à sa Cour pour les plus habiles du Royaume : ils se nommoient *Joseph*, & *Roderic*. Ces Savans chercherent avec le Prince *Henri* des méthodes & des instruments avec lesquels on pût se conduire sur mer en observant les astres. On ignore en quoi cela consistoit. Seulement on sait que le Prince *Henri* fit donner aux Pilotes plusieurs instrumens pour prendre la latitude, parmi lesquels l'*Astrolabe* & le *Nocturlabe* tenoient les premiers rangs. Celui-ci servoit à trouver combien l'étoile du Nord est plus haute ou plus basse que le pôle, & quelle heure il est pendant la nuit. On prenoit avec l'autre, la hauteur des Astres. Ces instrumens étoient sans doute très défectueux, comme on l'a reconnu depuis ; mais c'étoit beaucoup d'avoir imaginé des moyens, même grossiers, de résoudre des problêmes nautiques, en supposant que le Nocturlabe & l'Astrolabe soient de l'invention du Prince de Portugal & de ses Mathématiciens, comme il y a lieu de le croire.

Quoi qu'il en soit, les navigateurs Portugais, enhardis & éclairés par ces instructions, parcoururent toute la côte de l'Afrique : ils découvrirent l'Amérique & un passage aux Indes Orientales. Ces succès flatterent si fort Dom *Henri*, *Joseph* & *Roderic*, qu'ils for-

merent le projet de conftruire des Cartes marines. Ils favoient qu'une des grandes difficultés dans la navigation , étoit de favoir la route
qu'il falloit fuivre pour arriver au lieu de la
deftination. Les Cartes Geographiques étoient
bien connues alors, mais elles ne pouvoient
être d'aucun ufage fur mer , parceque dans ces
Cartes les Méridiens s'uniffent aux pôles. Or ,
dans ce cas les rumbs de vent ou les routes du
navire , qui doivent couper tous les méridiens
fous un même angle , font des lignes courbes ;
& des lignes courbes ne peuvent faire connoître la route qu'un vaiffeau doit fuivre. Pour
fauver cet inconvénient , le Prince *Henri* , imagina de faire des Cartes dont les Méridiens
fuffent en lignes droites & paralleles , & par ce
moyen les rumbs de vent , formés par des lignes droites , couperent tous les méridiens fous
un même angle. Il fuppofa dans cette conftruction que la mer étoit une furface plane , & n'eut
point égard à la diminution des dégrés de longitude , à mefure qu'on s'éloigne de l'équateur ;
diminution qui provient de la fphéricité du
globe terreftre. Cette fuppofition étoit une erreur fort confidérable dans une grande Carte.

C'eft la remarque que fit un célebre Géographe
des Pays-Bas , nommé *Mercator*. Quelque tems
après *Edouard Wright* , habile Géometre , chercha un moyen de réduire la convexité de la
mer à un plan dont les parties effentielles con-
fervaffent les mêmes proportions que celles qui
compofent la mer même. Sa fagacité & fes travaux lui procurerent la folution de ce problême. Ayant découvert par les régles de la Géométrie , un rapport conftant entre le rayon &

la sécante de chaque latitude, il conclut que puisqu'on ne pouvoit pas avoir égard à la diminution des dégrés de longitude, il n'y avoit qu'à faire croître ceux de la latitude en même proportion que ceux de longitude diminuent ; ou ce qui revient au même de les faire croître en même raison du rayon à la sécante de la latitude. Cette découverte eut tout le succès qu'il pouvoit en attendre. Il construisit d'après ce principe, de nouvelles Cartes marines, qu'il appella *Cartes réduites.* Ce fut le sujet d'un Ouvrage qui parut en 1599, sous le titre (Anglois) d'*Erreurs dans la navigation découvertes & corrigées.* Les Savans lui firent l'accueil qu'il méritoit. *Snellius,* fameux Mathématicien Hollandois, travailla même à éclaircir l'ouvrage de *Wright,* afin de faire connoître de plus en plus l'invention & l'utilité des Cartes réduites. En 1604, il publia un livre à cet effet, sous le titre de *Typhis Batavus.* Les Marins en prirent ensuite connoissance. Enfin un Pilote de Dieppe, en enseigna la pratique aux Navigateurs.

La navigation prit ainsi faveur. Toutes les Nations s'empresserent à l'envi à la perfectionner. Un Mathématicien Portugais s'attacha à substituer à la machine des Anciens pour mesurer le sillage du vaisseau, un moyen plus exact. Celle-là étoit devenue impraticable depuis l'invention des Voiles, parceque le Vaisseau ne faisant que rarement vent arriere, les roues de cette Machine que j'ai décrite ci-devant, ne recevoient plus l'impulsion de la route du Vaisseau, & ne pouvoient par conséquent marquer la vitesse, sans parler des oscillations perpétuelles du Vaisseau, qui empê-

choient presque toujours que cette roue ne tour-
nât.

Ces réflexions que fit le Mathématicien Portugais, nommé *Barthelemi Crescentius*, lui apprirent qu'il n'étoit pas possible de mesurer la
vitesse du Vaisseau par le mouvement de l'eau
qu'il déplace. Il crut qu'il auroit cette vitesse en
tenant compte de l'effort du vent, qui fait
avancer le Navire. Dans cette vue, il imagina
une espece de coffre dans lequel étoit enchassé
un bâton mobile garni d'aîles, & autour duquel une corde étoit attachée. Le vent cho-
quoit ces aîles, & suivant qu'il étoit plus ou
moins violent, il attiroit plus ou moins de corde. Cette corde étoit encore roulée sur un cilindre de bois ; de maniere que le cilindre tournoit en même-tems que le bâton : la corde en
se dévidant ainsi, passoit de la corde au bâton.
Or c'étoit par la quantité de cordes dévidées &
entortillées au tour du bâton, qu'on jugeoit de
la vitesse du Vaisseau.

Cette invention étoit trop défectueuse pour
qu'elle pût être utile. On conçoit aisément que
le vent pouvoit augmenter considérablement,
sans que le Vaisseau allât plus vîte, & cela selon qu'il frappoit plus ou moins obliquement
le vaisseau, & qu'on portoit plus ou moins de
voiles. Aussi imagina-t-on bientôt un meilleur moyen : on le doit à un Anglois nommé *Lock*. Il consiste en une espece de nacelle garnie de plomb à son fond, pour qu'elle
enfonce un peu dans l'eau, où on la jette. Elle
est attachée à une ficelle menue, divisée en
toises par des nœuds. Cette ficelle est entortil-
lée dans un tour, & on la laisse filer jusqu'à

ce que la nacelle flote librement , & qu'on
puisse la regarder comme fixe. Alors on commence à compter le nombre des nœuds écoulés
pendant une demi - minute ; & comme ces
nœuds sont autant de toises , on juge par-là de
la vitesse du Vaisseau.

Cette machine qu'on appelle *Lock* , du nom
de son Auteur , est simple ; mais elle a mille
imperfections. Cependant comme il est aisé de
s'en servir , elle est encore aujourd'hui en usage. Ce n'est pas qu'on n'ait proposé d'autres
machines infiniment plus parfaites. Mais telle
est la méthode dans la pratique des Arts , qu'on
préfere les moyens aisés , quelque mauvais
qu'ils soient , à ceux qui sont infiniment plus
parfaits , lorsque l'exécution exige quelques
soins.

Après avoir amélioré la maniere d'estimer
le chemin du Vaisseau, on songea à substituer
aux instrumens dont on se servoit pour observer les Astres sur mer , d'autres instrumens
plus exacts. Les Pilotes de Dieppe se servoient
pour ces observations d'un anneau gradué &
percé , connu aujourd'hui sous le nom d'*Anneau astronomique.* Ils faisoient aussi usage d'un
autre instrument de bois formant un quart de
cercle & garni d'une pinule , semblable à celui
dont les Astronomes faisoient usage pour leurs
observations , & qu'ils appelloient *Quart astronomique.* On ne sait s'ils ont inventé ces instrumens , ou , pour mieux dire , s'ils ont eu la
premiere idée d'accommoder à l'usage de la mer
les instrumens des Astronomes ; mais il est certain qu'ils sont les premiers qui en aient fait
usage sur mer.

C'étoient ici des essais, qui ne furent pas heureux. L'expérience fit voir que l'arbalete des Anciens étoit encore préférable à ces inventions. Il s'en faut beaucoup néanmoins que cet instrument soit sans défauts. Les Anglois, à qui l'art de la navigation devenoit tous les jours un objet plus important par les avantages qu'ils en retiroient, en étoient sur-tout très mécontens. L'un d'eux, qu'on ne nomme point, après plusieurs recherches, crut que le seul parti qu'il y eût à prendre pour avoir un bon instrument, c'étoit de perfectionner le Quart astronomique. Cette idée se fortifiant toujours plus dans son esprit, il y fixa toute son attention, & imagina l'instrumant suivant, connu sous le nom de *Quartier Anglois.*

Deux arcs de bois, dont l'un est de soixante dégrés & l'autre de trente, attachés chacun à chaque extrémité d'un bâton, qui est le rayon de ces arcs, forment cet instrument. Au centre est une pinule dont la fente est perpendiculaire au rayon ou bâton, & sur les deux arcs coulent deux autres pinules qu'on peut arrêter sur chaque dégré.

Tous les Navigateurs firent un accueil infini à ce Quartier Anglois. Ils ne crurent pas qu'on pût trouver rien de mieux. Ce n'étoit pourtant pas le sentiment des Mathématiciens. Plus difficiles à contenter que les Marins, ils trouvoient que la pratique de cet instrument étoit trop imparfaite pour qu'on pût avoir sur mer des observations exactes. En effet, il exige une position invariable ; situation difficile à garder sur un vaisseau. Sans cela l'astre & l'horison qu'il faut observer en même-tems, se désunis-

1700.

fent, & l'observation eft fauffe. M. *Hook*, habile Mathématicien Anglois, jugea de-là que
la perfection d'un inftrument pour obferver les
Aftres fur mer, confiftoit en ce que l'Aftre &
l'horifon ne fe défuniffent pas pendant l'obfervation. Quoique cela parût extrêmement difficile, à caufe du tangage & du roulis du Vaiffeau,
il crut qu'avec des miroirs on pourroit procurer cette réunion. MM. *Stréet*, *Newton* & *Halley* goûterent cette idée, & propoferent des
moyens de la mettre à exécution. On commença à croire que la chofe n'étoit pas impoffible,
comme on l'avoit prefque affuré d'abord. Encouragés par cette efpérance, M. *Hadley*, favant Anglois, entreprit enfin de conftruire un
inftrument avec des miroirs. Il prit d'abord le
Quart aftronomique; & comme en ajuftant un
miroir fur le centre de ce Quart & un fur l'a-
lidade, mobile à ce centre, les dégrés furent
doublés par la réflexion de la lumiere, il réduifit ce quart à la moitié, c'eft-à-dire à quarante-cinq dégrés, qui eft la huitieme partie
du cercle. Ce ne fut donc plus un quart aftronomique, mais un *Octant*, qui eft le nom qu'on
a donné à cet inftrument.

Il y a eu peu d'inventions mieux accueillies
que celle-ci. Elle charma tout le monde. Les
Mathématiciens en firent les plus grands éloges, & les Marins encouragés par ce fuffrage,
crurent devoir s'en fervir. On trouva cet Octant
bien fupérieur au Quartier Anglois : mais les
perfonnes difficiles, ou qui examinent fans prévention, crurent qu'on pouvoit encore faire
mieux. M. *de Fouchi*, en France, imagina un
autre Octant, où il appliqua une Lunette ; ce

» qui ne pouvoit pas se faire aisément à l'Octant
» de M. *Hadley*. En Angleterre, M. *Smith* avoit
» encore de plus grands desseins : c'étoit de faire
» un Octant non-seulement à lunette, mais en-
» core à simple réflexion.

Les choses ne se perfectionnent pas tout-à-
coup. Quelque excellente que soit la théorie ou
la construction d'un instrument, elle ne répond
pas toujours à la pratique. En faisant usage de
l'Octant de M. *Smith*, je reconnus moi-même,
en 1750, que la position des Miroirs étoit défectueuse ; & le desir que j'avois de contribuer
à l'art de la navigation, auquel je m'étois consacré, me porta à chercher quelque chose de
mieux. Ce n'est point à moi à prononcer si je
l'ai trouvé ; mais il entre dans le plan de cette
histoire de dire quel fut le fruit de mes recherches.

J'empruntai la figure & la forme de l'Octant
de M. *Smith*, qui étoit la seule qu'on pût adopter. C'est un secteur de cercle de quarante-cinq
dégrés, sur le rayon duquel est une lunette. Au
centre de ce Secteur, je posai un pont au-des-
sous duquel je fis mouvoir l'alidade garnie d'un
miroir. Un autre miroir fut placé au-dessus du
pont, & je réunis par ce moyen avec beaucoup
de facilité & de justesse l'astre & l'horison dans
toutes sortes de situation. J'ajustai ensuite la Lunette en conséquence de cette invention, & j'i-
maginai une avance placée sur le rayon qui
porte la lunette, sur laquelle je posai une espece de chevalet massif, chargé d'un miroir,
que je fis incliner & tourner avec deux différentes vis. Je construisis ainsi un Octant à simple
réflexion & à lunette, avec lequel on pût ob-

server également par devant & par derriere;
c'est à dire soit en regardant l'astre, ou en lui
tournant le dos : ce qui est nécessaire lorsque
l'horison du côté de l'astre n'est pas découvert.
M. *Baradelle*, Ingénieur du Roi pour les Instrumens de Mathématiques, exécuta cet instrument avec beaucoup de soin & de propreté. L'ouvrage fut fini en 1752. J'en publiai la construction & l'usage dans une brochure, qui parut
sous ce titre : *Traité des Instrumens propres à observer les Astres sur mer, où l'on donne la construction & l'usage d'un nouvel instrument.*

L'instrument & la brochure furent présentés
à feu M. le Marquis *de la Galissoniere*, Lieutenant Général des Armées Navales, qui les fit
voir au Roi, à Fontainebleau, au mois d'Octobre 1752. S. M. en parut satisfaite ; elle nomma
des Commissaires pour examiner l'un & l'autre.
Le rapport de ces Commissaires fut si avantageux, que le Ministere ordonna de construire
plusieurs de ces nouveaux Octans pour le compte du Roi. Ils furent envoyés dans différens
Ports de mer. La Gazette de France, du 6 Janvier 1753, annonça cette découverte, & le
premier envoi qui fut fait à Brest. C'est ainsi
qu'elle s'exprime : *On a envoyé depuis peu à
Brest, par ordre du Roi, un nouvel instrument
pour observer les Astres sur mer. Il a été inventé
par le sieur* Savérien, *Ingénieur de la Marine &
Membre de la Société Royale de Lyon, connu
par plusieurs Ouvrages, & exécuté par le sieur Baradelle, Ingénieur du Roi pour les Instrumens de
Mathématiques. Il est à simple réflexion & à lunette, deux qualités importantes qu'on n'avoit
encore pu réunir.*

L'ufage qu'on fait de cet Octant depuis plus
de dix ans, doit en avoir fait connoître la valeur. Il paroît que les Marins en font contens,
puifqu'ils continuent de s'en fervir. Les Mathématiciens même qui ont travaillé pendant quelque tems avec tant d'ardeur à trouver un inftrument propre à obferver avec exactitude les
Aftres fur mer, ont ce femble rallenti leurs travaux depuis l'invention du nouvel Octant. La
critique févere qu'on en a publiée dans les *Mémoires de Mathématique & de Phyfique*, imprimés à Marfeille (*), n'a rien diminué de
l'eftime qu'ils paroiffent en faire. Quoiqu'ils
aient toujours à cœur la perfection de l'art de
naviguer, & qu'ils reconnoiffent que l'obfervation des Aftres fur mer, eft une partie effen-
tielle de la navigation, ils ont porté leurs vues
d'un autre côté : c'eft fur la perfection de la
Bouffole & la découverte des Longitudes.

Dans fon origine, la Bouffole étoit compofée d'une petite pierre d'aiman taillée en forme
de grenouille, enfermée dans une efpece de
nacelle de bois, qu'on mettoit dans une bouteille pleine d'eau. L'aiman fe trouvant libre,
fe dirigeoit au Nord, & indiquoit ainfi la route
aux Navigateurs. On l'appelloit *Marinette*,
parceque c'étoit le nom de l'animal dont on
avoit donné la forme à l'aiman. Lorfqu'on eut
reconnu la vertu communicative de l'aiman au
fer & à l'acier, ce qu'on croit avoir été découvert par *Paulus Venetus*, ou plus sûrement par

____

(*) On trouvera une réponfe à cette Critique dans le
fecond Tome du *Dictionnaire hiftorique, théorique &
pratique de Marine*, publié en 1758, chez *Jombert*.
Voyez l'article *Octant*.

Flavio Gioja vers l'an 1300, on fubftitua à l'aiman une aiguille aimantée qu'on fufpendit au fond d'une boète ronde divifée en trente-deux parties, qui formoient les trente-deux airs de vents. Il manquoit à cette Bouffole un moyen de connoître les écarts de l'aiguille aimantée, du Nord, cette aiguille étant comme l'aiman, fujette à variation. Ç'eft ce qu'on trouva en ajuftant aux extrémités d'une alidade mobile au centre de la Bouffole, deux pinules traverfées d'un fil ; de forte qu'en tournoyant vers le Soleil à fon coucher ou à fon lever, on fut de combien l'aiguille s'écartoit de cet Aftre ; c'eft-à-dire du Couchant ou du Levant, & par conféquent du Nord & du Sud.

On ignore l'Auteur de cette addition, qui a fait donner à la Bouffole de mer, le nom de *Compas de variation*. Tous les Marins l'eftiment & s'en fervent. Cependant M. *Halley* a propofé un nouveau Compas de variation, qu'il a inventé, par lequel il connoît avec une très grande juftefle la variation de l'aiguille. Il le nomme *Compas azimuthal*, parceque c'eft par les azimuths, ou cercles verticaux ou perpendiculaires à l'horifon, qu'il connoit la déclinaifon de l'aiguille. A cette fin il éleve fur l'alidade mobile du compas ordinaire de variation, une lame de métal, qui forme une efpece de pinule, & qu'on baiffe quand on veut par le moyen d'une charniere. Il tend enfuite un fil depuis le haut de cette pinnule jufqu'au milieu de l'alidade. On fait ainfi ufage de cet inftrument. On tourne l'alidade vers le Soleil, de maniere que l'ombre du fil tombe & fur la fente de la pinnule & fur la ligne, qui est au milieu l'alidade. On juge par cette ombre, de l'écart de l'aiguille de l'azimuh du Soleil, & par conséquent de la variation de l'aiguille.

Quoique cette Boussole soit bien supérieure au compas de variation, les Marins ne l'ont pas cependant encore adoptée. Ils se sont attachés à perfectionner la Boussole proprement dite, en donnant à l'aiguille la plus grande vertu ou force qu'elle puisse acquérir de la part de l'aiman, & en la suspendant sur son pivot le mieux qu'il est possible, & ils ont été bien secondés à cet égard par M. *Anthéaume*, connu par ses expériences sur les aimans artificiels, qui a donné le moyen de faire des Boussoles, où ces deux qualités de l'aiguille, dont je viens de parler, la vertu & la suspension, se trouvent parfaitement réunies (*).

Pendant que M. *Halley* travailloit à perfectionner le compas de variation, deux Mathématiciens habiles étoient occupés de la mesure du sillage ou chemin du Vaisseau. L'Académie Royale des Sciences de Paris ayant proposé, pour le prix qu'elle distribue tous les deux ans sur la Navigation, de déterminer le meilleur moyen de connoître ce chemin & d'en tenir compte, le célebre Marquis *de Poleni*, imagina une Machine qui remporta le prix. Elle consiste en une colonne en forme de parallelipipede sur laquelle est un levier parfaitement mobile. A l'une des extrémités de ce levier est attaché un globe qu'on jette à l'eau, quand la

____

(*) On trouve la description de cette Boussole dans le *Dictionnaire historique, théorique & pratique de Marine*, art. *Boussole*.

machine' eſt placée ſur le vaiſſeau . & à l'autre
extrémité eſt un poids deſtiné à faire équilibre
au choc de l'eau ſur le globe. Cette extrémité
répond à un demi cercle , dont elle parcourt
plus ou moins de dégrés , ſelon que l'impreſſion de l'eau ſur le globe eſt plus ou moins
grande. On connoît donc par là la valeur de
cette impreſſion , & par conſéquent la viteſſe
du Vaiſſeau qui lui eſt proportionnelle. Pour
parvenir à cette connoiſſance , il faut avoir
appris par expérience qu'une vîteſſe déterminée donne tant de dégrés , afin de déduire par
les dégrés les autres viteſſes du Vaiſſeau. Or
cette expérience n'eſt pas aiſée à faire. C'en
fut aſſez pour en dégoûter les Marins. Ils trouverent encore tant d'autres inconvéniens dans
l'uſage de cette machine , qu'on n'en a pas
même fait l'eſſai.

L'autre Mathématicien qui a imaginé une
nouvelle maniere de meſurer le chemin du
Vaiſſeau , eſt M. *Pitot*. En écrivant ſur l'hydraulique , qu'il a enrichie de pluſieurs belles
régles , il découvrit un inſtrument pour meſurer la vîteſſe d'un courant. C'eſt un tuyau recourbé , en forme d'entonnoir, auquel eſt adap-
té un tuyau de verre. Il plonge le tuyau dans
l'eau , de maniere que l'eau entre par l'entonnoir. Elle monte ainſi dans le tuyau , & ſon aſ-
cenſion y eſt d'autant plus grande , que ſa viteſſe eſt plus conſidérable , conformément à ce
principe que la viteſſe de l'eau d'un courant
peut être conſiderée comme étant acquiſe par
un chûte d'eau , & eſt toujours proportionnelle
à l'élévation de cette chûte. L'application de
cette machine pour meſurer le chemin du Vaiſ-

l'eau fut aisée à faire. Il ne s'agissoit que de percer le Vaisseau, pour y placer le tuyau ; de placer à côté un autre tuyau simple pour marquer le niveau de la mer, & d'observer l'excès de l'élévation de l'eau dans le tuyau recourbé sur celle du tuyau simple. Cet excès donnoit ainsi la vitesse du Vaisseau. Mais il falloit percer le Vaisseau afin de placer ces tuyaux, & les Marins ne voulurent point entendre raison là-dessus.

Je ne sais point s'il me convient de dire que j'ai voulu joindre moi-même mes efforts à ceux de MM. *Poleni* & *Pitot*. Mais si le Plan de l'Histoire des Sciences est de rapporter & les découvertes & les nouvelles vues, je dois parler de mes inventions. Celles dont il s'agit dans le cas présent, sont deux Machines avec lesquelles on peut estimer, ce semble, le chemin du Vaisseau avec assez de justesse. La premiere est composée d'une boule de bois emmanchée à un long bâton suspendu par son milieu ou environ, à la poupe du Vaisseau, de maniere qu'il peut balancer en tout sens à la moindre impression. Dans cette position, la boule est plongée dans l'eau. A l'autre extrémité du bâton, est attachée une corde qui passe dans un tuyau, & au bout de laquelle pend un bassin dans lequel on met différens poids.

Quand le Vaisseau fait route, la boule, étant entraînée avec une force proportionnelle à la vitesse du Vaisseau, fait par conséquent pencher l'autre extrémité du levier ; ce qu'on empêche en mettant un contrepoids dans le bassin pour rétablir l'équilibre. Or c'est par ces poids qu'on connoît l'effort de l'eau sur la boule ou globe, & par conséquent sa vitesse. Afin de faciliter cette connoissance, j'ai calculé une table, où l'on trouve la vîtesse du Vaisseau relative à la charge qu'on a mise dans le bassin, & cela depuis six cens toises, jusqu'à près de cinq lieues par heure.

La seconde Machine est formée de deux tuyaux, dont l'un reçoit une certaine quantité d'eau qu'il reverse dans l'autre ; & comme il en reçoit d'autant plus que le sillage du Vaisseau est plus rapide, il en verse à proportion une plus grande quantité. En connoissant donc la quantité d'eau que contient le second tuyau, on a la vîtesse du Vaisseau. Une table met sous les yeux cette vîtesse relativement à la quantité d'eau qu'on trouve dans ce tuyau. Ces deux Machines sont décrites avec figures dans l'*Art de mesurer le sillage du Vaisseau*, imprimé en 1750, chez *Jombert*.

Ce ne sont pas là les seuls moyens dont on peut faire usage pour estimer la vitesse du vaisseau. On parvient encore à cette estime d'une maniere plus savante : c'est en connoissant la force du vent, son angle d'incidence sur les voiles, la quantité de voiles qu'on porte, & l'angle de la dérive. Il est vrai qu'il n'est pas aisé d'acquérir ces connoissances. Premierement il faut une machine qui marque la force du vent. En second lieu, il est difficile de déterminer son angle d'incidence sur les voiles. Il s'agit en troisieme lieu, d'évaluer la voilure ou la surface des voiles. Enfin on est obligé de mesurer la dérive pour connoître la résistance que le vaisseau oppose à l'impulsion de l'eau, suivant l'obliquité de sa route par rapport à sa quille.

quille. Ce font là quatre problèmes particuliers qu'il faut réfoudre, pour avoir la folution d'un feul, favoir la vitefle du vaifleau. Le dernier de ces problèmes, celui de la dérive, eft furtout d'une fi grande difficulté, que ce n'eft qu'à la fin du dernier fiécle qu'on a ofé en tenter la folution, & dans celui-ci qu'on l'a trouvée.

Le P. *Pardies* eft le premier qui ait cherché à déterminer la dérive par les loix de la méchanique. En confidérant que le vaifleau, lorfqu'il fait route, oppofe à l'eau deux réfiftances, une par fa pointe, & l'autre par fon côté, il crut que le fimple rapport de ces deux réfiftances fuffifoit pour déterminer la dérive. Le Chevalier *Rénau*, Ingénieur de la Marine, adopta ce principe, & établit en conféquence une très belle théorie du mouvement du vaifleau ou de la *manœuvre*. Elle fut imprimée en 1689, par ordre du Roi. Prefque tous les Mathématiciens l'accueillirent. Le principe du P. *Pardies*, fur lequel elle étoit fondée, n'étoit cependant pas vrai. M. *Hughens* le reconnut & en avertit le public. Il prétendit que ce n'étoit point fuivant le rapport général de la réfiftance de la proue au côté du vaifleau, qu'il falloit déterminer la dérive, mais qu'on doit avoir égard à l'impulfion différente que peut recevoir fouvent le vaifleau, & furtout par le côté. Ce fut en 1693, dans la *BibliothequeUniverfelle*, que fon écrit parut. M. *Rénau* y répondit, & voulut engager les Mathématiciens à s'intéreffer en fa faveur ou à le juger. La queftion étoit trop délicate pour qu'on ofât prendre fi promptement parti dans cette difpute. Le Marquis de l'*Hôpital* en fit part au grand *Bernoulli* (Jean), qui d'après fon expofition, prononça en faveur du Chevalier *Rénau*. Celui-ci ne manqua pas de publier fa victoire. Il compofa avec beaucoup de foin un *Mémoire* dans lequel il prétendit démontrer fon principe. Il le mit au jour en 1712, fous le titre de *Mémoire, où eft démontré un principe de la Méchanique des Liqueurs, dont on s'eft fervi dans la manœuvre des vaiffeaux, & qui a été contefté par M. Hughens.* Son deffein étoit de donner après cela une nouvelle édition de fa Théorie ; mais quelqu'un ayant inftruit *Bernoulli* de cette difpofition, fit naître en lui le defir de voir par lui-même comment étoit énoncé le principe du Chevalier *Rénau*, conftamment contefté par *Hughens* jufqu'à fa mort. Il fe procura fa théorie de la manœuvre, & vit que le Marquis de l'*Hôpital* lui avoit mal expofé l'état de la queftion, & que M. *Hughens* avoit raifon. Il reçut dans ce tems-là le Mémoire du Chevalier *Rénau*, qui le prioit d'en porter fon jugement fans *nul autre égard que pour la vérité.*

Il ignoroit les difpofitions où étoit *Bernoulli* fur fon principe ; car la vérité fit voir que c'étoit ici un pur compliment, ou une maniere modefte de demander des éloges. En effet, la réponfe que *Bernoulli* lui fit, quoique conforme à fa priere, l'indifpofa beaucoup. Cette réponfe contenoit des remerciemens fur le préfent de fon mémoire, & une critique fevere de fon principe. Ce fut un coup de foudre pour le Chevalier. Il envoya une efpece d'appel à fon juge même : mais cette défenfe devint inutile ; l'Arrêt étoit prononcé. *Bernoulli* démontra géométriquement fon erreur ; & ayant relevé

une autre méprisée qui étoit échappé à M. *Hu-*
ghens, il donna la véritable regle qu'il falloit
faire pour déterminer la dérive.

La Théorie de la Manœuvre du Chevalier
Réna se trouva ainsi absolument fausse. Pour y
suppléer, *Bernouili* composa une sublime théorie qui parut en 1714, sous ce titre modeste : 1714.
*Essai d'une nouvelle Théorie de la Manœuvre des
Vaisseaux.* La matiere y étoit traitée en grand,
& avec cette sagacité qui caractérisoit la solution qu'il donnoit des questions les plus épi-
neuses. C'étoit des principes généraux, des
régles générales par lesquelles il déterminoit
tous les mouvemens du vaisseau, sans entrer
dans le moindre détail de pratique. Il regardoit l'application de toutes ces regles, comme
l'affaire de la patience & du tems ; & ce grand
homme ne s'amusoit point à des calculs ou des
dépouillemens qui dépendoient d'une découverte. Dès qu'il avoit fait cette découverte, il
songeoit à une autre, & laissoit à des Mathématiciens du second ordre le soin de les analyser.

Ce ne devoit pas être l'ouvrage d'un Mathématicien aussi habile que M. *Pitot.* Néanmoins son zele pour le bien public, & l'importance de la matiere, engagerent ce Savant à
réduire en pratique la Théorie de *Bernoulli.*
Il travailla donc à rendre sensibles les regles de
la nouvelle Théorie, & calcula des tables pour
en faciliter la pratique. Il enrichit aussi cette
théorie de beaucoup de choses neuves, & forma un ouvrage où ses connoissances géométriques & son esprit d'invention brilloient également. Il fut imprimé en 1731, sous le titre
de *Théorie de la Manœuvre des Vaisseaux ré-*

duite en pratique , ou les principes & les régles pour naviger le plus avantageusement qu'il est possible.

Excité par l'exemple de M. *Pitot* , sans avoir la même capacité, j'ai voulu moi-même en 1743, mettre la théorie de la manœuvre à la portée des Pilotes. Je composai donc une Théorie plus simple que celle de M. *Pitot* , & débarrassée de calculs algébriques qui se trouvent fréquemment dans cette derniere. Je remarquai même en travaillant que dans cet Ouvrage & dans celui de M. *Bernoulli* , il y avoit deux suppositions, nécessaires à la vérité pour soumettre à des démonstrations géométriques les régles du mouvement du vaisseau , mais que les marins ne vouloient point absolument admettre. Ces suppositions sont, 1°. que la vitesse du vent est infinie à l'égard de celle du vaisseau ; 2°. que la carene ou la coupe du vaisseau à fleur d'eau est un segment de cercle. Je tâchois donc de ne point admettre ces deux suppositions dans le livre que je méditois ; & après avoir réduit à des démonstrations fort simples les regles de la manœuvre , je publiai mon travail en 1745 , sous le titre de *Nouvelle Théorie de la Manœuvre des Vaisseaux , à la portée des Pilotes*. C'est un petit livre fort élémentaire , & que je donnai sans prétention. Il eut cependant quelques critiques légeres , auxquelles j'ai répondu.

C'est ainsi que l'art de soumettre les mouvements du vaisseau à des loix , prit naissance & qu'il se développa. La régle pour déterminer la dérive étant connue, on a pu résoudre dans les ouvrages qui ont été composés sur cet art,

>:tous les problêmes néceſſaires pour conduire le
v vaiſſeau le plus avantageuſement qu'il eſt poſſi-
d ble. Ces problêmes ſont 1°. de déterminer la dé-
1 rive ; l'angle de la voile & de la quille étant
> donné : 2°. cet angle étant connu, trouver
l l'angle le plus avantageux de la voile avec le
vent : 3°. déterminer la vîteſſe du vaiſſeau ſelon les angles d'incidence du vent ſur les voiles, ſelon les différentes vîteſſe du vent, ſuivant les différentes voilures ou le port des voiles, & enfin ſuivant les différentes dérives.

Tout ceci n'a pu être l'ouvrage que des Mathématiciens : c'eſt aux Marins à le mettre en
pratique. Avant le P. *Pardies*, on connoiſſoit
bien une manœuvre ſur mer : mais c'étoit bien
moins un art que des tours d'adreſſe. L'illuſtre
Génois *André Doria*, qui commandoit ſous
François I les Galeres de France, connut le
premier qu'on pouvoit naviguer par un vent
preſque oppoſé à la route. En dirigeant la
proue de ſon vaiſſeau vers un air de vent voi-
ſin de celui qui lui étoit contraire, il depaſſoit
pluſieurs vaiſſeaux qui rétrogradoient au lieu
d'avancer. *Doria* ignoroit la raiſon de cet
avantage que le hazard & peut-être ſon intelligence ſur les mouvemens du vaiſſeau lui
avoient fait découvrir. Les plus célebres marins qui vécurent dans le ſiecle de *Louis* le
Grand, ſe diſtinguerent auſſi par des découvertes de cette eſpece, comme en gagnant au
vent, en prenant le deſſus du vent, en eſſayant
d'aller à l'abordage ou de l'éviter, &c. Ils dé-
couvroient tout cela en éprouvant leurs vaiſſeaux dans les différentes routes, & en faiſant
des tentatives. C'étoient des tatonnemens ,

mais dirigés par un grand defir de fe rendre
habiles dans l'art de faire mouvoir le Vaiffeau,
& fecondés par une aptitude finguliere à faifir
les moindres avantages que tous ces effais
pouvoient manifefter Le Chevalier de *Tourville*, habile Officier de Marine, a formé ainfi
un *exercice de la Manœuvre*, qui contient les
différentes manœuvres qu'on doit faire fur mer.
Il y enfeigne comment on doit gouverner dans
un tel ou tel tems, porter plus ou moins de
voiles, fuivant les occurences; en un mot, ce
qu'il eftimoit le mieux de faire pour le conduire
fur mer, foit d'après les expériences qu'il avoit
faites, foit d'après fes propres réflexions. On ne
trouve aucune raifon des opérations qu'il prefcrit. C'eft un pur exercice à-peu-près femblable à celui des Troupes fur terre.

Le P. *Hofte*, qui a écrit fur la Manœuvre,
après le Chevalier *Rénau*, tira meilleur parti
des pratiques de manœuvre des plus célebres
Marins, tels que *Duguai-Trouin*, *Duquefne*,
Jean Bart, *Ruiter*, *Tromp*, &c. Il forma de ces
pratiques une tactique des armées navales, qu'il
publia en 1727, fous le titre de l'*Art des Armées navales*. On y trouve la maniere de former
un ordre de bataille, de le rétablir lorfque le
vent a changé, de changer la difpofition d'une
Efcadre, de forcer l'ennemi au combat, de tra-
verfer une armée ennemie, de la mettre hors
d'infulte dans un Port, & une infinité d'autres
manœuvres très curieufes & très utiles. Il eft
vrai que tout cela n'eft fondé que fur l'expérience & la pratique. Mais dans le cas dont il
s'agit, il n'y a point de principes géométriques
à établir, parcequ'il n'y a point ici de proble-

1727.

mes déterminés, & qu'on ne peut donner que des moyens généraux sans démonstrations.

Voilà quelles sont les découvertes qu'on a faites sur l'art de naviguer. Il en reste encore une importante, & d'où dépend la perfection de cet art, c'est celle des Longitudes. Pour se reconnoître sur mer, il faut avoir la longitude & la latitude de l'endroit où l'on est. Par les différens instrumens qu'on a imaginés pour observer les Astres, on a bien la latitude, mais ces instrumens ne peuvent servir pour déterminer la longitude. On supplée à cette connoissance par la mesure du chemin du vaisseau. C'est un supplément qui ne dédommage pas absolument de la chose. Aussi il n'est rien que les Mathématiciens n'aient fait pour trouver la longitude sur mer, & leurs efforts ont été inutiles. Ils ont d'abord proposé des Horloges ; mais c'étoit une simple proposition qu'on a bientôt abandonnée. Un Marin, *Guillaume Nautonnier*, crut qu'on pouvoit déterminer les longitudes par la variation de l'aiguille aimantée. Il supposoit une regle constante dans cette variation, laquelle est absolument gratuite. Enfin un inconnu a cru avec plus de vérité & de jugement, que s'il étoit un moyen d'avoir sur mer la longitude, c'étoit en connoissant parfaitement le mouvement de la Lune. On sait que cette planete secondaire, avance de treize dégrés par jour. En mesurant donc sa distance d'une étoile à une heure donnée, & sachant son éloignement d'un pays (dont la longitude seroit connue) à cette même heure, on auroit par cette différence, la différence des Méridiens de ce Pays & de l'endroit où l'on est, & par consé-

quent la longitude de cet endroit. Pour mettre cette idée à exécution, il manque des Tables exactes du mouvement de la Lune. C'eſt
à quoi travaillent les Aſtronomes les plus in-
telligens.

Par le juſte accueil qu'on fit à ce projet, on
comprit qu'on ne devoit pas déſeſpérer de découvrir un jour une maniere de déterminer les
longitudes ſur mer. Les Anglois qui ont ſi à
cœur la perfection de la Navigation, crurent
qu'il convenoit d'exciter par l'attrait des récompenſes, les Mathématiciens à travailler à
la ſolution de ce probleme Sous la Reine *Anne*,
en 1713, le Parlement d'Angleterre rendit un
acte *pour récompenſer publiquement quiconque*
découvrira les Longitudes en mer. Il promet par
cet acte dix mille livres ſterlings à celui qui
trouvera la longitude à un dégré près du grand
cercle ; quinze mille livres ſterlings à celui qui
l'aura trouvée à deux tiers de dégré, & vingt
mille livres ſterlings à celui qui l'aura trouvée à
un demi dégré près.

Cet acte étoit à peine public, que deux Philoſophes Anglois travaillerent à mériter ces récompenſes. Ce ſont MM. *Wiſton* & *Ditton*.
Ils crurent avoir réſolu le problême en fixant
ſur mer, de deux cens lieues à deux cens lieues
des vaiſſeaux chargés de·faire partir à mi-
nuit préciſe une bombe ſelon une direction
perpendiculaire. Tous les Vaiſſeaux qui ſeront
ſur mer verront, diſoient-ils, cette bombe
lorſqu'elle crevera, & en comparant l'heure
qu'il eſt ſur le Vaiſſeau, à celle qu'indique
la bombe, ils auront la différence des heures
de ce Vaiſſeau aux leurs ; & par cette diffé-

rence ils connoîtront les Méridiens , & par conséquent les longitudes. Le rapport que firent les Commissaires chargés de l'examen de cette invention , ne lui fut point du tout favorable. On trouva tant de difficultés à exécuter ce projet , que quoique *Wiston* & *Ditton* jouissent de la plus haute considération , on l'abandonna tout-à-fait.

A l'exemple des Anglois , les Hollandois ont promis une récompense de 50000 l. à celui qui découvriroit un moyen de déterminer sur mer les longitudes ; mais tous ces avantages n'ont produit encore que des vues sans succès. Depuis peu un Anglois a inventé une chaise, qu'il appelle *Chaise marine* , qu'il suspend si bien sur un Vaisseau, qu'on peut y observer les Astres comme si on étoit sur terre , malgré le tangage & le roulis du Vaisseau. Cette invention a mérité les éloges des Mathématiciens & des Marins. On a même écrit qu'elle a valu une récompense à son Auteur. Ç'est toujours un pas qui peut avancer la solution d'un problême d'où dépend la perfection de l'art de naviguer.

1760.

HISTOIRE
DE
L'OPTIQUE.

L'OPTIQUE eſt la ſcience de la viſion. L'œil
en eſt l'organe. C'eſt un Globe compoſé de
quatre tuniques & de trois humeurs. La premiere tunique forme en quelque ſorte le globe.
Elle eſt en partie opaque, en partie tranſpa-
parente. La partie opaque eſt épaiſſe vers le
milieu, où elle porte un nerf, qu'on appelle
Nerf optique. Cette épaiſſeur diminue vers le
devant de l'œil, où elle devient tranſparente.
Ces deux parties de cette premiere tunique ou
envelope de l'œil ont deux noms différens.
L'une poſtérieure, qui eſt opaque, ſe nomme
Cornée ; & on donne le nom de *Sclerotique* à la
partie antérieure, c'eſt-à-dire à la partie tranſparente. La ſeconde tunique eſt placée au-deſſous de la Cornée, ou Sclerotique. Elle a une
couleur qui lui eſt propre. On l'appelle *Uvée*,
ou *Iris*. A ſon milieu eſt un trou nommé la *Prunelle*. Vient enſuite la *Choroïde*. C'eſt une double membrane tirant un peu ſur le rouge, & ad-
hérente à la Cornée opaque par pluſieurs Vaiſſeaux. Elle envelope d'un côté le nerf optique au-delà de l'œil qu'elle accompagne au
milieu du cerveau, & eſt couverte de l'autre
côté par la *Rétine*, qui eſt la derniere tunique.

Celle-ci eſt très mince & très déliée. Elle eſt formée par les filets du nerf optique, & c'eſt ſur elle que ſe peignent les objets.

Les humeurs qui rempliſſent & compoſent la concavité de l'œil, ſont *l'humeur vitrée, l'humeur criſtalline & l'humeur aqueuſe.* La premiere eſt dans la partie poſtérieure du globe de l'œil, dont elle occupe plus des trois quarts. Elle reſſemble au blanc d'œuf & eſt renfermée dans une capſule membraneuſe. Au milieu de l'œil, au-deſſous de la paupiere, on trouve l'humeur criſtalline, ou plutôt le *Criſtallin* ; car cette humeur eſt un petit corps convexe des deux côtés, d'une conſiſtance aſſez ferme & tranſparent comme le criſtal. L'eſpace compris entre ce corps & la cornée, eſt l'humeur aqueuſe, liqueur très limpide & extrêmement fluide.

Telle eſt la conſtruction générale de l'œil. Ce n'eſt point ici le lieu de nommer ceux à qui on en doit la connoiſſance. Ceci regarde l'hiſtoire de l'Anatomie, & je dois me renfermer dans celle des Sciences exactes : Auſſi me ſuis-je borné à faire connoître les parties de l'œil, qui forment l'organe de la vue, ſans parler ni des muſcles qui le font mouvoir, ni des autres parties qui l'accompagnent. Il s'agit ici de la viſion, de ſes phénomenes & des découvertes qu'on a faites pour la perfectionner. La ſcience de la Viſion eſt en effet la ſcience de l'Optique, & c'eſt de l'hiſtoire de cette partie de Mathématiques dont je vais entretenir le Lecteur.

On entend par le mot *Viſion*, une ſenſation qui dépend d'un certain mouvement du nerf optique, qui eſt le ſiege du ſentiment. Ce mouvement eſt produit au fond de l'œil par des

rayons de lumiere qui partent d'un objet éclairé, & le rendent fenfible à l'ame.

590 ans
avant J. C.

Dans tous les tems les hommes ont éprouvé
ce fentiment ; mais nous ne trouvons pas dans
l'hiftoire qu'avant *Pythagore* perfonne ait
cherché comment nous l'éprouvons ; c'eft-à-dire
quelle eft la caufe de la vifion. Le Philofophe
que je viens de nommer, croyoit qu'il fort des
objets certaines efpeces vifibles, qui font fort
grandes proche de ces objets, mais qui diminuent à mefure qu'elles s'en éloignent, au point
qu'elles peuvent entrer dans le trou de la prunelle, pour y exciter le fentiment de la préfen-
ce de cet objet.

370 ans
avant J. C.

Peu content de cette explication, *Empedocle*
& *Platon* prétendirent qu'il fort de l'objet &
de l'œil certains écoulemens qui fe rencontrent
& fe mêlent les uns dans les autres au milieu de
leur chemin. Par ce choc, les écoulemens qui
fortoient de l'œil y retournent & y excitent la
fenfation des objets.

Les Difciples de *Platon* adopterent cette explication, & y ajouterent cette découverte importante, c'eft que la lumiere fe propage en
ligne droite, & que les angles d'incidence font
égaux aux angles de réflexion. C'étoit là un
bon commencement pour établir une théorie
de l'Optique. Cependant *Ariftote*, l'un des
difciples de *Platon*, plus raifonneur que géometre, au lieu de fuivre cette idée, s'attacha à expliquer la vifion d'une maniere plus
fatisfaifante, & à connoître la lumiere & fes
effets.

La vifion s'opere, felon lui, par la réception
des images ou efpeces des objets dans l'œil. Ce-

la ne s'entend gueres ; mais la maniere dont il explique la lumiere est encore plus inintelligible. La lumiere, dit-il, est ce qui rend les corps transparens ; car les corps transparens ne le sont qu'en puissance, puisqu'ils sont opaques la nuit, & qu'ils ne deviennent transparens qu'à la présence de la lumiere. Il n'y a donc qu'elle qui puisse réduire cette puissance en acte. La lumiere est donc l'acte du transparent, en tant que transparent. C'est la conclusion d'*Aristote*. Et comme la couleur ne se fait sentir qn'à travers les corps qui ne sont transparens qu'en puissance, elle est donc ce qui meut le corps actuellement transparent. Ce Philosophe ne prétend pas néanmoins expliquer par-là la nature de la lumiere : il avoue même presque qu'il l'ignore. Sa conjecture est que c'est la présence du feu, ou de quelqu'autre corps lumineux au corps transparent.

Les Successeurs d'*Aristote* qui s'occuperent de l'Optique, laisserent là ces notions obscures. Ils crurent qu'il falloit s'attacher uniquement à soumettre les mouvemens de la lumiere aux loix de l'Optique, sans rechercher sa nature. Deux points fixerent principalement leur attention : ce fut de déterminer la grandeur apparente des objets, qu'ils firent dépendre des angles sous lesquels ils paroissent, & de trouver le lieu apparent de l'image dans les miroirs qu'ils formerent par le concours du rayon réflechi avec la perpendiculaire tirée de l'objet sur le miroir. Avec ces deux principes ils ébaucherent la théorie de l'Optique. On attribue à Euclide cet essai : je dis qu'on l'attribue ; car plusieurs Mathématiciens soutiennent avec rai-

300 ans avant J. C.

fon que cet ouvrage n'eft pas de lui. On n'y
reconnoît point en effet la méthode & la logique de cet habile Géometre. Les démonftrations font défectueufes, & la marche de l'Auteur eft très embarraffée.

150 ans
après J. C. Quoi qu'il en foit, plus de quatre fiecles s'é-
coulerent fans qu'on fongeât à perfectionner
cette premiere partie de l'Optique. Mais *Ptolémée*, à qui les progrès des Mathématiques
étoient fi précieux, & qui les cultivoit avec
tant de fupériorité, crut devoir s'occuper de
cette fcience. Il compofa là-deffus un Ouvrage
favant, à ce qu'on affure, qui eft perdu, mais
dont on peut fe former une idée par les traits
que les Opticiens fes fucceffeurs nous ont tranf-
mis. Le premier regarde les réfractions aftronomiques. *Ptolémée* découvrit que la lumiere
des Aftres en venant à nous fe brifoit dans l'at-
mofphere. Le fecond trait eft une explication
de la grandeur exceffive des Aftres vus à l'horifon. Ce Mathématicien donnoit de ce phénomene une raifon toute métaphyfique. C'eft l'a-
me, difoit-il, qui juge l'Aftre fort grand relativement au grand nombre d'objets interpofés,
qui donnent l'idée d'une grande diftance lorfque l'Aftre eft près de l'horifon, au lieu que
faute de terme de comparaifon, elle eftime l'Aftre infiniment plus éloigné, lorfqu'il eft beaucoup élevé au-deffus de l'horifon, c'eft-à-dire
près du Méridien.

Le peuple qui fit le plus d'accueil à l'ouvrage de *Ptolémée*, fut les Arabes. Ils étudierent
avec foin l'Optique, & compoferent fur cette
fcience divers écrits. Le premier qui parut,
nommé *Alfarabus*, traitoit de la Vifion. C'étoit

une partie essentielle de l'Optique. Un autre
Arabe appellé *Ibn-Heiten*, Syrien, prit la chose
plus en grand. Il écrivit sur la vision directe,
réfléchie, rompue, & sur les miroirs ardens.
Aucun de ces Traités ne nous est parvenu. Sur
le titre de ce dernier, il est évident que *Ibn-Heiten* examinoit le mouvement de la lumiere
en ligne directe, ensuite venant à l'œil après
une réflexion, & enfin faisant impression sur
cet organe après avoir été rompue ou réfractée. A l'égard des Miroirs ardens, cet Auteur
est le premier qui en ait parlé. On dit bien
qu'*Archimede* les connoissoit, mais on n'a aucun mémoire à ce sujet, & l'usage qu'il en faisoit forme encore un problême. C'est sans doute ici le lieu de parler de cet usage, & de
rapporter ce que les Historiens nous en ont
appris.

Il y a lieu de croire que les Miroirs ardens
ont été inventés par les Grecs. On lit en effet
dans la comédie des nuées d'*Aristophane*, où
Socrate est si mal traité, on lit, dis-je, qu'un
Acteur a trouvé une sorte de pierre avec laquelle il peut se dispenser de payer ses dettes.
Quand on me montrera mon obligation, je
présenterai, dit-il, cette pierre au Soleil, &
par sa propriété elle fondra la cire sur laquelle
est l'empreinte de ma dette. *Aristophane*, ou
son Acteur, ne parle pas de la qualité de cette
pierre; mais il n'est pas douteux que ce ne fût
un morceau de verre qui réunissoit en un point
les rayons du soleil. Voilà donc un miroir ardent.

Depuis *Socrate* jusqu'à *Archimede*, qui vivoit 230 ans avant *Jesus-Christ*, il n'est point

queſtion de miroirs ardens. Mais voici tout-à coup un uſage admirable que ce grand homme en fait, ſans qu'on ſache ni leur origine, ni les progrès de leur invention. Avec ces miroirs, *Archimede* brûla, à ce qu'on prétend, pluſieurs Navires Romains à la diſtance de trois milles. Cela eſt prodigieux : qu'eſt-ce que c'étoit donc que ces miroirs ? On a écrit que c'étoit des verres paraboliques qui en réuniſſant les rayons du Soleil à ſon foyer, mirent le feu aux Vaiſſeaux. S'il n'y avoit point d'autre circonſtance de ce trait hiſtorique, on pourroit hardiment le mettre au rang des fables, parcequ'il eſt impoſſible qu'un verre parabolique ait trois milles de foyer. Auſſi tous les Hiſtoriens ne s'accordent pas en ce point.

Un d'eux, nommé *Tzetzes*, ſoutient que le miroir d'*Archimede* étoit compoſé de pluſieurs miroirs, qui, ajuſtés ſur une eſpece de chaſſis, réuniſſoient par réflection les rayons du Soleil à une grande diſtance. *Tzetzes* ne dit pas quelle forme avoient ces miroirs, s'ils étoient plans, ſphériques ou paraboliques. Convaincu par l'expérience que les miroirs paraboliques & ſphériques, de quelque maniere qu'on les combinât, ne pouvoient pas former un foyer d'une grande étendue, le Pere *Kirker* crut que la Machine d'*Archimede* devoit être compoſée de miroirs plans. Il voulut faire l'eſſai de cette idée, & imagina un miroir ardent de pluſieurs miroirs, qui en réfléchiſſant la lumiere dans un même point, y produiſirent une chaleur conſidérable à une grande diſtance. Un Jéſuite de Prague, au commencement de ce ſiecle, répéta cette expérience avec plus de ſuccès. Le P. *Regnault*,

Regnault, dans ses *Entretiens de Physique*, en
réfléchissant sur l'effet d'une pareille machine,
a avancé qu'on devoit attendre la chaleur la
plus vive d'un miroir ardent composé de plusieurs miroirs plans dirigés vers le même endroit, & disposés en forme de pyramide. Enfin M. *de Buffon* vient de réaliser l'assertion du
P. *Regnault*, en faisant exécuter un miroir semblable. Il est composé d'environ quatre cens
glaces planes d'un demi-pied en quarré : il
fond le plomb & l'étain à cent quarante pieds
de distance, & allume le bois beaucoup plus loin.

On voit par ce détail que les miroirs ar-
dents sont une découverte presque de nos jours,
quoique les Anciens l'aient connue, & qu'il
y ait près de huit cens ans que l'Arabe *Ibn-
Heiten* en ait parlé ; car cet Auteur vivoit environ dans le dixieme siecle. C'est encore un silence très considérable depuis *Ptolémée*, qui
en avoit écrit ; mais cet intervalle est le tems
auquel toutes les sciences furent négligées. Ce
n'est même que dans le onzieme siecle qu'a paru
le premier Traité d'Optique digne de quelque
attention. Il est d'un Arabe nommé *Alhazen*.
Cet Auteur rassembla toutes les idées de *Ptolémée* sur la réflexion de la lumiere, & y joignit les siennes touchant la réfraction. Il traita
ainsi de la *Catoptrique*, qui est, si l'on peut parler de cette maniere, la science de la réflexion
de la lumiere, & de la Dioptrique, qui est celle
de la réfraction. Dans cette seconde partie de
l'Optique, *Alhazen* tache d'expliquer comment
se fait la réfraction, & essaie d'en déterminer la
loi. Il traite des foyers des verres sphériques, &
de la grandeur des objets vus à travers de ces

1100

Q

verres. Ce font ici plutôt des efforts que des fuccès. Ses démonftrations font encore fi embarraffées, qu'on a de la peine à l'entendre. Dans
le douzieme fiecle, un Mathématicien eftimable (*Vitellion*), travailla à mettre l'Optique
d'*Alhazen* en un meilleur ordre, & à la rendre
plus claire & plus intelligible. Son Ouvrage parut en 1270. Dix ans après M. *Peccamus*, Archevêque de Cantorberi, compofa un Traité
d'Optique directe, qu'on appelloit *Perfpec-
tive*, c'eft-à-dire de la vifion fans réflexion ni
réfraction, avec un abregé de la Catoptrique.
Mais l'Optique prit une autre forme à la naiffance de *Roger Bacon*.

1270.

C'étoit un grand Phyficien doué d'une imagination admirable, qui entrevit plufieurs
belles découvertes, mais qui eut auffi de grandes illufions. Il naquit en Angleterre en 1214,
& donna prefque en naiffant des marques d'une
fagacité étonnante. Il eut à peine une connoiffance générale de l'objet des fciences, qu'il
porta fes vues fur les Mathématiques. Il fentit
que pour faire quelques progrès dans l'étude de
la Philofophie, il falloit réunir l'expérience au
raifonnement. Le defir extrême qu'il avoit de
perfectionner cette fcience univerfelle, le porta à entrer à l'Obfervance, dans l'efpérance
que la tranquillité du Cloître lui laifferoit
la liberté de fe livrer entierement à l'étude. Il
fe trompa. Les Religieux de fon Ordre trouverent mauvais qu'il voulût en favoir plus
qu'eux. Ils lui firent un crime de défapprouver
leur forme obfcure de raifonner fuivant la méthode d'*Ariftote*, défigurée encore par les Arabes & par les Scholaftiques. *Bacon*, qui goû-

toit avec tant d'ardeur la méthode des Mathématiciens, désapprouvoit hautement celle de l'Ecole. Les Professeurs de son Ordre essayoient bien quelquefois de l'embarrasser par de longs argumens, mais ils étoient toujours repoussés avec honte. Cela étoit humiliant. On chercha à se venger d'une maniere plus aisée, & on en trouva l'occasion. *Bacon* avoit découvert quelques secrets, par le moyen desquels il faisoit des choses extraordinaires. C'en fut assez pour le perdre. Eux qui se croyoient de grands Docteurs, & qui ne comprenoient rien à toutes ces choses, firent entendre aux Supérieurs que *Bacon* étoit sorcier. A ces mots un cri d'indignation s'éleva contre ce malheureux Philosophe. On assembla tumultueusement un Chapitre, où on lui défendit d'écrire. Peu contents de cette sorte de châtiment, toujours offusqués par son mérite qui brilloit au milieu de cette humiliation, les Scholastiques de l'Observance manœuvrerent avec tant d'art, qu'ils le firent enfin enfermer dans une prison. Il en sortoit quelquefois ; mais il n'en fut absolument élargi que dans une extrême vieillesse, par la protection de quelques personnes de haute considération.

Malgré ces disgraces, *Bacon* composa plusieurs Ouvrages très estimables. Il écrivit un Traité particulier sur l'Optique, qui parut sous le titre de *Specula Mathematica*. Il tâcha de résoudre les mêmes problêmes qui avoient occupé *Alhazen* sur les foyers des verres & des miroirs sphériques, & ajouta de belles réflexions sur la réfraction de la lumiere des Astres, & sur la grandeur apparente des objets, sur la

1280.

grosseur extraordinaire du Soleil & de la Lune
à l'horison, & enfin sur la rondeur de l'image
du Soleil passant par une ouverture quelconque, phénomene qui avoit beaucoup occupé
Aristote & ses Disciples. Mais ce travail ne
contribua pas au progrès de l'Optique. *Bacon*
ne s'éleva pas beaucoup au-dessus d'*Alhazen*,
& tout ce que dit cet Auteur sur ces problêmes
est peu exact.

Dans un Ouvrage que publia *Bacon* sous le
titre d'*Opus majus*, lequel renferme toutes ses
vues sur la perfection des Sciences, on trouve
une heureuse idée sur les avantages qu'on pouvoit retirer de la réfraction de la lumiere. Il
crut qu'en tirant parti de cette réfraction, on
pouvoit beaucoup rapprocher les objets, & les
augmenter ou les diminuer infiniment, & même faire descendre en apparence ici bas le Soleil & la Lune. Ce n'étoit pas là une simple
idée. Ce savant homme fit voir & dans son *Opus
majus* & dans sa Perspective, la possibilité de
la chose. A cet effet il démontre que si un corps
transparent interposé entre l'œil & l'objet, est
convexe vers l'œil, cet objet paroîtra plus grand.
Il veut encore qu'on puisse voir les objets dans
un miroir concave, quelqu'éloignés qu'ils
soient. Et tout cela annonçoit la découverte
des Lunettes, des Telescopes & des Microscopes. Il ne faut pas aller plus loin, & c'est
assurément beaucoup que *Bacon* ait prévu la
possibilité de l'invention de ces Instrumens.
Quelques Partisans de ce grand homme ont
même cru qu'il avoit connu les Lunettes; mais
c'est une simple prévention dénuée de preuves.

Bacon mourut à la fin du treizieme siecle. Le

quatorzieme siecle s'écoula sans qu'il parût aucun ouvrage sur l'Optique. Vers le milieu du quinzieme siecle, *Maurolicus*, Géometre habile, s'y appliqua & y fit les plus belles découvertes. La premiere regarde l'usage du crystallin. *Maurolicus* trouva que ce corps est destiné à rassembler sur la retine les rayons émanés des objets. Il connut par-là en quoi consistent les vues longues, mais foibles, qu'on appelle *Presbites*, & les vues courtes, mais fortes, que l'on nomme *Miopes*. Ce ne fut pas une connoissance stérile. Elle lui procura un avantage bien important : ce fut d'aider ou d'augmenter la vue des Presbites par des verres convexes, & celle des miopes par des verres concaves. Il résolut aussi le fameux problême de l'image ronde du Soleil, quoique sa lumiere passe par un trou quarré ou triangulaire. Pour cela il démontra que ce trou est le sommet de deux cônes de lumiere, dont un a le Soleil pour base, & l'autre son image.

Toutes ces découvertes annonçoient une explication prochaine de la vision. C'étoit une grande ouverture pour les Physiciens qui avoient cette explication fort à cœur. La clarté devint encore bien plus grande à cet égard, par la découverte que fit *Jean-Baptiste Porta*, Physicien Italien. Il reconnut que dans une chambre fermée, & qui ne recevoit de la lumiere que par un trou, on voyoit les objets de dehors se peindre sur la muraille qui lui étoit opposée. Il voulut savoir ce que produiroit un verre convexe placé à ce trou, & il eut le plaisir de voir les objets peints si distinctement sur la muraille, qu'il appercevoit pres-

que les traits de ceux qui se promenoient au-
dehors. Il fut aisé de représenter après cela sur
une surface tel point de vue qu'on souhaita,
en faisant une chambre obscure portative. Telle
est l'origine de la *chambre obscure*, que plusieurs
Physiciens célebres tels que s'*Gravesande*, *Po-
liniere*, *Muschenbroek* &c, ont perfectionnée,
en lui donnant des formes très portatives &
très commodes, pour copier avec facilité toutes
sortes d'objets.

1570.

Après cette découverte, *Porta* crut tenir la
véritable raison de la vision. Il dit que l'œil est
une chambre obscure où les objets se peignent;
mais il ne sut point où cette peinture se forme.
Il crut que c'étoit sur le cristallin. C'est une erreur qui touche cependant si près à la vérité,
qu'on doit attribuer à la foiblesse de l'esprit
d'être arrêté par les choses simples, quand
on croit avoir vaincu les plus difficiles. Ce
Physicien ayant ensuite observé que les verres
concaves font voir distinctement les objets éloignés, & que les verres convexes font appercevoir distinctement ceux qui sont proches,
avertit que si on les arrangeoit comme il faut,
on verroit clairement les objets proches & ceux
qui sont éloignés. C'étoit là donner assez bien
l'idée d'une lunette, & on est étonné après ce
raisonnement, que *Porta* n'en ait point construit une.

Ce fut vers la fin du quinzieme siecle que
ces découvertes parurent. *Kepler*, Mathématicien fameux, suivit les idées de *Porta*, & acheva l'explication de la vision, en faisant voir
que c'est sur la retine que se peignent les objets.

1600.

On ne perdit pas aussi de vue son arrangement

ʰ des verres convexes & des verres concaves
ᵠ pour faire une lunette. Une Constructeur d'instrumens de Physique, nommé *Jean Lippersheim*, né à Middelbourg, trouva enfin cet arrangement & fabriqua ainsi une lunette. C'est
 à un Savant nommé *Sirturus*, qu'on doit cette
 anecdote : elle a été contestée par plusieurs Savans.

Pierre Borelli prétend que *Zacharie Johnson*,
faiseur d'instrumens d'optique, découvrit par
hasard, en 1590, l'effet de la combinaison
d'un verre convexe & d'un verre concave en
les tenant l'un derriere l'autre & en regardant
au travers, & qu'il communiqua cette observation à *Lippersheim*, qui construisit bientôt une
lunette. D'un autre côté *Adrien Metius*, célebre Professeur à Franeker, traite tout cela de
fable, & fait honneur à son frere *Jacques Metius* de l'invention de cet instrument. Pour rendre le change à ce Professeur, des Savans nient
absolument ces allégations, & veulent que ce
soit à *Galilée* que cette invention est due. Il y a
sans doute ici de l'humeur ou de la mauvaise
foi ; car *Galilée*, à qui on peut bien s'en rapporter là-dessus, convient dans son *Nuntius si-
dereus*, que dans la lunette qu'il fit faire, il suivit exactement la maniere que lui enseigna un
Allemand pour en construire une. Au reste ce
Savant est le premier qui en a fait usage pour
observer les Astres. Enfin, pour ne rien négli-
gler sur cette discussion touchant l'origine des
lunettes, je dois dire encore qu'un Italien,
nommé *François Fontana*, s'attribue l'invention
de ces Instrumens. C'est en 1608, dit-il, qu'il
a fait cette découverte. Mais comme il y avoit

Q iv

déja quelque tems que les Lunettes étoient connues en Allemagne, on regarde cette prétention sans consequence.

Quoi qu'il en soit, tout ceci est plutôt l'ouvrage du hasard que celui de la réflexion & du raisonnement. On construisoit des lunettes sans regles & sans principes. *Kepler* rechercha le premier ces regles, afin de perfectionner cette découverte. Il trouva que deux verres, dont l'un est plus convexe que l'autre, étant placés l'un devant l'autre au bout d'un tuyau, celui-ci devant l'objet, & celui-là proche l'œil, représentoient d'une maniere fort distincte les objets éloignés. Il découvrit ensuite que les objets ainsi vus augmentoient dans la raison de la distance du foyer du verre objectif, à la distance du verre oculaire, ou appliqué à l'œil. Le Pere *Schirlacus de Rheita*, Capucin, réduisit ces regles en pratique, & inventa la lunette ou telescope à quatre verres. *Hughens* ajouta à ces préceptes & à cette invention. Il fit d'après eux une grande lunette avec laquelle il découvrit la véritable figure de Saturne. Un nommé *Campani* enchérit encore sur l'instrument d'*Hughens*. Il construisit une lunette d'une grandeur extraordinaire, dont le célebre *Cassini* fit un merveilleux usage dans les Observations des Astres (*).

Pendant qu'on travailloit ainsi à perfectionner les lunettes, quelques Physiciens cherchoient à résoudre un problême très curieux : c'étoit de rendre raison des couleurs de l'arc-en ciel. La chose étoit d'autant plus difficile, qu'on ignoroit la cause des couleurs.

(*) Voyez ses découvertes dans l'Histoire de l'Astronomie, qui fait partie de cet Ouvrage.

Les Anciens avoient fait là-deſſus des raiſonnemens qui répondoient parfaitement à ceux
que j'ai expoſés d'après eux ſur la viſion. *Epicure* diſoit que les principes des Corps n'a-
voient aucune couleur, & il avouoit qu'il n'en
ſavoit pas davantage. *Pythagore* appelloit couleur la ſuperficie des corps, & *Empedocle* donnoit ce nom à ce qui eſt convenable aux conduits de la vue. *Zenon* peu content de toutes
ces explications, ſoutenoit que les couleurs
ſont les premieres configurations de la matiere.

Il eſt ſurprenant que des perſonnes auſſi ſen-
ſées que ces Philoſophes, ne s'apperçuſſent pas
que c'étoit des mots & non des explications.
Platon le comprit bien, & donna des couleurs
une eſpece de raiſon. Elles ſont formées, dit-il,
par une flamme qui ſort des corps & dont les
parcelles ſont impreſſion ſur la vue. Il falloit
ſuivre cette idée, qui auroit pu procurer quelque clarté ſur la cauſe des couleurs ; mais *Ariſtote*, diſciple de *Platon*, qui n'adoptoit que ſes
propres idées, après avoir dit, comme on l'a
vu, que la lumiere eſt l'acte du tranſparent, en
tant que tranſparent, voulut que la couleur fût
ce qui meut le corps actuellement tranſparent.
Il étoit naturel qu'on demandât à *Ariſtote* ce
qui meut le corps actuellement tranſparent ;
mais il répondoit que c'eſt la couleur, c'eſt-
à-dire qu'il diſoit que la couleur eſt la couleur,
ou que ce qui meut le corps actuellement tranſparent, eſt ce qui meut le corps actuellement
tranſparent : ce qui eſt un cercle de logique &
un pur jeu de mots.

Auſſi les Diſciples de cet homme célebre

comprirent que cette définition n'étoit pas re-
cevable. Quoiqu'aveuglément dévoués à la doctrine de leur maître, ils estimerent pourtant
convenable de donner une autre définition de
la couleur. Ils dirent donc que la lumiere & les
couleurs dans les sujets qu'on nomme lumineux, sont des qualités tout-à-fait semblables
aux sentimens que nous avons à leur occasion,
que quelques-uns même font naître de leur mélange, du chaud, du froid, du sec & de l'hu-
mide. Cela ne signifioit rien, mais les Aristo-
téliciens n'étoient pas moins contents de cette
définition. Ils avoient même imaginé un beau
raisonnement pour réduire au silence ceux qui
exigeroient quelque chose de mieux. Ce raisonnement étoit tel. Il seroit impossible que les
corps lumineux causassent en nous les sentimens que nous éprouvons, s'ils n'avoient en
eux quelque chose de semblable à ce qu'ils
nous font sentir, puisque rien ne donne ce
qu'il n'a pas. Donc, &c. On comprend bien
la force de cet argument ; mais on ne voit pas
qu'on nous apprenne par-là en quoi consistent
la lumiere & les couleurs. On n'en savoit pas
davantage dans le seizieme siecle ; & on voulut pourtant expliquer les couleurs de l'arc-en-
ciel, ou pour mieux dire donner la raison qui
pouvoit produire en nous la sensation des couleurs, lorsque les rayons du Soleil traversoient
obliquement les goutes de pluies répandues
dans l'air.

On observa d'abord que l'arc-en-ciel étoit
formé par les rayons du Soleil, qui après
avoir choqué des goutes de pluie ou de vapeurs, étoient renvoyés dans un certain ordre.

De cette observation, on conclut que c'étoit de la réflexion de la lumiere que dépendoient les couleurs de ce météore.

Cette conséquence, quoique assez juste, ne donnoit cependant qu'une explication fort vague de l'apparition des couleurs. Vers la fin du seizieme siecle, *Fletcher* de Breslau, Physicien habile, crut expliquer ce phénomene d'une maniere plus satisfaisante, en ajoutant à la réfléxion de la lumiere une double réfraction, c'est-à-dire que la lumiere n'étoit réfléchie qu'après avoir souffert deux réfractions. *Fletcher* approchoit du but & ne le frappoit pas. Plus heureux que lui, quoique moins habile, *Antonio de Dominis*, Archevêque de Spalatro en Dalmatie, en examinant de plus près la route de la lumiere, trouva une raison plus vraie des couleurs de l'arc-en-ciel. Il se fixa à une goute d'eau, & suivit en quelque sorte la marche de la lumiere, ou la controuva.

Il fait entrer le rayon de lumiere par la partie supérieure de la goute, le fait réflechir contre la partie postérieure, & sortir par la partie inférieure, d'où il se rend à l'œil du Spectateur. Ainsi le rayon commence d'abord par se rompre dans la goute, il s'y réfléchit ensuite, & après s'être rompu une seconde fois il vient à l'œil. Mais comment ces détours forment-ils des couleurs ? le voici, suivant le Prélat de Dalmatie. Les couleurs sont, selon lui, excitées en nous par le mouvement de la lumiere, qui produit, suivant la vivacité de ce mouvement, des sensations plus ou moins fortes. Cette opinion n'étoit pas abſolument à lui : c'étoit celle de quelques Phyſiciens éclairés qui s'écartoient de la doctrine d'*Ariſtote.* Mais M. *de Dominis* en faiſoit uſage pour expliquer l'arrangement des couleurs de l'arc-en-ciel.

On ſait que tel eſt cet arrangement : rouge, jaune, vert, bleu & violet. Or les rayons rouges ſont ceux, ſelon lui, qui en ſortant approchent davantage de la partie poſtérieure de la goute, parceque leur mouvement n'eſt pas trop rallenti par la réfraction, & qu'elle produit alors une ſenſation vive ſur l'œil ; d'où naît la couleur rouge. Les rayons verts & bleus ſouffrent plus de réfractions, & voilà pourquoi ils excitent en nous le ſentiment de ces couleurs. Enfin les autres couleurs ſont formées par le mélange des trois premieres.

Après avoir fait en quelque ſorte cette diſſection particuliere, l'Archevêque de Spalatro remarqua que tous les rayons d'une même couleur faiſoient, avec l'œil du ſpectateur, des angles égaux, & par cette remarque il expliqua comment les bandes des couleurs paroiſſent circulaire. La bande rouge doit être plus élevée, parceque la partie la plus voiſine du fond de la goute fait avec l'axe de viſion un angle plus grand, puiſque les rayons rouges ſortent de la partie voiſine du fond de la goute. Les bandes vertes & bleues ſuivront celles-ci par la même raiſon.

De Dominis voulut enſuite vérifier ſon raiſonnement par une expérience. A cette fin, il prit une boule de verre pour repréſenter une goute d'eau & l'expoſa au Soleil. Il la regarda dans une situation convenable, & il apperçut les mêmes couleurs de l'arc-en-ciel & dans le même ordre.

Quand on examine le développement de cette explication, on a de la peine à se persuader que ce soit l'ouvrage de l'Archevêque de Spalatro. C'étoit un assez foible Physicien. Quoiqu'il eût découvert les réfractions dans les goutes de l'arc-en-ciel, il nioit celles qui se font dans les humeurs de l'œil, & croyoit que les images des objets sont dans la prunelle. Son explication lui faisoit néanmoins tant d'honneur, qu'on ne pensa pas qu'on pût en donner une meilleure. On s'occupa même de tout autre chose. Quelques Opticiens chercherent à résoudre un problême très important. C'étoit de déterminer sur un tableau les objets tels qu'ils nous paroissent à différentes situations ou selon les diverses distances ; ou autrement, la projection des objets à l'égard de l'œil. *Vitruve* nous apprend qu'*Agatarchus*, qui faisoit des décorations de théatre, écrivit sur cette matiere ; que cet Artiste communiqua ses idées à *Démocrite* & à *Anaxagore*, & que ces deux Philosophes les soumirent à des regles. Il ne dit pas en quoi consistoient ni les idées d'*Agatarchus*, ni les régles de *Démocrite* & d'*Anaxagore*. Seulement il nous assure que ceux-ci enseignerent comment d'un point pris dans un lieu, on devoit représenter les édifices dans les décorations, & donner du relief ou de l'enfoncement en apparence aux corps qu'on peignoit.

Voilà tout ce que nous savons sur la Perspective des Anciens, je veux dire l'art de dessiner fur un plan un objet tel qu'il fe préfente à l'œil placé à une certaine hauteur & à une certaine diftance. Ce n'eft rien favoir. Auffi les Modernes ont été obligés de l'inventer. Le premier qui voulut découvrir des régles, eft un Italien nommé *Pietro del Borgo*. Il fuppofa les objets au-delà d'un tableau tranfparent, & chercha la trace que forment les rayons que ces objets envoient, & qui parviennent à l'œil en traverfant ce tableau. Cela devoit donner une image des objets qui paroîtroient à l'œil comme les objets même. La difficulté étoit de déterminer la trace de ces rayons. On ignore comment *Pietro del Borgo* y parvenoit, parceque l'ouvrage très confidérable qu'il a écrit à ce fujet eft perdu, & qu'on ne les connoît que par les éloges que lui donne le fameux *Egnazio Dante*.

Le Peintre *Albert Durer*, Allemand, d'après les principes de l'Auteur Italien, conftruifit une machine avec laquelle il trouva la trace des rayons de lumiere. Pendant ce tems-là *Balthazar Peruffi* étudia le livre de *Del Borgo*, & travailla à le rendre clair & précis. Il imagina auffi des points qu'on appelle *Points de diftance*, fur lefquels tombe une ligne qui fait, avec le tableau, un angle de quarante-cinq dégrés, de façon que leur éloignement fur la ligne horifontale tirée fur le tableau, eft égale à la diftance de l'œil au tableau. Par-là il découvrit que toutes les lignes horifontales faifant, avec le tableau, un angle de quarante-cinq dégrés, ont pour images des lignes qui paffent par les points de diftance.

Peu de tems après *Guido Ulbaldi*, Phyficien,

Italien, ajouta à ces regles un principe extrêmement fécond; c'est que toutes les lignes paralleles entr'elles & à l'horifon, quoiqu'incli-
nées au plan du tableau, convergent ou ten-
dent à se réunir vers un point de la ligne horifontale, & que c'est par ce point que passe
la ligne tirée de l'œil parallelement aux autres.
Il forma ainsi une théorie de la Perspective af-
sez complette. C'est le jugement que les Mathématiciens en porterent. Ils crurent même
que tout étoit fait, & cette pensée les empêcha de perfectionner cette partie de l'Optique.

Un objet plus piquant s'offrit à leur imagination, ce fut de trouver l'art de dessiner
une image, qui bien loin de représenter l'apparence des objets dans leur distance & leur
situation respectives, les défigurât, au contraire, tellement qu'on ne pût les reconnoître,
sinon à une certaine distance, en les regardant soit avec les yeux nuds dans un miroir,
soit en faisant usage d'un poliedre, c'est-à-
dire d'un verre à plusieurs facettes, plan d'un
côté & convexe de l'autre. Cette idée singuliere forma deux divisions, qu'on comprit sous
ce problême général, en quoi consiste cette
nouvelle Perspective, connue sous le nom de
Perspective curieuse.

On énonce ainsi ce problême : diviser une
figure ou un portrait en de petites cellules, soit
comme il est en lui-même, soit comme il paroît sur la surface d'un verre convexe ou concave : dans ce premier cas, la figure paroît
telle qu'elle est lorsqu'on la regarde par un trou
extrêmement évasé du côté de la figure. A ce

point de vue , on voit des chofes fort agréables
qui , regardées de près , font extrêmement dif-
formes. On peut même voir des objets différens
de ceux qu'on a deſſinés , tels que la figure d'un
animal ou d'un ſatyre , au lieu de l'image d'une
belle perſonne qu'on a tracée.

C'eſt ici en quelque façon la premiere partie de la perſpective curieuſe. Il s'agit dans
la ſeconde de diſloquer ou de former ſur un
plan horiſontal une figure qui, réfléchie ſur
un miroir cilindrique , ou conique , ou pira-
midal , poſé de bout ſur ce plan , paroiſſe dans
ſon état naturel.

On ne connoit point celui qui a inventé l'art
de déformer ainſi les objets. On peut préſumer
que le hazard en a donné la premiere idée. En
effet un tableau tranſparent éclairé par le ſoleil
eſt projetté ſur une ſurface oppoſée d'une maniere très difforme ; de ſorte que pour parvenir à ſavoir quelle devoit être la ſituation de
l'œil afin de faire diſparoître cette difformité ,
il ne s'agiſſoit que de copier cette déformation.
Ceci eſt une ſimple conjecture , car *Simon Stevin* , qui a écrit le premier ſur cette perſpective , dans le dernier ſiecle , ne nous apprend
rien à cet égard. *Gaſpard Schot* en a enſuite
traité dans ſa *Magie univerſelle* , ſous le titre
de *Magie Anamorphotique*. Le P. *Dubreuil* &
Ozanam en ont auſſi parlé. Enfin au commencement de ce ſiécle , *Jacques Leopold* , fameux
Mécanicien , a inventé deux machines avec
leſquelles il déforme les images , l'une pour les
miroirs cylindriques , & l'autre pour les miroirs coniques.

Le hazard procura encore dans ce temps là
une

une découverte plus importante. Un homme ordinaire, doué d'une aptitude singuliere pour les
inventions, en examinant un verre convexe assez
petit, fut surpris de voir combien il grossissoit
les objets. Aussitôt il ajusta ce verre de maniere
qu'il pût s'en servir commodément pour observer de petits objets, & construisit un nouvel
instrument d'Optique qu'on nomme *Microscope.* Cet homme étoit Hollandois : il s'appelloit
Corneille Drebbel. On lui doit aussi l'invention
du Thermometre ; de sorte qu'il a découvert
les instrumens les plus utiles de la Physique :
c'est une grande gloire. *Drebbel* n'étoit cependant point un savant. Il avoit l'esprit d'observation : don heureux, qui lui procura mieux
l'immortalité, que ne pourroit le faire la sagacité la plus profonde qui ne découvriroit que
des vérités métaphysiques. Cela doit être. Les
plus belles connoissances ne sont point si sensibles que des instrumens qui sont à la portée de
tout le monde.

Le Microscope parut en 1621. Il ne fut
d'abord connu qu'en Allemagne, de façon que
Fontana, qui prétendoit avoir inventé les Lunettes à longues vues ou les Télescopes, s'attribua en 1646, l'invention du Microscope ;
c'étoit une découverte qu'il avoit faite, disoit-
il, en 1618. On est étonné que *Fontana* garde
pendant trente ans le silence ; qu'il n'ait pas
fait connoître plutôt son microscope, & qu'il
ait laissé pendant ce long espace de tems *Drebbel* jouir de l'honneur de cette invention. Un
autre sujet de surprise, c'est qu'on n'ait point
donné une description & du microscope de

R

Drebbel, & de celui de *Fontana*. Dans tous les Traités de Physique & dans ceux qu'on a faits sur les Microscopes même, on ne parle que des Microscopes de *Gray, Leewenoek, Wilson*, de *Muichenbroek*, de *Newton*, &c. Celui de *Gray* étoit formé d'une petite goute d'eau qui tenoit lieu de petit verre convexe ou de lentille. *Hartel*, Allemand, en composa ensuite un avec de petites bouteilles remplies d'Esprit-de-vin. *Leewenoek* ajusta une lentille entre deux plaques d'argent percées pour la recevoir, & mit devant une épingle mobile afin d'y placer l'objet qu'il vouloit observer. Quelque simple que fût ce microscope, ce fameux Physicien fit par son moyen une infinité de belles découvertes.

Hook Physicien Anglois, s'avisa de réunir deux lentilles, & composa ainsi un microscope double qui grossit davantage les objets. Ce Savant rendit son invention très recommandable par plusieurs observations fort curieuses. Elle eut le suffrage de tous les Mathématiciens; mais on n'abandonna point le microscope simple. La facilité qu'on trouvoit à s'en servir, engagea M. *Wilson*, savant Anglois, à le perfectionner. Il disposa un tuyau de maniere à pouvoir placer successivement plusieurs lentilles, pour choisir celle qui convient aux différentes observations qu'on veut faire. Plus l'objet est petit, plus petite doit être la lentille qu'on doit placer, parce qu'une lentille augmente un objet à proportion de sa petitesse. *Wilson* ajouta encore à ce microscope un miroir concave pour éclairer davantage l'objet. Enfin les idées de *Hook* & de ce Physicien étant réunies &

combinées, on a depuis inventé plusieurs autres microscopes à plusieurs verres, & garnis d'un miroir, qui ont dévoilé au Physicien les merveilles de la Nature dans ses plus petites productions. Ce seroit un travail très agréable que d'exposer ces merveilles, mais ce détail appartient à l'histoire de la Physique, & je ne fais ici que celle des sciences exactes, dont l'optique est une partie.

Jusques-là on avoit fait usage de la réfraction de la lumiere, sans connoître la loi de cette réfraction. On appelle réfraction le détour de la lumiere en passant d'un milieu rare comme l'air dans un milieu moins rare ou plus dense, tel que le verre. C'étoit ce détour qui produisoit tous les effets du Télescope & du Microscope. Lorsque ces instrumens parurent, les Mathématiciens s'occuperent sérieusement de la route que la lumiere suit en traversant le verre, ou, pour exprimer la chose en un seul mot, de la réfraction.

Kepler crut que c'étoit en cela que consistoient les effets du telescope. Il s'appliqua donc à connoître avec soin la loi de cette réfraction. Il remarqua d'abord que la lumiere passant d'un milieu rare dans un milieu dense, s'écarte d'autant plus de la perpendiculaire, que son inclinaison est grande, ce qui peut augmenter à tel point que le rayon de lumiere rompu peut devenir parallele au milieu qui le brise. Il mesura ensuite l'angle d'inclinaison du rayon en passant par le verre, & suivit la route de la lumiere rompue par des verres convexes & concaves: il découvrit ainsi le foyer de ces verres,

R ij

je veux dire le point où se réunissent les rayons
de lumiere rompus par les verres. Il ne fut
pas difficile après cela d'expliquer comment un
Télescope rapproche les objets.

Porta avoit déja découvert que les objets se
peignent dans une chambre obscure, éclairée
seulement par un petit trou. Il avoit même fait
voir que cette image est plus distincte quand
on place à ce trou un verre lenticulaire, parceque les rayons de lumiere sont alors tous réunis à un même point. *Kepler* fit aisément l'application de cette expérience au Télescope. Il
comprit que le premier verre de cet instrument
qu'on nomme *Objectif*, donnoit à son foyer
l'image de l'objet opposé, & que l'autre verre
auquel on applique l'œil, qu'on appelle *oculaire*, ne faisoit que grossir cette image. De-là
il est aisé de conclure que la perfection d'une
lunette, consiste à faire ensorte que l'Objectif
rende l'image au foyer la plus distincte qu'il
est possible, & que l'oculaire grossisse cette
image le plus qu'il est possible.

Dans ce travail, *Kepler* détermina le rapport de l'angle d'inclinaison du rayon de lumiere à celui de réfraction. L'inclinaison étant
de trente dégrés, il trouva que l'angle de réfraction en est environ le tiers. C'étoit l'angle
que formoit le rayon en entrant dans le verre.
Lorsqu'il sort de ce milieu, l'angle en est alors
la moitié, selon ce grand Mathématicien. La réputation qu'il s'étoit justement acquise, valut
à cet ouvrage toutes sortes d'éloges : ils étoient
pourtant dûs plutôt à son zéle & à sa sagacité,
qu'à son succès. Ce rapport du tiers & de la

moitie n'étoit pas le véritable. Le fameux Hollandois *Willebrord Snellius*, Profeſſeur de Mathématiques dans l'Univerſité de Leyde, en répetant les expériences de *Kepler*, en découvrit la fauſſeté. Il fit de nouvelles expériences ſur différens milieux, & fut enfin aſſez heureux pour découvrir la loi de la réfraction. Cette loi eſt telle : Il y a toujours dans la réfraction un même rapport entre le rayon rompu & la prolongation de l'incident ; de ſorte que la lumiere en paſſant de l'air dans l'eau, ce rapport eſt conſtamment comme 4 à 3, & en paſſant dans le verre comme 3 à 2.

Le grand *Deſcartes* vivoit lorſque *Snellius* fit cette découverte. Occupé à chercher la cauſe générale des effets de la Nature, il s'appliquoit à toutes les ſciences, & étudioit préciſément alors l'Optique, ſans connoître les découvertes de *Snellius*, ou peut-être après en avoir été inſtruit (car ce point eſt encore un problême), il établit la loi de la réfraction dans le rapport conſtant du ſinus de l'angle du rayon d'incidence, à celui de l'angle rompu correſpondant. Il expliquoit ainſi comme *Snellius* la loi d'un effet, mais il ne rendoit pas raiſon de la cauſe de cet effet. C'étoit un ſujet digne de l'attention d'un homme, qui avoit aſſez de ſagacité & d'élévation d'eſprit pour remonter à la ſource de tout. *Deſcartes* le comprit, & oſa le premier expliquer comment la lumiere, en paſſant dans un milieu plus rare, s'approche de la perpendiculaire. Et telle eſt la raiſon qu'il en donna : La lumiere, dit-il, paſſe plus facilement dans un milieu denſe, que dans un milieu rare, parceque le rayon eſt moins détourné lorſqu'il traverſe un milieu ſolide, dont les parties ſont ſolides, que quand il paſſe dans un milieu rare, qui eſt compoſé de parties mobiles ſans adhérence les unes aux autres.

Cette raiſon parut bonne : elle ne fut cependant pas goutée par M. *Fermat*, Conſeiller au Parlement de Toulouſe & grand Mathématicien. Ce Savant prétendit que la lumiere éprouvoit au contraire plus de réſiſtance dans un milieu denſe, que dans un milieu rare. Il ſoutint même que les réſiſtances de différens milieux étoient, par rapport à la lumiere, proportionnelles à leurs denſités. Cette ſeconde propoſition n'étoit qu'une conſéquence de la premiere qu'il falloit prouver. A cet effet, *Fermat* employa un raiſonnement Métaphyſique que *Leibnitz* développa dans la ſuite de la maniere ſuivante.

Son principe eſt que la nature tend toujours à ſes fins par les voies les plus courtes. Cela étant, en paſſant de l'air dans l'eau, la lumiere doit ſuivre ou le chemin le plus direct, ou le plus court, ou de la moindre durée. Or, lorſque la lumiere en ſe réfractant ne ſuit ni le chemin le plus direct, ni le plus court, il faut donc qu'elle ſuive néceſſairement celui de la plus courte durée : mais afin que la lumiere qui ſe meut obliquement aille en moins de tems qu'il eſt poſſible d'un point donné dans un milieu quelconque, à un point donné dans un autre milieu, elle doit être réfractée de telle ſorte que le ſinus de l'angle d'incidence & celui de réfraction, ſoient entr'eux comme les facilités que la lumiere trouve à pénétrer ces mi-

lieux. Par le rapport de ces sinus, on doit connoître ainsi ces facilités ; ce qui est actuellement très aisé, car on sait que la lumiere en
se réfractant dans l'eau, approche de la perpendiculaire, & que le sinus de l'angle de réfraction est plus petit que celui d'incidence.
Donc, la conséquence est nécessaire, la lumiere
éprouve moins de facilité à pénétrer l'eau que
l'air. Donc l'eau est un milieu plus difficile que
l'air.

Le P. *Dechalles*, habile Mathématicien, &
le Docteur *Barrow*, Maître de Mathématique
du grand *Newton*, donnerent une explication
mécanique de la réfraction, en adoptant pour
principe que les milieux qui réfractent davantage, résistent plus que les autres. Enfin pour
ne plus revenir sur ce sujet, *Newton* expliqua
la réfraction par cette propriété dont il doue
tous les corps, je veux dire l'attraction. Un
rayon de lumiere se brise en passant de l'air
dans l'eau, parcequ'il est attiré par le dernier
milieu, & cette attraction le fait approcher
de la perpendiculaire. Cela est fort général,
& suppose une vertu dans les corps qu'ils n'ont
peut-être pas. Aussi le célebre *Jean Bernoulli*,
peu content de cette raison, a cherché à con-
noitre par les regles de la méchanique la loi de
la réfraction. Il supose que l'eau résiste plus au
mouvement de la lumiere que l'air, & après
avoir établi que quand deux forces agissent librement, elles se disposent de maniere que leurs
puissances sont égales, afin de se mettre en
équilibre, il démontre que le rayon de lumiere
s'incline par cette raison, de façon qu'il trou-

ve, par les regles de l'équilibre, la cause de la proportion constante, qui est entre les sinus des angles d'incidence, & ceux des angles de réfraction.

Cela est très ingénieux, mais il reste toujours à prouver que l'eau résiste plus au mouvement de la lumiere que l'air. M. *Carré*, de l'Académie Royale des Sciences de Paris, crut que la cause immédiate de la réfraction étoit un certain fluide contenu dans les corps. C'étoit là une conjecture vague &elle frappa cependant un grand Physicien moderne. M. *de Mairan* (c'est le nom de ce Physicien), persuadé que les parties propres des corps ne peuvent causer la réfraction, crut qu'elle devoit être produite par un fluide très subtil qui remplit les pores des corps & forme même autour d'eux une espece d'athmosphere. Or, ce fluide s'oppose au mouvement de la lumiere & la détourne de son chemin. Plus il y a de fluide dans un corps refringent, plus la refraction est grande. Ainsi le verre réfracte plus la lumiere que l'eau, parceque le verre contient une plus grande quantité de ce fluide que ce dernier milieu ; de sorte que la proportion de la réfraction suit celle de la quantité de ce fluide dans un milieu refringent.

Cependant *Descartes*, après avoir tâché d'expliquer la cause de la réfraction, en examina les effets. Il pensa avec *Dominis*, qu'elle produisoit les couleurs de l'Arc-en-ciel : mais il dévelopa bien autrement ce météore. Le Physicien d'Italie, n'avoit ni expliqué l'Arc-enciel extérieur, ni rendu raison de la grandeur des Arcs lumineux & de leurs couleurs. Le Philosophe François fit voir d'abord que l'Arc-en-ciel extérieur étoit produit par deux réflexions & deux réfractions de la lumiere dans les goutes d'eau. Il trouva ensuite que de tous les faisceaux de rayons de lumiere, qui tombent parallelement sur une goute d'eau, il n'y en a qu'un seul qui parvienne parallelement à l'œil après la réfraction & la réflexion qu'il a souffertes. Or, celui-là seul peut y exciter la sensation de l'objet, parcequ'il a seul la densité ou la force nécessaire pour faire une impression sensible. Il s'agit donc de savoir quel angle forme ce faisceau de rayons avec l'axe de la réfraction ; & *Descartes* trouve que c'est celui de 42 degrés. Delà ce grand homme conclut que la bande lumineuse du premier Arc d'un Iris, ou Arc-en-ciel, ne doit paroître qu'à la distance de 42 dégrés du point diamétralement opposé au soleil. A l'égard des couleurs il les explique en considérant que les goutes d'eau qui forment les bandes de l'Arc-en-ciel, font l'effet d'un petit prisme. C'est la situation différente de ces petits prismes à l'égard de l'œil du spectateur, qui renverse les couleurs dans les deux Arcs.

Mais, pourquoi le prisme fait-il paroître des couleurs ? C'est, disoit *Descartes*, qu'il modifie la lumiere ; car les couleurs ne sont, selon lui, que des modifications de la lumiere. Les globes dont elle est composée, sont en proie à deux mouvemens ; savoir le mouvement circulaire, & le mouvement droit. Du rapport de ces deux mouvemens dépend la différence des couleurs. Lorsque le mouvement circulaire est plus prompt que le mouvement droit, la couleur est rouge; s'il lui est presque égal., la couleur est jaune; & lorsque le mouvement droit est plus rapide que le circulaire, la couleur est bleue, &c.

Cette explication ne fit pas fortune. Les Mathématiciens qui vécurent après *Descartes*, crurent que les couleurs dependent du plus ou du moins des rayons réfléchis des corps colorés; de sorte que les couleurs les plus brillantes sont celles qui en réfléchissent davantage. On pensa ensuite avec plus de raison, ce semble, que l'angle sous lequel les rayons font impression sur la rétine, est la cause des différentes couleurs, parceque c'est de la grandeur de l'angle que dépend la vivacité de l'action de la lumiere.

Un fameux disciple de *Descartes*, *Rohault*, étoit même si persuadé que c'étoit là la véritable cause des couleurs, qu'il calcula les angles que font avec l'axe de la vision les rayons de la lumiere, pour produire telle ou telle couleur; & il trouva que l'angle de la couleur rouge est de 41 dégrés 46 minutes, celui de la couleur jaune, de 41 degrés 30 minutes.

Ces calculs n'étoient pas une démonstration. Aussi, peu satisfaits du système, qui y avoit donné lieu, plusieurs Mathématiciens, en examinant de nouveau les couleurs du prisme, crurent qu'il falloit chercher la cause des couleurs dans les réfractions différentes des rayons au travers de ce verre. On ne fit d'abord que des tentatives : mais *Newton* s'étant emparé du prisme, sépara toutes ces couleurs, en les recevant sur une surface blanche dans une chambre obscure, qui ne laiſſoit échapper que le rayon de lumiere que réfractoit le priſme. Par cette ſéparation il trouva qu'il y a dans la lumiere ſept ſortes de rayons qui ont une couleur qui leur eſt propre & qui forment ſept couleurs primitives. Ces couleurs ſont, le rouge, l'orangé, le jaune, le verd, le bleu, le pourpre & le violet. Les expériences qu'il fit enſuite ſur la réfraction ou ſur l'inflexion de ces rayons en ſortant du priſme, lui apprirent que le rayon rouge eſt le rayon le plus réfrangible, & que cette réfrangibilité ſuit l'ordre des couleurs, de maniere que le rayon violet eſt le rayon le plus refrangible.

Cette théorie ſinguliere des couleurs ne fut pas univerſellement accueillie. En France, M. *Mariote*, quoique très habile à dévoiler les ſecrets de la Nature par les expériences, répéta celles de *Newton*, & les manqua. On crut ſur ſon rapport que *Newton* s'étoit mépris : on ſe trompoit. Le Cardinal de *Polignac*, qui ſavoit avec quelle réſerve on devoit juger ce grand homme, appella de ce jugement. Il conjectura que les experiences de *Mariote* pourroient bien n'avoir pas été conformes à celles de *Newton*, par le défaut du choix des priſmes. Il fit venir des priſmes d'Angleterre, avec leſquels on répéta l'expérience devant lui, & elle réuſſit.

Il fallut ſe rendre à l'évidence : mais *Mariote* ne perſiſta pas moins à ſoutenir que les couleurs n'étoient point dans les rayons, & qu'ils ne paroiſſent colorés que par les réfractions. On forma encore d'autres ſyſtèmes ſur les couleurs, qui n'ont pas fait fortune. *Newton* ſans s'y arrêter, ſuivit ſa théorie, & trouva qu'il y avoit un rapport entre les sept couleurs & les sept tons de musique. Ce rapport est tel : la réfrangibilité du rouge répond à l'*ut* ; celle de l'orangé, à *si* ; celle du jaune à *la* ; celle du verd, à *sol* ; celle du bleu, à *fa* ; celle du pourpre, à *mi*, & celle du violet, à *ré*.

Cette découverte fut très accueillie de tous les Physiciens. Un Jésuite doué d'une imagination fort vive, en fut même si enchanté, qu'il crut qu'en la développant il étoit possible de former une théorie des couleurs, comme une théorie de musique. Ce Jésuite est le fameux P. *Castel*. Il forma dans cette vue un ordre diatonique ou naturel, & un ordre chromatique. Dans le premier, il établit que le bleu répond à *ut* ; le verd, au *ré* ; le jaune, au *mi* ; le fauve, au *fa* ; le rouge, au *sol* ; le violet, au *la* ; le gris, au *si* ; le bleu, à l'*ut* : & dans l'ordre chromatique, le P. *Castel* prétend que le bleu répond à l'*ut* ; le celadon, à l'*ut* dieze ; le verd, au *ré* ; l'olive, au *ré* dieze ; le jaune, au *mi*, le fauve, au *fa* ; le nacarat, au *fa* dieze ; le rouge, au *sol* ; le cramoisi, au *sol* dieze ; le violet, au *la* ; l'agathe, au *la* dieze, & le gris, au *si*.

Tout cela est avancé fort légerement & sans preuves. Le rapport établi par *Newton* entre les tons & les couleurs, étoit presque démontré, aulieu que ces ordres diatonique & chromatique du P. *Castel*, ne sont fondés que sur une estime. Un Géometre ne se seroit point contenté si aisément : mais l'esprit du P. *Castel* s'échappoit sur la moindre vraisemblance, & lui faisoit souvent préférer le brillant au solide. Aussi sans autre examen, ce Jésuite, d'après

cette espece de théorie des couleurs , imagina
deux choses qui lui parurent merveilleuses : ce
fut un Cabinet de coloris , & un Clavecin oculaire.

Le Cabinet renferme tous les degrés ou tein-
tes des couleurs qu'il peint sur des cartes. Il
forme d'abord neuf bandes très foncées en couleurs , suivant cet ordre : bleu , celadon , verd ,
olive , fauve , nacarat , cramoisi , violet & agathe. Cela forme, selon lui, le premier degré
de coloris. A côté de ces bandes il en met
d'autres de même couleur , mais moins foncées. Il en met encore de suite toujours plus
claires , jusqu'à ce qu'il parvienne au blanc.
Cet assemblage donne cent quarante cinq dégrés de couleurs pures , dont le nombre ne peut
être (suivant le P. *Castel*) ni plus grand ni
moindre dans tous les ouvrages de la nature &
de l'art. Un homme qui auroit l'œil fin , pourroit distinguer par-là les accords des couleurs ,
les fixer & composer un tableau en couleurs ,
comme un Musicien compose une piece à trois
ou quatre parties. C'est toujours une prétention du P. *Castel*. Pour rendre cette composition plus facile , cet Auteur a imaginé un Clavecin oculaire.

C'est un instrument formé par une table sur
laquelle est élevée une espece de théatre avec
des décorations. Sur le devant de cette table est
un clavier , dont les touches répondent à ces décorations. Lorsqu'on touche sur le Clavier , on
n'entend pas des sons , mais on voit des couleurs ; de sorte qu'on fait des accords de couleurs comme des accords de sons. Il ne faudroit pas aller plus loin. Ce n'étoit pas là le

caractere du P. *Castel*, qui pouſſoit toujours les choſes à l'extrême. Au lieu de s'en tenir là, il prétendit qu'on pourroit jouer un air aux yeux, une Sonate même, un *Allegro*, un *Preſto*, un *Preſtiſſimo*, ſans faire attention que les couleurs en paſſant en double & triples croches, formeroient une confuſion & un mélange de couleurs qui ne deviendroient plus qu'une.

Newton n'exiſtoit plus lorſqu'on abuſoit ainſi de ſa découverte du rapport des ſons avec les couleurs. Ce rapport ne l'avoit occupé que fort peu. En travaillant à l'Optique, un objet plus important avoit fixé ſon attention. C'étoit de perfectionner une idée de *Grégori* ſur l'invention d'un nouveau Téleſcope qui devoit rapprocher conſidérablement les objets. Il devoit être compoſé d'un miroir & d'un verre lenticulaire. *Newton* trouva comment on devoit diſpoſer le miroir & la lentille, pour obſerver les objets, & il conſtruiſit un Téleſcope à réflexion d'un pied ou environ, qui fit l'effet d'un Téleſcope ou lunette ordinaire de ſeize pieds. Cet inſtrument a été perfectionné de nos jours; & il eſt devenu par là bien ſupérieur au Téleſcope ordinaire.

Cependant la difficulté qu'il y a d'avoir un miroir de métal bien poli, & l'inconvénient inſéparable à un miroir d'être facilement terni par la moindre humidité de l'air, a fait regretter l'uſage du Téleſcope à réfraction. Le défaut de ce Téleſcope eſt de colorer les objets. On remédie bien à cela en tempérant l'éclat des réfractions par un diaphragme, mais alors on diminue la clarté néceſſaire pour voir diſtinctement l'image de l'objet peint au foyer de l'ob-

jet. La perfection de cet instrument consiste-
roit donc à distraire les réfractions, pour se
passer du diaphragme.

C'est à quoi pensa M. *Euler*, l'un des plus
grands Mathématiciens qui aient paru. Il
comprit que l'unique moyen d'opérer cet effet,
c'étoit de faire des objectifs de différentes matieres refringentes. Il falloit découvrir des matieres propres pour y parvenir. A leur défaut
M. *Euler* forma un objectif avec deux lentilles
de verre qui renfermoient de l'eau entr'elles.
C'étoit ici un essai.

Un habile Opticien Anglois nommé *Dol-
lond*, voulut le mettre en pratique, mais le
succès ne répondit point à son travail. Il chercha, & fut assez heureux pour découvrir des
verres de différentes réfractions : il en fit des
objectifs, & construisit des lunettes sans iris.
On vit alors pour la premiere fois l'avantage
qu'il y avoit à supprimer le diaphragme. Une
lunette de cinq pieds fit l'effet d'une lunette de
douze à quinze pieds. Les verres dont se sert
M. *Dollon*, sont rares, & on ne les connoit
gueres qu'en Angleterre.

Pour y suppléer, M. *Clairaut*, de l'Académie
Royale des Sciences, après avoir constaté la réfraction de différens verres par des expériences,
a cherché à déterminer les courbures qu'il falloit leur donner pour détruire les réfractions.
M. *Anthéaume* a saisi cette théorie, & après plusieurs essais, il est venu à bout de construire une
lunette de sept pieds, qui fait l'effet d'une bonne
lunette de trente cinq à quarante pieds. Cela
est fort heureux ; car, à moins qu'on ne trouve

1747.

1764.

des verres comme ceux d'Angleterre, ou encore mieux la composition d'une matiere équivalente, il n'y a pas lieu d'espérer d'avoir aisément des lunettes semblables à celle que M. *Anthéaume* a construite.

Voilà la derniere découverte qu'on a faite en Optique. Il ne faut pas espérer qu'on en ajoute beaucoup d'autres à celle là; car cette Science touche à sa perfection : & c'est de toutes les parties des Mathématiques celle qui a été cultivée avec le plus de succès.

HISTOIRE
DE LA
MECHANIQUE.

ON définit la Méchanique, la connoissance des moyens par lesquels on peut augmenter l'effort d'une puissance. On doit à *Architas* les premiers principes de cette science. C'étoit un Philosophe Grec, qui, quoiqu'appellé souvent au plus grands emplois, ne recherchoit que la retraite & la solitude. Quoiqu'il sût ce que doit un Citoyen à la société dont il est membre, il n'acceptoit qu'avec une peine extrême ces postes brillants, qui en élevant un homme au-dessus des autres, le mettent à portée de rendre des services signalés à ses Concitoyens, parcequ'il se sentoit en état de les servir plus utilement en étendant la sphere des connoissances humaines. Aussi *Architas* abandonnoit-il, autant qu'il le pouvoit, le maniment tumultueux des affaires, pour se livrer à l'étude des Sciences exactes. On a déja vu les découvertes qu'il fit en Géométrie. Il jugea par ces découvertes qu'on pouvoit en faire usage pour déterminer le mouvement, & pour augmenter par-là l'effort d'une puissance. Le premier essai qu'il fit de cette application produisit une chose merveilleuse : ce fut une colombe artificielle, qui imitoit le vol des colombes ordinaires. L'Histoire ne nous

380 ans
avant J. C.

apprend pas en quoi consistoit le méchanisme de cette invention. Cette ignorance où elle nous laisse à cet égard a fait douter de la vérité du fait, quoiqu'attesté par des Ecrivains très respectables. Quelques Mathématiciens ont trouvé la chose si belle, qu'ils n'ont pas cru que ce pût être l'ouvrage du premier Méchanicien. On l'a estimée même impossible. Ce jugement a donné lieu depuis à des recherches sur cette matiere, qui ont justifié & *Architas* & ses Historiens.

Un Méchanicien de Nuremberg vint à bout de faire une mouche de fer, qui s'échappoit de ses mains, voloit autour de la chambre où il étoit, & venoit ensuite se reposer sur sa main comme pour se délasser de sa fatigue. On rapporte encore que sous l'Empereur *Charles* V, une aigle artificielle vint au-devant de l'Empereur, qui arrivoit à la capitale de son Empire, & l'accompagna jusqu'aux portes de la Ville.

Tous ces traits prouvent que ce n'est point un ouvrage si extraordinaire que la colombe d'*Architas*. Il ne faut pas être même grand Méchanicien pour ces sortes d'inventions. L'esprit y fait plus que le savoir, & on voit tous les jours des gens ingénieux, patients & adroits, faire des Machines ou des Automates admirables, sans avoir aucun principe de Méchanique. Ce n'étoit pas-là le cas où se trouvoit *Architas*. Les connoissances qu'il avoit acquises dans plusieurs parties des Mathématiques, lui procuroient des ressources que n'a pas un simple Machiniste. Ce furent même les progrès qu'il fit dans la Géométrie, qui lui donnerent l'idée de la Méchanique. En résolvant des problêmes géométriques, il lui vint en pensée d'y employer le mouvement. Il crut sur-tout que par ce moyen il décriroit plus facilement certaines figures. Pour s'assurer de la chose, il falloit faire une étude particuliere du mouvement : or c'est cette étude qui donna naissance à la Méchanique.

La premiere découverte qu'il fît fut la poulie, qui est une machine simple formée d'une petite roue mobile dans son essieu sur laquelle passe une corde qui fait tourner la petite roue lorsqu'on la tire. Cette machine sert à enlever des poids, & augmente beaucoup l'effort de la puissance. *Archytas* trouva ensuite la vis. C'est une machine composée d'un cilindre, autour duquel est entortillé un plan incliné qui forme le pas de la vis, & d'un autre cilindre percé & creusé intérieurement en forme de spirale dans lequel entrent les pas de la vis. Elle sert à presser un poids, & dans cette action elle surpasse toutes les machines qu'on a inventées depuis pour produire cet effet. Cela est bien glorieux pour *Architas*. Ces deux découvertes formoient déja un beau commencement pour une théorie de la Méchanique. On devoit s'attendre à voir développer les principes de ces Machines, ce qui auroit infailliblement conduit à d'autres découvertes ; mais on ne sentit pas le prix de ces inventions. *Platon* même blâma cette application de la Géométrie à la science du mouvement. C'en fut assez pour réfroidir la curiosité des Mathématiciens, qui auroient pû imiter *Archita*. On abandonna donc la Méchanique, & dans les cas où l'on eût besoin d'augmenter l'effort d'une puissance, des Ouvriers adroits imaginerent des machines, qui satisfirent bien ou mal à ces besoins.

360 ans avant J. C

Aristote, qui avoit assez de génie pour s'occuper de toutes les Sciences, fit une étude particuliere de la Méchanique. Il a composé même un Ouvrage sous le titre de *Questions Méchaniques*, dans lequel il a tâché de résoudre des problêmes sur l'équilibre des forces ; mais il n'a rien donné qui soit digne de la moindre attenion. Pour en juger, il suffit d'exposer le principe général, qui sert comme de base à toutes ses solutions. Après avoir dit vaguement qu'en toute la nature, plus l'appui du rayon est éloigné de la puissance qui le meut, plus est grand l'effort de la puissance appliquée à ce rayon, il examine l'effet qui doit résulter de deux puissances ou poids inégaux appliqués à des distances inégales de ce rayon ou levier. Cet effet est l'équilibre. Cela lui paroît si merveilleux, qu'il se donne des peines infinies pour en rendre raison. En considérant la direction du mouvement des bras du levier, il apperçoit que ces bras décrivent des portions de cercle : delà il conclut que l'équilibre qui se trouve entre ces poids inégaux, dépend des propriétés du cercle. Et là-dessus il fait l'énumération de toutes les propriétés de cette figure, qui le conduisent à cette conclusion ridicule : puisque le cercle a tant de propriétés merveilleuses, il doit produire l'équilibre de deux forces qui le décrivent, car l'équilibre est une merveille.

Quoique ce raisonnement soit pitoyable, il a cependant été admiré & commenté par les

Disciples de ce Philosophe jusqu'à la renaiſ-
ſance des Lettres. On préféroit dans ces tems
reculés les mots aux choſes, & l'aveuglément
étoit porté au point qu'on ne vouloit pas des
explications claires & ſimples. Tems malheureux & bien humiliant pour l'eſprit humain !
Ariſtote avoit cependant donné ailleurs une ſolution indirecte du problème dont il s'agit,
par la découverte de cette vérité. Si deux puiſſances ſe meuvent avec des víteſſes réciproquement proportionnelles, leurs actions ſeront
égales : mais l'amour du merveilleux & l'enthouſiaſme pour ces grands riens qu'on ne comprenoit pas, empêcha qu'on s'attachât à ce principe ſimple & vrai, & qu'on en fît uſage.

Cet aveugle dévouement à l'autorité d'*Ariftote* ne fit néanmoins point d'impreſſion à ces
ames élevées qui ne ſe rendent qu'à l'évidence.
Auſſi le grand *Archimede* qui étoit deſtiné,
ſuivant la remarque de *Wallis*, à poſer les fondements de toutes les Sciences, chercha à ſoumettre la Méchanique à des loix. Après avoir
démontré qu'il doit y avoir équilibre lorſque
des poids égaux ſont ſuſpendus à des diſtances
égales du point d'appui, il conclut cette belle
vérité, qui eſt le principe fondamental de la
Méchanique, c'eſt que l'équilibre doit ſubſiſ-
ter entre des poids ou des puiſſances, lorſqu'elles ſont à des diſtances du point d'appui
proportionnelles à leurs poids.

Ce grand homme jugea enſuite qu'un moyen
bien propre à augmenter l'effort des puiſſances,
c'étoit de déterminer le centre de gravité des
corps. Ici il déploya tout ſon ſavoir en Géométrie, & en fit un heureux uſage. Il trouva

le centre de gravité de quelques figures, &
eut assez de sagacité pour découvrir celui de
la parabole.

Toutes ces découvertes, quoique très belles,
n'étoient pas à la portée de tout le monde. Il
n'y avoit que les Géometres qui en connussent l'importance : les autres Savans les regardoient comme des spéculations arides, qui
n'avoient qu'un rapport très éloigné avec la
Méchanique. On n'appelloit alors Méchanicien, que ceux qui faisoient des Machines,
& *Archimede* n'en avoit produit aucune. Il
n'étoit donc pas Méchanicien ou Machiniste,
selon le vulgaire ; mais il se présenta bientôt une occasion où cet homme immortel donna le spectacle surprenant de ce que peut faire
un grand Géometre qui a l'esprit d'invention.

Pappus compte quarante Machines de l'invention d'*Archimede*, qui sont presque toutes
inconnues. L'Histoire nous a seulement donné
la description de la vis sans fin, & de la vis
inclinée. La premiere est une espece de vis,
qui engraîne dans une roue dentée. Elle sert
à surmonter de grandes résistances & à retenir
un mouvement pendant long tems. La seconde
est une Machine hydraulique qui a la forme
d'un cylindre autour duquel tourne un tuyau
en vis. Cette machine est singulierement digne
de remarque, en ce que la propension même
du poids à tomber, sert à le faire monter. *Archimede* l'inventa, dit-on, en Egypte, pour
évacuer promptement l'eau qui séjournoit dans
les lieux bas, après l'inondation du Nil.

Il imagina encore la poulie mobile, & trouva qu'en multipliant les poulies, il augmentoit

confidérablement l'effort d'une puiſſance. Cette découverte le mit tellement en état de connoître la force des leviers, qu'il comprit que par leur multiplication & leur combinaiſon, il n'étoit point d'effort dont il ne fût capable. Donnez-moi un point, diſoit-il au Roi *Hieron*, & je ſouleverai la Terre : *Da mihi punctum, & terram movebo*. Afin de donner une idée de ce qu'il pouvoit faire à l'aide de ſes inventions, il entreprit de mettre ſeul à flot un Navire de ce tems. Le monde entier admira ces merveilles, & regarda *Archimede* comme un homme divin. C'eſt du moins un des plus grands génies qui aient paru. Il ne manquoit que des occaſions pour faire connoître au public ſa prodigieuſe ſagacité. La derniere qui ſe préſenta lui couta la vie ; mais elle lui donna lieu de faire des prodiges. Voici ce que c'eſt :

Les Habitans de Syracuſe, où *Archimede* demeuroit, s'attirerent l'animadverſion des Romains, pour avoir pris le parti des Carthaginois. Les Romains offenſés de cette conduite, envoyerent *Marcellus* pour faire le Siege de Syracuſe par mer & par terre. L'attaque étoit violente. Les Syracuſains allarmés ne ſe crurent pas en état de ſoutenir le ſiege : *Archimede* les raſſura. Il inventa pluſieurs machines avec leſquelles il fit de grands dégats dans l'armée des Romains. Tantôt il lançoit de gros quartiers de pierre qui fracaſſoient les Galeres : tantôt il faiſoit pleuvoir ſur les Aſſiégeans une infinité de traits qui les mettoient en déroute. Mais ce qui étonna ſurtout & les Romains & les Syracuſains, ce fut une machine qu'il inventa pour enlever les Galeres & les écraser contre les rochers en les laissant tomber. Cette machine étoit d'une grandeur énorme. C'étoit une bascule, à un des bouts de laquelle étoit attachée une chaîne armée de crampons, qui, en tombant, accrochoient la Galere. On baissoit alors la bascule qui enlevoit ce Bâtiment, & faisoit lâcher prise aux crampons pour le laisser tomber sur des rochers où il se mettoit en pieces. *Archimede* soutint lui seul le siege pendant trois ans par ses inventions. Il eut résisté encore davantage, si les Syracusains n'eussent cessé d'observer les manœuvres des Romains. La fête de Diane qu'ils célebrerent ayant donné lieu à des divertissemens, ils s'abandonnerent à la débauche & ne penserent plus au siege. *Marcellus* profita de cette occasion pour entrer dans la Ville par escalade, & vint ainsi à bout de s'en emparer. Un Soldat pénétra dans l'appartement d'*Archimede* qui méditoit avec tant d'attention, qu'il n'avoit pas entendu le vacarme que les Romains faisoient dans Syracuse. Il lui ordonna de venir avec lui. Cet ordre étoit précis; mais l'idée qu'*Archimede* vouloit suivre, lui tenoit plus au cœur, que les discours d'un Soldat. Celui-ci impatient d'aller au pillage, sans avoir égard à la priere que son prisonnier lui faisoit d'attendre un moment, ne pouvant l'amener, le tua dans sa chambre. *Marcellus* fut extrêmement touché de la perte de ce grand Homme. On dit même qu'il fit pendre le Soldat. Ce qu'il y a de certain, c'est qu'il fit enterrer *Archimede* très honorablement, & qu'il accorda de grandes exemptions & des priviléges à ses parens.

Il ne faut pas espérer de trouver dans cette histoire de la Méchanique, un autre *Archimede*. Les Mathématiciens qui cultiverent après lui cette Science, la firent bien changer de face ; mais aucun d'eux n'eut le génie de cet homme célebre. Le premier qui se distingua, fut *Ctesibius*. Il vivoit vers le milieu du deuxieme siecle avant la naissance de J. C. Il étoit fils d'un Barbier d'Alexandrie : le hazard développa en lui le goût qu'il avoit pour la Méchanique En abaissant un miroir, qui étoit dans la boutique de son pere, il remarqua que le poids qui servoit à le faire monter & descendre, & qui étoit à cet effet enfermé dans un cylindre, formoit un son : il étoit produit par le froissement de l'air poussé avec violence par le poids. Il examina de près la cause de ce son, & crut qu'il étoit possible d'en tirer parti pour faire un Orgue hydraulique, où l'air & l'eau formeroient le son : c'est ce qu'il exécuta avec succès. Un objet plus important succéda à celui-ci. *Ctesibius* encouragé par cette production, voulut se servir de la méchanique pour mesurer le tems. Il construisit une Clepsidre, formée avec de l'eau, & reglée avec des roues dentées : l'eau par sa chute faisoit mouvoir ces roues, qui communiquoient leur mouvement à une colomne sur laquelle étoient tracés des caracteres qui servoient à distinguer les mois & les heures. En même tems que l'eau mettoit les roues dentées en mouvement, elle soulevoit une petite statue qui indiquoit avec une baguette les mois & les heures marquées sur la colonne.

Ctesibius eut pour disciple *Heron*, qui fut

150 ans
avant J. C.

bien supérieur à son maître. Il ne s'amusa pas seulement à faire des machines ; il travailla encore à étendre la théorie de la méchanique & à la réduire à des principes simples. A cette fin, il réduisit au levier les différentes puissances méchaniques, & les combina de diverses manieres pour les différens usages ou besoins de la vie. Il s'appliqua ensuite à restituer & à calculer une belle machine d'*Archimede* pour tirer des fardeaux énormes. Elle étoit formée d'une espece de cric, qui engrainoit dans des pignons, lesquels à leur tour engrainoient dans des roues dentées : ce qui produisoit une force prodigieuse.

Après s'être formé ainsi des principes, *Heron* voulut en faire l'application dans la construction des machines. Il construisit d'abord des Clepsidres à l'eau, à l'exemple de *Ctesibius*. Il fabriqua ensuite des Automates, c'est-à-dire, des figures mouvantes par le moyen de ressorts & de poids. Il publia après cela un traité de machines à vent, dans lequel il fit un usage heureux de l'élasticité de l'air, quoique cette propriété de cet élément lui fût inconnue.

Philon de Bysance, Géometre habile, succéda à *Heron* dans l'étude de la Méchanique. Il suivit les traces de son prédécesseur, & composa un Traité sur les Balistes & les Catapultes. C'étoient des machines de guerre, qui servoient à lancer de grosses pierres & des javelots. On ne sait point en quoi consistoient ces Machines, quoiqu'on ait pris beaucoup de peine pour en deviner la construction.

Vitruve croit que la catapulte étoit composée de deux pieces de bois qu'on faisoit plier avec des cordes qui se bandoient comme des moulinets. C'est en se débandant, que ces pieces de bois lançoient les javelots. Cet Auteur donne une description plus claire d'une autre Machine des Anciens, inventée par les Carthaginois, connue sous le nom de *Belier*, parcequ'elle avoit la figure de cet animal. Une grosse poutre ferrée par les deux bouts, à l'un desquels étoit la tête d'un belier, & suspendue par deux chaînes, ou posée sur des rouleaux, formoit toute la machine. Par l'un ou l'autre moyen on la mettoit en mouvement & on la laissoit tomber contre les murailles pour les abattre.

Ce furent ici les derniers ouvrages des Anciens sur la Méchanique. Dans le premier siecle de l'Ere chrétienne la nature se reposa & ne produisit que des hommes fort stupides. La Méchanique fut délaissée comme les autres Sciences. Elle ne renaquit que douze cens ans après; encore ses commencements furent si foibles, qu'il sembloit qu'elle paroissoit pour la premiere fois. On commença par commenter les questions méchaniques d'*Aristote*, & à ajouter à ses mauvais raisonnemens, des raisonnemens plus pitoyables encore. Ainsi pour expliquer, par exemple, pourquoi une pierre se meut quand on la jette, on disoit qu'elle est poussée par l'air qui la suit par derriere. La pesanteur des corps dépendoit d'un certain appetit que les corps ont à se réunir au centre de la terre ; & les uns & les autres étoient doués d'une qualité propre quoiqu'occulte, de se mouvoir.

Rien n'étoit moins satisfaisant. Cependant

on croyoit être bien savant dans la Méchanique. Ce ne fut pas-là le sentiment de quelques Géometres qui parurent au commencement du treizieme siecle. L'un d'eux, nommé *Jordanus Nemprarius*, examina les effets de de l'équilibre. C'étoit là une véritable question de Méchanique ; mais il la rendit générale par la maniere dont il l'envisagea. Il examina quelle situation reprendroit une balance à bras égaux & chargée de poids égaux dont on auroit rompu l'équilibre, & il décida que ce devroit être la situation horisontale. On le crut.

Dans le seizieme siecle, les Mathématiciens reprirent ce problême, dont ils chercherent de nouveau la solution. *Tartalea* & *Cardan* adopterent la décision de *Jordanus*. Elle n'étoit pourtant pas vraie, car dans le cas où les directions des poids suspendus à un bras de la balance sont paralleles, la balance reste dans une situation inclinée. C'est ce que fit voir un Mathématicien de la plus haute naissance & d'un très grand mérite. Le Marquis *Guido Ubaldi* (c'est le nom de ce Mathématicien) publia aussi un Traité de Méchanique, dans lequel il réduisit toutes les Machines au levier, & appliqua cette théorie à la force des poulies. On trouve encore dans cet ouvrage l'examen d'une question curieuse que *Cardan* croyoit avoir résolue. Il s'agissoit de connoître la force nécessaire pour soutenir un poids sur un plan incliné. *Cardan* prétendoit que cette force est proportionnelle à l'angle que le plan forme avec l'horison. *Ubaldi* jugea, avec raison, que cette prétention étoit une erreur ;

mais il se trompa lui-même dans la solution qu'il donna de ce problême , en mettant un rapport faux de la puissance au poids. Ce Méchanicien composa un autre Ouvrage estimable , & estimé encore de nos jours : c'est une espece de Dissertation sur la vis d'*Archimede*.

Pendant ce tems-là *Tartalea* examinoit quel devoit être le mouvement d'un corps jetté en l'air suivant une direction oblique. On croyoit alors que le corps décrivoit une ligne droite, jusqu'à ce que son mouvement fut absolument détruit , après quoi il tomboit selon une direction perpendiculaire. *Tartalea* jugea que cela étoit faux. Il pensa bien qu'en partant, le corps parcouroit une ligne droite , mais il soutint qu'à mesure que son mouvement se rallentissoit, sa direction devenoit insensiblement oblique , le corps étant en proie & à la force de la projection & à celle de la pesanteur. La courbe qu'il décrivoit alors étoit , selon lui , un arc de cercle. Quoique cela fût faux , *Tartalea* découvrit pourtant cette vérité : c'est que c'est sous l'angle de 45 dégrés qu'il faut projetter ou lancer un corps, pour qu'il aille le plus loin qu'il est possible.

La Mechanique recevoit ainsi de nouveaux accroissements, & devenoit une véritable science. Aussi fixa-t-elle l'attention de tous les Mathématiciens. Aux efforts du Marquis *Ubaldi* & de *Tartalea* pour étendre cette science, *Simon Stevin* , Mathématicien du Prince d'Orange & Ingénieur des Etats de Hollande , joignit son zele & ses travaux. En examinant les ouvrages de ces Méchaniciens , il reconnut qu'ils avoient manqué la solution du problême sur la véritable proportion de la puissance au poids dans le plan incliné. D'après des principes solides, il démontra que cette proportion est comme le sinus de l'angle d'inclinaison. Il prit ensuite les choses plus en grand. Son projet étoit d'abord d'examiner les machines simples, comme le levier, la poulie, la vis & le plan incliné ; mais ses connoissances se développant par ses études, il se crut en état de résoudre des questions ou des problèmes plus difficiles. Une découverte qu'il fit lui donna cette noble hardiesse : ce fut d'exprimer des poids & les puissances qui les soutiennent par des lignes ; de sorte que quand deux puissances sont employées pour soutenir un poids, les directions de ces puissances & celle du poids forment un triangle dont les trois côtés sont paralleles aux trois directions. Avec ce secours, il détermina avec beaucoup de facilité & d'élégance les rapports des charges que supportent deux puissances qui soutiennent un poids à des distances inégales, de même que l'effort que fait un poids suspendu à plusieurs cordages contre des puissances qui tiennent ces cordages. Les progrès qu'on a faits depuis *Stevin* jusqu'à nos jours dans la Méchanique, sont dûs en partie à la découverte de ce savant Mathématicien. On lui attribue même l'invention de quelques Machines, parmi lesquelles on distingue des charriots à voiles qui alloient fort vîte. On ne dit pas en quoi consistoient les autres.

Stevin fut merveilleusement secondé par *Galilée*. Ce grand homme, à qui les Mathématiques doivent beaucoup, enrichit la Mé-

chanique de tant de découvertes , qu’elle changea entierement de face. Il posa premierement
le principe fondamental de la Méchanique ,
qu’aucun Méchanicien n’avoit pas même en-
trevu : c’est que ce qu’on gagne en force , on le
perd en tems. De-là il conclut que les Machines les plus simples sont les meilleures , parceque 1°. il y a plus de tems perdu dans les machines composées , l’effort de la puissance se
communiquant plus lentement au poids ou à
la résistance qu’elle veut surmonter. 2°. Parceque cet effort est diminué par les frottemens.

On enseignoit alors dans les Ecoles la doctrine d’*Aristote* , & on soutenoit d’après lui ,
que les vitesses des corps étoient proportionnelles au poids. *Galilée* étant Professeur en
l’Université de Pise , étoit comme obligé de
suivre , ainsi que les autres Professeurs , la doctrine reçue dans l’Université ; mais il jugea ,
avec raison , que cette espece d’obligation ne
devoit s’étendre qu’à des choses vraies , ou qui
passoient pour telles ; & cet axiome d’*Aristote* ,
que les vîtesses sont proportionnelles aux poids,
lui parut une grande erreur. On se moqua d’a-
bord de *Galilée*. Quoique le raisonnement qu’il
fît aux autres Professeurs pour prouver la méprise d’*Aristote* fût très convaincant, on en rit.
L’axiome en question leur paroissoit d’une évidence extrême. *Galilée* appella de leur jugement à l’expérience. En présence des personnes
les plus distinguées de Pise , il laissa tomber du
haut du dôme de l’Eglise , des corps de pesanteur très inégale , mais presque de même volume , & tout le monde vit qu’il n’y avoit presque pas de différence aux tems de leur chute.

1600.

Cela mortifia beaucoup les vieux Docteurs : ils n'oserent attaquer l'expérience ; mais ils se vangerent sur *Galilée*. On fit entendre aux Magistrats qu'il ne convenoit point à un jeune homme de l'emporter sur des Anciens ; qu'ils en savoient plus que les démonstrations & l'expérience, & qu'un Professeur qui s'étoit oublié jusqu'au point d'opposer les unes & l'autre à leur autorité, méritoit leur animadversion. On n'osa pas répondre à une accusation si grave, & *Galilée* fut obligé de quitter Pise. Il se retira à Padoue, où on lui offrit une chaire qu'il accepta. Il persista dans cette Ville à soutenir son sentiment, & le confirma par de nouvelles expériences. La plus remarquable est celle qu'il fit sur deux pendules de même longueur & chargés de poids très inégaux. Il vit clairement que ces pendules faisoient leurs vibrations presque dans le même tems. Il faut donc, dit-il, que la différence de la chûte des corps dépende de la résistance de l'air, & en général des milieux dans lesquels ils tombent. Ainsi les corps en tombant dans le vuide, quoique de pésanteur très inégale, devoient tomber en tems égaux. C'est la conclusion que tira *Galilée* de cette vérité. Il ne pût point la vérifier par l'expérience. Mais avec le secours de la Machine pneumatique, qu'on a découverte après sa mort, on a reconnu la justesse de cette conséquence : le duvet le plus leger tombe aussi vîte que le métal le plus pesant, tel que l'or & le plomb.

En examinant les mouvements des corps dans leur chûte, *Galilée* observa que les vitesses des mêmes corps dans les mêmes milieux,

étoient

étoient plus grandes dans une raison quelconque, à mesure qu'ils approchoient de la terre. Il fut d'abord surpris de cet évenement, & craignit de n'avoir pas bien vu. Il en appella, suivant son ordinaire, au raisonnement & à l'expérience. Le raisonnement lui fit connoître que la pesanteur agit également à chaque instant indivisible, & qu'elle imprime aux corps qui tombent un mouvement accéléré en tems égal. Pour l'expérience, il laissa tomber des corps sur des plans inclinés, afin de voir & de mesurer le tems de leur accélération, & il trouva que les corps accelerent leur mouvement dans leur chûte suivant cette progression, 1, 3, 5, 7, 9, 11, &c ; de sorte que les espaces qu'ils parcourent sont entr'eux comme le quarré des tems.

Toutes ces découvertes sur les mouvements des corps flatterent si fort *Galilée*, qu'il ne desespéra pas de déterminer la courbe que décrit un corps projetté obliquement. C'étoit un problème qu'on ne croyoit pas soluble ; mais ce grand homme, en comparant le mouvement oblique, c'est-à-dire l'impression communiquée au corps, avec le mouvement perpendiculaire, forma la courbe qu'il décrit dans sa projection, & démontra que cette courbe est une parabole. Il approfondit tellement toute cette théorie du mouvement des corps projettés, qu'il fixa la portée ou l'étendue de ces corps suivant l'angle de la projection. Afin de rendre cela sensible à tout le monde, & d'un usage facile, il dressa des tables, des portées respectives qui répondent à chaque angle.

Toujours fécond dans ses principes, *Galilée*

T

développa avec tant de sagacité la théorie du
mouvement des corps , qu'il découvrit que
deux pendules inégaux mis en mouvement ,
faisoient dans le même tems des vibrations qui
sont réciproquement comme les racines de leur
longueur. La premiere application qu'il fit de
cette découverte , fut de mesurer la hauteur de
la voûte des Eglises. A cet effet , il compara le
nombre des vibrations des lampes qui y sont
suspendues , avec celle que fait en même-tems
un pendule d'une longueur connue , & il détermina ainsi leur hauteur : opération ingénieuse & hardie , qui fait peut-être autant
d'honneur à *Galilée* , que toutes les découvertes
qu'il a faites sur le mouvement des corps.

Ce ne fut pas cependant là le terme de ses
heureux travaux. Il reconnut encore que le
même pendule fait ses vibrations dans le même tems , & donna ainsi le grand principe des
horloges à pendule , avec lesquelles on mesure
le tems avec une si grande justesse.

Galilée ne poussa pas plus loin ses recherches
sur le mouvement des corps. Une idée qui lui
passa dans l'esprit sur la résistance des solides,
les lui fit interrompre , & il ne les reprit plus.
C'étoit de connoître le rapport de deux forces
qui agiroient séparément sur un solide pour
le rompre , l'une horisontalement , l'autre verticalement. La théorie des deux forces qu'il établit à ce sujet, procura ces connoissances. Dans
une poutre rectangulaire ou cilindrique, la résistance oblique est à la résistance directe comme
1 à 2. De cette même théorie il suit qu'un cilindre creux résiste davantage qu'un autre de
même grosseur qui est solide. Ainsi les corps ne

résistent point à leur rupture par des forces proportionnelles à leur masse.

Galilée ne fut pas si heureux dans ce travail,
comme il l'avoit été sur le mouvement des
corps. Il se trompa en croyant que le rapport
de la résistance directe est à la résistance oblique comme 1 à 2. Ce rapport ne peut avoir lieu
que lorsqu'un solide est rompu brusquement,
sans souffrir aucune extension. Dans tout autre
cas ce rapport est comme 1 à 3. C'est ce qui a
été démontré dans ce siecle par *Leibnitz* & *Mariote*.

Galilée mourut en 1642. Après sa mort un
noble Génois nommé *Baliani*, qui s'étoit distingué par les progrès qu'il avoit faits dans la
Méchanique, attaqua la doctrine de ce grand
homme sur l'accélération des graves. Il prétendit que cette doctrine étoit fausse, & que la
vitesse des corps dans leur chûte, étoit proportionnelle aux espaces parcourus, & non au
tems, comme le soutenoit *Galilée*. Ce savant
avoit déja fait voir la fausseté de l'hypothese
de *Baliani*. En recourant à son Ouvrage sur la
Méchanique, il étoit aisé de s'en convaincre :
cependant cette hypothese eut des Partisans. Un
certain P. *Casrée* fut le premier qui se déclara ouvertement en sa faveur. D'après une expérience
fort mal imaginée, il établit que les forces des
corps en tombant, sont comme les hauteurs :
or ces forces sont comme les vitesses : donc
les vitesses sont comme les hauteurs ou les espaces parcourus. L'illustre *Gassendi* annéantit ce
raisonnement, en montrant que l'expérience
sur lequel il étoit fondé ne convenoit point à
la question. Il poussa encore plus loin cet Ad-

1650.

T ij

verſaire de *Galilée* : il prouva clairement qu'il
ne ſavoit comparer entr'eux ni les tems, ni les
viteſſes, ni les eſpaces. *Hughens* & le P. *de*
Billi ſe joignirent à *Gaſſendi* pour démontrer
l'impoſſibilité de la nouvelle progreſſion de *Ba-*
liani. Enfin *Fermat*, Conſeiller au Parlement
de Touloufe & grand Mathématicien, fit voir
qu'il ne faudroit pas moins d'une éternité pour
qu'un corps deſcendît avec cette proportion de
viteſſe de la hauteur d'un pied.

Tout cela étoit concluant. Néanmoins quelques Mathématiciens voulurent joindre l'expérience au raiſonnement. Les PP. *Riccioli* &
Grimaldi meſurerent les eſpaces parcourus avec
le plus de juſteſſe qu'il étoit poſſible. A cette
fin ils ſe ſervirent d'un pendule dont les vibrations ne duroient que la ſixieme partie d'une
ſeconde, & trouverent que l'accélération des
corps dans leur chûte, étoit telle que *Galilée*
l'avoit ſoutenue. Quoique cette expérience fût
faite avec un ſoin infini, cependant elle n'é-
toit pas abſolument convaincante. On la varia ;
mais on trouva qu'il n'étoit pas poſſible de
connoître & de meſurer parfaitement les tems
des chûtes perpendiculaires. Cela commençoit
à inquiéter les défenſeurs de l'hypotheſe de
Galilée, lorſqu'on s'aviſa de faire uſage du
mouvement des Pendules. Suivant cette hypotheſe, les pendules ſemblables & inégaux
devoient faire en même - tems des vibrations
qui fuſſent comme les quarrés de leur longueur.
Il ne s'agiſſoit donc que de vérifier la choſe, & c'eſt ce qu'on reconnut avec la plus grande préciſion.

Le P. *Sebaſtien*, de l'Académie Royale des

Sciences, rendit le fait fenfible à tout le monde par le moyen d'une machine finguliere qu'il inventa. Elle eft compofée de quatre paraboles égales, qui fe coupent à leur fommet à angles égaux, & autour defquelles tourne une fpirale compofée de deux fils de laiton ; de façon que les tours font diftants l'un de l'autre, fuivant la progreffion de *Galilée* 1, 3, 5 &c. Du fommet de cette machine on laiffe tomber une boule, & on voit qu'elle parcourt tous les tours dans le même tems.

Dans le tems qu'on conftatoit la découverte de la loi de l'accélération des corps, le grand *Defcartes* s'occupoit des loix de la communication du mouvement. Il reconnut que ces loix devoient être fixes & conftantes, & crut que dans le choc des corps, il y avoit toujours la même quantité de mouvement avant & après le choc. Le P. *Fabri* & *Borelli*, deux Mathématiciens d'un mérite bien différent, quoique le P. *Fabri* eût véritablement des connoiffances ; *Fabri* & *Borelli*, dis-je, chercherent à déterminer ces loix, & fe tromperent. Le Docteur *Vallis*, plus habile que ces Savans, fut auffi plus heureux. En homme intelligent & qui favoit fimplifier les chofes ou les traiter avec ordre, il commença par diftinguer trois fortes de corps : des corps durs, des corps mous, & des corps élaftiques. Il établit enfuite un principe par lequel il détermina la viteffe que reçoivent ces corps par le choc. Dans le choc de deux corps, la viteffe diminue en même raifon que la fomme des maffes de ces corps eft grande. C'eft-là la regle générale qu'il établit pour la communication du mouvement par le choc ; de forte que fi le corps qui choque eft double de l'autre, la viteffe commune eft les deux tiers de ce qu'elle étoit auparavant.

Un autre Anglois donna en même-tems des regles fur le choc des corps à reffort : c'eft le Chevalier *Wren*. Le célebre *Hughens* réfolut auffi le problême de la communication du mouvement dans toute fon étendue. *Mariote* développa en grand toute cette théorie. Et l'illuftre *Jean Bernoulli* l'a depuis maniée avec cette fagacité fupérieure, qui caractérifoit fon beau génie, dans un Ouvrage immortel qu'on regarde, avec raifon, comme un chef-d'œuvre de raifonnement (*).

L'heureux fuccès qu'eût la folution de ce problême fut avantageux à la Méchanique. On prit goût à l'étude de cette fcience, & on fe propofa de nouvelles queftions. *Wallis* chercha à déterminer le point par lequel un corps mis en mouvement frappe un obftacle avec toute la force dont il eft capable, c'eft-à-dire à trouver le centre de percuffion. Dans le même-tems *Hughens* fixa le point où fe concentre la pefanteur d'un pendule, compofé de maniere que les ofcillations de ce centre font toujours égales à celles d'un pendule fimple, dont la longueur eft égale à la diftance de ce centre au point de fufpenfion. Ce point eft le centre d'ofcillation. Cette découverte fut très accueillie. *Wallis*, qui couroit la même carriere, voulut en partager la gloire, parceque le centre d'ofcillation étoit, dans plufieurs cas, le même que celui de

_____

(*) C'eft le *Difcours fur les loix de la communication du Mouvement*.

» percuſſion ; & comme il avoit déterminé celui-
» ci, il prétendoit avoir droit à la détermination
» de l'autre. Il avoit tort. *Hughens* lui fit voir
» clairement que le centre d'oſcillation dépen-
» doit de circonſtances étrangeres à celui de per-
» cuſſion. *Wallis* en convint, & *Hughens* ne s'oc-
» cupa plus qu'à faire uſage de ſa découverte.

Galilée avoit eu l'idée d'appliquer le pendule à la meſure du tems. Quelques Mathématiciens avoient eſſayé de mettre cette idée à exécution. Mais ce ne fut qu'un projet. *Hughens*
plus habile ou plus ſavant qu'eux en Méchanique par les découvertes qu'il avoit faites, ſe
trouva en état d'en venir à la pratique. Il imagina une horloge où le pendule ſervit de modérateur au rouage ; de façon que ſon mouvement devint par-là très uniforme. *Hughens* n'en
fut pas néanmoins abſolument content. Eclairé
par l'expérience, il reconnut qu'il pouvoit arriver que les oſcillations du pendule ne fuſſent
pas toujours égales, & que par conſéquent leur
durée ne fût pas toujours la même. Ce grand
Mathématicien chercha donc à aſſujettir le Pendule de maniere que cette égalité eût lieu. Il
falloit pour cela connoître la courbe qu'un Pendule doit décrire, afin qu'il faſſe ſes vibrations
en tems égaux. C'eſt la recherche que ſe propoſa
Hughens. Cette recherche le conduiſit à la cycloïde, qui a en effet cette propriété qu'un corps qui
la parcourt par ſon propre poids, fait ſes vibrations en tems égaux. Afin d'avoir une meſure
exacte du tems qui dépend de cette égalité ou
de cet iſochroniſme, il ne s'agiſſoit plus que
de diſpoſer tellement un pendule, qu'il fût
contraint de faire ſes vibrations dans une cy-

cloïde. C'est à quoi parvint *Hughens*, en resser-
rant, en quelque sorte, le Pendule entre deux
demi cycloïde.

De cette théorie, ce grand homme déduisit
une maniere de déterminer avec la plus grande
précision la grandeur de l'espace que parcourt
un corps par sa pesanteur dans un tems donné.
Et il trouva que dans le tems d'une seconde,
un corps parcourt par sa chûte quinze pieds &
un pouce.

Les succès sont presque toujours des aiguil-
lons. L'honneur que ces découvertes firent à
Hughens, l'engagea à mériter de nouveaux lau-
riers. Il y avoit long-tems que le P. *Mersenne*
lui avoit proposé de déterminer le centre d'oscillation d'un Pendule chargé de plusieurs poids.
Ce problême lui avoit paru alors d'une si grande
difficulté, qu'il n'avoit pas seulement été tenté
de le résoudre. Mais ses connoissances ayant
augmenté les ressources de son esprit, il en reprit l'examen, & en donna une belle solution
fondée sur ce principe : les poids dont un Pendule est composé, étant détachés à la démi vibration, & remontant avec la vitesse qu'ils ont
acquise, leur commun centre de gravité s'éleve
à la même hauteur d'où il est tombé, c'est-à-
dire acheve la vibration. Ce principe parut certain à tout le monde. Il sembloit que le tems
avoit constaté sa solidité, lorsqu'il se présenta
au bout de neuf ans un homme qui soutint que
rien n'étoit plus faux. Il se nommoit l'Abbé *Catelan*. Le ton qu'il prit en avançant cette proposition, surprit d'abord. Cela ne déconcerta
pas l'Abbé. Au principe d'*Hughens*, il substitua
deux principes faux, qui ne séduisirent per-

sonne. Deux Mathématiciens illustres crurent cependant qu'on pouvoit déterminer les centres d'oscillation d'une maniere plus simple & plus évidente. *Jacques Bernoulli* & le Marquis *de Lhopital* donnerent chacun une autre solution de ce problême, qui ne servit qu'à confirmer le principe d'*Hughens*.

Flaté de ce succès, ce savant homme voulut approfondir une autre question de Méchanique que *Galilée* & *Descartes* avoient ébauchée : c'é-toit de trouver la force centrifuge d'un corps. On appelle ainsi la force par laquelle un corps qui se meut autour d'un centre, tend à s'écarter de ce même centre. L'expression de cette force dépend de la grandeur de la courbe que le corps parcourt, & de la vîtesse avec laquelle il la par-court. Or *Hughens* démontra que 1°. si des corps de même poids décrivent des cercles égaux avec des vîtesses inégales, leurs forces centrifuges sont comme le quarré des vîtesses. 2°. Si les mêmes corps décrivent avec la même vîtesse des circonférences inégales, leurs for-ces centrifuges sont comme les rayons ; & en général quelles que soient & les cercles que les corps décrivent & la vîtesse avec laquelle ils la décrivent, les forces centrifuges de ces corps sont en raison composée du quarré des vîtesses & de la raison inverse du quarré des rayons.

De ces regles ce grand Méchanicien conclut qu'un corps qui circule dans un cercle avec une vîtesse égale à celle qu'il auroit acquise en tom-bant par un mouvement uniformement accélé-ré de la hauteur du demi rayon, auroit une for-ce centrifuge égale à sa pesanteur.

En combinant ainsi la gravité d'un corps avec le mouvement auquel il est en proie, *Hughens* résolut plusieurs problêmes curieux de Méchanique. Ce ne fut pas ici un travail de pure spéculation. Il voulut faire servir la théorie de la force centrifuge à la mesure du tems. Il substitua à cet effet au pendule ordinaire un autre pendule qu'il fit tourner ou circuler, de façon qu'il décrivoit la surface d'une parabole. Le centre du pendule ou du poids qu'il formoit se trouva ainsi dans une ligne parabolique, & par conséquent ses vibrations furent toutes égales.

Cette nouvelle invention fut bientôt exécutée; mais on reconnut aisément que dans la pratique le pendule ordinaire est plus commode pour servir de modérateur aux Horloges, & a les mêmes avantages.

Il paroît par cette attention suivie qu'avoit *Hughens* pour la perfection des Horloges, que la mesure du tems lui tenoit au cœur. On ne doit donc point être étonné s'il a concouru à l'idée de se servir d'un ressort spiral pour régler les montres. On attribue l'invention de ce ressort à l'Abbé *Hautefeuille*. *Hughens* ne la lui conteste point; mais l'Abbé *Hautefeuille* veut encore être le premier qui l'a appliqué aux montres. C'est de quoi le Géometre Hollandois ne convient point. Pour le contraindre à cet aveu, l'Abbé l'attaqua en justice. *Hook*, Mathématicien Anglois & Physicien ingénieux, vint se mêler de cette querelle. Il prétendit que ni *Hughens* ni l'Abbé *Hautefeuille* n'avoient inventé le ressort spiral. Cette querelle suspendit d'autant plus aisément l'autre, que *Hook* jouissoit de la réputation la plus brillante en fait d'inventions, & qu'on lui devoit celle de la montre. L'écrit d'*Hughens* fur la découverte du reffort fpiral ne parut qu'en 1674 : or *Hook* prouva qu'il l'avoit faite en 1660, & qu'il l'avoit communiquée alors à MM. *Brownker* & *Murai*. Le Secrétaire de la Société Royale en étoit dépofitaire : il eft vrai que le Public n'en étoit pas inftruit. Comment *Hughens* & l'Abbé *Hautefeuille* pouvoient-ils en avoir eu connoiffance ? *Hook* voulut que ce fût par l'indifcrétion de M. *Oldembourg* Secrétaire de la Société Royale. Auffi toute fa colere éclata contre lui. Il lui intenta un procès très vif, demandant qu'il fût puni comme prévaricateur, parcequ'il communiquoit aux Savans étrangers les découvertes qu'on dépofoit dans les Regiftres de la Société qu'il avoit entre les mains. Dans cette accufation *Hook* mettoit fans doute trop de chaleur, & ne rendoit juftice ni à *Oldembourg*, ni à *Hughens*. Quoi qu'il en foit, il faut convenir que la prévention eft pour lui. On lui doit prefque l'invention des montres : ce qui annonce qu'il travailloit à leur perfection. Comme ces Automates font des machines il convient de faire entrer dans cet ouvrage l'hiftoire de leur conftruction.

On ne connoît point celui qui a eu l'idée d'une montre. La premiere machine de cette efpece parut en Angleterre. C'étoit une efpece de petite horloge. Elle étoit compofée de deux balanciers garnis de deux palettes qui s'engageoient alternativement dans les dents d'une roue de rencontre. Voilà, à ce qu'on a écrit, tout ce qui compofoit la premiere montre. Il est difficile de concevoir comment trois pieces pouvoient former une machine propre à diviser le tems. C'est sur cette invention que *Hook* travailla pour construire une véritable montre. On a écrit que celle qu'il fit, avoit un ressort spiral à chaque balancier pour les gouverner. Ces balanciers se communiquoient leur mouvement comme dans l'autre montre, avec cette différence cependant qu'il n'y avoit qu'une verge de balancier qui eût des palettes; de maniere que quand un balancier faisoit sa vibration, il donnoit son mouvement à l'autre.

Il est difficile de concevoir comment cela composoit une montre. On ne voit là ni poids, ni ressort pour donner le mouvement, ni chaîne pour le communiquer. Cette machine, inventée en 1658, fut néanmoins exécutée en 1675 par *Tompion*, Horloger. Elle fut connue en Europe dès l'année de son invention. C'étoit pour la perfectionner que *Hughens* & *Hautefeuille* imaginerent le ressort spiral dont a parlé ci-devant. Ce ressort parut en 1674. Il étoit formé d'une lame d'acier tournée spiralement & appliquée au balancier.

1670.

A l'exemple d'*Hughens*, le Chevalier *Wren* s'appliqua à inventer des Machines. Il en imagina pour faciliter la pratique du dessein, & pour former des verres de figure hyperbolique. Ce Mathématicien étoit né à Londres en 1632; il avoit beaucoup de génie, & il s'est également distingué dans toutes les parties des Mathématiques. Son nom, joint à celui d'*Hughens*, mit les machines en faveur. Les plus célebres Mathématiciens de ce tems se livrerent à la recherche de ces inventions, à la découverte des-

quelles le hasard a souvent plus de part que
l'esprit. *Roëmer* , *Perrault* & *Mariote* se distinguerent dans cette partie de la Méchanique;
mais ils reprirent bientôt le fil de la théorie de
cette science.

Le premier remarqua que les dents des roues
qu'on contournoit en ligne courbe, devoient
être courbées d'une maniere déterminée. Il rechercha cette maniere , & découvrit que l'épi-
cycloïde étoit la courbe qu'il falloit leur donner , pour qu'elles procurassent à la puissance
la plus grande action possible. Cette découverte
fit grand plaisir à tous les Méchaniciens. L'un
d'eux très savant dans toutes les parties des Mathématiques , l'accueillit sur tout avec d'autant
plus d'empressement, qu'il la regardoit comme
son propre bien. La date de la découverte de
Roëmer est de 1675. Or M. *de la Hire* , qui est
ce Méchanicien , avança qu'il avoit communiqué la sienne à MM. *Auzout* , *Mariote* & *Picard*, en 1674; mais il étoit si célebre par tant
de belles productions , qu'il abandonna à *Roëmer* la gloire de la découverte dont il s'agit.

La Méchanique recevoit ainsi de nouveaux
accroissements. Cette belle science devint encore bien plus recommandable par l'usage que
le grand *Newton* en fit pour expliquer le mouvement des corps célestes. Afin d'exécuter ce
beau projet , il commença par établir ces loix
du mouvement. Premiere loi : chaque corps
persevere dans son état de repos ou de mouvement en ligne droite, à moins qu'il ne soit forcé de changer d'état par quelque puissance étrangere. Seconde loi : le changement de mouvement est toujours proportionnel à la force mou-

vante, & il se fait dans la ligne droite, selon laquelle cette force est imprimée. Troisieme loi : à chaque action est opposée une réaction égale.

Newton étudia ensuite la théorie des mouvemens curvilignes. Il examina celles que *Galilée* & *Hughens* avoient établies. Le premier avoit déterminé la courbure que décrit un corps jetté en l'air dans une direction oblique, en le supposant animé d'une force qui agit uniformément, & *Hughens* avoit déterminé les forces centrales dans les mouvements circulaires. C'étoit déja beaucoup. Les choses changerent bien de face entre les mains de *Newton*. Ce grand homme détermina la loi que doit suivre une force centrale pour forcer un corps à parcourir une courbe quelconque : il établit ensuite que les corps célestes sont en proie à deux forces centrales, une qui tend à les faire tomber dans le soleil, qui est la force centripete, l'autre qui tend à les écarter de la ligne de leur chûte suivant une direction perpendiculaire ; c'est la force centrifuge. Par la combinaison de ces deux forces, il trouva la courbe que les planetes décrivent, & la loi de leur mouvement. Cette opération, qui est une des plus belles choses qu'ait enfantées l'esprit humain fut accueillie par un cri universel d'admiration.

La théorie de *Newton* sur les forces centrales, donna lieu à la solution des plus beaux problêmes sur le mouvement des corps projettés dans un milieu résistant suivant une loi quelconque. On apprit ainsi à décomposer le mouvement oblique d'un corps en deux, l'un dans la direction de la force imprimée, & l'autre dans le sens vertical. *Varignon* sentit tous les avantages de cette décomposition. Il étendit à l'équilibre le principe de la composition ou décomposition du mouvement, & deduisit toute la statique de ce seul principe : Si trois puissances agissent l'une contre l'autre dans des directions opposées, qui se réunissent à un point, chacune de ces puissances est proportionnelle au sinus de l'angle formé par les directions des deux autres. Ainsi lorsque deux puissances ou deux poids, ou encore une puissance & un poids, font équilibre soit avec des cordes, soit à l'aide de quelque poulie, ou de quelque levier que ce soit, ils sont toujours entr'eux en raison réciproque que font les lignes de direction avec celle de l'impression qui résulte de leur concours d'action. Cette vérité sert à démontrer sans le secours d'aucune machine, les propriétés des poids suspendus avec des cordes, en quelque nombre qu'ils soient & pour tous les angles possibles qu'ils peuvent avoir entre eux, celles des poulies dans toutes les directions possibles des puissances ou des poids qui y sont appliqués, soit que le centre de ces poulies demeure fixe, ou qu'on le suppose mobile, & enfin toutes les propriétés de toutes les especes de levier de quelque figure & dans quelque situation qu'ils soient & pour toutes les directions possibles des puissances ou des poids qui y sont appliqués.

Ce ne furent pas là les seuls avantages que *Varignon* retira de la découverte de son beau principe : il servit encore à faciliter le calcul des forces tant des poids que des puissances, parceque leurs rapports y sont toujours déterminés par les sinus des angles, que font leurs lignes de direction avec celle qui résulte de leur concours d'action. Toutes ces nouveautés formerent une nouvelle Méchanique.

Ces succès engagerent deux savans Mathématiciens à s'attacher à cette science, & parceque c'étoient des hommes de génie, leurs progrès furent rapides. Le premier est M. *de la Hire*, & le second M. *Amontons*. Ils rechercherent comme de concert quelle étoit la force des hommes & des chevaux ; & ils trouverent, 1°. que la force de l'homme se réduit à vingt-sept livres seulement pour pousser horisontalement avec les bras ou pour tirer une corde en marchant. 2°. Que la force de l'homme, lorsqu'il agit par la pesanteur de son corps est estimée cent quarante livres. 3°. Et que la force d'un cheval, pour tirer horisontalement, se réduit à celle de sept hommes, c'est-à-dire à cent soixante-quinze livres.

1680. Chacun de ces Méchaniciens contribua encore en particulier à la perfection de la science qui nous occupe. *La Hire* chercha à appliquer la théorie de la Méchanique aux Arts, & composa à cet effet un Ouvrage qui parut à la fin du dernier siecle, avec ce titre : *Traité de la Méchanique, où l'on explique tout ce qui est le plus nécessaire à la pratique des Arts*, &c. *Amontons* méditoit un plus beau projet : c'étoit de soumettre les frottements des corps au calcul. Il jugeoit, avec raison, que sans une connoissance du moins générale de la résistance que les corps éprouvent en glissant les uns sur les autres, il n'étoit pas possible d'évaluer l'effet d'une Machine. Comme ceci est un effet physique,
l'expérience

l'expérience peut seule le faire connoître. C'est
aussi la voie que prit *Amontons*. Eclairé par ce
flambeau, il établit deux propositions qui formerent la base d'une théorie des frottements.
La premiere est que la grandeur des frottements est proportionnelle aux poids des corps
qui frottent, & non à l'étendue de leur surface ; & la seconde, que la résistance occasion-
née par le frottement est environ le tiers de la
force qui comprime les surfaces.

Parent, & un M *Camus* connu par un Ouvrage estimé qui a pour titre *Traité des forces
mouvantes*, répéterent les expériences d'*Amontons*, les varierent, & y ajouterent des considérations particulieres Le savant *Muschenbroek*, ayant fait depuis de nouvelles expériences, reconnut que la grandeur des surfaces doit
entrer dans le calcul des frottements, parceque la résistance augmente lorsque les surfaces sont plus grandes, quoique le poids ou la
pression soient les mêmes.

Cette découverte est très postérieure aux travaux d'*Amontons*. Ce Méchanicien mourut
dans la persuasion que les principes qu'il avoit
établis sur les frottements étoient solides. Il
s'étoit occupé d'un autre point de Méchanique, qui a un rapport aux frottements. Il s'a-
gissoit de connoître la résistance que la roideur
des corps oppose au mouvement. C'étoit encore
une matiere sur laquelle aucun Méchanicien
ne s'étoit exercé. *Amontons* éprouva plusieurs
cordes, & trouva que la difficulté de plier une
corde de la même épaisseur & chargée du même
poids, décroît lorsque le diametre du rouleau
augmente ; mais qu'elle ne décroît pas autant

V

que ce diametre augmente. Il se trompoit. Suivant les expériences du Docteur *Desaguliers*, cette difficulté de plier une corde autour d'un rouleau est en raison inverse du diametre du rouleau : ce qui signifie qu'elle est d'autant plus grande que le diametre est petit.

La Société civile profita de tous ces travaux & de cette découverte. Elle conçut par-là une estime singuliere pour les Méchaniciens. L'estime publique est l'objet de l'ambition de tous les grands hommes. Il en existoit un, contemporain d'*Amontons*, nommé *Borelli*, qui, jaloux d'avoir part à cette estime, voulut la mériter par une production digne de l'attention de tout le genre-humain. A cet effet, il forma le dessein de connoître par les loix de la Méchanique les moyens que l'homme & les animaux ont de mouvoir leurs membres par l'action des muscles. L'anatomie apprend que le corps d'un animal est construit avec de telles proportions, qu'on y voit différentes applications des puissances, qui se soutiennent pour mouvoir les membres, qui agissent souvent de concert dans un même tems, qui se succedent quelquefois l'une à l'autre pour changer de direction, & qui, suivant les circonstances, font effort l'une contre l'autre pour arrêter le mouvement. Il résulta de-là une machine merveilleuse, dont *Borelli* voulut connoître l'artifice. Ce Savant étoit Clerc régulier des Ecoles pies. Il étoit né à Messine en 1608. Doué d'une aptitude particuliere pour les Sciences, il avoit fait des progrès considérables dans la Géométrie. Avec ce puissant secours, il se crut en état de soumettre au calcul les efforts des muscles.

Il composa un Ouvrage, qui parut à Rome en 1681, sous ce titre : *De motu animalium*, dans lequel il fait voir, 1°. Que la puissance absolue de chaque animal est nécessairement plus grande que le poids du membre, qui y est suspendu. 2°. Que la force absolue des deux muscles qui bandent le coude, qu'on nomme *Biceps & Brachiaus*, est plus grande que vingt fois le poids qu'ils soutiennent, lorsque le bras est dans une situation renversée & horisontale, & qu'elle surpasse la force d'un poids de 1560 livres ; car le muscle *Biceps* équivaut à 300 livres, & la force du *Brachiaus* est de 260 livres. 3°. Que la force des muscles, qui font mouvoir la partie inférieure du corps de l'homme agissent avec une force égale à 524 livres, quoique leur poids ne soit que d'une livre, &c. C'est ainsi que *Borelli* évalue tous les efforts que peut faire l'homme par le jeu de ses membres. Il est capable de produire des choses extraordinaires, quand il sait en tirer parti : on en jugera par quelques exemples.

Le Docteur *Desaguliers*, qui a commenté les principales propositions de *Borelli*, dans son *Cours de Physique expérimentale*, a vu les tours suivans : Un homme s'asseyoit sur une planche un peu inclinée en arriere, appuyoit ses pieds contre un appui immobile, en tendant bien ses jambes, & entouroit ses hanches d'une forte ceinture où tenoit un anneau de fer auquel une corde étoit attachée. Cette corde qu'il tenoit dans ses mains passoit entre ses jambes, & sortoit par un trou pratiqué dans l'appui. En cet état deux chevaux ne pouvoient tirer cet homme de sa place. Ce même homme

arrêtoit enfuite une corde à l'extrémité d'un poteau bien fort, & l'ayant enfuite paffée dans
un anneau de fer fixé au milieu du poteau,
il appuyoit fes pieds contre le poteau pour
s'élever de terre par le moyen de cette corde.
Parvenu à l'anneau, il rompoit la corde en ouvrant fubitement fes jambes, & tomboit en
arriere fur un lit de plume placé à terre pour le
recevoir.

Dans la théorie de *Borelli*, il eft aifé de rendre raifon de ces efforts furprenants. Lorfque
deux chevaux tiroient la corde pour faire fortir de fa place cet homme fitué comme je viens
de le dire, fes mufcles étoient occupés à fe
balancer les uns les autres ; je veux dire que
les mufcles antagoniftes, les *Extenfeurs* & les
Fléchiffeurs n'avoient d'autre action que de contenir les os dans leur place ; ce qui les faifoit
réfifter de même qu'un os entier formé en arc.
Les extrémités étoient foutenues par les jambes & les cuiffes. L'effort des chevaux ne pouvoit faire aucun mal à ces membres, parceque cet effort étoit dirigé contre le centre du
mouvement ; & il eft démontré qu'une puiffance n'a aucun effet fur un levier, quand elle
agit felon cette direction.

Le fecond tour s'explique encore plus aifément. Pour le comprendre, il fuffit d'obferver
que celui qui le fait a foin de prendre la corde
fort courte, avant que de grimper au haut du
poteau pour placer fes pieds contre l'anneau,
qui y eft attaché. Son corps eft fitué par-là de
maniere que fes talons font bas, pendant que
fes genoux font droits & élevés, & que la longueur de fes jambes & de fes cuiffes eft plus

grande que celle de la corde & de la ceinture prifes enfemble. Mais quand l'homme plie fes genoux, il faut que la corde s'étende, ou qu'elle rompe : & comme le premier cas ne peut avoir lieu, c'eft le fecond qui arrive néceffairement.

On rend encore raifon par la théorie de *Borelli* de ces efforts extraordinaires qui dépendent uniquement de la conftitution propre du corps humain, tels que ceux qui, au rapport de *Defaguliers*, ont étonné toute l'Angleterre. Un homme, par la feule force de fes doigts, rouloit un grand plat d'étain, qui étoit très épais : il brifoit le fourneau d'une pipe, entre fon premier & fon fecond doigt : il élevoit, avec fes dents, une table longue de fix pieds, à l'extrémité de laquelle étoit attaché un poids de cinquante livres, &c.

Tous les Méchaniciens goûtoient des fatisfactions infinies, en confidérant ainfi les forces des animaux en général, & celles de l'homme en particulier. Ils calculoient avec plaifir les forces des uns & des autres, lorfqu'un Savant vint troubler leur joie, par une queftion fur l'eftimation de la force. On croyoit alors que la force étoit proportionnelle à la viteffe. Ce Savant prétendit qu'elle ne l'étoit qu'au quarré de la viteffe. C'eft le célebre *Leibnitz*. Son nom & fes raifons donnerent un cours rapide à cette opinion. Elle eût prefque en naiffant des Partifans & des Critiques dans tout l'Univers. Elle fut adoptée fur-le-champ en Allemagne, reçue favorablement en Italie, examinée en France, & abfolument méprifée en Angleterre. Les Savans de Londres n'aimoient pas *Leibnitz*, par-

1700.

V iij

cequ'il vouloit partager avec *Newton* l'invention du calcul différentiel. Ce n'étoit pas-là fans doute un motif raifonnable pour manquer d'égards au fentiment de ce grand homme, qui méritoit toutes fortes d'attentions. La maniere même dont il étoit préfenté étoit très féduifante. Voici en en effet comme il expofoit la chofe.

Dans la force d'un corps, il faut diftinguer deux efforts : celui qu'un corps fait lorfqu'il preffe un obftacle, & celui qu'il produit lorfqu'il fe meut. *Leibnitz* appelle le premier effort *Force morte*, & *Force vive* le fecond, qui provient de fon mouvement. La mefure de la premiere, eft le produit de la maffe par la vîteffe initiale, c'eft-à-dire par la vîteffe infiniment petite, que la pefanteur lui communique à chaque inftant infiniment petit. Ainfi un corps, qui en preffe un autre par fon poids, communique à ce dernier une vîteffe infiniment petite : c'eft l'effet de la preffion.

Il n'en eft pas de même d'un corps en mouvement. Tout corps qui tombe, acquiert en tombant des dégrés de vîteffe, qui font comme les tems, tandis que les hauteurs & les efpaces parcourus font comme les quarrés des tems & des vîteffes. Or les forces fe mefurent, dit *Leibnitz*, par l'efpace parcouru, & cet efpace eft comme le quarré de la vîteffe : donc les forces des corps en mouvement font comme le quarré des vîteffes.

À ce raifonnement, on a joint plufieurs expériences, qui ont paru le confirmer. Cependant les Mathématiciens habiles veulent que ce foient des illufions. Ce qu'il y a de certain, c'eft

que M. *de Mairan*, a formé contre cette doctrine des objections très fortes : il a même prouvé que la force des corps est dans tout le cas le
produit de la masse par la vîtesse. Les Anglois
ne doutent point que cela ne soit. Il faut cependant que toutes ces preuves ne soient pas
des démonstrations ; car le grand *Bernoulli* est
mort dans la persuasion que le sentiment de
Leibnitz est vrai. Il y a ici quelque mal entendu. C'est aussi ce que pensent les Méchaniciens de nos jours. L'équivoque vient, selon
eux, du mot *force*, auquel les deux Partis donnent un sens particulier.

Dans la chaleur de cette contestation, les
Mathématiciens résolurent plusieurs problêmes
difficiles sur le choc des corps, sur les centres
d'oscillation & de rotation, sur les loix du mouvement d'un systême de plusieurs corps. D'un
autre côté, des Machinistes inventoient des
Machines ingénieuses, qui, quoique construi-
tes sans principes, contribuoient cependant aux
progrès de la Méchanique, par les idées nouvelles qu'elles presentoient. Ces Machines sont
sans nombre, & leur mérite principal consiste
ou dans la délicatesse du travail, ou dans un
usage bien entendu de ressorts, de poids, de
roues, &c. On a vu au commencement de cette
Histoire de la Méchanique, que les Anciens
étoient assez adroits dans l'invention de ces
Machines, & que c'est de-là que cette Science
a pris naissance. Il convient donc de donner
une idée de l'habileté des Modernes dans ce
genre, afin de réunir ici ce qu'on a produit de
plus curieux.

Pour l'usage des ressorts, on n'a rien vu de

plus surprenant que cet Automate. C'étoit un Berger de bois, qui jouoit plusieurs airs sur une musette, ayant les mouvements des doigts. Autour de ce Berger, étoient rangés des Bergers & des Bergeres de bois, qui dansoient au son de la musette des danses figurées. On connoît la tête de bois d'*Albert* le Grand, qui parloit & chantoit comme une personne. Elle fit l'admiration de tout Paris dans le dernier siecle. Et dans celui ci le célebre M. *Vaucanson* a inventé des Automates qui n'ont pas moins mérité les plus grands éloges. C'est un Flûteur, un Provençal jouant du Tambourin & d'une espece de Fifre, & un Canard de métal, qui mangeoit, digére & fait tous les mouvemens d'un Canard naturel.

Les Machines où la délicatesse du travail brille principalement, ne font pas moins ingénieuses que celles-là : on en jugera par quelques exemples choisis.

M. *Camus*, que je viens de citer, décrit dans son *Traité des Forces mouvantes*, une Machine fort curieuse de son invention. Il imagina pour l'amusement de *Louis* XIV, lorsqu'il n'étoit encore que Dauphin, il imagina, dis-je, un petit carrosse qui marchoit tout seul, parcouroit un espace donné, s'arrêtoit & reprenoit son train ordinaire jusqu'au lieu proposé. Voici la description infiniment piquante, qu'a donné l'Auteur lui-même de ce chef-d'œuvre de Méchanique.

L'espace ou le chemin donné, que le carrosse devoit parcourir, étoit la table du Conseil du Roi, à Versailles, longue de sept pieds quatre pouces, & large de trois & demi. On

plaça le carroffe à l'extrémité de la table oppo-
fée à celle où étoit le fauteuil du Roi. Dans
l'inftant le carroffe partit. Les chevaux plierent
les jambes, les leverent & marcherent comme
des chevaux vivans. Arrivé au bout de la table,
le cocher, qui tenoit les rênes des chevaux,
les tira pour les faire tourner. Le carroffe parcourut ainfi la longueur de la table une feconde
fois ; mais ayant retourné, le cocher fit paffer
le carroffe entre l'écritoire du Roi & le papier qui étoit fur la table. Il fe trouva là placé précifément devant le Roi, & il s'y arrêta.

Alors un laquais, qui étoit derriere le carroffe, fauta en bas. Un petit page, habillé en
huffard, fe leva, courut à la portiere, & l'ouvrit. Une petite Dame, qui étoit dans le carroffe, defcendit, s'avança vers le Roi, lui fit
une profonde révérence, & préfenta un placet
d'une maniere également naturelle & gra-
cieufe. Elle attendit un peu, comme pour favoir la réponfe. Pendant ce tems-là le petit
page badinoit avec la portiere, en la fermant &
l'ouvrant alternativement. Cependant la Dame
fit une feconde révérence au Roi, rentra dans
fon carroffe, en fe tournant un peu de côté
pour ne pas perdre le Roi de vue, & s'affit fur
le couffin. Le huffard referma auffi-tôt la portiere, remonta fur fa foupente, & fe coucha
comme auparavant. Il étoit à peine couché,
que le cocher donna un coup de fouet, & les
chevaux reprirent leur train. Le laquais courut après le carroffe, & fauta derriere avec
beaucoup d'agilité. Les chevaux fe détourne-
rent une troifieme fois au coin de la table, en

firent encore le tour, toujours guidés par le cocher, qui les fouettoit de tems en tems. Enfin le carrosse s'arrêta de lui-même au même endroit d'où il étoit parti, comme s'il rentroit dans sa cour, ou dans la remise, après avoir fait sa course.

Tous ces mouvements sont produits par des ressorts, des roues, des volants, des détentes &c. fort délicats. C'est ce qu'il y a de plus difficile à faire. Il faut beaucoup de dextérité & de soins à ce travail. Malgré cette difficulté, des ouvriers, en s'y exerçant, sont parvenus à faire des ouvrages d'une délicatesse infinie & presque inconcevable. Un Horloger d'Angleterre, nommé *Boverick*, avoit fait une chaise d'Yvoire, à quatre roues, avec toutes ses appartenances, dans laquelle un homme étoit assis. Elle étoit si petite & si legere, qu'une mouche la traînoit aisément. La chaise & la mouche ne pesoient qu'un grain. Le même ouvrier construisit une table à quadrille avec son tiroir, une table à manger, un buffet, un miroir, douze chaises à dossier, six plats, une douzaine de couteaux, autant de fourchettes & de cuillers, deux salieres, avec un Cavalier, une Dame & un Laquais, & tout cela étoit si petit qu'il entroit dans un noyau de cerise, dont il n'occupoit encore que la moitié. La chose ne paroît pas croyable; mais *Baker*, Savant très respectable, dit l'avoir vu (a). On lit aussi dans un des Journaux d'Allemagne, un fait pour le moins aussi extraordinaire : c'est qu'un Ouvrier nommé *Oswald Nerlinger* a fait une coupe

(a) Voyez le *Microscope à la portée de tout le monde*, pag. 328.

d'un grain de poivre, qui en contient douze cens autres plus petites, toutes tournées en yvoire, dont chacune est dorée au bord & se tient sur son pied.

Voilà des chefs-d'œuvres de Méchanique. C'est à quoi se réduisent les plus belles choses que les Machinistes aient produites jusques ici. On a vu celles qu'ont imaginées les Méchaniciens. Les travaux des uns des autres, & leurs inventions forment toute l'histoire de la Méchanique. Cette science peut recevoir encore de nouveaux accroissements, quoique ses principes soient assez approfondis ; mais l'application de la théorie à la pratique est susceptible d'une très grande variété. Il reste aussi un problême à résoudre, qui est l'écueil des Méchaniciens & des Machinistes ; c'est de trouver le Mouvement perpétuel. On a fait des efforts infinis pour résoudre ce problême, & on y a perdu son tems, ses peines & ses dépenses. Cela devoit être ; car pour avoir le Mouvement perpétuel, il faut trouver un corps exempt de frottement, doué d'une force infinie, qui lui fasse surmonter les résistances qu'elle éprouve & qui sont répétées à chaque instant, de maniere que ces résistances ne l'épuisent jamais : deux difficultés qui rendent le problême presque insoluble.

HISTOIRE
DE
L'HYDRAULIQUE.

IL y a apparence qu'on doit aux Egyptiens l'Hydraulique, c'eft-à-dire la fcience du mouvement des eaux. L'eau qui inondoit leurs prairies par le débordement du Nil, les incommodoit fi fouvent, qu'ils durent chercher des moyens & pour lui faciliter un écoulement, & pour l'enlever en la puifant. On ignore quels étoient ces moyens ; mais on leur attribue une machine ingénieufe formée d'un cilindre, autour duquel tournoit, foit en dedans, foit en dehors, un tuyau en vis, & qui puifoit l'eau & l'élevoit lorfqu'on tournoit le cilindre. Cette machine eft connue fous le nom de *Vis d'Archimede*, parcequ'on prétend qu'elle a été inventée par *Archimede*, lorfqu'il étoit en Egypte. La préfomption eft pour lui. Ce grand homme découvrit peu de tems après les principes de cette partie de l'Hydraulique ; qu'on appelle *Hydroftatique*, laquelle a pour objet l'équilibre de l'eau, & fon action fur les corps qui y font plongés. Ce qui donna lieu à cette découverte, c'eft la priere que *Hieron*, Roi de Syracufe, fit à *Archimede*, de chercher un moyen par lequel il pût connoître combien d'alliage il y avoit dans une couronne d'or qu'il avoit fait faire.

250 ans avant J. C.

Hieron avoit donné l'or au poids à l'Orfe-
vre chargé de ce travail. Celui-ci avoit exécuté
l'ordre du Roi , & avoit rendu à Sa Majesté une
couronne du poids de l'or qu'il en avoit reçu.
Cependant en éprouvant l'or avec la pierre de
touche, on reconnut qu'il y avoit de l'argent
mêlé avec ce métal, & par conséquent que l'Or-
fevre avoit volé une partie de celui qu'on lui
avoit remis. *Hieron* frappé de ce larcin, voulut
convaincre l'Ouvrier de sa friponnerie ; &
comme la couronne étoit travaillée avec beaucoup d'art, il demanda à *Archimede* s'il ne seroit pas possible de découvrir la quantité de
l'alliage, sans gâter la couronne. Le problême
parut d'une très grande difficulté. Quoique ce
grand homme fût doué d'une sagacité extraordinaire, il desesperoit d'en trouver la solution,
lorsque le hasard le favorisa.

Un jour en se baignant , il remarqua qu'à
mesure qu'il entroit dans le bain , l'eau mon-
toit par dessus les bords. Cette simple remarque lui présenta la solution du problême.
Transporté de joie il sortit du bain, & sans
faire attention à l'état où il étoit , il courut
chez lui , en criant : *Je l'ai trouvé , je l'ai
trouvé.* En effet , il conclut que les corps de
différents volumes devoient déplacer une quantité d'eau relative à leur volume. Si la Couronne est d'or pur, elle déplacera, dit-il, un
volume d'eau égal à une pareille quantité d'or.
Si , au contraire, il y a de l'argent, elle déplacera une plus grande quantité d'eau , parceque l'argent a un plus grand volume que
l'or.

Cette vérité étant bien reconnue , *Archi-*

mede ne fongea plus qu'à déterminer la quantité d'argent que contenoit la couronne du Roi. A cet effet, il fit un alliage d'or & d'argent de même poids & de même volume que la couronne, volume qu'il connut par le même déplacement d'eau.

Cette découverte fut le germe de la fcience de l'équilibre des liquides. En l'approfondiffant, *Archimede* trouva les principes de cette fcience. Il établit d'abord cette vérité : Un corps plongé dans un liquide, déplace un volume d'eau égal à fon poids. De là il conclut qu'un corps plongé dans l'eau, & plus leger que l'eau, y furnage ; qu'il y demeure entierement plongé, s'il eft de même pefanteur fpécifique ; qu'il tombe au fond de l'eau, s'il eft plus pefant, & que dans ces deux cas il perd un poids égal à celui du volume d'eau qu'il déplace. Il publia toutes ces vérités dans un Ouvrage intitulé : *De incidentibus in fluido*.

A la fin du fiecle fuivant, deux Méchaniciens s'appliquerent à l'étude de l'Hydraulique: ils fe nommoient *Ctefibius & Heron*. J'en ai parlé dans l'Hiftoire de la Méchanique. Ils imaginerent plufieurs Machines : c'étoient des Orgues & des Automates que l'eau faifoit mouvoir. *Ctefibius* fut cependant affez heureux pour découvrir quelque chofe de plus utile. Il inventa une pompe, c'eft-à-dire une machine hydraulique compofée de deux tuyaux & d'un pifton, qui, par fon mouvement, fit monter l'eau dans un des tuyaux. *Heron* s'immortalifa auffi par une très jolie invention. Il fit une fontaine qui agit par la compreffion de l'air. Elle eft compofée de deux Globes, d'un baffin & de

180 ans
avant J. C.

deux tuyaux. Par l'un des tuyaux, on met de l'eau dans un de ces globes ; & par l'autre on remplit d'eau l'autre globe. Cette eau chasse ainsi l'air qui est dans ce globe, & cet air passe dans le second globe, & s'y comprime. En s'y comprimant, elle presse l'eau qui y est contenue, & l'oblige à rejaillir, ce qui forme la fontaine.

On fit beaucoup d'accueil à cette invention ; mais on estima particulierement la pompe de *Ctesibius.* Tout ce qui est d'une utilité sensible, touche bien davantage que les productions les plus ingénieuses. Les Romains ne tarderent pas à faire usage de cette machine, lorsqu'ils voulurent ammener dans Rome les eaux des sources éloignées. Ce fut le Roi *Ancus Marcus* qui forma cette premiere entreprise, & il l'exécuta avec une magnificence qu'on n'auroit pas dû attendre d'un essai. Il voulut conduire à Rome les eaux de la fontaine *Piconia.* A cette fin, il fit percer des montagnes, fit faire des voûtes d'une construction admirable, & par le moyen de plusieurs aqueducs d'une hauteur très considérable, il soutint l'eau au-dessus des vallées les plus profondes.

Ce succès enhardit les Romains à oser davantage. Ils construisirent d'autres aqueducs par le moyen desquels on vint à bout de faire venir à Rome plus de cinq millions de muids d'eau en vingt-quatre heures, qui étoient reçus dans de grands bassins clos & couverts. De-là cette eau étoit dispersée dans la Ville par des tuyaux souterrains. Sous *Auguste*, *Marcus Aggrippa*, Edile, ayant eu la charge de la conduite des eaux, voulut rendre encore l'eau plus abon-

dante dans Rome. Il fit faire fept cens réfer-
voirs, cent trente châteaux d'eau, & cent cinquante pompes magnifiquement décorées.

Tous ces travaux dont les Romains s'occuperent pendant long-tems, faifoient bien l'é-
loge de leur magnificence, de leur amour du
bien public, & de leur capacité dans l'Architecture ; mais ils ne contribuoient point aux
progrès de l'Hydraulique. Cette fcience fut
même négligée pendant une longue fuite de
fiecles. Jufqu'à 1500, aucun Mathématicien
ne fongea à fuivre la théorie d'*Archimede* fur
l'Hydroftatique. On croyoit qu'il n'y avoit rien
à ajouter à cette théorie, & on ne penfoit pas
que l'Hydraulique méritât une attention particuliere : c'étoit une double erreur. *Stevin* fit
voir qu'il reftoit encore à réfoudre quelques
problêmes importants d'Hydroftatique.

Il détermina d'abord la preffion de l'eau fur
une furface horifontale, en démontrant qu'elle
eft comme le produit de la bafe par la hauteur.
Il voulut enfuite connoître la preffion verticale,
& il trouva quelle eft la quantité & le centre
de l'équilibre de cette preffion. Il découvrit
après cela cette vérité furprenante : c'eft que
l'eau renfermée dans un vafe plus étroit par en
haut, que par fa partie inférieure, exerce contre le fond le même effort que fi ce vafe étoit
d'une grandeur uniforme.

Galilée écrivit auffi fur l'Hydroftatique, &
éclaircit plufieurs queftions qu'*Archimede* &
Stevin avoient réfolues, ou voulu réfoudre. Mais
il s'en tint là. La mefure du mouvement des
eaux courantes, qui eft l'Hydraulique proprement dite, étoit encore un objet bien digne de
l'attention

1500 ans
après J. C.

1680.

l'attention de ce grand Mathématicien & de
ses Prédéceffeurs ; cependant cette mefure ne
frappa perfonne : il fallut que la néceffité obli-
geât les Méchaniciens à étudier cette matiere.

Il y avoit long-tems que les dommages cau-
fés par les cours des Fleuves faifoient naître en
Italie des conteftations fréquentes, *Urbain* VIII
défira mettre fin à ces conteftations. Dans cette
vue il chargea *Benoît Caftelli*, Moine du Mont-
Caffin, Difciple de *Galilée*, & Profeffeur de
Mathématiques à Rome ; il chargea, dis-je,
Caftelli de chercher des moyens de déterminer,
s'il étoit poffible, les effets que l'eau trop ac-
cumulée pouvoit produire par fon choc, afin
de remédier aux dommages dont on fe plaignoit. C'eft ce que fit *Caftelli*. Il imagina des
expériences pour connoître la vîteffe des eaux
courantes, & pour évaluer l'effort de leur choc.
Il mit ces expériences en ordre & en forma une
théorie, qu'il publia fous ce titre : *Della mifura*
dell'acque correnti. Le célebre *Toricelli*, qui
étudioit fous lui, s'appliqua auffi à l'Hydraulique. Ce fut après avoir fait une étude particuliere de la Méchanique, qu'il ofa rechercher
un principe auquel on pût réduire toute la
fcience du mouvement des eaux. Ce qui l'engagea à cette recherche, c'eft la découverte
heureufe de ce principe fécond en Méchanique : Si le centre commun de deux poids liés
enfemble, ne hauffe ni ne baiffe, ils feront en
équilibre dans quelque fituation qu'ils foient.
Comme il vouloit donner une nouvelle théorie
de l'Hydraulique, il lui falloit un principe qui
pût lui fervir de fondement, & il crut l'avoir

X

trouvé en établissant celui-ci : L'eau qui s'é-
coule par une ouverture faite à un vase, en sort
avec une vîtesse égale à celle d'un corps qui seroit tombé de la hauteur du niveau de l'eau au-
dessus de cette ouverture. Ce principe lui parut très vrai, parceque quand l'eau est rame-
née dans le sens vertical par un tuyau adap-
té à cette ouverture, elle monte à la même
hauteur où elle étoit lorsqu'elle commençoit à
s'écouler du vase. C'étoit cependant là une illusion, car l'eau qui jaillit verticalement, ne
parvient à cette hauteur que dans un seul cas.

Dans le même-tems, le célebre *Pascal* composa un petit *Traité de l'équilibre des Liqueurs*,
fondé sur un principe de Méchanique, semblable à celui de *Toricelli*, qu'il avoit découvert lui-même. Ce principe est que les poids
inégaux qui se trouvent en équilibre dans des
machines, sont tellement disposés par la construction de ces machines, que leur centre commun de gravité ne sauroit jamais descendre,
quelle que soit la situation qu'ils prennent.

De là il conclut qu'un vaisseau étant plein
d'eau, s'il a des ouvertures, & des forces à ces
ouvertures qui leur soient proportionnées, ces
forces seront en équilibre. C'est-là le fondement & la raison de l'équilibre des liqueurs.
Ainsi si un vaisseau plein d'eau fermé de toutes
parts a deux ouvertures, l'une centuple de
l'autre, & qu'on mette à chacune un piston qui
soit juste à ces ouvertures, un homme qui pous-
fera le petit piston, égalera la force de cent
hommes qui pousseront l'autre piston, qui est
cent fois plus large. En effet, l'eau est également
pressée sous ces deux pistons ; car si l'un a cent

fois plus de poids que l'autre, auſſi a-t il cent fois plus de parties d'eau à déplacer; de ſorte que la réſiſtance eſt proportionnelle à la grandeur des piſtons, qui le ſont eux-mêmes aux ouvertures. Ces vérités ſervirent à démontrer que les liqueurs peſent ſuivant leur hauteur. Il fut aiſé après cela de donner des regles ſur la ſtabilité des corps dans l'eau, & de former une théorie exacte de l'Hydroſtatique.

Paſcal faiſoit cela en France : il étoit en quelque ſorte ſecondé dans ſes vues de perfectionner l'Hydraulique, par un Mathématicien habile, lequel travailloit à ſoumettre le mouvement des eaux à de nouvelles loix. C'eſt *Guglielmini*, né à Boulogne le 2 - Septembre 1655. Il établit deux principes, ſur leſquels il forma une théorie aſſez étendue d'Hydraulique. Le premier principe, eſt que la vîteſſe de l'eau qui coule par un canal incliné, eſt égale à celle que l'eau acquerroit en s'écoulant d'un vaſe percé par un trou autant éloigné de la ſurface de l'eau que ce vaſe contiendroit, que la ſection horiſontale du Canal s'écarteroit du lit de l'eau qui s'en écoule. Le ſecond principe eſt que la réſiſtance d'un corps qui ſe meut dans l'eau dans la direction de ſon axe, eſt égale au poids d'un cilindre d'eau qui auroit pour baſe celle du corps, & pour hauteur celle qu'il auroit fallu à l'eau pour acquérir la vîteſſe avec laquelle elle choque le corps. *Dionis Papin* attaqua le premier principe, & le ruina. Le ſecond eſt très vrai. Il eſt très utile pour évaluer l'effort de l'eau ſur des machines : auſſi les connoiſſances qu'il procura à *Guglielmini* enrichirent beaucoup l'ouvrage qu'il compoſa fur la mefure des eaux courantes. Cet Ouvrage parut fous ce titre : *De aquarum fluentium menfura*. Il fut accueilli comme il méritoit de l'être ; mais il ne fut point fi eftimé que le livre de *Pafcal* fur l'équilibre des liqueurs. Celui-ci fixa l'attention de tous les Mathématiciens qui avoient à cœur la perfection de l'Hydraulique. On vérifia fes expériences & fes principes par de nouvelles expériences, & cette vérification fit éclore plufieurs belles découvertes.

Mariotte fe diftingua fur-tout dans cette étude. Sa dextérité à faire des expériences lui procura tant de connoiffances, qu'il réfolut de faire un cours d'Hydraulique. A cette fin, après avoir expofé la propriété des corps fluides, il donna des regles pour mefurer les eaux courantes & jailliffantes ; détermina la hauteur des jets d'eau, & enfeigna l'art de conduire les eaux & de former des tuyaux propres à cette conduite. Cette production eft extrêmement riche en faits. Les expériences font abondantes ; & la matiere bien analyfée fournit des fujets très piquans. Par exemple, il évalua la quantité de l'eau de la riviere de Seine, lorfqu'elle eft à fa hauteur ordinaire. Cette évaluation donne ce curieux réfultat. Il paffe par une fection du lit de la riviere de Seine, au-deffus du Pont-Royal, deux cent mille pieds cubes d'eau en une minute, cent vingt millions en une heure, & deux milliards, huit cent quatre-vingt millions en vingt-quatre heures.

Ce Mathématicien découvrit encore des regles pour calculer le choc de l'eau, & donna une belle théorie des jets d'eau.

Pendant ce tems-là *Wallis* & *Newton* foumettoient à des loix la réſiſtance des milieux au mouvement des ſolides. Cette réſiſtance eſt différente ſuivant la figure des ſolides ; ce qui donne une infinité de cas. Pour ſe fixer dans cette recherche, *Newton* détermina la réſiſtance d'un globe mû dans un fluide, & la compara avec celle d'un cilindre de même baſe, mû avec la même vîteſſe dans la direction de ſon axe ; & il trouva que le cilindre éprouve une réſiſtance double de celle du premier. Il donna ainſi une maniere générale de connoître la réſiſtance qu'éprouvent les corps de figures différentes. A cette occaſion ce grand homme réſolut deux problêmes très difficiles, qui ont exercé depuis tous les grands Mathématiciens. Le premier conſiſte à déterminer la figure d'un ſolide, qui, étant mû dans l'eau ſuivant la direction de ſon axe, y éprouve la moindre réſiſtance poſſible. Il s'agit dans le ſecond de tracer la route que ſuit une colonne d'eau qui ſort d'un vaſe cilindrique percé à ſon fond. Ce problême eſt connu ſous le nom de *la Cataracte de Newton.*

L'Hydraulique fut établie par-là ſur des principes & des regles propres à réſoudre les différents problêmes qui pouvoient naître du mouvement des eaux. La théorie de cette ſcience prit donc une forme. Ce fut l'ouvrage des Méchaniciens. Les Machiniſtes voulurent auſſi concourir à ſa perfection, comme ils avoient contribué aux progrès de la Méchanique. A cette fin, ils imaginerent différentes machines pour élever les eaux & pour les conduire.

Nous ne connoiſſons des Anciens d'autre machine pour élever l'eau, que le *Tympan.*

C'étoit une grande roue creuse qui formoit un tambour divisé en huit cellules, dans lesquelles l'eau entroit lorsqu'on la tournoit, & se vuidoit de même. Cette machine a le défaut d'élever l'eau dans la situation la plus désavantageuse qu'il soit possible, le poids de l'eau se trouvant toujours à l'extrémité du rayon. On a paré depuis à cet inconvénient; mais elle en a un autre qu'il n'est pas possible d'éviter : c'est qu'elle n'éleve l'eau qu'à une hauteur égale à celle de son rayon.

On n'eût cependant pas, jusqu'au seizieme siecle, d'autre machine pour l'épuisement des eaux. Vers la fin de ce siecle, M. *Francini*, Gentilhomme François, en inventa une fort simple, bien supérieure à celle-là. Elle est composée de godets enfilés dans une chaîne, dont les deux bouts sont joints, & qui est suspendue sur un tambour.

Le mouvement du tambour, dans le sens circulaire, fait monter & descendre les godets. En descendant ils puisent l'eau, & en montant ils la vuident. On appelle cette machine un *Chapelet*, parcequ'elle ressemble à un chapelet. Elle a été exécutée en 1685. C'est une des plus heureuses & des plus simples inventions qui aient été imaginées pour l'épuisement des eaux. Quatre manœuvres appliqués à un chapelet, enlevent par heure deux mille sept cent quatrevingt pieds cubes d'eau, à huit pieds de hauteur.

Pendant qu'on admiroit à Paris la Machine Hydraulique de *Francini*, un Machiniste construisoit à Marly uue Machine, qu'on a regardée comme une huitieme merveille du monde.

s'appelloit *Rannéquin*, & étoit né à Liege. Il s'agissoit de donner de l'eau à Marly & à Versailles, & il falloit pour cela faire monter l'eau au sommet d'une montagne élevée de cinq cents deux pieds au-dessus du lit de la riviere. C'est à quoi parvint *Rannéquin*, par une invention dont le projet dans l'exécution étoit effrayant. Cette invention consiste en une Machine composée de quatorze roues, qui ont toutes pour objet de faire agir des pompes qui forcent l'eau à se rendre sur une tour élevée au sommet de cette montagne. Ces roues garnies de vannes, sont mises en mouvement par une chûte d'eau de trois pieds, qui vient de la riviere de Seine. En tournant, elles font monter l'eau par un tuyau à cent cinquante pieds de hauteur, dans un puisard éloigné de la riviere de cent toises, & en même-tems elles mettent en mouvement des balanciers qui font agir des pompes refoulantes placées près des puisards. Dans le premier puisard, il y a d'autres pompes qui reprennent l'eau qui y a été portée par les premieres pompes, & la font monter par un tuyau dans un second puisard élevé au-dessus du premier de cent soixante-quinze pieds, & éloigné de cent trente-quatre toises de la riviere. De-là cette eau est reprise par de nouvelles pompes (que les roues en tournant font toujours mouvoir par des balanciers), & elle est portée sur la platte-forme de la tour située au sommet de la montagne, élevée au-dessus du puisard de cent soixante-dix-sept pieds, & de cinq cents deux au-dessus de la riviere, comme je l'ai déja dit, & éloignée de six cents quatorze toises des roues. De là l'eau

X iv

coule naturellement, en suivant sa pente, sur
un acqueduc qui la conduit dans de grands
réservoirs, qui la distribuent où l'on veut.

Cette Machine donne cinq mille deux cents
cinquante-huit tonneaux d'eau en vingt-quatre
heures. Elle occupa soixante ouvriers ou environ. On dit qu'elle a coûté plus de huit millions. Elle commença à agir en 1682.

Dans ce tems-là paroissoit, depuis 1663,
un livre intitulé : *Centuries d'inventions*, composé par le Marquis *de Worcester*, qui contenoit plusieurs projets, parmi lesquels on
trouvoit l'idée d'une Machine pour élever l'eau
par la force du feu, & pour changer l'eau en
vapeurs, afin de presser de grandes quantités
d'eau froide. En 1686, *Papin* publia un Ouvrage, qui avoit pour objet une *Nouvelle maniere d'élever l'eau par le feu* : c'est le titre de
l'Ouvrage. *Leibnitz* eut aussi le même projet en
tête. En France, *Amontons* chercha encore à
élever l'eau par le moyen du feu. Mais *Saveri*,
en Angleterre, après avoir fait plusieurs expériences, imagina une Machine à feu extrêmement ingénieuse, qui réalisa toutes ses vues.
Le Docteur *Desaguliers* prétend que ce Savant
a profité du livre du Marquis *de Worcester*, &
que pour qu'on ne connût point combien il
lui étoit redevable, il avoit acheté tous les
exemplaires de ce livre, qu'il avoit brûlés en la
présence d'un de ses amis. *Saveri* ne convient
point de cela. Il nie d'abord le fait. Ensuite il
soutient qu'il a découvert le principe de sa Machine à feu, & voici comment :

Étant un jour chez un Traiteur, après avoir
bu une bouteille de vin, il mit, sans y faire

attention, la bouteille vuide sur le feu, afin de faire place à un bassin plein d'eau, qu'on lui avoit apporté pour se laver les mains. Quelques moments après il s'apperçût que le vin, qu'il avoit laissé au fond de la bouteille, s'étoit échauffé & s'étoit converti en vapeurs, qui remplissoient toute la capacité de la bouteille. Il s'avisa de la prendre par le goulot, & de la plonger dans le bassin. Dans l'instant l'eau monta dans la bouteille, & par-là il connut l'effet du feu pour élever l'eau.

Desaguliers ne veut pas que *Saveri* ait fait cette expérience. Il l'a répétée lui-même, & il a trouvé que l'eau monta dans la bouteille avec tant de promptitude, qu'elle la brisa avec violence entre ses mains : effet, dit-il, qui auroit dû arriver à *Saveri*. *Desaguliers* étoit un si habile homme, qu'on doit presque s'en tenir à ce qu'il avance. Cependant il semble que la raison ne soit pas ici pour lui. La bouteille ne creva pas entre les mains de *Saveri*, parcequ'elle ne s'étoit pas assez échauffée pour que l'eau montât avec une impétuosité capable de la faire casser. Si cela arriva entre les mains de *Desaguliers*, c'est que la bouteille étoit extrêmement chaude, tellement qu'il fût obligé de se servir d'un gant fort épais, pour ne pas se brûler en touchant au goulot : précaution que ne prit point *Saveri*. Au reste, cette expérience est fort peu de chose. Tout le monde sait que la pression de l'atmosphere fait monter l'eau dans tout vase dont l'air est plus dilaté que l'air extérieur ; & que cette ascension est d'autant plus prompte que cette dilatation est plus grande. Aussi *Saveri* en fit bien d'autres pour pouvoir conftruire fa Machine à feu , & ce ne fut que par des effais multipliés qu'il en vint à bout. Voici en effet ce que c'eft.

Au-deffus d'un fourneau allumé eft une chaudiere pleine d'eau , couverte d'un chapiteau qui eft percé , pour recevoir un cilindre ou corps de pompes de métal. A cette pompe communique un tuyau qui éjacule de l'eau froide , lorfque la machine joue. Le pifton eft attaché à un bras d'un balancier , à l'autre bras duquel font fufpendus des piftons de plufieurs pompes qui trempent dans l'eau. Lorfque l'eau de la chaudiere bout , elle remplit le chapiteau de vapeurs. On ouvre alors la communication de ce chapiteau au corps de pompe , pour y laiffer paffer la vapeur. A peine cette vapeur eft montée , que le tuyau qui communique au cilindre , y éjacule. Dans l'inftant toute la vapeur tombe dans la chaudiere. Il fe forme ainfi un vuide. Le poids de l'air preffe alors fur le pifton & le fait defcendre dans le cilindre. Par ce mouvement le bras du balancier auquel il eft attaché , baiffe , & l'autre bras s'éleve & fait jouer les pompes , en foulevant leurs piftons. Cette Machine donne quinze impulfions dans une minute , & fournit vingt-cinq pintes d'eau à chaque impulfion. Il faut pour cela qu'elle foit d'une certaine grandeur , & alors elle coûte beaucoup. Pour épargner la dépenfe , M. *Potter* a inventé une autre Machine à feu , beaucoup plus fimple que celle-là , qui éleve vingt-quatre mille feaux d'eau en vingt-quatre heures , & qui agit avec tant de force & de vîteffe , qu'elle fait l'ouvrage de cent chevaux.

Voilà les Machines hydrauliques les plus

considérables qui aient été inventées. On en a bien imaginé & même exécuté d'autres, mais elles se réduisent toutes à un assemblage de corps de pompe que fait jouer des roues mues par le choc d'une eau courante.

Telle est, par exemple, la Machine du Pont Notre-Dame, qui est composée de quatre équipages, lesquels comprennent chacun six corps de pompes accolés, dont trois aspirent l'eau, & les trois autres la refoulent. Des roues mues par le courant de la Seine font agir ces pompes. Telle est encore la Machine hydraulique du Pont-Neuf, à Paris, qu'on nomme la Samaritaine, & qui est composée de quatre corps de pompe, que fait jouer une roue mue par le courant de la Seine.

On trouve la description de ces Machines, dans un livre estimé de M. *Belidor*, intitulé : *Architecture Hydraulique, ou l'Art de conduire, d'élever & de ménager les Eaux pour les différents besoins de la vie* : l'un des plus curieux Ouvrages qui aient paru sur l'Hydraulique, & le meilleur que ce Mathématicien ait composé. Il s'en est occupé toute sa vie, & n'a rien négligé pour le rendre digne du suffrage du public. C'est un corps de doctrine qui comprend toute la théorie de l'Hydraulique, sans cesse appliquée à la pratique. Aussi M. *Belidor* lui doit il la réputation qu'il s'est acquise. C'étoit un homme extrêmement laborieux, qui a écrit avec clarté & avec soin. Il développe les Machines hydrauliques, qu'il décrit (& il décrit les plus belles qui aient été exécutées) dans de grandes planches dessinées & gravées avec autant de précision que de pro

preté. Il étoit l'un des Affociés libres de l'Académie Royale des Sciences, & il a été un des
premiers Profeſſeurs de Mathématiques des
Écoles d'Artillerie. Son zele & ſes études lui
valurent auſſi la place de Commiſſaire Provincial d'Artillerie; mais trop s'empreſſement
pour s'avancer, lui fit perdre ces deux poſ-
tes. Il fit quelques expériences ſur la charge des canons, & découvrit ou crut avoir découvert qu'au lieu de douze livres de poudre
pour chaque coup qu'on employoit ordinairement, on pouvoit n'en mettre que huit ſans
diminuer l'effet. Et comme le Roi gagnoit à
cette diminution, il voulut faire ſa cour au Cardinal *de Fleuri*, qui étoit premier Miniſtre,
en lui communiquant ſecrétement ſa découverte. Le Cardinal accueilloit favorablement
tous les projets d'œconomie. Il reçut doncbien
celui de *Belidor*. Il en parla même au Prince
de Dombes, Grand-Maître de l'Artillerie. Ce
Prince fut ſurpris d'apprendre qu'un Mathématicien qui travailloit ſous ſes ordres, & qu'il
combloit journellement de ſes bienfaits, ne ſe
fût point adreſſé à lui dans cette occaſion. Il lui
fit connoître dans l'inſtant ſon mécontente-
ment; le dépouilla de ſes places, & l'obligea
de quitter la Fere. M. *de Valiere*, Lieutenant
Général d'Artillerie, juſtifia la conduite du
Prince de Dombes, par un Mémoire qui fut
imprimé à l'Imprimerie Royale, dans lequel il
attaqua le procedé & les expériences de *Belidor*.
Ce Profeſſeur, né ſans fortune, ſe trouva ainſi
dépourvu de tout. C'étoit véritablement un
malheur. Le Prince *de Conti*, qui connoiſſoit
ſa capacité dans les Fortifications, l'emmena

avec lui en Italie, lorsque S. A. S. alla y commander les troupes du Roi. *Belidor* n'oublia rien pour mériter la protection du Prince. Il en reçut une récompense bien propre à flatter son ambition : ce fut la Croix de S. Louis. Cette faveur lui procura quelque considération à la Cour. Le Maréchal Duc *de Belle-Isle* se l'attacha, & lorsque ce Maréchal fut Ministre de la Guerre, il le nomma Inspecteur d'Artillerie, & lui donna un beau logement à l'Arsenal, où il est mort en 1765, âgé de près de soixante-dix ans.

Tandis que les Machinistes secondoient les Mathématiciens pour perfectionner l'Hydraulique, des Géometres habiles s'occupoient de la théorie de cette science. Un problème surtout les occupoit particulierement : c'étoit de déterminer le mouvement d'un fluide, qui sort d'un vase. Plusieurs d'entr'eux vouloient que le fluide qui s'échappe à chaque instant, fût pressé par le poids de toute la colonne du fluide. D'autres soutenoient que cela étoit faux. Il falloit decider la question, pour connoître les loix du mouvement d'un fluide hors d'un vase.

Daniel Bernoulli s'appliqua dès le commencement de ce siecle, à établir des principes d'où il put déduire ces loix. A cette fin, il considéra un fluide comme un amas de petits corpuscules élastiques, qui se pressent les uns les autres. Comme dans de pareils corpuscules la somme des produits des masses par les quarrés des vîtesses, est toujours une quantité constante, il conclut que la même regle devoit avoir lieu dans les fluides. Par-là il vint à bout de donner des méthodes sûres pour déterminer le mou-

1700.

vement des fluides. Elles font expofées dans un bel Ouvrage, qui a paru en 1738 fous ce titre: *Hydrodynamica, five de viribus & motibus fluidorum.*

Jean Bernoulli, pere de l'illuftre Auteur de ce livre, trouva que le principe fur lequel cette théorie eft établi, n'étoit pas univerfellement reconnu, & que l'ufage qu'il en faifoit étoit quelquefois abufif. Il en chercha un autre plus général & non contefté : c'eft ce qu'il crut avoir découvert, en fubftituant à la fomme des poids de toutes les couches, une feule force qui n'agiffe qu'à la furface du fluide, en fubftituant de même à la fomme des forces motrices des particules du fluide, une feule force qui n'agiffe qu'à la furface, & en faifant enfuite ces deux forces égales entr'elles. Cette nouvelle théorie de l'Hydraulique, eft imprimée dans le quatrieme volume des Œuvres de *Bernoulli*, fous ce titre : *Joannis Bernoulli Hydraulica nunc primum detecta ac demonftrata directè ex fundamentis purè mechanicis.*

M. d'*Alembert*, de l'Académie Royale des Sciences de Paris, a fait des remarques critiques fur cette théorie, dans un *Traité de l'équilibre & du mouvement des Fluides*, lequel contient un principe nouveau qui fert de fondement à ce Traité. Ce principe eft : que la vîteffe de tous les points d'une même tranche horifontale, eftimée fuivant le fens vertical, eft la même dans tous ces points ; & que cette vîteffe, qui eft la viteffe de la tranche, eft en raifon inverfe de la largeur de cette même tranche. Cet Auteur établit encore dans ce Traité, que la mefure des corps, telle que je viens de l'expofer en parlant des corpufcules elaftiques, que cette mefure, dis-je, qu'on appelle principe de la confervation des forces vives, a lieu dans le mouvement des fluides, comme dans celui des folides.

Voilà les derniers efforts qu'on a faits, pour connoître la marche de l'eau lorfqu'elle s'échappe d'un vafe. C'eft la derniere partie de l'Hydraulique, qui n'eft peut-être pas perfectionnée ; car l'expérience ne peut gueres éclairer fur la route de l'eau dans fes divers mouvemens.

1743

HISTOIRE
DE L'ACOUSTIQUE
ET
DE LA MUSIQUE.

IL semble que l'Acoustique, qui est la science de l'ouie & du son, devroit faire partie des Mathématiques, comme l'Optique, qui est la science de la vision ; mais elle n'est point soumise à des regles comme l'est l'Optique. Par cette raison, on ne la considere que comme un Art qui dépend des Mathématiques. En effet, la partie la plus considérable de l'Acoustique, est l'art de rendre les impressions du son, agréables à l'oreille, c'est-à-dire la Musique. Or la Musique a quelques regles, en tant qu'elle renferme la science des accords : mais la théorie du son sur laquelle elle est établie est encore très incertaine.

L'oreille est l'organe de l'ouie. C'est une partie de la tête située sur les os des temples. Elle est élastique : ce qui la rend très sensible aux impressions de l'air. Sa forme extérieure est telle qu'elle ramasse le son, si l'on peut parler ainsi, & le transmet dans un conduit qui le porte au tympan. Ce conduit a la figure d'un cilindre elliptique & va en serpentant, afin que le son ou l'air qui le produit, ne fasse impression

sion sur le tympan, quoiqu'après avoir été amor-
ti par les résistances qu'il souffre dans ce canal
tortueux. Le tympan est une membrane située
obliquement, qui touche exactement le conduit.

Après le tympan, est la *caisse du tambour*. On
appelle ainsi une cavité plus longue que large,
& tapissée d'une membrane. Elle contient quatre osselets, trois muscles, deux conduits, deux
fenêtres & une branche de nerfs. Le premier
osselet, nommé *marteau*, est fortement collé à
la membrane du tympan. Il s'articule avec *l'enclume*, qui est le second osselet ; & celui ci
s'articule avec un petit osselet, lequel a la figure d'une lentille & qui est attaché à un quatrieme osselet, appellé *étrier*.

Vient une seconde cavité, connue sous le
nom de *labyrinthe*. Elle est divisée en trois parties ainsi distinguées : le *vestibule*, les *conduits
semi-circulaires*, & la *coquille*. Cette cavité contient un air qui n'a aucune communication avec
l'air extérieur : on le nomme *implanté*, parcequ'on ne voit point de conduit par lequel il ait
pû pénétrer.

Telle est la construction générale de l'oreille.
Lorsque l'air est agité de la maniere convenable
pour produire le son, il entre dans le premier
conduit par où il pénetre au tympan. L'impression qu'il fait sur cette membrane la fait tré-
mousser. Par ce trémoussement, le tympan
pousse le marteau & le fait baisser. Alors l'enclume, qui est articulé avec le marteau, met
en mouvement l'étrier auquel il communique ;
& par cette secousse, celui-ci comprime l'air
enfermé dans le labyrinthe. Il est bientôt réta-

bli dans son état par son ressort , & ce mouvement alternatif cause des impressions dans les
nerfs , qui tapissent le labyrinthe , lesquelles se
transmettent au cerveau & y excitent l'idée du
son. Cette idée n'est bien agréable , qu'autant
que le son résulte de la proportion des mouvements de l'air. Par exemple , lorsque la seconde vibration de l'air répond à la premiere
par quelque tiers , la troisieme à la seconde , &
la quatrieme à la troisieme , l'ame éprouve alors
une sensation délectable. C'est ce plaisir qui a
donné lieu à la recherche de la théorie des sons,
d'où la Musique a pris naissance. Pour former
cet art , il falloit examiner les propriétés des
sons , & en les considérant séparément & en
les alliant par les accords. Il s'agissoit donc
dans le premier cas de faire succéder les sons
d'une façon agréable à l'oreille ; & dans le second , de lui plaire en les unissant. Cela forme
deux parties de la Musique , dont l'une s'appelle *mélodie* , c'est l'art de composer un chant ;
& l'autre *harmonie* , qui est l'art de varier les
sons autant qu'ils peuvent l'être pour produire
de bons accords.

La composition d'un chant consiste dans la
succession de plusieurs sons qui montent du
grave à l'aigu , ou qui descendent de l'aigu au
grave. Suivant que cette succession est variée ,
elle excite différentes affections ou passions.
C'est une affaire de l'art ou du goût ; car il
n'y a point de regles pour faire un beau chant:
Seulement on sait qu'en général les sons aigus
excitent la joie & la gaieté ; que les sons graves produisent la tristesse ; que les chants qui
procedent par semi-tons mineurs (ou semi-sons,

un ton n'étant qu'un son comparé à un autre son) , font tendres , doux, affectueux , & que ceux qui font compofés par femi-tons majeurs, font gais & éclatants. Le mouvement de ces airs contribue encore à rendre ces affections plus fortes. Voilà ce que nous apprend la nature. Il eft queftion de produire ces effets , en fe conformant à fes inftructions.

Jubal , fils de Lamech , eft le premier qui penfa à cela. Il inventa, à ce qu'on dit, le Pfalterion & la Harpe. On imagina enfuite la Cimbale , & en joignant le tambour à ces Inftrument , on forma un concert. C'étoit celui des Hébreux. Cela devoit faire beaucoup de bruit. Le Tambour fur-tout devoit dominer , & étouffer tous les fons harmonieux que le Pfalterion & la Harpe auroient pu rendre. Quoi qu'en dife Woffius , dans l'éloge qu'il fait du Tambour , cet inftrument n'eft gueres propre à figurer dans un concert. Ce Savant a néanmoins écrit une Differtation fur le Tambour , pour prouver qu'il peut exprimer toutes fortes de Mufique, & qu'il renferme dans fes fons la mefure de l'ancienne verfification des Grecs & des Romains. Mais il faut le laiffer dire, & convenir que l'agrément ou l'harmonie d'un concert confifte dans la proportion qu'il y a entre les différents tons des parties. Or dans le tambour il n'y a ni tons, ni inflexions de fons , les fons du Tambour n'étant point différents par dégrés , mais feulement par efpece , l'un éclatant , l'autre fourd.

Concluons donc que la Mufique des Hébreux n'étoit pas feulement une mauvaife mufique , mais encore que ces peuples n'avoient point

L'an 1040 de la création du Monde.

Y ij

suivi la route que la nature prescrit pour former un chant agréable. Quoique l'Ecriture-
Sainte nous parle beaucoup de la belle Musique
qu'on fit à l'honneur de *Saül* & de *David*, après
la défaite des Philistins, cette Musique n'étoit
cependant formée que d'un amas confus de voix
& d'instruments de plusieurs personnes appellées Musiciens, qui n'avoient point concerté
ce qu'elles chantoient : elles se conformoient
seulement à un sujet connu de tous ceux qui
composoient cette sorte de musique, dont le
chant étoit une maniere de plain-chant, réglé,
quant au mouvement, par les cimbales & les
tambours.

Il est cependant parlé dans *Daniel*, d'un instrument de Musique appellé *Symphonie*, qu'on
a cru former une harmonie véritable, quoique
cet instrument ne fît d'autre effet, selon M.
Perrault, qu'un accord qui servoit de bour-
don aux autres. C'étoit, selon lui, une espece
d'arc sur lequel trois cordes étoient tendues.

Le mot *symphonie* servit encore à exprimer
l'effet de plusieurs instrumens qui formoient
l'accord dont je viens de parler. On en fit aussi
usage pour désigner la conformité d'un même
chant, d'un même mouvement, & d'un même
ton : ce qui formoit une sorte de plain-chant
dont la douceur touchoit extrêmement les Anciens. C'étoit sans doute cette symphonie qui appaisoit les fureurs de *Saül*, & qui produisoit
cet enthousiasme qu'on préconise tant dans les
Livres saints.

Les Phéniciens profiterent des connoissances des Hébreux dans la Musique, & la cultiverent, sans suivre néanmoins ni principes,

ni regles. L'un d'eux, nommé *Cadmus*, porta, dit-on, à Athenes, les lumieres qu'ils avoient sur cet art. Il y fut très accueilli. Les Sages de la Grece le rechercherent avec soin, & l'Auteur de l'*Histoire de la Musique* prétend même que *Thalès* devint grand musicien ; qu'il guérit par les douceurs de sa musique les Spartiates d'une mélancholie si noire, qu'elle avoit dégénéré en une maladie contagieuse, & que par les accords de sa harpe il avoit appaisé une sédition populaire dans Lacedémone, quoique ces traits ne se trouvent point dans la vie de ce Philosophe. Mais il est toujours certain que les Grecs aimerent beaucoup la musique, & qu'ils ont découvert les premiers éléments de cet art.

C'est à un nommé *Mercure* qu'on doit cette découverte. Il inventa la Lyre, instrument composé de trois cordes, qui donnoient un demi ton & un ton. *Apollon* y ajouta une quatrieme corde ; *Corebus* une cinquieme ; *Hagnis* une sixieme, & *Terpandre* une septieme. On vouloit par ces additions exprimer tous les sons : on croyoit même en être venu à bout ; mais le célebre *Pythagore* reconnut un grand défaut dans ce système ; c'étoit un ton dissonnant d'une corde à l'autre. Pour le sauver, il ajouta au dessous de la corde la plus grave une huitieme corde, qui formoit l'octave avec la plus haute. On jugea qu'il avoit bien fait. Il n'y eut peut-être que lui qui ne fût point content de tout cela. Ce système n'étoit fondé sur aucune raison ; & *Pythagore*, qui étoit Géometre, vouloit déterminer avec précision la proportion que les sons ont entr'eux, afin d'établir une théorie de la Musique. Plein de cette idée, il ne cessoit de s'en occuper.

Un jour en passant devant une forge, il fut surpris d'entendre que les coups de marteau sur l'enclume formoient des accords. Il entra dans la forge pour examiner les marteaux, & il trouva que la différence des sons dépendoit des différents poids des marteaux. Pour déterminer plus précisément la chose, il tendit plusieurs cordes & les chargea de différents poids, & par la proportion des poids il détermina les accords des sons. Ce problème fut encore mieux résolu, par le moyen d'un instrument qu'il imagina. Il construisit un *Monochorde*, avec lequel il détermina géométriquement la proportion des sons. Il étoit formé d'une seule corde divisée en plusieurs parties égales sur lesquelles il appliquoit une espece de chevalet qui soutenoit la corde, & qui la partageoit en telle raison qu'il souhaitoit. Selon que la corde étoit divisée par le chevalet, elle rendoit un son plus grave, ou plus aigu. Lorsqu'elle étoit partagée en deux parties égales, de maniere que les termes étoient comme 1 à 1, elle formoit deux sons semblables, c'est-à-dire qu'elle formoit des unissons. Etoit-elle divisée comme 2 à 1 ? elle donnoit l'octave. C'étoit la quinte qu'on entendoit lorsque la division étoit comme 3 à 4 ; la quarte, quand elle étoit comme 4 à 3 &c. Enfin il poussa les divisions jusques au point qu'il exprima les demi tons.

Voilà le premier systême de Musique qui ait paru. On ne le suivit pas d'abord ; & au lieu de s'attacher à le perfectionner, on ne s'occupa

590 ans avant J. C.

que de l'art de chanter, ou de la modulation. On avoit imaginé quatre sortes de chants, qui paroissoient former la musique la plus parfaite. C'étoient, dit-on, des modérateurs aux passions humaines. L'un appellé *Dorien*, servoit aux choses graves, séveres & belliqueuses. Il avoit été inventé par *Lamiras*, Poète & fameux Musicien de Thrace, qui vivoit avant *Homere*, & qui a appris à joindre la Harpe au chant. Un second chant, distingué par le nom *Phrygien*, avoit la puissance d'exciter la fureur : & à ce chant un troisieme lui étoit subordonné ; on le nommoit par rapport à cela *sous Phrygien*. Son caractere étoit si opposé à l'autre, qu'il appaisoit les fureurs que celui-ci avoit excitées. C'est à *Marsias* qu'on doit ce chant. Si l'on en croit quelques Historiens, c'étoit un fameux Berger, qui osa défier Apollon de jouer comme lui du Flageolet.

Il y avoit encore un quatrieme chant, qu'on appelloit *Lydien*. Il étoit triste & lamentable, & produisoit la langueur & la mélancholie. Enfin un dernier chant inspiroit la tendresse & l'amour. *Demon* l'Athénien, neveu de *Démosthene*, en est l'inventeur, & l'a nommé le chant *Eolien*.

On conçoit que ces chants ne différoient que par la modulation qu'on donnoit aux sons, soit en élevant la voix, soit en l'adoucissant ; mais on a de la peine à comprendre comment on pouvoit par ce moyen produire tous les effets que des Ecrivains, sans doute trop amoureux du merveilleux, se sont plû à nous raconter.

Si l'on s'en rapporte aux plus savans Com-

mentateurs des écrits des Anciens fur la Muſique, il y avoit un ton de différence entre les
trois modes. Il eſt vrai que *Perrault* veut que
le mode Lydien fût à la tierce du Dorien. On
ne voit rien là qui puiſſe opérer des ſenſations
extraordinaires Cependant le chant Dorien
portoit tellement à la vertu, qu'un Muſicien
contint par ce chant *Clytemneſtre*, femme d'*A-
gamemnon*, tant qu'il reſta auprès d'elle; mais
elle ſuccomba, lorſque le Prince *Egiſte*, qui
en étoit amoureux, lui eut enlevé ſon Muſicien. Avec le chant Phrygien, *Timothée* mettoit *Alexandre* le Grand en fureur. Il ſe levoit
de table & couroit au combat le ſabre à la
main. Il revenoit de ſon trouble & reprenoit
ſa tranquillité ordinaire, quand le même Muſicien jouoit un chant Sous Phrygien, &c. il
falloit que la mélodie des Anciens fût bien tou-
chante. On ne feroit pas cela aujourdhui, en
joignant à notre mélodie tous les agrémens de
l'harmonie. N'y auroit-il pas de l'exagération
dans l'éloge de ces chants? on doit le croire.
Mais quels qu'ils fuſſent, c'étoient de ſimples
chants, & non une muſique. Sans la ſcience
des accords, on ne devoit pas eſpérer d'en établir une; & pour connoître cette ſcience, il
falloit ſuivre le travail de *Pythagore*. On auroit dû attendre cela du fameux *Ariſtote*; mais
comme s'il ne l'eût pas connu, ce Philoſophe
s'amuſa à examiner les différentes manieres de
chanter. Il appella *Symphonie* un concert formé par deux voix qui chantoient le même air,
ou joué par deux inſtruments accordés à l'uniſ-
ſon. Et il donna le nom d'*Antiphonie* au concert que faiſoient deux voix ou deux inſtru-

ı ments , exécutant le même air , & accordés à
l'octave. Cette maniere de chanter s'appelloit
encore *Magadizein* , à cause de l'instrument
Magadis dans lequel les cordes étoient accordées à l'octave , de sorte qu'étant pincées ensemble , elles ne rendoient qu'un seul ton. *Ana-
créon* dit que cet instrument étoit une espece de
Luth garni de vingt cordes accordées à l'octave,
& quelquefois à la tierce. Ce n'est pourtant pas
là une opinion généralement reçue. Plusieurs
Erudits soutiennent , d'après le Poète *Ion* dont
parle *Athénée* , que le Magadis étoit formé de
deux flûtes de grosseur différente ; que la plus
menue rendoit un ton plus bas & plus foible ,
& la plus grosse un ton plus aigu & plus fort.

Quoi qu'il en soit, tandis qu'*Aristote* écrivoit
ainsi sur la Musique, *Aristoxene* , son disciple,
né à Tarente , étudioit le système de *Pythagore.*
Il trouvoit extraordinaire que ce Philosophe
voulût que la raison seule jugeât des sons & de
leurs proportions , & qu'on n'admît point d'autres formes d'intervalles que celles qu'on pouvoit démontrer ou arithmétiquement par les
nombres , ou géométriquement par les lignes.
Ainsi la quinte doit toujours être , selon lui ,
dans la proportion précise de 2 à 3 , la quarte
dans celle de 3 à 4 , le ton mineur dans celle de
9 à 10 , & le ton majeur dans celle de 9 à 8.
Mais *Aristoxene* prétendit que l'oreille ne s'ac-
commodoit pas de ces précisions mathématiques ; que le son étant l'objet de l'ouie , c'étoit
à elle à en juger souverainement , sans avoir
égard à la raison ; & que par conséquent la
quinte trop forte , & la quarte trop foible ne
s'accommodant point avec l'oreille , il falloit

diminuer un peu la premiere pour donner un peu plus d'étendue à l'autre. Il observoit encore que l'oreille ne s'appercevant d'aucune différence sensible entre les tons, il étoit inutile de les partager en mineurs & majeurs, puisqu'ils devoient, au contraire, être censés tons égaux. Il divisa cependant le ton en neuf parties, dont quatre font le semi ton mineur, & cinq le semi-ton majeur; & il donna le nom de *comma* à chaque division. Afin de former un systême dans lequel il comprît tous les sons qui peuvent être agréables à l'oreille, il fit un Tetrachorde, c'est-à-dire une espece d'instrument à quatre cordes, avec lequel il trouva l'ordre des sons, les consonances & les dissonances des tons suivant le jugement de l'oreille. On appelle *consonance* la convenance de deux sons dont l'un est grave & l'autre aigu, & qui se mêlent avec une certaine proportion. Et on entend par *dissonance*, l'intervalle de deux tons désagréables ou un accord faux. Or *Aristoxene* croyoit que les intervalles, qui sont moindres que la quarte, étoient tous discordans, & que la quarte étoit la plus petite des consonances.

Les raisons & les découvertes de ce Musicien philosophe furent si frappantes, que plusieurs Musiciens abandonnerent le systême de *Pythagore* pour le sien. Ces deux systêmes faisoient un honneur infini aux Grecs, qui se regardoient comme les seuls peuples qui connussent la Musique. Mais à-peu-près, dans le tems d'*Aristoxene*, il arriva à Athenes un Phrygien qui avoit sur la Musique des vues bien supérieures à celles de cet Auteur & de *Pythagore*:

il se nommoit *Olympe*. Il fit remarquer aux Grecs que les sept tons reconnus par ce Philosophe, & le septieme ajouté par *Simonide*, ne remplissoient pas toute l'étendue de la voix & des instruments, & que ces tons passoient trop vîtes de l'un à l'autre : ce qui rendoit la Musique dure. Il faut, leur dit-il, pour rendre la Musique douce, y mêler des agrémens, ou mettre des intervalles dans le passage de ces tons. C'est ce qu'il fit, en effet, en introduisant des semi-tons dans la modulation. Il en fit la découverte avec un instrument semblable à celui de *Pythagore*, sur lequel il tendit une corde plus fine à chaque distance d'une corde à l'autre. Il combina ensuite ces semi-tons avec les tons entiers, & forma ainsi un système, qui comprit les trois genres principaux de la Musique vocale & instrumentale ; savoir le genre diatonique, le genre chromatique & le genre enharmonique, comme on le reconnut bientôt.

Le genre diatonique est l'ordre naturel des sons. Le chromatique est ce même ordre altéré d'un demi-ton, soit quand il est élevé par des diezes, ou abaissé par des bémols. C'est à *Timothée*, presque contemporain d'*Olympe*, qu'on doit ce dernier genre. On le trouva si tendre à *Sparte*, qu'on chassa *Timothée* de cette Ville, de peur que sa Musique ne corrompît les mœurs. Quant au genre enharmonique, dans lequel la modulation ne procede que par des quarts de tons, il fut extrêmement goûté. On le déduisit si naturellement du chromatique, que personne ne se fit un mérite de l'avoir introduit.

Sur tout cela on s'en rapportoit absolument

à l'oreille. Cet organe jugeoit fouverainement du mérite de ces découvertes & de la beauté des chants. *Dydime*, grand Muficien, trouva que ce juge n'étoit pas infaillible. *Ptolémée*, grand Mathématicien, fe joignit à *Dydime*, & appuya fon fentiment. L'un & l'autre s'accorderent à foutenir que *Pythagore* & *Ariftoxene* avoient donné dans deux extrémités également vicieufes, le premier en accordant tout à la raifon, & le fecond en s'en rapportant entierement à l'oreille. Ils crurent que pour bien juger de la Mufique, le fens & la raifon devoient concourir à ce jugement. Ils fe réunirent donc à faire un nouveau fyftême, qui fatisfit & à l'oreille & à la raifon, & qu'ils appellerent *fyftême réformé*. A cette fin, après avoir admis la divifion de l'octave de *Pythagore*, en $\frac{2}{3}$ & $\frac{3}{4}$, qui forment la quinte & l'octave, ils diviferent la quinte dans fes rapports les plus fimples, qui font $\frac{4}{5}$ & $\frac{5}{6}$, & qu'ils prirent pour les expreffions de la tierce majeure & de la tierce mineure, c'eft-à-dire pour deux confonances: la premiere compofée de trois fons ou dégrés, faifant entr'eux deux tons, dont l'un eft majeur, & l'autre mineur; & la feconde formée de trois femi-tons, dont deux majeurs & un mineur. Ils diviferent enfuite la tierce majeure dans fes rapports les plus fimples, favoir $\frac{8}{9}$, $\frac{9}{10}$; ce qui donna deux fortes de tons, le majeur & le mineur. Enfin ils arrangerent les tons majeurs & mineurs de telle forte, qu'il y eût moins de tierces altérées qu'il fût poffible.

Dans ce fyftême, *Dydime* & *Ptolémée* fuppofoient toujours que le ton mineur ne pou-

voit être partagé en deux demi-tons : c'étoit une
suppofition fauffe. On le reconnut bien dans la
fuite ; mais comme il falloit pour faire ce
partage donner un peu plus d'étendue à la
quarte , & diminuer par conféquent l'étendue
de la quinte, on ne favoit comment s'y prendre pour introduire cette altération. Des fiecles s'écoulerent fans qu'on pût ajouter ce dégré de perfection à la Mufique. Enfin un homme , qui n'eft point connu, ayant examiné l'effet que produifoit fur l'organe de l'ouie , l'altération de la quinte , ne trouva point que cet
effet fût défagréable. Enhardi par cette expérience , il donna un peu plus d'étendue à la
quarte , & rendit le fecond ton du tétrachorde
égal au premier , & par conféquent fufceptible
comme lui d'une corde chromatique , qui le
partage en deux femi-tons. Cela forma un quatrieme fyftême de Mufique , auquel on donna
le nom de *Temperé*.

Cependant pour noter ou écrire une chanfon, on écrivoit au-deffus des fyllabes du texte
ou de la chanfon , le nom de toutes les cordes ,
qui exprimoient les différents tons. Cela étoit
fouvent fort embarraffant , parceque le nom de
ces cordes étoit quelquefois fi long , qu'il ex-
cedoit beaucoup trop la fyllabe du texte à laquelle il donnoit le ton. Les premiers qui fen-
tirent cette difficulté , voulurent fubftituer à
cette écriture des lettres de leur alphabet, qu'ils
mirent tantôt droites , tantôt couchées , tantôt
renverfées , afin que le nombre de leurs lettres
pût fuffire pour exprimer tous les tons. Par ces
différentes fituations , ils avoient trouvé le
moyen d'avoir plus de douze cents caracteres,

fouvent d'une figure très bifarre. C'étoit un véritable grimoire qu'un air de mufique noté. Il
falloit encore une mémoire prodigieufe pour fe
fouvenir que tel caractere fignifioit tel ton ou
telle corde. Auffi les Romains firent main baffe
fur tous ces caracteres, & leur fubftituerent les
quinze premieres lettres de leur alphabet. Ils
s'attacherent auffi à perfectionner les inftruments de mufique. Parmi ces inftruments, il en
étoit un dont ils faifoient beaucoup de cas, &
qui étoit fi agréable, qu'il eft prefque parvenu
jufqu'à nous. On l'appelloit *la Mandore.*

Cet inftrument étoit monté de quatre cordes, dont la plus petite, que nous nommons
aujourd'hui *Chanterelle*, fervoit à jouer le deffus, ou l'air feul. On la pinçoit avec une plume, attachée au doigt *index*. Les trois autres
cordes faifoient une octave remplie de fa quinte. Elles étoient frappées l'une après l'autre par
le pouce, & elles faifoient l'effet de trois bourdons. En jouant, on s'en fervoit pour faire les
cadences principales & les dominantes. On frappoit même les bourdons fuivant la mefure de
l'air; de maniere qu'on frappoit quatre ou huit
coups quand étoit elle binaire, & trois fi elle
étoit triple. C'étoit cette mefure, ou la cadence
de l'air, qui formoit le caractere de leur mufique,
& par cette raifon on mettoit les cimbales &
les tambours au rang des inftruments les plus
confidérables, parcequ'on pouvoit fort bien y
marquer le mouvement & la cadence.

La perfection des inftruments de Mufique,
n'étoit pas le feul objet dont les Muficiens s'oc-
cupaffent. Ils cherchoient encore à fimplifier la
maniere d'écrire un air, ou de le noter. *S. Gré-*

goire, Pape, qui aimoit aſſez la Muſique pour
l'étudier, remarqua que les dernieres lettres
qui exprimoient huit tons, n'étoient qu'une répétition, ou une octave plus haute, des ſept premieres. Cette obſervation lui fit connoître que
ſept lettres ſuffiſoient pour rendre tous les tons,
pourvu qu'on les réitérât plus ou moins, tant
en haut qu'en bas, ſelon l'étendue des chants,
des voix & des inſtruments. On les marquoit
au-deſſus de chaque ſyllabe de la chanſon, comme les Grecs, & on les écrivoit ſur la même
ligne.

Cette maniere de noter, dura pluſieurs ſie-
cles. On s'y étoit accoûtumé, lorſqu'un Béné-
dictin, nommé *Gui*, & ſurnommé l'*Aretin*,
découvrit un moyen encore plus ſimple que celui du Pape *Grégoire*, dont on faiſoit uſage.
Aux ſix lettres de l'alphabet des Romains, il
ſubſtitua les ſyllabes *ut*, *ré*, *mi*, *fa*, *ſol*, *la*,
qui lui vinrent dans l'eſprit en chantant la premiere ſtrophe de l'hymne de *S. Jean-Baptiſte*,
dans laquelle elles ſont effectivement. En écrivant ces monoſyllabes au-deſſus de chaque ſyllabe des paroles chantantes, il remarqua que
cette façon de diſtinguer les notes ou ſons, ne
faiſoit pas aſſez diſtinguer les ſons graves des
ſons aigus. Il chercha à aider la mémoire dans
cette diſtinction, & il imagina à cette fin pluſieurs lignes paralleles ſur leſquelles & entre
leſquelles il mit des points ronds ou quarrés
immédiatement au-deſſus de chaque ſyllabe des
paroles : c'eſt ce qu'on a nommé depuis *Notes*.
Par la ſituation haute ou baſſe de ces points
ou notes ſur les lignes ou entre les lignes,
Gui l'Aretin caractériſa facilement les tons gra-

1024.

ves & les tons aigus. Extrêmement attentif à ne rien confondre, il voulut distinguer aussi le son que chacun de ces points reprefentoit. Il prit les fept premieres lettres de l'alphabet des Latins, & mit un G, ou le caractere qui exprime le Gamma des Grecs, lettre initiale de fon nom, afin qu'on n'oubliât pas qu'il étoit l'inventeur de cette nouvelle maniere de noter. Et comme ces lettres devoient donner la connoiffance des fons, il les nomma *Clefs*. Il les joignit enfuite avec les fyllabes *ut*, *ré*, *mi*, *fa*, *fol*, *la*; ce qui forma une difpofition des tons de la Mufique, qu'il nomma échelle, & qu'on a depuis appellé *Game*, à caufe de l'addition du Gamma des Grecs.

On ne connoit pas trop l'arrangement que *Gui* donnoit à fes notes & à fes lettres fur les lignes ou entre les lignes. Ce Muficien a oublié de parler de cela. L'Auteur du *Dictionnaire de Mufique* (M. *Broffard*), qui a affez bien analyfé fes découvertes, conjecture qu'il mit d'abord à la tête de chaque ligne & entre chaque ligne une des lettres, qu'il appelloit *Clefs*, laquelle marquoit le nom qu'on devoit donner à tous les points ou notes qui fe rencontroient fur les lignes ou entre les lignes. Les lettres A, B, C, D, &c. ou Clefs avoient donc à l'extrémité de chaque ligne, la même fituation que les notes fur ces lignes. Dans la fuite, il comprit, (felon M. *Broffard*), qu'il pouvoit fimplifier cette difpofition, fans nuire à la clarté de l'indication, & cela en mettant feulement une lettre à chaque ligne, pour donner la valeur aux fons marqués fur ces lignes, fans en mettre entre les lignes, pour défigner les notes correfpondantes.

C'étoit

C'étoit encore trop. Dans la suite on a vu qu'il suffisoit de caractériser un son simplement par une clef, parceque la valeur des autres est désignée par l'ordre naturel des sons de la Gamme, soit en montant, soit en descendant, & on en a choisi trois, celle de G, celle de C, & celle de F, qui sont en effet suffisantes. Elles répondent à ces notes de la Gamme : la premiere G, au *re* & au *sol* ; la seconde C, au *mi* & à l'*ut* ; & la troisieme F, à l'*ut* & au *fa* : d'où elles ont tiré le nom sous lequel elles sont connues aujourd'hui : *G re sol, C sol ut, & F ut fa.*

Ce ne sont pas là les seules découvertes de *Gui.* Ce docte Religieux partagea, comme les Grecs, les deux tons compris entre A & B, en deux semi-tons, & mit au-dessus de B, un *b* pour marquer que de l'A au B, il ne falloit élever la voix que d'un demi ton. Et comme cette intonation a quelque chose de plus tendre & de plus doux que celle d'un ton plein, il lui donna l'épithete de molle : d'où est venu le mot *b mol.*

Les choses ne se perfectionnent pas tout-d'un-coup, & quelque aptitude qu'ait un génie inventeur, il ne peut reculer qu'à un certain point les limites d'un art, parceque ce n'est que par la pratique de cet art qu'on découvre les perfections dont il est susceptible. C'est aussi cette pratique qui fit connoître que dans ce systême de Musique il falloit donner très souvent des noms différents aux mêmes notes, lorsque l'étendue du chant élevoit la voix plus haut que le *la*, ou l'abaissoit plus bas que l'*ut* ; c'est-à-dire qu'on ne pouvoit exprimer tous les dégrés de l'octave & en remplir tous les intervalles, sans

Z

répéter une des six notes, & lui donner un ton
différent. Il étoit aisé de remédier à cela, en
ajoutant une septieme note à ces six. Mais le
Successeur de *Gui Aretin* dans l'étude des progrès de la Musique s'occupa de tout autre
objet.

Il se nommoit *Jean des Murs*. Il étoit Docteur de Paris, où il étoit né au commencement
du quatorzieme siecle. Ses vues se porterent sur
l'agrément du chant. Il remarqua que l'égalité
de notes inventées par *Gui* rendoit le chant
trop uniforme. Elles avoient toutes une même
valeur, & cela nuisoit aux mouvements tantôt
lents, tantôt vîtes, qui rendent un air agréable. *Jean des Murs* imagina différentes figures
de notes, & trouva ainsi le moyen de faire
connoître tout-d'un-coup combien de temps
doit précisément durer chaque son. Ainsi il
inventa les notes qu'on distingue aujourd'hui
par *rondes*, *blanches*, *noires*, *croches*, *triples
croches*, &c.

Cependant il manquoit toujours une septieme note, pour parvenir jusqu'à l'octave. Vers
le milieu du siecle passé, on ajouta une septieme
syllabe aux six autres; c'est *si*, & on exprima
par-là avec facilité tous les dégrés de l'octave;
on en remplit tous les intervalles, & comme
les sons peuvent se répéter d'octave en octave
à l'infini, on fit cette répétition sans être obligé de changer le nom des notes. Ce succès enhardit à examiner avec plus de soin le systême
de *Gui*. On trouva par cet examen qu'à la corde
chromatique, ou au *b mol* de cet Auteur, on
pouvoit ajouter les cordes chromatiques des
Anciens, c'est-à-dire celles qui partagent les

1333.

1600.

tons majeurs, ou les intervalles des sons en semi-tons. On exécuta cette idée, en élevant d'un semi-ton la plus basse de ces cordes : ce qu'on indiqua par un double dieze que l'on mit à côté gauche sur le même dégré, & immédiatement devant cette plus basse note (a). Je dis un double dieze, parceque *Gui* avoit introduit le dieze simple; mais de ce qu'il n'élevoit la note que d'un quart de ton, on n'y faisoit point attention. Ce Musicien marquoit son dieze avec une croix de Saint-André. Ce caractere parut convenable pour désigner le nouveau dieze en doublant cette croix, afin de marquer qu'il falloit élever deux fois plus la voix que dans le dieze de *Gui*. Celui-ci ayant été depuis abandonné, le double dieze est devenu le dieze ordinaire.

Les mêmes raisons qui empêcherent qu'on n'adoptât le dieze simple, firent rejetter absolument le genre enharmonique des Anciens, dont j'ai parlé ci-devant. Ces raisons sont que dans ce genre la modulation procede par des quarts de ton. Or pour rendre ces quarts de ton, on doit élever la voix d'une maniere presque insensible; ce qui est d'une grande difficulté ; sans parler de l'impossibilité de faire des accords dans cette modulation.

On songea ensuite à donner plus d'étendue aux différens systêmes de Musique, en augmentant le nombre des notes. On ne connoissoit jusques là que deux octaves, & on en forma quatre, dont on composa chacune de huit sons diatoniques ou naturels, & de cinq chro-

<hr>

(a) *Dictionnaire de Musique* de M. *Brossard.*

matiques. Ce font ces quatre octaves qui font l'étendue du fyftême moderne.

Toutes ces découvertes perfectionnoient bien la mélodie ; mais elles n'apprenoient rien fur l'harmonie, ou la fcience des accords. Cette fcience étoit encore dans l'enfance. Les Anciens n'avoient là-deffus que des idées fort imparfaites. Ils connoiffoient les confonances, & ignoroient l'art de les mêler pour former des accords. On fait qu'on entend par confonance, la convenance de deux fons, dont l'un eft grave & l'autre aigu, lefquels fe mêlent avec une certaine proportion qui fait un effet agréable à l'oreille. Les Anciens en admettoient fix, auxquelles ils ont donné des noms particuliers. Ces confonnances étoient diftinguées par le nombre des fons où la voix s'arrête en paffant de l'un à l'autre. En mêlant deux de ces confonances, ils formoient au hafard quelques accords, & c'étoient les feuls qu'ils connuffent.

La pratique de la Mufique & le tems procurerent de plus grandes connoiffances. On chercha d'autres accords, on les renverfa & combina, & on forma ainfi les premiers élémens de l'Harmonie. On diftingua dans la fuite plufieurs parties. Au deffus on ajouta fucceffivement la baffe, la taille & la haute-contre. On ignore comment & par qui ces découvertes ont été faites. Comme nul principe ne guidoit les Muficiens dans l'harmonie ou l'art de plaire à l'oreille en uniffant les fons, on ne trouve rien de fuivi dans fes progrès. Quelques Philofophes, tels que *Zarlin*, *Kirker*, *Wallis* (a), *Def-*

(a) On doit à *Wallis* & à *Merfenne* deux découvertes trop belles pour les ómettre. La premiere eft que fi l'on

cartes, *Merſenne* & *Hughens* ont bien voulu ſoumettre l'harmonie à des regles ; mais leurs raiſonnements n'ayant pas un rapport direct avec l'art muſical, ils n'ont point contribué à ſa perfection. Il faut cependant excepter *Zar-lin*, qui a écrit plus en Muſicien qu'en Géometre. Ce Savant a publié des *Inſtitutions de Muſique*, dans leſquelles il traite véritablement de la compoſition harmonique. Il y établit que dans cette compoſition il faut commencer par la Taille, ajouter après la Baſſe, & enſuite la Haute-Contre. Cette méthode a paru fort éloignée de la nature & extrêmement embarraſſante. Des Muſiciens ont voulu qu'on compoſât d'abord le deſſus, & qu'on y joignît ſucceſſivement la baſſe, la taille & la haute-contre. D'autres penſent, au contraire, que la baſſe doit être priſe pour le fondement des autres parties, parcequ'elle fait reſſortir ces parties & qu'elle ſoutient toute l'harmonie ; c'eſt encore une opinion. De-là la diverſité du goût dans

fait réſonner un corps ſonore, on entend, outre le ſon principal, deux autres ſons très aigus, dont l'un eſt la douzieme au deſſus du ſon principal, c'eſt-à-dire l'octave & la quinte en montant, & l'autre la dix ſeptieme majeure au-deſſus du même ſon ; c'eſt-à dire la double octave de ſa Tierce majeure en montant.

La ſeconde découverte conſiſte en ceci : Si l'on accorde avec un corps ſonore, quatre autres corps ſonores, dont le premier ſoit à la douzieme au deſſus, le ſecond à ſa dix ſeptieme majeure au-deſſus, le troiſieme à ſa douzieme au-deſſous, le quatrieme à ſa dix-ſeptieme majeure au deſſous : alors ſi l'on fait réſonner le premier corps, des quatre autres corps les premier & ſecond frémiront dans leur totalité, & les deux autres frémiront en ſe diviſant par une eſpece d'ondulation, l'une en trois, l'autre en cinq parties.

les compositions de Musique. Les uns n'aiment
que les airs surchargés de diezes & de bémols :
ce sont les Italiens. Les François ne font cas
que des tons naturels, des airs touchants ou
gracieux, & de beaux accords.

Comme ces deux Nations ont eu de très
grands Musiciens, cette diversité de goût forma au commencement de ce siecle deux partis
considérables, lesquels firent un schisme en
Musique, semblable à celui qu'on a fait renaître de nos jours, quoiqu'on l'ait introduit
comme une nouveauté. Voici comment parloit
en 1715 l'Auteur de l'*Histoire de la Musique*.
» Vous savez donc comme moi, Monsieur,
» (dit-il) qu'il y a présentement ici deux par-
» tis formés dans la Musique : l'un, admira-
» teur outré de la Musique Italienne, soute-
» nu d'une petite secte de demi-Savans dans
» cet art ; néanmoins gens de condition assez
» relevée, qui décident souverainement &
» proscrivent absolument la Musique Fran-
» çoise, comme fade & sans goût, ou tout-
» à-fait insipide. L'autre parti, fidele au goût
» de sa Patrie, & plus profond dans l'art de la
» Musique, ne peut souffrir, sans indigna-
» tion, que l'on méprise dans la Ville capi-
» tale du Royaume, le bon goût de la Mu-
» sique Françoise, & traite la Musique Ita-
» lienne de bisare, de capricieuse, & comme
» une révoltée contre les regles de l'art (a) «.

Il y avoit, comme on voit, de l'humeur
dans ces deux partis. Elle fut excitée par un
Ouvrage intitulé : *Parallele des Italiens & des*

<hr>

(a) *Histoire de la Musique*, page 293, sec. édition.

François, en ce qui regarde la *Musique* & *les Operas*. L'Auteur de cet Ouvrage, qui ne s'é-toit pas fait connoître, le publia à Paris, au retour d'un voyage d'Italie. Il venoit de mettre au jour un livre intitulé : *Monuments de Rome*, lequel avoit été si agréable aux Italiens, que les Conservateurs de Rome, à qui il l'avoit dé-dié, le gratifierent, par reconnoissance, de Patentes de Citoyen Romain. Il se sentit obligé envers eux par cette faveur, & afin de leur faire sa cour, il composa ce *Parallele*, dans l'intention de relever infiniment la Musique Italienne sur la Musique Françoise. L'esprit d'enthousiasme prenant la place de celui de vé-rité, il chargea son style d'expressions boursou-flées, qui élevent fort haut la Musique Ita-lienne. Ces éloges sont soutenus par de bonnes & de mauvaises raisons.

La premiere, est que la langue Italienne a dans le chant, par ses voyelles, un grand avan-tage sur la langue Françoise. Premierement, *on ne sauroit faire de cadences* (dit l'Auteur du *Parallele*), *ni de passages agréables sur les syl-labes où se trouvent nos voyelles, dont la moitié sont muettes.* En second lieu, *on n'entend qu'à demi nos mots* (François), *au lieu qu'on entend très distinctement tout ce que disent les Italiens. Nos e muets*, comme dans les mots *gioire*, *chaîne*, &c, font, ajouta-t-il, un son confus assez peu propre aux passages & aux cadences.

Il fut aisé de répondre à ces raisons. D'abord les Partisans de la Musique Françoise soutin-rent que les Chanteurs Italiens prononcent mal, & qu'ils ont moins de facilité que les nô-tres à bien faire entendre ce qu'ils disent, par-

ceque les Italiens ferrent tous les dents & n'ou-
vrent pas affez la bouche. Tout le monde convient qu'il n'y a qu'en France où l'on ouvre
bien la bouche en chantant. Les autres Peuples, & fur-tout les Italiens, mangent ce
qu'ils difent. Qu'on ajoute à cela qu'il eft très
difficile d'entendre les paroles Italiennes, parceque la Poéfie Italienne étant pleine d'éli-
fions, en prononçant les fyllabes fe confon-
dent les unes dans les autres. Outre cela, la
langue Italienne eft chargée d'expreffions alam-
biquées, de métaphôres, de comparaifons, &
fa conftruction eft prefque toujours renverfée,
ce qui la rend quelquefois inintelligible, au
lieu que la langue Françoife eft toujours naturelle, fimple, claire & bien conftruite.

Voilà ce qu'on répondit à l'Auteur du *Parallele*. Les preuves ne manquerént point. On
cita une multitude d'exemples, qui ne laiffe-
rent point de prife à la replique. Cet Auteur
convint que les *z* fréquents dans la langue Italienne, fes terminaifons perpétuelles en *a*, en
é, en *i*, & en *o*, lui ôtent la gravité, la no-
bleffe & l'énergie, & lui donnent une douceur
fade & exceffive, qui dégénere en une puéri-
lité efféminée. Mais ce n'étoit là, comme il le
dit, que le matériel de la Mufique, & il falloit répondre aux attaques directes qu'il adref-
foit aux Airs, à la Mufique fans parole. Or
ces attaques font très vives, & femblables,
pour la politeffe, à celles qu'on a renouvellées
depuis peu.

Les Italiens (dit cet ennemi redoutable de
la Mufique Françoife), trouvent que *notre
Mufique berce, qu'elle endort, qu'elle eft même,*

à leur goût, très plate & très insipide, parceque dans cette Musique tout est *doux*, *facile*, *coulant*, *lié*, *naturel*, *suivi*, *uni* & *égal*. La variété est, au contraire, quelque forcée qu'elle soit, toujours plus piquante. Les Italiens passent à tout moment du *b quarre* au *b mol*, & du *b mol* au *b quarre*. Ils *font souvent des cadences doublées & redoublées de sept ou huit mesures, des tenues d'une longueur prodigieuse, des passages d'une étendue à confondre ceux qui les entendent la premiere fois, sur des tons à faire frayeur : ils hasardent ce qu'il y a de plus dur & de plus extraordinaire. Ils insultent la délicatesse de l'oreille que les autres n'oseroient toucher qu'en la flattant, dans le sentiment qu'ils ont d'être les premiers hommes du monde pour la Musique, d'en être les Souverains & les Maîtres despotiques, & en gens toujours assurés du succès*..... parcequ'elle est fort commune en Italie. *La Musique leur est si familiere, qu'un chant naturel & uni est pour eux une chose trop vulgaire, & que pour piquer leur goût rassasié de chants simples & suivis, il faut sans cesse changer de ton, & hasarder les passages les plus bisarres & les plus forcés. Aussi l'Italie est pleine de Maîtres, qui sont tout au moins de la force de* Lulli. *Il y en a* Rome, *à* Naples, *à* Florence, *à* Venise, *à* Boulogne, *à* Milan, *à* Turin, *& il y en a eu dans tous les tems. Les Chanteurs de la Place Navone à* Rome, *& ceux du* Pont-rialte *à* Venise, *qui sont là ce que sont ici les Chanteurs du* Pont-Neuf, *se mettent trois ou quatre ensemble, & font une Musique qui vaut les Concerts qu'on fait en* France. Enfin *comme les Italiens sont beaucoup plus vifs que les* Fran-

çois ; ils sont bien plus sensibles qu'eux aux passions, & les expriment aussi-bien plus vivement
dans toutes leurs productions. ... Tellement qu'ils
font une chose que ni les Musiciens François, ni
ceux de toutes les autres Nations ne sauroient &
n'ont jamais su faire, c'est d'unir quelquefois
d'une maniere suprenante la tendresse avec la
vivacité.

Telle est la substance du *Parallele de la Musique Italienne & de la Musique Françoise.* Quoique assaisonné de tout le fiel que peut compor-
ter la critique la plus sévere, on le lut avec assez d'indifférence. Les beaux morceaux de la
Musique Françoise furent toujours admirés, &
on ne courut pas avec moins d'empressement
aux Opera de *Lulli.* Cela piqua les Partisans de
la Musique Italienne ; & l'un d'eux se chargea,
comme au nom des autres, de porter le dernier
coup aux Ouvrages de *Lulli.* Sans pudeur ou
sans décence, cet homme redoutable écrïvit
dans un livre intitulé : *Histoire de la Guerre
poétique entre les Anciens & les Modernes ;*
écrivit, dis-je, que *la plûpart de ceux qui suivent Lulli avec tant d'empressement, ne se connoissent pas mieux en Musique que les Bêtes.....
Il n'y a pas moyen de résister à l'ennui que
causent nécessairement les fades récitatifs de
Lulli, qui se ressemblent presque tous, où les
passions ne sont pas exprimées, & où il y a si
peu d'art, que des Chanteurs médiocres en sont
sur le champ de ressemblans ..... Les récitatifs
d'Italie sont beaucoup plus diversifiés & plus animés par les grands traits de passions que les Musiciens Italiens y savent exprimer plus vivement.*

On voit bien qu'on a su dire autrefois des

Injures aux Muficiens François, & que ceux qui les ont renouvellées de nos jours, n'ont le mérite de l'invention ni pour le fond, ni pour la forme. Cependant dans le temps qu'on échauffoit ainfi les efprits en faveur de la Mufique Italienne, on travailla à la réfutation de la critique du *Parallele*. Ce morceau parut enfin, & contint des raifons fans nombre en forme de réponfes, dont voici les principales.

1°. Si les Italiens (fuivant l'Auteur du *Parallele*) dorment à la Mufique Françoife, c'eft que les Italiens n'aiment pas les Chants naturels & fuivis, & qu'ils ne trouvent beaux que les agréments forcés, fans ordre & fans fuite. C'eft une affaire de goût. Mais leur goût vaut-il mieux que celui des François? ou, ce qui revient au même, le naturel eft-il plus beau que le recherché? Le plus grand Philofophe du monde, *Defcartes*, a dit que *les chofes les plus fimples, font d'ordinaire les plus excellentes*. Et un homme de goût, un Poète célebre, *Boileau*, donne ce confeil,

> Evitons ces excès : laiffons à l'Italie,
> De tous ces faux brillants l'éclatante folie (a).

2°. Le changement du *b quarre* au *b mol*, peut plaire ; mais il eft trop fréquent chez les Italiens, & c'eft-là un grand défaut. Car pour fentir ces changements, il faut que l'oreille ait eu le rems de faifir un ton, afin de pouvoir être affectée agréablement par la différence du fecond ton. Quand ce changement arrive trop fouvent, il n'y a point de mode dans le chant ;

(a) *Art poétique.*

c'est une confusion de tons différents, qui doit nécessairement fatiguer.

3°. Les cadences doublées & redoublées, dont les Italiens font de fréquents usages, & tous ces ornements étrangers qu'ils hasardent avec tant de hardiesse, sont des choses forcées & très difficiles à soutenir. Il faut en être sobre, pour ne pas fatiguer. » La premiere fois » qu'on les entend, elles enchantent ; la se-» conde, elles font souffrir ; la troisieme, elles » choquent ; la quatrieme elles révoltent (a).

4°. Les Italiens savent, dit-on, unir la tendresse à la vivacité, ce qu'aucune autre Nation ne peut faire. Cela est merveilleux, car la vivacité & la tendresse sont deux sentiments presque opposés. On doit dire qu'ils passent aisément du tendre au vif, parcequ'ils répetent les paroles tant de fois, qu'avec quatre petits vers ils font une longue chanson. Sur la derniere syllabe du dernier mot, ils mettent un roulement de cinq ou six mesures. Tout le monde n'aime pas cela. Aussi les Musiciens François ne se piquent pas d'exprimer les mêmes passions dans le même air. Ils font des airs tendres & des airs vifs séparément, & croient que c'est assez de répéter trois fois ce qu'on veut le mieux exprimer.

Il y auroit bien des choses à dire en faveur de la Musique Françoise ; mais ce ne seroit point au préjudice des belles symphonies & des beaux airs que nous devons aux Italiens. Il faut aussi qu'on convienne qu'on ne connoît les chœurs qu'en France, & qu'ils sont hors

______

(a) *Histoire de la Musique*, Tome II. pag 45.

d'ufage en Italie ; quoique ce ne foit que dans les chœurs qu'on voit l'habileté du Muficien. Un autre défaut de la Mufique Italienne , c'eft de n'avoir point un caractere foutenu : on trouve une gavotte ou une gigue dans un fujet tendre : le férieux devient comique entre fes mains , parcequ'elle brille principalement dans les Arietes & dans les Airs d'éclats. J'ofe citer pour preuve de ce que j'avance , le beau *Stabat Mater* de *Pergolefe* , dans lequel il y a un air extrêmement gracieux & gai , quoique tout le fujet comporte un chant dolent & triftement profond.

La joie , la colere , la douleur , &c , toutes ces paffions font fouvent peintes avec les mêmes traits : auffi eft-elle peu propre pour les grands fujets. Quant aux Operas Italiens , M. de *Saint-Evremont* , homme d'un goût fi exquis , a écrit que ce font *de pitoyables rapfodies , fans liaifon , fans fuite , fans intrigue.....* que felon les Italiens *mêmes , & dans les Opera même de* Luigi , *les beaux endroits étoient impatiemment attendus & venoient trop rarement ....* que leur *récitatif eft fort ennuyeux , & qu'on pourroit le définir un mauvais ufage du chant & de la parole.*

Toutes ces raifons n'ébranlerent point les Partifans de la Mufique Italienne ; car le meilleur raifonnement ne détruit pas un plaifir qu'on éprouve. Ceux qui avoient du goût pour la Mufique Italienne , s'en tinrent à la Mufique Italienne , & ceux qui aimoient la Mufique Françoife , fuivirent la Mufique Françoife. Chaque parti avoit des raifons victorieufes : c'étoit fon goût , ou fon plaifir , ou peut-être l'entêtement en faveur de l'une ou de l'autre Musique. Cependant il devoit y avoir une supériorité décidée en faveur de l'une des deux ; car il n'y a pas deux beautés dans un même art ; mais comme on ne connoissoit point de regles assez générales qu'on pût prendre pour *criterium* de son jugement, on s'en tenoit au pur sentiment.

Ceux qui vouloient à perfectionner la théorie de la Musique, n'étoient pas mieux éclairés. Au lieu de chercher dans la nature quelque point fixe & invariable d'où l'on partît sûrement, & qui servît de base à la mélodie & à l'harmonie, on se contenta de faire des expériences, de compiler des faits, de multiplier les signes. On composa ainsi un Recueil d'une certaine quantité de phénomenes sans liaison & sans suite, & on s'en tint là. Un Physicien ingénieux (M. *de Mairan*) publia cependant quelques explications du sentiment de l'harmonie. Il fit voir que le plaisir musical étoit plus ou moins grand, selon que l'oreille étoit plus ou moins affectée des sons harmoniques, & expliqua comment l'ame distingue les sons des accords, ou juge de leur ensemble sans les confondre, par l'anatomie même de l'oreille, qui forme un instrument à corde dont le chevalet est mobile. Suivant les sons, ce chevalet s'approche ou se recule, & les cordes de l'oreille, si l'on peut parler ainsi, se mettent à l'unisson de l'air qu'on chante, & éprouvent les mêmes frémissements que les cordes des instruments qui le jouent (a).

(a) *Mémoires de l'Académie des Sciences de* 1737.

Tel étoit l'état de la Mufique au commencement de ce fiecle, lorfqu'un Muficien Philofophe (M. *Rameau*) étonné des peines qu'il
avoit eues à apprendre la Mufique, forma la réfolution de chercher à découvrir des principes
plus certains que ceux que l'on fuivoit alors. Il
comprit d'abord qu'il devoit fuivre dans fes
recherches le même ordre que les chofes ont
entr'elles, & comme, felon toute apparence,
on avoit eu du chant avant que d'avoir eu de
l'harmonie, il voulut découvrir l'origine du
chant. Au défaut de Mémoires pour remonter
à cette origine, il fe prit lui-même pour le premier Chanteur. Comme *Defcartes* qui, pour
connoître la vérité dans l'étude de la Philofophie, oublia tout ce qu'il avoit appris, pour n'admettre déformais pour certain que ce qui lui
paroîtroit évident, le grand *Rameau* effaça de
fa mémoire toutes fes connoiffances fur la Mufique. Il prit la nature pour maître, dans le projet qu'il forma de l'apprendre de nouveau, &
effaya des chants, de même qu'un enfant qui
s'exerce à chanter. Il examina ce qui fe paffoit
& dans fon efprit & dans fon organe, & il
lui parut que rien ne le déterminoit, quand il
avoit entonné un fon, à entonner, entre la
multitude des fons, qui pouvoient lui fucce-
der, l'un plutôt que l'autre. Il y avoit cependant certains fons pour lefquels l'organe de
fa voix & fon oreille lui paroiffoient avoir de
la prédilection ; & ce fut là fa premiere per-
ception.

Il réfléchit fur cette premiere connoiffance,
& il crut que ce penchant venoit de l'habitude. Dans un autre fyftême de Mufique que

1700.

celui qu'il avoit appris, & auquel son ame
étoit accoûtumée, & avec une autre habitude
de chant, il eut choisi un autre son. D'où il
conclut, que puisqu'il ne trouvoit en lui-même
aucune bonne raison pour justifier ce choix
& le regarder comme suggéré par la nature,
il ne devoit ni le prendre pour principe de ses
recherches, ni le supposer dans un autre homme, qui n'auroit point l'habitude de chanter &
d'entendre du chant.

Un principe manquoit donc au développement de ses idées. Pour y suppléer, *Rameau*
examina le rapport du son qu'il avoit entonné
avec ceux que l'oreille & la voix lui fournis-
soient immédiatement, & il trouva que ce
rapport étoit assez simple, que ce n'étoit à la
vérité ni l'unisson comme 1 à 1, ni l'octave
comme 1 à 2 ; mais que c'étoit un de ceux qui
le suivent immédiatement dans l'ordre de la
simplicité, & c'est le rapport du son à sa quinte
comme 2 à 3, ou à sa tierce comme 4 à 5.
Cependant quand même cette simplicité de
rapport eût été encore plus grande, elle n'eût
fait tout au plus qu'une espece de convenance
des sons à celui auquel il les faisoit succéder
immédiatement par prédilection. Elle n'eût
donc point expliqué cette prédilection, ni donné un point fixe. Il retomba donc ainsi dans
son premier embarras. Le moyen qu'il prit
pour en sortir est si curieux & si beau, que
je vais emprunter ses propres paroles, crainte
de l'altérer en voulant l'analyser moi-même.

Je me plaçai donc [dit-il] le plus exactement qu'il me fut possible dans l'état d'un homme qui n'auroit ni chanté, ni entendu du
chant,

chant , me promettant bien de recourir à des expériences etrangeres , toutes les fois que j'aurois le foupçon que l'habitude d'un état contraire à celui où je me fuppofois , m'entraîneroit malgré moi hors de la fuppofition.

Cela fait , je me mis à regarder autour de moi , & à chercher dans la nature ce que je ne pouvois tirer de mon propre fond , ni auffi nettement , ni auffi fûrement que je le defirois. Ma recherche ne fut pas longue. Le premier fon qui frappa mon oreille , fut un trait de lumiere. Je m'apperçus tout-d'un-coup , qu'il n'étoit pas un , ou que l'impreffion qu'il faifoit fur moi , étoit compofée. Voilà , me dis-je fur le champ , la différence du *bruit* & du *fon*. Toute caufe , qui produit fur mon oreille une impreffion une & fimple , me fait entendre du bruit : toute caufe , qui produit fur mon oreille une impreffion compofée de plufieurs autres , me fait entendre du fon. J'appellai le fon primitif ou générateur , *fon fondamental* , fes concomitans *fons harmoniques* , & j'eus trois chofes très diftinguées dans la nature , indépendantes de mon organe , & très fenfiblement différentes pour lui : du *bruit* , des *fons fondamentaux* & des *fons harmoniques.*

Avant que de rechercher en quel rapport de dégrés les fons harmoniques ou concomitans étoient au fon fondamental , ou quel rang ils occuperoient dans notre échelle diatonique , je m'apperçus que ces fons harmoniques étoient très aigus & très fugitifs , & qu'il devoit par conféquent y avoir telle oreille qui les faifiroit moins diftinctement qu'une autre ,

A a

telle qui n'en appercevroit que deux, telle qui ne seroit affectée que d'un, & peut-être même telle qui ne recevroit d'impression d'aucun. Je dis aussi-tôt , voilà une des sources de la différence de la sensibilité pour la Musique, que l'on remarque entre les hommes. Voilà des hommes pour qui la Musique ne sera que du bruit, ceux qui ne seront frappés que du son fondamental , ceux pour qui tous les harmoniques seront perdus. Voilà, ajoutai-je , des bruits plus ou moins aigus : voilà des échelles de bruits, comme des intervalles de sons ; & ceux , s'il y en a d'assez mal conformés, qui prendroient indistinctement l'échelle des sons pour l'échelle des bruits , seroient totalement étrangers au plaisir musical.

Je passai de-là à la considération relative du son fondamental & de ses harmoniques , & je trouvai que c'étoit sa *douzieme* & sa *dix-septieme* ; c'est-à-dire l'*Octave* de sa *Quinte* & la *double Octave* de sa *Tierce* ; au lieu que j'avois éprouvé en moi-même que c'étoit sa *Quinte* & sa *Tierce* , que je lui faisois succéder par préférence à tout autre.

Je me demandai la raison de cette différence, & je vis bientôt que l'organe n'étant point exercé , il n'avoit pas, la premiere fois qu'on entend un son , la faculté de se représenter des sons aussi éloignés que ses concomitans. D'ailleurs je savois, par expérience, que l'*Octave* n'est qu'une replique ; combien il y a d'identité entre les sons & leurs repliques, & combien il est facile de prendre l'un pour l'autre ; ces sons même se confondant à l'oreille quand ils sont entendus ensemble. Je conclus donc que mon

organe & mon imagination étant privés d'exercice & d'expérience & ne se prêtant à rien , je
me trouvois forcé de rabaisser les sons à leurs
moindres dégrés; c'est à-dire que ma préoccu-
pation avoit dû se fixer sur la *Tierce* & sur la
Quinte du son fondamental , & non sur leurs
repliques (a).

En suivant cette marche , *Rameau* puise dans
la nature même la Basse fondamentale , qui est
le principe de l'Harmonie & de la Mélodie.
(Cette Basse est la proportion des trois notes
fa , *ut* , *sol* , ou des nombres 1 , 3 , 9 , qui les
expriment.) Il explique la formation de l'é-
chelle diatonique , la différence de valeur qu'un
même son y peut avoir , l'altération qu'on remarque dans cette échelle , & l'insensibilité to-
tale de l'oreille à cette altération , les regles du
mode majeur , la difficulté d'entonner trois tons
consécutifs , la raison pour laquelle les deux
Tierces majeures , ou les deux accords parfaits
de suite sont proscrits dans un ordre diatonique , l'origine du mode *mineur* , sa subordina-
tion au *majeur* , & ses variétés , l'usage de la
dissonance , la cause des effets que produisent
les différents genres de Musique Diatonique ,
Chromatique & Enharmonique , & enfin les
loix du Tempérament.

L'application que *Rameau* a faite de sa théorie à la pratique , est encore digne d'admiration. Tout le monde connoît le beau chœur de
l'Acte de Pigmalion : or ce chœur est formé par
l'accord de la douzieme & de la dix-septieme
majeure unies avec le son fondamental : ce qui

(a) *Démonstration du Principe de l'Harmonie* , pag.
11 & suivantes.

est un exemple remarquable dans cette application.

On vient de perdre ce grand Musicien. Il étoit de Dijon, & il est mort à Paris, en 1764, âgé de quatre-vingt-deux ans. Il a eu pendant sa vie tous les chagrins que la jalousie fait éprouver par-tout aux hommes de génie. Il se plaignoit encore publiquement en 1750, des désagréments de toute espece qu'on ne cessoit de lui susciter. Dans son Epitre à M. le Comte d'*Argenson*, qui est à la tête de sa *Demonstration du Principe de l'Harmonie*, il prie le Ministre de lui accorder sa protection, » qui sera, dit-il, la plus chere » récompense de mes veilles, & répandra sur » le reste de ma vie un calme & une douceur, » qu'il ne m'a pas encore été permis de goûter. Il ne jouit pas néanmoins de ce calme & de cette douceur, sans quelque mélange de trouble & d'amertume. Il eut à répondre à quelques Critiques de ses Ouvrages, qui étoient assez désobligeantes ; & la derniere année de sa vie, il essuya une espece de mortification, qui le fit sortir de son caractere. Jusques-là il avoit souffert avec assez de patience, toutes les injustices qu'on lui avoit faites ; mais ce dernier trait lui fut si sensible, qu'il éclata tout haut. Il sentoit qu'il touchoit à la fin de sa carriere. Il ne pouvoit gueres se dissimuler qu'il étoit le plus grand Musicien qu'il y eût : sur sa conduite il n'avoit point de reproche à se faire. Toutes ces raisons ne lui permirent pas de garder le silence. Il se plaignit sans ménagement, & avec cette confiance que donne à un homme de mérite le témoignage d'une bonne conscience. On connut la faute qu'on avoit faite, & pour la réparer , on obtint pour lui de la Cour le cordon de Saint Michel ; mais il ne l'accepta point , & mourut avec le feul titre de Compofiteur du Cabinet du Roi. Sa mort a été un deuil pour tous les Muficiens. Ils lui ont fait chanter une Meffe en Mufique avec la plus grande pompe. Au moment que j'écris ceci , on fe prépare à lui rendre de nouveaux honneurs. Cela fait l'éloge de la Nation , & des enfants de Polymnie.

La fcience des fons forme, comme on voit, la partie principale de l'Acouftique. Le fecond objet de cet art eft d'aider l'ouie ou d'augmenter fa fenfibilité. A cet égard , les Mathématiciens ont prefque fait d'inutiles efforts. La feule chofe qu'on ait imaginée , eft un Porte-voix. C'eft un inftrument en forme de trompette , qui propage le fon , de maniere qu'on peut parler diftinctement à une grande diftance. Il y a apparence qu'on en doit l'invention aux Grecs ; car *Alexandre le Grand* s'en fervoit pour affembler fes troupes & pour rallier fon armée, quelque difperfée qu'elle fût. Cependant cet inftrument avoit été oublié. *Samuel Morland* , le P. *Kirker* , & *Jean-Baptifte Porta* , Napolitain , croient l'avoir inventé , & ils ont des partifans. En tout cas, c'eft peu de chofe que cela. La maniere dont ils parlent de leur Porte - voix , eft plutôt une idée qu'une découverte réelle. On ne trouve ni principes , ni régles pour conftruire cet inftrument. M. *Caffegrain* eft le premier qui a voulu foumettre cette conftruction à une théorie. Fondé fur les principes des Fondeurs qui font les moules des cloches , fuivant les fections du Monochorde , il veut que les Portes-voix foient conftruits felon ces mêmes fections , & fur-tout felon les

Octaves , qui font des raifons doubles les unes des autres. Cela eſt fort vague. Auſſi un Profeſſeur de Wittemberg , nommé M. *Haſe*, a trouvé qu'on ne déterminoit pas par-là rigoureuſement la meilleure forme de cet inſtrument. Il a cherché cette forme dans la Géométrie pure , & a prétendu démontrer que l'hyperbole équilatere lui donne la figure la plus parfaite. Depuis on a voulu que cette figure devoit être celle d'un paraboloïde , dont le foyer doit ſe trouver à l'embouchure de l'inſtrument. Les ſections coniques , & principalement l'ellipſe , ont en effet la propriété de propager le ſon.

Une voûte elliptique raſſemble ſi bien les parties de l'air , qu'en parlant fort bas dans un certain endroit de la voûte , on eſt entendu très diſtinctement à un autre endroit très éloigné : mais avec tout cela , il reſte encore à découvrir des moyens d'augmenter la ſenſibilité de l'organe de l'ouie , ou en réuniſſant le ſon , ou en lui donnant plus d'activité , ainſi qu'on aide la vue par le moyen des verres , qui réuniſſent comme il convient les rayons de la lumiere ſur la rétine ; & juſques à ce qu'on ait fait cette découverte , la Muſique , ou la ſcience des ſons , en formant la partie la plus conſidérable de l'*Acouſtique* , rendra la ſcience de l'ouie un ſimple art dépendant des Mathématiques.

HISTOIRE

DE LA

GEOGRAPHIE.

IL n'eſt pas poſſible de décrire la terre, qui eſt l'objet de la Géographie, ſi l'on ne connoît les rapports que ce Globe a avec le Ciel. Sans cette conſidération, la Terre paroît une plaine immenſe coupée par des montagnes, des vallées, des rivieres, &c. C'eſt ce qu'ont dû penſer ſes premiers Habitans. Mais lorſqu'ils ſe ſont répandus ſur ſa ſurface, la hauteur différente des Aſtres ſur l'horiſon, la longueur inégale des jours & des nuits, les ont ſans doute détrompés. Ces apparitions ne pouvoient avoir lieu qu'en donnant à la terre une forme ſphérique. On ignore le tems où ces obſervations ont conduit à cette vérité. Seulement on ſait que long-tems avant *Thalès*, on ne doutoit point que la terre ne fût ronde. Ce premier Philoſophe de la Grece prédiſoit des éclipſes, ce qui ſuppoſe déja la connoiſſance de la figure de ce Globe, & ſon diſciple *Anaximandre* entreprit d'en meſurer la circonférence. Quelque tems après, il oſa encore davantage. Les connoiſſances qu'il avoit acquiſes lui ayant procuré un état général de la terre, il fit une Mappe Monde, c'eſt-à-dire une Carte qui repréſentoit ce Globe. C'étoit déja beaucoup, quoique cet Ouvrage fut très imparfait. Il expoſa auſſi aux Grecs un tableau de la Grece, & celui des au

600 ans
avant J. C.

A a iv

tres Pays que fréquentoient les Voyageurs.
Quelques Savans prétendent que ce ne fût pas
là la premiere Carte particuliere qui parut, &
que *Sesostris*, Roi d'Egypte, 1490 ans avant
Jesus-Christ, en avoit fait faire une des Pays
dont il s'étoit emparé.

Cependant on regarda l'ouvrage d'*Anaximandre* comme une chose admirable. Dans le
même-tems, *Hécatée*, de Milet, composa un
Traité de Géographie, qui est le premier qui
ait paru, dans lequel il marqua principalement
la situation des Fleuves & des Montagnes.
C'est ainsi que commença la Géographie. L'a-
mour propre, qui est une des grandes passions
de l'homme, accélera bientôt ses progrès. Tous
les Conquérans voulurent avoir des Cartes des
Pays qu'ils avoient conquis, ou des endroits où
ils avoient gagné des batailles, afin d'en ré-
pandre des copies dans les Temples, de rendre
publics leurs triomphes, & d'en conserver la
mémoire. *Alexandre* le Grand fit placer dans le
Temple de Jupiter Ammon, une Carte d'or
où étoient gravés les lieux de ses conquêtes.

Toutes ces Cartes particulieres mirent les
Géographes en état de faire une nouvelle
Mappe-Monde, bien supérieure à celle d'*Anaximandre*, puisqu'on y voyoit tous les Pays
connus. On fit plusieurs copies de cette Carte
générale, & on les rendit toujours plus exactes.
Elles l'étoient même tellement du tems de *Socrate*, qu'elles renfermoient les principaux
lieux dans un assez grand détail. Elles servirent
même à ce Philosophe à rabaisser le faste du
jeune *Alcibiade*, qui se glorifioit de ses nombreux héritages. *Socrate*, choqué de cette os-

tentation, le mena devant une Mappe-Monde, & le pria de lui montrer où étoit l'Attique, & dans l'Attique où étoient ces terres. *Alcibiade* chercha long-tems, & ne les trouva point. Il avoua que de si petits objets ne méritoient pas d'être insérés dans une Carte générale Eh! de quoi te glorifies-tu, lui répondit *Socrate*, puisque les Géographes les plus habiles, ne connoissent pas tes possessions? *Quid igitur his tibi divitiis, quarum Geographus nullam rationem duxit, tantoperè places?* (Ælian. L. III. c. 28).

Jusques-là la Géographie étoit l'ouvrage de la Géometrie pure. On dessinoit les lieux sur une Carte suivant leur grandeur estimée ou mesurée, & selon leur situation respective. Cela ne fixoit gueres leur position particuliere. Cent quarante ans avant J. C., le célebre Astronome *Hipparque* imagina de déterminer cette position relativement à leur distance de l'Equateur & d'un Méridien ; c'est-à-dire selon leur latitude & leur longitude. Cette derniere détermination lui parut très difficile ; mais il jugea avec raison qu'on pouvoit connoître la longitude des lieux par les éclipses de Lune.

140 ans
avant J. C.

Ce ne fut ici presque qu'un projet; car *Ptolémée* jouit de la gloire d'avoir enseigné la construction des Cartes d'après les principes astronomiques, & d'avoir donné les projections propres à représenter le Globe terrestre. Les Géographes profiterent de ces connoissances, & firent enfin des Cartes où les positions des lieux étoient désignées par les longitudes & les latitudes. Ce n'est pas que *Ptolémée* eût observé la latitude & la longitude de tous les lieux placés dans ces Cartes. Il avoit presque toujours déterminé

130 ans
avant J. C.

l'une & l'autre fur la durée des plus grands jours, &
fur la longueur du chemin & fur leur direction,
tels que les marquoient les relations des Voyageurs. On fait que la longitude eft la diftance du
Méridien d'un lieu au premier Méridien. Mais
où eft-il ce premier Méridien ? C'eft ce que
chercha *Ptolémée* il eft évident que par la forme de la terre, il n'y a point de premier Méridien, & qu'on peut nommer ainfi celui que
l'on veut. Quoique perfuadé de cela, *Ptolémée*
crut que le Méridien, qui paffe à un dégré près
des Ifles fortunées, pouvoit être regardé comme le premier, parceque ce lieu formoit alors
les limites de la terre connue à l'Oueft.

J'ai dit que cet Aftronome-Géographe détermina la longitude par les éclipfes de Lune ;
& j'ajoute qu'il trouva la latitude en obfervant
la diftance de chaque lieu à l'Equateur, comme on l'a vu dans l'hiftoire de l'Aftronomie.
Tant qu'il fit ufage de ces deux moyens, la
pofition des lieux fur fes Cartes, eut quelque
dégré d'exactitude ; mais lorfqu'il fût obligé
d'y fuppléer par des Mémoires, & de réduire
les diftances des lieux en dégrés de longitude
& de latitude, fuivant les mefures qu'on avoit
employées pour les déterminer, il ne donna
que des pofitions défectueufes. Ces Mémoires
venoient de *Neco*, Roi d'Egypte, de *Darius*,
d'*Alexandre*, & des Romains.

Par les ordres de *Neco*, les Phéniciens avoient
été occupés pendant trois ans à vifiter & à rendre un compte exact de l'étendue de leurs terres jufqu'aux extrémités de l'Afrique. *Darius*
avoit laiffé des obfervations fur l'embouchure
de l'Indus, & fur toute la Mer Ethiopique du

côté de l'Eſt ; & on poſſedoit d'*Alexandre* le Grand, des Journaux contenant le cours de ſes voyages & le plan des endroits qu'il avoit parcourus dans ſon expédition d'Aſie. Ces journaux & ce plan étoient l'ouvrage de *Diogene* & de *Beto*, deux Géographes ou Arpenteurs de ce tems-là. Les Romains procurerent, il eſt vrai, des relations ou des deſcriptions plus exactes & plus abondantes. Ils avoient des Cartes, enrichies de peintures, des Provinces qu'ils avoient ſoumiſes à leur domination. Malgré ces ſecours, toute la Géographie de *Ptolémée*, & celle des Anciens en général, eſt très peu de choſe.

En effet, comme le remarque fort bien *Varenius* dans ſa *Géograrhie générale*, ils ne connoiſſoient ni l'Amérique, ni les Contrées ſeptentrionales les plus éloignées, ni le Continent du Sud, ni les Terres Magellaniques. Ils ignoroient que la Terre eſt environnée de l'Océan ſans diſcontinuation, & ne croyoient pas qu'on pût en faire le tour par Mer. Comme ils ne connoiſſoient point les parties méridionales de la Terre, ils vouloient qu'on ne pût pas faire le tour de l'Afrique par Mer. La Zone torride étoit, ſelon eux, un Pays déſert & inhabitable : enfin ils n'avoient point déterminé la grandeur de la Terre. Auſſi leur Géographie étoit très défectueuſe. Outre le nouveau Monde que les Modernes ont découvert, ils ont reconnu que les parties du vieux, que les Anciens avoient cru inhabitables, étoient peuplées. On entend par *Monde vieux* ou *ancien*, l'Europe, l'Aſie & l'Afrique.

L'Europe comprend, au Nord, le Dannemarck, la Norwege, la Suede, la Ruſſie ou
Moſcovie ; entre le Nord & le Midi, la France,
les Pays-Bas, la Suiſſe, l'Allemagne, la Bohe-
me, la Hongrie, la Pologne, le Royaume de
Pruſſe ; & vers le Midi, le Portugal, l'Eſpagne, l'Italie, & une partie de la Turquie.

L'Aſie contient une partie de la Turquie,
l'Arabie, la Perſe, l'Inde, la Chine, & la
grande Tartarie.

Et l'Afrique a au Nord l'Egypte, la Barbarie, & le Sara ; au milieu, la Guinée, la Ni-
gritie, la Nubie, & l'Abyſſinie ; & au Midi,
Congo, la Cafrerie pure, qui s'étend juſqu'au
Cap de Bonne-Eſpérance, & la Cafrérie mé-
langée ou orientale, qui renferme les côtes de
Zanguebar & d'Ajan.

Voilà en quoi conſiſtoit la Géographie des
Anciens, à laquelle on a ajouté le nouveau
Monde, qui contient un Continent (ou Terre-
Ferme) & des Iſles.

Le Continent comprend l'Amérique ſepten-
trionale & l'Amérique méridionale. Dans celle-
là, ſont la Nouvelle France, qui comprend le
Canada, la Louiſiane, & les Poſſeſſions An-
gloiſes au Midi ; & au Nord du Canada, on a
la Floride, le Mexique ou nouvelle Eſpagne,
le nouveau Mexique, la Californie, & les nouvelles découvertes à l'Oueſt du Canada. On diviſe l'Amérique méridionale en ſept parties,
qui ſont la Terre-Ferme, le Perou, le Chili,
le Pays de la riviere des Amazones, le Breſil,
leParaguay, la Terre Magellanique.

Quant aux Iſles, les Açores, Terre-Neuve,

les Lucayes & les Antilles, font les principales de l'Amérique.

Personne n'ignore aujourd'hui que c'est à *Chriſtophe Colomb* qu'on doit la découverte de ce nouveau Monde. C'étoit un Génois actif & intelligent. Il cherchoit un chemin plus court que celui qu'on ſuivoit pour parvenir aux Indes, & il crut qu'il le trouveroit en traverſant l'Océan Occidental. Ce n'étoit qu'une conjecture ; mais il l'appuyoit avec de ſi bonnes raiſons, que Ferdinand, Roi d'Arragon, crut devoir le ſeconder. Il lui donna le commandement de trois caravelles ou petits Vaiſſeaux, & lui accorda le titre d'Amiral & de Viceroi de tous les Pays qu'il découvriroit. Il partit en 1492 de Palos en Andalouſie, & après une navigation de deux mois, il aborda heureuſement à l'Iſle de Guanahani, qui eſt une des Lucayes. Il découvrit enſuite les Iſles de Cuba, de Saint-Domingue & pluſieurs autres. Toutes ces découvertes appartenoient naturellement au Roi de Portugal ; mais le Pape diſpoſoit dans ce tems-là des terres qui n'appartenoient à perſonne, & qu'on croyoit pouvoir ſe les approprier par droit de conquête, en les découvrant. Il falloit donc avoir ſon conſentement pour poſſeder, à titre de propriété, les Terres dont on s'étoit emparé actuellement, & qu'on pourroit découvrir. C'eſt ce qu'obtint le Roi de Portugal, en 1493, d'*Alexandre* VI. Ce Pape lui accorda toutes les Iſles que ſes ſujets ou ſes ayants Cauſes découvriroient vers l'Occident, à cent lieues au delà des Iſles Açores & du Cap-Verd, & il marqua cette conceſſion ſur la Mappe-Monde par une ligne, afin

1492 ans après J. C.

de distinguer les conquêtes des Portugais de celle des Espagnols ; car comme il avoit cedé aux premiers les découvertes du côté de l'Occident, il avoit accordé aux Espagnols celles de l'Orient. Ce partage ne plût point aux Portugais. Ils protesterent contre cet arrangement, & après de vifs démêlés qu'ils eurent avec les Espagnols, ils convinrent d'étendre les limites de leurs découvertes plus à l'Occident que ne le fixoit la ligne tracée par *Alexandre* VI. Ils appellerent la nouvelle ligne qu'ils tirerent, *la ligne de démarcation.*

Pendant ce débat, un Aventurier Florentin, nommé *Americ Vespuce*, ayant parcouru les Pays que *Colomb* avoit découverts, publia des relations de tous ces Pays ; & s'attribuant la découverte de la Terre-Ferme, leur donna son nom, sous lequel ce Continent est connu aujourd'hui.

Les Géographes profiterent de ces connoissances pour faire une nouvelle Mappe-Monde; & en consultant les Journaux des Navigateurs, ils rectifierent les Cartes particulieres. De leur côté, les Astronomes travailloient à déterminer astronomiquement la position de tous les lieux. C'étoit de leur part des efforts particuliers, qui n'avoient que de foibles succès. Mais lorsqu'il se forma dans l'Europe des Compagnies savantes, soutenues par les bienfaits des Souverains, on fut en état de réunir les forces, de former des entreprises, & d'éclaircir efficacement plusieurs points importants de Géographie. En France, plusieurs Géometres & Astronomes, sous les auspices du Ministere, se disperserent dans les Provinces, & leverent géométriquement le plan de divers lieux , & en fixerent la pofition par des obfervations aftronomiques. En 1679, on prit les chofes plus en grand : ce fut de fixer les extrémités du Royaume de France dans tous les fens. MM. *Picard* & *de la Hire* furent chargés de ce travail, qui mit les Géographes en état de donner une nouvelle Carte de la France, bien fupérieure à celle qu'on avoit alors. Cette Carte n'étoit cependant pas parfaite. Il falloit pour cela avoir une ligne directrice, à laquelle on pût rapporter la pofition de tous les lieux, & qui fervît comme de point de réunion pour toutes les Cartes partticulieres. Cette directrice ne pouvoit être qu'une Méridienne qui traversât tout le Royaume. C'eft ce que reconnut le premier M. *Picard*. Il comprit enfuite que pour avoir une Carte de la France, aufli parfaite qu'il feroit poffible de la faire, il falloit partager tout le Royaume en triangles contigus , qui euffent leur fommet aux endroits les plus remarquables, afin de renfermer dans ces triangles les Cartes particulieres levées géométriquement, & de les réunir avec autant de facilité que d'exactitude.

Ce projet étoit trop beau, pour qu'il ne fût pas goûté par M. *Colbert*, à qui M. *Picard* le propofa. Il fut aufli accueilli de tous les Mathématiciens ; de forte que tout concouroit à fon exécution. Aufli dès le milieu de l'année 1680, les Membres les plus habiles de l'Académie des Sciences dans ce genre de travail, fe difperferent à cette fin. MM. *Caffini, Chazelles , Varin , Deshayes, S d'au & Perrim* allerent du côté du Midi, & MM. *de la Hire,*

Pothenot & *Lefevre* marcherent au Nord. La premiere Compagnie prolongea dans la même année la Méridienne de soixante-dix lieues, & détermina relativement à cette Méridienne & géométriquement, la position de tous les lieux un peu remarquables, & situés dans l'étendue de l'espace qu'elle traversoit. La seconde Compagnie fit le même travail du côté du Nord, & prolongea la Méridienne jusqu'à Dunkerque & Mont-Cassel.

Ce travail étoit à peine fini, qu'on résolut de corriger les erreurs qui étoient sans nombre dans les Mappes-Monde. En bon Citoyen de l'Univers, ces Mathématiciens embrasserent la Géographie générale. Le célebre *Gassendi* avoit déja remarqué que les longitudes des lieux éloignés de la France étoient trop grandes, & que cette erreur croissoit à proportion de cet éloignement. L'Académie des Sciences crut devoir rectifier cela, en observant la longitude sur les lieux. Elle envoya MM. *Duclos*, *Varin* & *Deshayes* à l'Isle de Gorée, pour déterminer par des observations la position du Cap-Verd, & par-là celle de la côte de l'Afrique. MM. *Varin* & *Deshayes* allerent ensuite à la Guadeloupe & à la Martinique, & en déterminant la longitude de ces lieux, ils confirmerent la remarque ou la conjecture de *Gassendi*.

On ne pouvoit cependant s'assurer de la chose, qu'en allant à la Chine. On avoit bien des Cartes de cet Empire, publiées par le *P. Martini* en 1654, sous le nom d'*Atlas Sinicus*, & celles du P. *Couplet*, qui avoient paru en 1684; mais on étoit presque certain qu'elles étoient très erronées. Comme le voyage de la Chine

n'étoit

n'étoit pas facile à faire, on prit le parti de s'adresser aux Missionnaires. Le P. *Gouie* étoit alors à la Chine en cette qualité. C'étoit un Mathématicien habile, qui avoit su mettre ses connoissances à profit pour connoître l'Asie. Il publia en 1688 le fruit de son travail, qui fit grand plaisir à tous les Géographes. En effet, il leur apprit qu'il falloit rapprocher de vingt-cinq à trente degrés l'extrémité orientale de l'Asie, & proportionnellement les lieux moyens, afin d'avoir une Carte exacte de cette partie du monde. On détermina encore plus précisément la position de ces lieux par des observations d'éclipses, qu'on fit à Goa, à Macao, à Siam & à Pékin.

C'est ainsi qu'on travailla à la perfection de la Géographie. Les Voyageurs, par leurs découvertes & leurs mémoires, concoururent aussi à cette perfection. Car l'Astronomie & l'Histoire sont les fondements de la Géographie. La premiere fixe la position des lieux, & l'Histoire en donne la connoissance particuliere. Comme dépendante de l'Astronomie, la Géographie appartient aux Sciences exactes ; & alors son histoire n'est que celle de l'Astronomie même ; mais l'autre partie de la Géographie qui regarde la description de la terre, est absolument étrangere à cet Ouvrage, c'est-à-dire une Histoire des progrès de l'esprit humain dans les Sciences exactes.

HISTOIRE

DE

L'ARCHITECTURE

CIVILE.

ON ignore en quoi confiſtoit l'Architecture
dans ſon origine. *Vitruve* nous apprend que les
premieres habitations étoient faites avec de
grands arbres, dans leſquels on avoit entrelaſ-
ſé des branches. Cela formoit une véritable
cabane. Ce fût là le modele qu'on ſuivit pour
la conſtruction des édifices juſques au tems des
Grecs. Ces Peuples bâtirent beaucoup mieux.
Ils firent des maiſons avec des poutres, entre
leſquels ils mettoient des pierres. Sur le travers
de ces poutres, ils plaçoient des ſolives à diſtances égales, qu'ils couvroient d'ais pour faire
des planchers, au deſſus deſquels ils formoient
un toit en dos d'âne. C'eſt toujours *Vitruve* qui
eſt le premier Ecrivain ſur l'Architecture, qui
nous inſtruit ainſi. Son autorité eſt ſans doute
d'un grand poids. Cependant, avant les Grecs,
Salomon fit bâtir un Temple magnifique, dont
les Livres ſacrés nous ont donné une deſcription aſſez circonſtanciée. Il avoit ſoixante coudées de longueur, vingt de largeur, & cent
vingt de hauteur. Il étoit diviſé en deux parties, dont l'une étoit pour les ſacrifices, &

l'autre formoit le fanctuaire. Ces deux parties
étoient féparées l'une de l'autre par de grandes
portes de bois de cedre couvertes de lames
d'or. Tout le Temple étoit bâti de marbre
blanc. Voilà un édifice qui annonce plus de
connoiſſances dans l'Architecture, que les premieres maiſons des Grecs. Les progrès rapides
que ces peuples firent dans cet art, prouvent bien
qu'ils n'en étoient pas aux élémens, lorſqu'ils
formerent une ſociété, & qu'ils bâtirent des
Villes. Un ſavant Allemand, nommé *Sturm*,
prétend même que les ordres d'Architecture
étoient connus des Hébreux, & qu'on voyoit
au Temple de *Salomon* le Dorien & le Corinthien. Si cela étoit, on ignoreroit l'origine de
ces ordres. Cependant tous les Livres d'Architecture font l'hiſtoire de cette invention, qu'ils
attribuent aux Grecs. Et voici comment ils rapportent la choſe.

Le Lecteur ſait qu'on appelle *Ordre*, un arrangement régulier de trois parties ſaillantes,
qui ſont la colonne, le piedeſtal & l'entable-
ment.

Les premieres colonnes furent des troncs
d'arbres dont on ſe ſervit pour ſoutenir les toits
des premieres maiſons. Lorſqu'on ſubſtitua la
pierre aux arbres, on chercha à donner aux
colonnes une forme à la fois élégante & ſolide.
Dorus, Roi d'Achaïe, ayant fait élever un
Temple en l'honneur de Junon, un homme,
qui eſt inconnu, crut qu'il falloit donner à la
hauteur de la colonne, ſix fois ſa groſſeur,
parceque telle eſt la proportion du corps de
l'homme, qu'il prenoit pour modele.

Quelque tems après on bâtit en Grece un

Temple qu'on dédia à Diane. Les Architectes à qui on en confia l'exécution, voulurent enchérir sur celui de Junon, par la délicatesse & l'élégance. Dans ce dessein la proportion du corps de la femme parut préférable à celle du corps de l'homme. Au lieu de la sixieme partie de la hauteur que *Dorus* avoit donnée au diametre de la colonne, les Architectes du Temple de Diane lui donnerent la huitieme partie. Les gens de goût trouverent néanmoins la colonne trop menue. Ils proposerent d'en diminuer la longueur, en formant des moulures à sa partie supérieure. On prétend que cette idée est une imitation des boucles des cheveux des femmes ; mais comme on fait aussi des moulures au bas de la colonne, cette origine des moulures est tout-à-fait hasardée. On peut mettre au rang des conjectures, qu'on imagina des cannelures pour imiter les plis des robbes des femmes.

Quoi qu'il en soit, comme les colonnes représentoient des arbres, on voulut suivre cette imitation Il falloit former pour cela une espece de tête à la colonne, qui tint lieu de branches. Cette addition l'enrichit extrêmement. C'est ce que nous nommons aujourd'hui *Chapiteau.* Il paroît qu'on doit cette invention aux Ioniens, car on ne peut pas donner le nom de chapiteau au couronnement de la colonne dorique. Ce n'en étoit qu'une idée informe. Les Ioniens chercherent des proportions au chapiteau, relativement à celles & de la colonne dorique, & de la nouvelle colonne, qu'on appella *Ionique,* du nom de leurs Inventeurs. Ils distinguerent aussi leur chapiteau, en ajoutant des volutes ou enroulements aux moulures & filets qu'ils avoient faits au chapiteau dorique. Rien ne parut mieux imaginé ; mais un homme ingénieux nommé *Calimaque*, fit par hasard une découverte qui donna l'idée d'un chapiteau plus riche. On avoit mis fur la tombe d'une jeune fille de Corinthe un panier de fleurs qu'on avoit couvert avec une tuile. Une plante d'Acanthe fur lequel il fe trouva pofé, venant à vegeter au beau temps, poufla des feuilles qui entourerent ce panier, & fe recourberent fous la tuile en forme de volutes. *Calimaque* vit dans cet ouvrage du hafard & de la nature un beau chapiteau, qu'il fût aifé de copier. Et ayant ajufté ce chapiteau fur une colonne ionique, dont il changea un peu les proportions, il créa en quelque forte un nouvel Ordre, qu'on a nommé *Ordre Corinthien*.

Ces trois ordres furent employés dans les plus beaux édifices des Grecs. Le temple de Diane d'Ephefe étoit entouré de deux rangs de colonnes en forme de double portique. Ces colonnes, au nombre de cent vingt-fept, avoient foixante pieds de haut. La longueur du temple étoit de quatre cents vingt cinq pieds, & la largeur de deux cents vingt. On travailla plus de deux cents ans pour le bâtir. C'eft le plus bel ouvrage d'architecture des Grecs. Il eft une de fept merveilles du Monde. *Eroftrate* voulant tranfmettre fon nom à la poftérité, y mit le feu l'an du monde 3594, la même nuit que nâquit *Alexandre le Grand*.

Les connoiffances des Grecs fur l'Architecture furent d'abord négligées par les Romains ; mais fous le fiecle d'*Augufte*, où l'on accueillit tous les Arts , on en connut le mérite. Les plus habiles Architectes voulurent même ajouter à ces connoiſſances. L'un d'eux inventa en Toſcane un nouvel ordre : c'eſt l'*Ordre Toſcan*. Il n'eſt ni ſi riche , ni ſi élégant que les Ordres Grecs ; mais il eſt d'une ſimplicité & d'une ſolidité infiniment eſtimables. Il eſt ſans ſculpture & ſans aucune ſorte d'ornements. Son chapiteau & ſa baſe ont peu de moulures , & ſon piedeſtal qui eſt fort ſimple eſt très bas.

60 ans avant J. C.

Preſque dans le même temps parut un autre Ordre plus riche que tous les Ordres des Grecs. Il étoit compoſé de l'Ordre Corinthien & de l'Ordre Ionique , & on le nomma par cette raiſon *Ordre compoſite* Son chapiteau a deux rangs de feuilles du chapiteau corinthien , & les volutes de l'ionique. La hauteur de ſa colonne eſt de dix diametres , & ſa corniche eſt ornée de denticules.

Les Romains éleverent auſſi des édifices magnifiques , qui mirent l'architecture en grande conſidération. *Auguſte* fit conſtruire un amphithéâtre , ou bâtiment ſpacieux , pour y donner le ſpectacle horrible du combat des gladiateurs & des bêtes féroces. Il étoit ovale. L'arene étoit entourée de pluſieurs rangs de ſieges de pierre par dégrés , avec des portiques tant au-dedans qu'au-dehors. Cet amphithéâtre fut brûlé ſous *Veſpaſien* , qui ordonna qu'on le rebâtît. On y voyoit des ſtatues , qui repréſentoient toutes les Provinces de l'Empire. On fit auſſi des amphithéâtres dans ces Provinces ; mais le plus beau qu'on ait vu , eſt celui que l'Empereur *Severe* fit conſtruire proche le coloſſe de *Neron*, & qu'on nomma *Coliſée* , à cauſe de cette proximité. Il contenoit quatre-vingt-sept mille spectateurs. C'étoit un bâtiment prodigieux. Les Romains aimoient assez ces grands travaux, & l'élévation de leur ame leur suggeroit souvent des entreprises monstrueuses, si je puis me servir de ce terme. Les Aqueducs & les Ponts qu'ils bâtirent, ne peuvent être désignés autrement.

Il y avoit à Rome un cloaque, qui s'étendoit sous toute la Ville. Il étoit formé de grandes voûtes fort élevées, sous lesquelles on alloit en bâteau. A côté de ces voutes, on avoit laissé un espace assez grand, pour que des charrettes chargées de foin pussent passer. Cela étoit fait avec tant de hardiesse & de solidité que la Ville de Rome paroissoit suspendue en l'air.

Les Ponts des Romains étoient encore des bâtimens dignes de leur goût pour les grandes choses. Celui que Trajan fit jeter sur le Danube entre la Servie & la Moldavie, étoit composé de vingt arches, hautes de cent cinquante pieds, & larges de cent soixante. Le Pont Saint Ange, qui existe actuellement à Rome, étoit autrefois garni d'une couverture de bronze, soutenue par quarante deux colonnes.

C'est par ces ouvrages, à la fois hardis & magnifiques, que les Romains se distinguerent dans l'Architecture. Ce bel art éprouva chez ces Peuples différentes révolutions. Il fut de temps en temps négligé, & la chûte de l'Empire d'Orient le plongea enfin dans un oubli si grand, qu'il ne s'en releva qu'au bout de plusieurs siecles. Pendant ce tems de dépérissement & de barbarie, les Visigots détruisirent les plus

414 ans après J. C.

Bb iv

beaux monuments de la Grece & de Rome, &
introduisirent une nouvelle architecture sans
principes, sans regles, & de fort mauvais goût.
Ils s'attacherent à la solidité, & se piquerent
d'un certain merveilleux, ou artifice de travail,
qui n'étoit cependant pas sans mérite.

800 ans après J. C.

Cette Architecture, connue sous le nom
d'*Architecture gothique*, subsista jusqu'à *Charlemagne*, qui entreprit de rétablir l'Architecture
ancienne, laquelle consistoit en une juste harmonie des proportions, en un bon goût dans
les profils, en une richesse dans les ornements;
en un mot, en une belle maniere qui s'étendoit
sur le tout comme sur les parties. *Hugues Ca-
pet* seconda les vues de *Charlemagne*, & le Roi
Robert, son fils, se fit un devoir de protéger
hautement l'Architecture & de la favoriser.

1200.

Les Architectes François qui sentirent combien étoit pesante & grossiere l'Architecture des
Goths, s'attacherent à se distinguer par l'élégance & la délicatesse. Ils crurent par-là corriger le goût gothique; mais au lieu de prendre
un sage milieu entre le solide & le leger, ils
donnerent dans le petit & le mesquin, & les ornements dont ils chargerent les édifices, ne servirent qu'à y jetter de la confusion. On avoit absolument manqué la noblesse & la simplicité,
qui faisoient le caractere des bâtiments des Romains, & qui doivent constituer la perfection
de l'Architecture. C'est ce qu'on a reconnu de-

1650.

puis un siecle. Tous les gens de goût souhaitent
qu'on suive cette belle maniere; parcequ'ils en
esperent les plus grandes choses. Puissent leurs
vœux être exaucés! Leur accomplissement four-
nira des mémoires satisfaisants pour la suite de
cette histoire abregée de l'Architecture civile.

HISTOIRE
DE
L'ARCHITECTURE
MILITAIRE.

SI l'on en croit les plus célebres Hiſtoriens ſur l'Art militaire, la premiere fortification fut une enceinte autour des habitations, formée avec des troncs d'arbres mêlés de terre. C'étoit une eſpece de haie. Dans la ſuite on ſubſtitua des murailles aux troncs d'arbres ; & pour défendre l'approche de ces murailles, on y pratiqua intérieurement des parapets, d'où l'on tiroit des fleches ſur les aſſiégeans. Ceux-ci qui étoient auſſi les aſſiégés, qui paroiſſoient à demi-corps. Afin de ſe garantir de leurs coups, ces derniers imaginerent de pratiquer des ouvertures ou des créneaux de diſtance en diſtance, pour donner paſſage aux fleches, & cachés derriere le mur, ils furent à couvert des traits de l'ennemi. Tout l'avantage étoit de leur côté. Il n'y avoit pas moyen d'approcher de la muraille, ſans un danger imminent. Le parti le plus ſimple qu'il y eût à prendre, c'étoit d'abbattre le mur. Ce ne fut pas cependant celui qu'on ſuivit d'abord. On voulut braver les aſſiégés, en ſe couvrant avec des boucliers & des rondaches ; mais on ne vint point à bout de leur nuire. Cette raison fit connoître qu'il falloit abſolument imaginer quelque moyen de pénétrer dans la Ville en détruiſant les murailles. On ſe ſervit d'abord de groſſes poutres qu'on lançoit avec force contre les murs. Les Carthaginois perfectionnerent cette invention au ſiege de Gad. Ils ferrerent ces poutres par les deux bouts, & tantôt les ſuſpendirent avec des cordes, ou les poſerent ſur deux rouleaux. Par l'un ou l'autre moyen, on les mettoit en mou-vement, & on les laiſſoit tomber contre les murs. Cette machine fut nommée *Bélier*, par-cequ'à l'extrémité de la poutre, qui donnoit contre la muraille, on avoit figuré la tête d'un bélier.

450 ans avant J. C.

Les Aſſiégeans étoient perdus ſans reſſour-ce, s'ils n'euſſent point trouvé quelque expé-dient pour amortir les coups du Bélier. C'eſt à quoi ils parvinrent, en faiſant la muraille en talut. Les coups gliſſoient ſur cette pente, & étoient très ſouvent ſans effet. Une idée con-duit quelquefois à une autre, & une heureuſe invention eſt preſque toujours le germe de plu-ſieurs découvertes. Auſſi les aſſiégés trouverent aiſément d'autres moyens de ſe défendre. Ils firent avancer en ſaillie le parapet de la mu-raille, & pratiquerent dans cette ſaillie des ouvertures appellées *Machicouli*. Par là ils jet-terent ſur les Aſſiégeans des pierres & des feux d'artifices, qui les écarterent bien loin du mur.

A cette défenſe ceux-ci oppoſerent une nou-velle façon d'attaquer : ce fut d'approcher de la Ville dans une maiſon roulante, aſſez forte pour réſiſter au choc des pierres & à l'effet des artifices. Cette maison, couverte en dos d'âne, étoit montée sur des roues. Sous cet abri, les afsiégeans firent mouvoir tranquillement leurs béliers, & fe moquerent des afsiégés. Pour empêcher que ces maisons roulantes n'approchafsent des murs, l'expédient le plus court étoit de faire un fossé qui les entourât. C'est aussi ce qu'on fit.

Il parut difficile de répondre à cela. D'abord on voulut combler le fossé; mais on comprit bientôt que ce ne pouvoit être qu'un ouvrage long & périlleux, pendant lequel les Afsiégeans n'auroient pas cessé de tourmenter les ennemis. Une idée plus judicieuse succéda à celle-ci. On inventa des machines avec lesquelles on lança des pierres & des javelots fur les afsiégés. On ne fait pas trop en quoi confistoient ces machines. Les Historiens nous parlent feulement d'une, qui étoit fans doute supérieure aux autres : c'est la *catapulte*. Elle étoit composée, felon *Vitruve*, de deux pieces de bois, qu'on appelloit *bras*, qu'on faisoit plier avec des cordes, & qui fe bandoient comme des moulinets. Lorsqu'on vouloit faire agir cette machine, on lâchoit ces cordes tout-à-coup par le moyen d'une détente, & alors les bras lançoient les pierres ou les javelots. On affure que l'effort étoit fi confidérable, qu'un javelot de la grandeur de nos chevrons, étoit porté jufqu'à la diftance de trois cents toifes.

Outre la catapulte, il est encore parlé dans l'Hiftoire d'une autre Machine pour lancer des pierres, qu'on appelloit *Balifte*, mais dont on ignore la conftruction. On nous apprend feulement, qu'on ne pouvoit régler la direction

des pierres qu'on lançoit, & que ces pierres
étoient comme jettées au hasard dans la Place
assiégée : d'où l'on doit conclure, que la Ba-
liste étoit fort inférieure à la catapulte.

Ce fut avec ces Machines qu'on inquiéta les
assiégés postés sur le parapet du mur de la Ville,
& qu'on les empêchoit souvent de lancer des
pierres ou des feux sur ceux qui cherchoient à
combler le fossé. Pendant ces moments de calme & de répit, on jettoit toujours des pierres
& de la terre dans le fossé, & on se frayoit ainsi
un chemin pour parvenir au pied du mur.
Quoique ce travail fût long, on en venoit quelquefois à bout. Les assiégés se crurent pendant
quelque temps sans ressource ; mais la nécessité, mere des inventions, suggéra de nouveaux
moyens de défense, en changeant la forme de
l'enceinte des Villes. Et c'est ici la premiere
époque de l'art de fortifier.

Au lieu de faire cette enceinte circulaire
comme elle étoit, on s'avisa de la former avec
des angles saillants & des angles rentrants en
façon de dents de scie, afin qu'une partie pût
flanquer ou défendre l'autre. Cette construction
n'eut pas tout l'avantage qu'on en espéroit. Ces
avances & ces retraites laissoient au pied de
l'angle rentrant un espace qui n'étoit pas dé-
fendu ; mais un Ingénieur habile, qu'on ne
nomme pas, para à cet inconvénient en faisant élever des tours aux angles saillans. Ces
tours étoient rondes. C'étoit un défaut, car
elles ne pouvoient être ni vues, ni flanquées :
aussi les rendit on bientôt quarrés. Elles étoient
distantes l'une de l'autre du trait d'une fleche.
On les environna d'un petit chemin couvert &

de murailles, afin d'empêcher la defcente du foffé ; & par toutes ces additions une Place de guerre parut enfin fortifiée.

Il eft fâcheux que les Hiftoriens qui nous ont inftruits de ces inventions, n'en aient pas marqué l'époque. On nous apprend bien la nouvelle maniere d'attaquer qu'oppoferent les affiégeans à cette défenfe ; mais on oublie encore de nous dire en quel tems cela arriva. Nous favons donc que les affiégeans éleverent dans la campagne des tours plus hautes que celles de la Ville ; & que de là découvrant l'affiégé dans les fiennes, ils l'en chaffoient à coups de pierres & de dards, tandis qu'ils efcaladoient d'autre part les murailles pour entrer dans la Ville.

Les affiégés n'oppoferent pas d'autre défenfe à cette attaque. Ils s'en tinrent à cette maniere de fortifier jufqu'à l'ufage de la poudre à canon ; je dis l'ufage, parcequ'on ignore en quel temps elle a été inventée. Les Grecs connoiffoient les matieres qui entrent dans la compofition de la poudre & leurs effets particuliers. On prétend même qu'un d'eux nommé *Marc*, parle de la poudre dans un livre qu'il avoit publié fur les feux, fous le titre : *De compofitione ignium*. Ce livre eft en manufcrit dans la Bibliotheque du Docteur *Mea*. Mais dans un Ouvrage qui eft entre les mains de tout le monde, c'eft les Œuvres de *Roger Bacon*, Anglois, qui vivoit au milieu du treizieme fiecle, il eft parlé d'une compofition fort connue de fon temps, femblable à celle que nous nommons poudre : cependant l'effet de cette compofition

1250 ans après J. C.

n'a été bien conftaté qu'à la fin du quatorzieme fiecle.

Tout le monde fait que *Barthold Sward*, Cordelier, ayant laiffé tomber une étincelle fur un mêlange de falpêtre, de foufre & de charbon fait au hafard & fans aucune vue, le feu y prit, & il fe fit une explofion, qui chaffa fort loin une pierre qui la couvroit. *Swart* répandit cette découverte dans le Public, & les Ingénieurs en firent fur le champ ufage dans le fiege des Places. Ils mêlerent le foufre, le falpêtre & le charbon en parties égales, & enfermerent ce mélange dans une efpece de tonneau long, ou cilindre formé de lames de fer jointes enfemble & fortement attachées avec des anneaux de cuivre. Ce furent là les premiers canons. On mettoit au-deffus de la poudre un bouchon, & au-deffus du bouchon des pierres rondes & fort pefantes. L'explofion de la poudre chaffoit ces pierres avec violence, & par leur choc elles abbattoient les tours des places fortifiées. Ces tours oppofoient une foible réfiftance. Il falloit néceffairement leur donner une forme qui préfentât moins de furface; c'eft ce que trouva *Zifca*, Bohémien, en imaginant les baftions. Tous les Hiftoriens ne lui en font pas cependant honneur. Plufieurs veulent qu'on les doive à *Achmet Pacha*, qui s'étant rendu maître de la ville d'Otrante en 1480, la fortifia d'une maniere particuliere. Et des Auteurs eftimables foutiennent que les Vénitiens fatigués des fieges des Empereurs Ottomans, inventerent les baftions, pour oppofer à leur attaque une plus vigoureufe réfiftance.

Quoi qu'il en foit, les premiers baftions
étoient petits & fort éloignés les uns des autres. Ils ne donnoient pas prife par-là au feu du
canon ; mais ils ne défendoient point la courtine, c'eft-à-dire la muraille comprife entre
deux baftions. C'eft ce qu'on reconnut & à quoi
on remédia en donnant plus de largeur aux
baftions & en les conftruifant plus près les uns
des autres. La Citadelle d'Anvers eft le premier modele de cette perfection. Elle a été bâ-
tie en 1566, fous les ordres & la direction du
Duc d *Albe*.

A mefure que l'artillerie, ou l'art de conftruire des armes à feu acquit des accroiffe-
ments, il fallut imaginer de nouveaux ouvrages pour défendre la courtine. J'ai dit que les
premiers canons étoient formés avec des lames
de fer unies par des anneaux de cuivre, & que
les boulets étoient de pierre. Ces pieces d'artillerie avoient, entr'autres défauts, un calibre énorme. Dans le fiege de Conftantinople,
en 145 , le calibre des canons étoit de douze
cents livres. On dit que ces pieces ne tiroient
que quatre fois par jour. Quelque temps après
on trouva l'art de faire des boulets de fer, &
alors on travailla à diminuer la groffeur des
canons. On y parvint aifément en les jettant
en fonte ; & l'expérience qui perfectionne toutes les découvertes, apprit que le fer n'étoit
point une matiere bien propre pour cette nouvelle maniere de faire les canons. On effaya le
bronze, & cet effai eut le plus heureux fuccès.

Avec ces nouveaux canons, on battit la courtine avec beaucoup d'avantages. Les affiegés

imaginerent de la garantir, en la couvrant d'ef-peces de baftions conftruits à quelque diftance de la Place, & inventerent les ouvrages à cor-ne, à couronne & les tenailles. Le premier eft formé de deux demi-baftions & d'une courtine. L'ouvrage à couronne eft compofé d'un baftion entre deux courtines, & de deux demi-baftions qui terminent ces courtines. Et la tenaille eft une efpece d'ouvrage à corne, avec cette différence, qu'au lieu de deux demi-baftions, fon front n'eft compofé que d'un angle rentrant entre deux côtés paralleles. Les Auteurs de ces ouvrages ne fe font pas fait connoître, parcequ'ils n'ont pas jugé qu'il y eût un grand mérite à répéter une partie des fortifications d'une Place, pour garantir ces fortifications même.

Cependant la maniere de placer ces ouvrages, forma un art de fortifier, qu'on chercha à établir fur quelques principes. Le premier, eft que toute fortification devoit commander dans la campagne, de façon que les ouvrages extérieurs devoient être plus bas que le corps de la Place. Le fecond, que les ouvrages les plus éloignés du centre de la Place devoient toujours être découverts par ceux qui font plus proches, & y communiquer. Et enfin que toutes les parties d'une Place devoient être flanquées, c'eft-à-dire défendues réciproquement. En faifant ufage de ces principes généraux, on découvrit des régles particulieres.

Dans l'attaque des baftions, les affiégeants démontoient fort fouvent les pieces d'artillerie placées fur le flanc de ces baftions. On chercha à remédier à cela, & un Ingénieur trouva

que

qué le meilleur expédient étoit de rendre le flanc ou le côté du baſtion concave, & de terminer la face en rondeur, c'eſt-à-dire en arc de cercle. On tira en même-tems un grand avantage de ces nouveaux baſtions, connus ſous le nom de baſtions à orillon : ce fut de tourmenter les aſſiégeans, qui, après avoir fait breche, travailloient à ruiner le retranchement qu'on avoit pratiqué derriere.

Pour protéger plus efficacement encore le baſtion, les Hollandois en couvrirent la pointe avec un ouvrage compoſé de deux faces & de deux petits flancs terminés en croiſſant ou en demi-lune, d'où cet ouvrage a tiré ſon nom. C'étoit une défenſe trop forte. Elle convenoit mieux à la courtine, comme on le reconnut dans la ſuite. Il ne falloit pas cependant laiſſer la pointe du baſtion à découvert. Auſſi un Capitaine, nommé *de Marchi*, ſubſtitua à la demi-lune un petit ouvrage fait en équerre avec de ſimples faces. Il l'appella *Pontone*, & on l'a nommé depuis *Contre-garde*. Rien ne fut mieux imaginé. L'aſſiégeant ne put démolir le flanc du baſtion ſans placer ſa contre - batterie ſur la contre-garde, ce qui eſt très difficile ; ou bien en démoliſſant une partie de la contre-garde, travail fort long & extrêmement dangereux. On reconnut par-là que tout l'art de fortifier conſiſte à couvrir le flanc, parceque plus il eſt couvert, plus l'aſſiégeant eſt obligé de s'expoſer. C'eſt à quoi devoient ſe borner déſormais tous les ſoins des Ingénieurs.

Le Général *Montecuculli* propoſa de tracer une ligne qui traverſât le foſſé de la Place, & qui conduiſît depuis la pointe du baſtion juſqu'à la pointe opposée de la contrescarpe, je veux dire au bord du fossé du côté de la campagne. Il prétendoit que cette ligne étoit une grande défense, & qu'en plaçant les batteries sur la contrescarpe, on mettoit le flanc à couvert. C'étoit-là une défense particuliere à laquelle on eût peu d'égards. On présenta encore d'autres moyens de fortifier, avec aussi peu de succès. Afin de connoître leur valeur, il falloit rapporter ces moyens à une régle générale, ou faire un systême en forme de fortification. Cette entreprise n'étoit pas facile ; mais de quoi n'est-on pas capable, quand on aime la gloire & sa Patrie ? *Evrard*, de Bar-le-Duc, ému par ce sentiment, osa faire un systême. Il établit pour principe général, que depuis le quarré jusqu'à l'octogone, le flanc du bastion devoit être perpendiculaire à la face, & que dans les autres poligones il devoit être perpendiculaire à la courtine. Il donna aussi des regles pour le rempart.

1600.

Voilà le premier systême des fortifications qui ait paru. Il étoit presque impossible qu'il fût bon. On ne perfectionne que les choses inventées, & *Evrard* a le mérite de l'invention. Ses Partisans soutiennent cependant que son systême a bien des avantages. En faisant, disent-ils le flanc du bastion perpendiculaire aux défenses, on leur donne beaucoup de capacité, on augmente la grandeur des faces, & les soldats portés sur les flancs sont à couvert, & battent de revers les ennemis qui viennent attaquer les portes. C'est beaucoup : mais tout cela est détruit par cet inconvénient considérable : c'est que les flancs ne peuvent contenir que peu de canons, & que ces pieces ne portent pas sur la contrescarpe ou le bord du fossé du côté de la campagne, de maniere que l'assiégeant parvient aisément sur la contrescarpe & y dresse des batteries, qui le rendent bientôt maître de la Place.

Quelques Ingénieurs Hollandois, tels que *Marolois*, *Fritach*, *Dogens*, *Stevin*, voulurent corriger ce défaut en faisant les flancs perpendiculaires à la courtine, & en fortifiant la Place avec des demi-lunes, des ouvrages à corne, à couronne : ils formerent un nouveau système de fortifications.

Cependant l'art de fortifier n'occupoit pas seulement les Ingénieurs. Celui des Sieges entroit encore dans leurs études. Un Artificier de Vanlo, dans la Province de Gueldres, ayant imaginé de remplir de poudre des boules de fer creuses, appellées depuis bombes ; d'y mettre le feu, & en les jettant en l'air de former un nouveau spectacle d'amusement, une de ces bombes étant tombée sur le toit d'une maison qu'elle perça, embrasa la moitié de la Ville. Il ne fut pas difficile de juger de quelle utilité pouvoient être les bombes dans les sieges.

Casimir Limienouwirz veut que ce soit au siege de la Rochelle que les premieres bombes ont été jettées. *Blondel* soutient, au contraire, qu'on n'a commencé à s'en servir qu'au siege de la Motte. C'est un Ingénieur nommé *Maltus* qui en fit l'essai. Il ne fut pas heureux. 1634.

Pour chasser la bombe on la mettoit dans une espece de canon fort court, monté dans une situation verticale, & c'étoit en l'inclinant qu'on la dirigeoit à l'endroit où l'on vouloit qu'elle

Cc ij

tombât. Il y avoit à cette fin un dégré d'inclinaison à choisir. *Malthus* ne le connoissoit pas. Il haussoit ou baissoit au hasard le mortier, de façon que tantôt les bombes tomboient dans la Ville, & tantôt elles passoient au-delà & alloient tuer les assiégeans même.

C'étoit la faute de *Malthus* ; car *Tartalea*, Géometre Italien, avoit découvert près de cent ans auparavant, que l'inclinaison de quarante-cinq dégrés, étoit celle qu'il falloit donner à la direction oblique d'un corps, pour le chasser le plus loin qu'il est possible. Il est vrai que la théorie qui l'avoit conduit à cette vérité manquoit d'exactitude. Cela ne donnoit pas de confiance ; mais l'expérience étoit aisée à faire. *Galilée* & *Toricelli* reprirent le travail de *Tartalea*, & formerent un art de jetter les bombes d'après les principes les plus solides & les plus lumineux.

Les Italiens, glorieux de ces succès, voulurent encore se signaler par un nouveau systême de fortification. Ils prescrivirent de nouvelles dimensions à chaque partie des fortifications, & imaginerent le cavalier pour mieux protéger la courtine. C'est cette élévation de terre, qui a la forme d'un rectangle, qui contient trois pieces de canon sur le grand côté pour battre la campagne, & deux sur le petit pour battre le bastion quand l'ennemi y a fait breche.

Tous ces systêmes se perfectionnerent avec le temps. Les Espagnols & les François en proposerent de nouveaux. Le Chevalier *de Ville*, le Chevalier *de Saint-Julien*, & le Comte *de Pagan* imaginerent presque en même-tems des systêmes, qui furent d'abord estimés. Celui du

Comte *de Pagan* fut surtout accueilli avec dif-
tinction. Il étoit comme divisé en trois parties,
en grand systême, en moyen & en petit. Les
principes étoient pourtant les mêmes, & ils
avoient tous le défaut de rendre les flancs trop
courts, trop étroits & trop serrés, comme le
fit voir clairement le célébre Maréchal *de Vauban*. Ce grand Ingénieur divisa, comme lui, la
fortification en grande, en moyenne & en petite ; mais il établit des regles bien supérieures aux siennes. Il fortifia le corps de la Place
avec des ouvrages à corne, à couronne, des
demi lunes, des tenailles & des caponieres.
J'ai dit ce que c'est qu'un ouvrage à corne, à
couronne & une demi-lune. Quant à la Tenaille, elle ne differe d'un ouvrage à corne,
qu'en ce qu'au lieu de deux demi-bastions, elle
n'est composée que d'un angle rentrant entre
deux aîles, ou deux long côtés paralleles. A l'é-
gard de la caponiere, c'est une sorte de chemin couvert pratiqué devant les fossés de la
tenaille.

Ce systême paroissoit à peine, que son Auteur eût occasion d'en faire un nouveau, bien
supérieur à l'autre. Chargé de fortifier Béfort,
il reconnut que cette Place étoit commandée de
tous côtés, & que les bastions ordinaires ne
formoient qu'une foible défense, malgré les
travaux qu'on auroit pû y faire pour les mettre
à couvert. Il pensa d'abord à changer la forme
des bastions, & cette pensée lui en suggera une
plus heureuse : ce fut de bâtir de petits bastions
voûtés à l'épreuve de la bombe, qu'il appella
Tours bastionnées. Il fallut ajuster le reste de la
Place avec ces nouveaux bastions, & l'illustre

1660.

Inventeur preſcrivit des regles, qui formerent
un nouveau ſyſtême de fortification. Les Ingénieurs remarquent pluſieurs avantages conſidérables dans ce ſyſtême. 1°. Les dehors de la
Ville, les contre-gardes, les demi-lunes, les
ouvrages à corne, &c. ſe défendent mutuellement les uns les autres, & n'ont pas beſoin du
ſecours de la Place. 2°. Les tours ne peuvent
être battues de la campagne, ni d'aucun autre
endroit que du ſommet des contre-gardes, où
l'aſſiégeant ne peut parvenir ſans s'expoſer
beaucoup. Les tours ne craignent point les
bombes & la breche faite aux faces & aux flancs
eſt toujours de peu de conſéquence. En un mot,
ce ſyſtême n'a qu'un défaut ; c'eſt d'être diſpen-
dieux à cauſe des revêtements. C'eſt un inconvénient. M. *de Vauban* qui l'a compris, a imaginé un troiſieme ſyſtême, lequel n'eſt en quelque ſorte qu'un diminutif de celui-ci, & qu'il
appelle l'*ordre renforcé*. Il a été mis à exécution
à Neuf-Briſach.

Après s'être acquis une gloire éclatante par
ſa maniere de fortifier les Places, cet illuſtre
Militaire étonna toute l'Europe par ſa façon de
les attaquer. » Ce fut, dit M. *de Fontenelle*
» dans ſon éloge, au ſiege de Maſtricht qu'il
» commença à ſe ſervir d'une méthode ſingu-
» liere pour l'attaque des Places, qu'il avoit
» imaginée par une ſuite de réflexions, & qu'il
» a depuis toujours pratiquée. Juſques-là il
» n'avoit fait que ſuivre avec plus d'adreſſe &
» de conduite les regles déja établies ; mais
» alors il en ſuivit d'inconnues & fit chan-
» ger de face à cette partie importante de la
» guerre. Les fameuſes paralleles & les Places

1673.

» d'armes (*a*) parurent au jour. Depuis ce
» ce temps , il a toujours inventé sur ce sujet,
» tantôt les cavaliers de tranchée (*b*) , tantôt
» un nouvel usage des sapes & des demi-sapes,
» tantôt de batteries en ricochet ; & par-là il
» avoit porté son art à une telle perfection ,
» que le plus souvent , ce qu'on n'auroit jamais
» osé espérer dans les Places le mieux défen-
» dues , il ne perdoit pas plus de monde que
» les assiégés (*c*).

C'est au siege d'Ath , qu'il inventa ces batteries à ricochet. On les appelle ainsi , parcequ'elles chassent le boulet par sauts & par bonds,
en un mot par ricochets. Cet effet provient
de la charge , qui doit être moindre que dans
les charges ordinaires. La premiere fois que les
Assiégeans en firent usage , elles étourdirent si
fort l'ennemi , qu'il abandonna entierement
son terrein. Elles sont en effet d'autant plus à
craindre , qu'on n'entend pas souvent le bruit
du canon , à cause de la modicité de la charge.

M. *de Vauban* étoit né le 1 Mai 1633 , d'une
Famille noble établie dans le Nivernois. Il a
fait travailler à trois cents Places anciennes , &

1673.

(*a*) Les Parallèles sont la même chose que les Places
d'armes , quoique M. *de Fontenelle* les distingue. On
appelle ainsi les parties de la tranchée , qui font face au
front de l'attaque. Elles consistent en un fossé garni d'un
parapet , où sont en sûreté les soldats qui travaillent
dans les approches.

(*b*) Un Cavalier de tranchée est une sorte de rempart
formé avec des gabions , des fascines & des sacs à terre ,
derriere lequel les assiégés font feu sur les assiégeans , qui
se trouvent dans le chemin couvert.

(*c*) *Histoire du renouvellement de l'Académie Royale*
des Sciences , &c. pag. 261.

en a conftruit trente-trois neuves. Il a conduit
cinquante-trois fieges , & s'eft trouvé à cent
quarante actions de vigueur. Il avoit été auffi
récompenfé comme il méritoit de l'être ; & il
fut fucceffivement Commiffaire général des
Fortifications, Gouverneur de la Citadelle de
Lille, Chevalier des Ordres du Roi , Grand
Croix de l'Ordre de Saint Louis , & Maréchal
de France. Il mourut le 30 Mars 1707, âgé de
foixante-quatorze ans moins un mois.

Depuis *Vauban*, l'Architecture militaire n'a
point fait des progrès fenfibles, & il y a lieu de
préfumer qu'il l'a perfectionnée autant qu'elle
pouvoit l'être ; car l'artillerie eft devenue fi for-
midable, qu'aucune fortification ne réfifte à fes
effets. De nos jours M. *Bélidor* a cependant propofé trois nouveaux fyftêmes qui font eftimables ; mais on convient aujourd'hui que tous
les fyftêmes ne fervent qu'à rendre les fieges plus
terribles , fans rendre les Places imprenables.

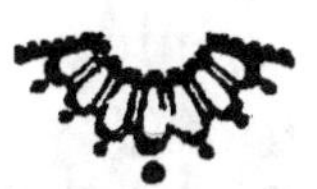

HISTOIRE
DE
L'ARCHITECTURE
NAVALE.

J'AI déja dit dans cet Ouvrage (a) , que les premiers Bâtimens de mer étoient des radeaux, c'est-à-dire des poutres jointes ensemble & couvertes de planches, que des animaux traînoient le long du rivage , & qu'on faisoit voguer avec de longues perches connues aujourd'hui des Marins sous le nom de *Gafes* ; que ces radeaux changerent insensiblement de forme , & qu'on vint enfin à bout de faire de petites barques. Les premieres furent de joncs. On se servit ensuite de roseaux. On en a vu même d'un seul roseau , parceque dans ce temps là il y avoit des pieces de roseaux, appellées *cannes*, d'une grosseur si extraordinaire, qu'en les coupant d'un nœud à l'autre , & en les divisant en deux , on avoit deux petites barques toutes faites. Cela est difficile à croire. Il est vrai-semblable qu'on a creusé des troncs d'arbres , & qu'il y en a eu d'assez gros pour servir de barques , comme nous l'assurent les plus respectables Historiens. Les Grecs appelloient ces barques *Monoxyles*.

(a) Voyez l'Histoire de la Navigation.

Après tous ces essais on se hasarda à faire un Navire : les habitants de l'Inde & ceux de l'Ethyopie se servirent de planches qu'ils assemblerent avec des liens, & fabriquerent une espece de Navire qui avoit la forme d'un monoxyle. Cette forme n'étoit sûrement pas la plus avantageuse pour le sillage. C'est aussi ce qu'on reconnut ; & comme on manquoit de principes, on s'avisa de prendre pour modele les oiseaux & les poissons, parceque les premiers fendent l'air, & que les poissons se meuvent dans l'eau. Ces derniers eurent bientôt la préférence, comme cela devoit être. En les copiant on forma une pouppe & une proue. La proue représentoit la tête du poisson, & la poupe en étoit la queue ; de sorte que le premier Navire étoit presque un poisson de bois. Pour le faire siller, on se servit des mêmes moyens que le poisson emploie pour fendre les eaux. Comme sa queue est mouvante & qu'elle sert à le faire tourner, on ajouta à la poupe du Navire une piece de bois mobile, pour imiter ce mouvement. On mit encore d'autres pieces de bois aux côtés, aussi mobiles, afin de le faire siller, parcequ'on savoit que les nageoires servoient au poisson à fendre l'eau. On eut ainsi un gouvernail & des rames.

Cette invention parut si heureuse, qu'on ne s'attacha pendant long-tems qu'à la décorer. On mit tantôt à la proue, tantôt à la poupe la figure d'un animal, & quelquefois d'une Divinité, avec des ornements particuliers. On changea ainsi insensiblement la figure du premier Navire, & cette figure disparut entierement, lorsqu'on songea à mettre les bâtiments de mer sous la protection des Dieux. On chargea la pouppe de la figure du Dieu tutelaire. C'étoit une espece de dédicace qu'on faisoit ainsi.

On élevoit un Temple pompeux au bord du rivage, où les Prêtres & les Propriétaires du Navire le rendoient, accompagnés d'une multitude de personnes de tout état. Ce Navire étoit orné de couronnes de fleurs, & enrichi de peintures représentant des sujets mystérieux & encadrés avec des lames d'or. Des hommes d'élite, vêtus d'un habit galant & uniforme, après avoir saisi les cordages & les rouleaux sur lesquels il étoit porté, agissoient tous ensemble, pour mettre le Navire à flot. Le grand Prêtre, un flambeau à la main, présidoit à cette action & la bénissoit. Il se retiroit ensuite dans le Temple pour y rendre des actions de grace.

Cette cérémonie se faisoit rarement. On ne consacroit que les grands Vaisseaux. *Lucien* a fait la description d'un de ces Navires, qui pourra donner une idée des autres Il avoit, dit-il, cent vingt coudées de long, vingt-neuf de hauteur, & trente de largeur. La pouppe s'élevoit en rond & portoit au sommet un oiseau d'or. Il avoit à la proue une avance chargée de la figure d'*Isis*. C'étoit la Déesse tutelaire.

Dans la naissance de l'Architecture navale, on n'avoit point de plus grands Navires; mais à mesure que la navigation prit faveur, on en construisit de plus considérables. D'abord *Ptolomée Philadelphe*, Roi d'Egypte, s'étoit attaché à faire construire un grand nombre de Navires. Il en avoit dans ses Ports plus de trois mille, divisés en Bâtiments de charge & en Navires de guerre appellés *Liburnes*. Ce ne fut pas-là l'ambition de son petit-fils, surnommé

290 ans avant J. C.

Philopator, par antiphrase, pour avoir tué son pere. Il crut se diftinguer, en en faifant conftruire un qui étoit plutôt une maifon flottante qu'un bâtiment de mer. Elle avoit deux cents quatre-vingts coudées de longueur, trente-huit de largeur & quarante de hauteur ; ce qui forme quatre cents vingt pieds de long fur cinquante-fept de large. La pouppe avoit cinquante-trois coudées d'élévation. Toute la hauteur étoit divifée en douze étages ou ponts. Elle avoit quarante rangs de rames de trente-huit coudées, deux gouvernails, & elle étoit décorée avec des tyrfes, de feuilles de lierre, de figures d'animaux de douze coudées de haut. Son équipage étoit compofé de trois mille rameurs, autant de foldats & de quatre cents matelots.

Quelque prodigieux que cela foit, ce n'étoit encore qu'un effai. Un plus grand projet occupa bientôt *Philopator* ; ce fut de faire un Palais fur l'eau ; car on ne peut pas appeller Vaiffeau, le bâtiment que je vais décrire.

Il avoit fix cents pieds de long, & quatre-vingt cinq de large, & fa pouppe étoit double. Une magnifique maifon occupoit le milieu de de cet efpace. Elle étoit conftruite avec du bois de cyprès & de cedre. Ses appartements fe communiquoient par vingt portes d'un bois rare, enrichies d'ornements en yvoire. Les falles à manger étoient richement meublées, de même que les chambres. L'art le plus recherché & le bois le plus précieux formoient leurs lambris. Des colonnes d'ordre corinthien dont les archi-traves étoient d'yvoire décoroient l'extérieur de cette maifon. Elle étoit en quelque forte adoffée à un Temple fuperbe dédié à Venus, au milieu duquel on voyoit la Statue en marbre de cette Déesse. Et autour de ces deux édifices régnoit une double promenade de dix arpents de longueur. Ce Vaisseau fut nommé *Talamega*, ou *Navis Talamifera*, parcequ'il contenoit beaucoup de chambres & de lits.

Athénée, qui a décrit ainsi ce bâtiment, dit qu'il silloit par le moyen d'un mât de soixante-dix coudées ; que les cordages qui le soutenoient étoient de pourpre, & que la voile étoit de fin lin. Cela suppose qu'on avoit inventé le mât & la voile. On ne sait point l'origine de cette invention. On a bien écrit qu'on doit la voile à *Dédale*, à *Eole*, ou à *Icare* ; mais rien n'est plus fabuleux. Je crois avoir dit quelque chose de plus vrai-semblable en expliquant une médaille, qui paroît avoir été frappée pour transmettre à la postérité l'occasion de cette découverte. Il restoit à en marquer l'époque, & c'est ce que je n'ai pu assigner. Abandonnons ce point d'histoire, & suivons le fil des progrès de la construction des Vaisseaux.

A l'exemple de *Philopator*, le Roi *Hieron* voulut avoir un grand Navire. Il en demanda le dessein au fameux *Archimede* son parent, & chargea *Architas*, Corinthien, de l'exécution. Ce bâtiment avoit trois ponts, ou trois étages. Dans celui du milieu régnoient de chaque côté trente chambres richement meublées, d'où l'on passoit dans celle des Pilotes & dans les cuisines. A l'étage supérieur, il y avoit une salle d'exercice, des promenades, des jardins garnis de fleurs, ornés de vases précieux, & où des lierres & des vignes entrelassés formoient des cabinets de verdure & des appartements d'une

richeſſe merveilleuſe. Ils étoient pavés d'agathe & d'autres pierres de prix. L'yvoire & les
bois les plus rares formoient les platfonds & les
portes. Un vaſte cabinet deſtiné à l'étude des
ſciences & une magnifique Bibliotheque étoient
contigus à ces appartements. On avoit pavé le
tillac avec des pierres de différentes couleurs
tellement arrangées qu'elles formoient une
peinture qui repréſentoit les événements dé-
crits dans l'Iliade par *Homere*. Enfin dans l'é-
tage inférieur , il y avoit des réſervoirs d'eau
remplis de poiſſons, des bains, & dix écuries.
Quatre tours flanquoient cet énorme bâtiment,
qui étoit plutôt un monument de vanité, qu'un
ouvrage utile & raiſonnable. Il auroit bien
mieux valu qu'*Hieron* eût chargé *Archimede* de
déterminer la forme d'un Navire du plus parfait ſillage. L'Architecture navale y auroit gagné ; car ce grand Géometre étoit très capable
de donner des lumieres ſur la meilleure conſtruction des Navires. Mais il ſemble qu'il faut
que l'eſprit humain ſe jette dans tous les écarts
avant de s'arrêter à une bonne choſe. Auſſi la
conſtruction des Vaiſſeaux fut long temps abandonnée à la routine. C'eſt d'après cette voie
qu'on établit par principe, que les proues aiguës & les pouppes étroites contribuoient beaucoup à un bon ſillage ; que les bords élevés ré-
ſiſtoient à la tempête ; que les façons des Navires deſtinés à ranger les côtes, ou à paſſer ſur
les vaſes, devoient être plattes ; qu'il falloit
qu'elles fuſſent aiguës lorſqu'ils étoient deſtinés à tenir la mer , & que le mât, qui porte la
voile , devoit être auſſi long que le Vaiſſeau.

Ces regles étoient aſſez bonnes ; & l'expé-

rience avoit bien servi les Anciens. Il n'y a que
la longueur du mât qui paroisse avoir été déterminée au hasard, car les raisonnemens des Philosophes de ce temps-là sur la force du mât n'é-
toient pas seulement faux, mais ils ne condui-
soient point encore à cette conséquence, que
la longueur du mât devoit être égale à celle du
Vaisseau. *Aristote* & ses Disciples vouloient
que le point d'appui du mât fût à son pied.
C'étoit une erreur, comme le fit voir long-
temps après *Baldus*, qui lui substitua une explication défectueuse. Il prétendit que le mât est
un levier angulaire, dont la force augmente
proportionnellement à l'excès de la longueur
du mât sur la demi-longueur du Vaisseau. *Baldus* vivoit dans le dernier siecle. Dans ce temps
un Marin, nommé *Pierre Hanze de Horne*,
voulut prescrire une nouvelle construction. Jusques-là l'art de bâtir des Vaisseaux n'avoit fait
aucun progrès, & l'on en étoit, à la fin du quinzieme siecle, aussi avancé que dans les temps
des Grecs. Les Carthaginois & les Romains
n'avoient que des Galeres, qui ne valoient pas
mieux que les Navires des Grecs. Ils ne s'at-
tachoient qu'à multiplier le nombre de leurs
bâtimens de mer. Les Flottes des Grecs étoient
composées de cinq mille Navires. Celles des
Romains étoient ordinairement de sept cents.
Les Vaisseaux étoient un peu plus considérables;   400 ans
mais c'étoit toujours la même construction, avant J. C.
sans des progrès sensibles.

Dans le treizieme siecle, on composoit les
flottes de près de deux mille Vaisseaux. Celle   1230 ans
de *Philippe-Auguste*, en 1218, étoit de mille.   après J. C.
En 1248, *Louis* IX, ou *Saint Louis*, avoit une

armée navale de dix-huit cents Vaisseaux. On voyoit, il est vrai, plusieurs mâts à ces bâtiments; mais leur forme ne différoit gueres de ceux des Romains. Enfin, pour juger de l'état de l'Architecture navale de ces temps, il suffit d'examiner le projet de *Pierre de Horne*, que je viens de citer.

1600 ans après J. C. Ce Marin croyoit avoir trouvé le secret de la construction, en copiant l'Arche de Noé, parceque cette Arche étoit l'ouvrage de Dieu. Elle avoit pourtant la forme d'un parallelipipede, qui n'est point celle qui convient au sillage. Aussi l'exécution répondit parfaitement à cette idée. *De Horne* bâtit une Maison flottante, qu'il n'étoit pas aisé de faire mouvoir.

On fit jusqu'en 1681 des essais aussi ridicules; de façon que les Marins rebutés par leur peu de succès, avouerent qu'ils ne savoient pas *ce que veut la Mer*. Cela passa en axiome. Les Constructeurs le citoient pour couvrir leur ignorance. Ils fermoient par-là la bouche aux avis que les Mathématiciens pouvoient leur donner. Il fallut que l'autorité s'en mêlât afin de leur faire entendre raison.

1681. *Louis* XIV, qui ne se payoit pas de mots, crut qu'il devoit y avoir un art de construire des Vaisseaux, & qu'on pouvoit savoir *ce que veut la mer*. Il ordonna à cette fin des conférences à Paris, entre des Officiers distingués par leur mérite, & des Constructeurs habiles. Dans ces conférences, on régla les proportions & la figure du Vaisseau, & ces proportions furent

1689. autorisées en 1689 par une Ordonnance. Elles n'étoient pourtant point établies sur des principes tirés de la connoissance des mouvements

du

du Vaisseau, & de la résistance de l'eau à ces mouvements. Aussi le P. *Hoste*, Professeur de Mathématiques à Toulon, improuva hautement ces proportions arbitraires. A l'aide de principes physiques & géométriques, il calcula l'effort du vent sur les voiles, & l'impulsion de l'eau contre le corps du Navire, & composa ainsi une théorie de la construction des Vaisseaux. Il étoit difficile qu'une entreprise si hardie eût un plein succès. On ne peut pas jetter les fondements d'un art & le perfectionner en même-temps. Le premier ouvrage est le fruit du génie : le second est presque toujours celui du temps. D'abord les Mathématiciens contesterent, avec raison, quelques principes de théorie. Ensuite le Maréchal *de Tourville* portant en quelque sorte la parole au nom des Marins, avança que l'Architecture navale ne pouvoit être soumise à des loix. Le P. *Hoste* ne fut pas de cet avis, & les gens de mer s'en mocquerent. Le Maréchal fit pourtant une proposition au Professeur, que celui ci accepta un peu trop legérement : ce fut de faire construire, chacun suivant ses principes, un Vaisseau particulier. Le défi ne fut pas avantageux pour ce Professeur. Comme il n'avoit point assez distingué les façons de l'avant & de l'arriere, son bâtiment, qui étoit presque rond, ne fit que tournoyer, lorsqu'il fût à flot, tandis que celui du Maréchal silloit comme les autres Vaisseaux. Le P. *Hoste* reconnut sa faute, proposa une construction plus parfaite, & demanda sa revanche au Maréchal ; mais on ne fit pas attention à sa demande, & les Marins triompherent. Ils s'en tinrent aux proportions fixées par l'Ordonnance de 1689 , & ne s'attacherent qu'à bien lier les parties du Vaisseau , qui périssoient presque tous par le défaut de liaison.

Dans cette vue , un Inspecteur de construction, nommé M. *Goubert*, proposa de substituer des courbes de fer aux courbes de bois ; & M. *Ollivier*, habile constructeur , enchérissant sur cette idée , vouloit qu'on fît de ce métal toutes les pieces de l'avant, comme les guirlandes, les jauttereaux , l'éperon , &c. C'eût été tomber dans une autre extrémité vicieuse ; car un Vaisseau trop roide ne vaut rien pour la course. L'intention des Marins étoit assurément très louable : mais sans être grands Mathématiciens , ils ne pouvoient point contribuer aux véritables progrès de l'Architecture navale. Encore la chose étoit très difficile , puisque *Newton* s'en occupa sans succès.

Ce grand Geometre résolut ce problême, *déterminer le solide de moindre résistance*, ou, autrement, *déterminer la figure la plus propre à un prompt sillage*. *Newton* supposoit que le Vaisseau se mouvoit selon une direction parallele à l'horison. C'étoit une supposition fausse, le Vaisseau ne faisant route qu'en suivant une direction oblique. Le P. *Pardies* , le Chevalier *Rénau* , *Hughens* , *Guinée* , *Parent* , & *Bernoulli* résolurent aussi quelques problêmes particuliers , sans faire attention à cette obliquité de direction. M. *Varignon* est le premier qui a cherché à en connoître la loi. Ayant été chargé en 1720 , avec M. *de Mairan* , de donner une méthode de jauger les Vaisseaux, il eut quelques nouvelles idées sur leur mâture. C'étoit de prévenir l'inclinaison du Vaisseau.

A cette fin il composa un bel Ouvrage qu'on a trouvé parmi ses papiers après sa mort, qui fut alors remis entre les mains de son Libraire, lequel le donna à un Mathématicien, qui a bien su en faire son profit & celui du public. Dans cet Ouvrage, il assignoit au mât une hauteur telle, que l'effort de l'eau sur la proue, se réunissant avec la direction de la force du vent sur les voiles, se décomposoit de façon que ces deux forces dégénéroient en une troisieme, qui soulevoit le Vaisseau.

Dans ce temps-là, l'Académie des Sciences proposa, pour le prix de l'année 1726, de déterminer la meilleure maniere de mâter les Vaisseaux. M. *Bouguer*, Hydrographe du Roi au Croisic, envoya pour concours à l'Académie une Piece dans laquelle il établit pour principe que l'hypomodion du mât doit être au centre de gravité du Vaisseau. J'ai fait voir que ce principe est faux, que le point d'appui du mât est un centre spontané de rotation ; & je crois l'avoir démontré sans replique. Le grand *Bernoulli* l'a pensé de même. M. *Bouguer* a ensuite composé un Ouvrage considérable sur la construction des Vaisseaux, qui a pour titre : *Traité du Navire, de sa construction, & de ses mouvemens* ; mais comme il a adopté le même principe, sa théorie est absolument fausse. Cela est assez connu. Je m'arrêterai à un livre qui l'est moins, & qui a paru presque en même-temps que celui de M. *Bouguer*. Il est du célebre M. *Euler*. Son titre est : *Scientia Navalis, seu Tractatus de construendis ac dirigendis Navibus : Pars prior complectens theoriam universam corporum aquæ innatantium : Pars posterior in*

1726.

1746.

1749.

D d ij

quâ rationes ac præcepta navium conſtruenda-
rum & gubernandarum fuſius exponuntur. Il eſt
en deux volumes *in-* 4°, & il contient une théorie ſavante de l'art de la conſtruction des Vaiſſeaux. On verra avec plaiſir l'expoſition de
cette théorie, qui eſt le dernier effort que les
Mathématiciens ont fait voir pour perfectionner l'Architecture navale.

Dans la ſcience du Vaiſſeau, il y a deux
points à concilier. Ces points ſont ſa ſtabilité &
ſon mouvement. Une grande ſtabilité & un
grand mouvement; voilà le ſecret d'une conſtruction parfaite. Pour le découvrir, M. *Euler*
commence par diſtinguer trois ſections dans le
Vaiſſeau, une horiſontale & deux verticales,
dont la premiere eſt de proue à pouppe, & la
ſeconde de ſtribord à bas-bord, c'eſt-à dire de
droite à gauche. La figure de ces ſections ou
des courbes, qui les terminent, eſt donc ſub-
ordonnée à la ſtabilité du Vaiſſeau. Par *ſtabi-*
lité, on entend une ſituation de Vaiſſeau, telle
qu'il réſiſte, le plus qu'il eſt poſſible, à l'effort
qu'on pourroit faire pour l'incliner, & que parvenu enfin à cet état, il ſe redreſſe promptement. Cet effet dépend en partie de la diſtance
du centre de gravité du Navire à l'égard de celui de la carene, & en partie de la grandeur de
ſa ſection horiſontale. Afin que le Vaiſſeau ſoit
dans un parfait équilibre, il faut que les deux
premiers centres ſoient dans la même verticale,
& la raiſon de cela eſt bien ſimple. Lorſqu'on
met un Vaiſſeau à l'eau, il s'y enfonce juſqu'à
ce qu'il déplace un volume de ce liquide égal à
ſon poids. La pouſſée verticale de l'eau, réunie
au centre de la carene, ou de la partie ſubmer-

gée du Navire , en soutient alors la charge. Il y a là deux forces, celle de la gravité du Vaisseau , qui s'exerce de haut en bas , & celle de l'eau , qui , au contraire , pousse de bas en haut. Comme ces deux efforts sont égaux , ils se détruisent réciproquement ; & pour que cette destruction soit parfaite , il est nécessaire qu'ils s'exercent dans la même verticale. Voilà pourquoi ces deux centres doivent être dans cette ligne.

Là-dessus M. *Euler* fait voir qu'il y a dix formes de Vaisseau où ces centres se trouvent naturellement situés. Parmi ces formes , celle de l'Arche de Noé tient le premier rang , parcequ'étant un parallelipipede , le centre de gravité de chaque tranche horifontale est dans la verticale du centre de gravité de ce solide. Il suit de-là qu'un Vaisseau dont la proue & la pouppe sont égales , est dans un parfait équilibre.

Ce n'est pas encore tout : suivant que le centre de gravité & celui de la carene sont distans l'un de l'autre sur cette ligne verticale , le Vaisseau a plus ou moins de stabilité. S'il est chargé de telle sorte que le centre de gravité soit le plus bas qu'il est possible , en mettant toute la charge au fond de cale , la stabilité est très considérable. Eleve t-on le centre de la carene ? on a le même effet. Et il se manifeste encore , lorsqu'on donne largeur à la section horifontale de cette même carene. En effet , dans les deux premiers cas , la poussée de l'eau a un grand *moment* pour rappeller l'équilibre ; parceque le bras du levier est plus long , ayant le centre de son mouvement dans le centre de gravité du Vaisseau. A l'égard du dernier cas, les parties du Vaisseau qui résistent à l'inclinaison, ont de même un plus grand mouvement lorsqu'elles sont plus éloignées du centre du mouvement, que quand elles le sont moins.

Ces régles sont démontrées. Il ne faudroit cependant pas les suivre à la rigueur. Les circonstances doivent en tempérer la sévérité. M. *Euler* n'en avertit cependant pas : c'est une absence. Il seroit dangereux, par exemple, de donner trop de force à la poussée de l'eau, qui en redressant le Navire, lui feroit faire des roulis très violens. Les roulis s'accéléreroient, & il n'en faudroit pas davantage pour faire capot. On doit ici prendre garde à la force du vent, & au port des voiles, avant que de régler la stabilité du Vaisseau.

Ce Savant est plus attentif sur la trop grande section de la carene. Il convient dans la suite qu'elle ne seroit pas avantageuse pour le sillage. Néanmoins il calcule l'effort que chaque partie du Vaisseau prise dans le sens de sa largeur, fait pour le remettre en son premier état lorsqu'on l'a incliné. Cela le conduit à la recherche du centre d'oscillation du Navire, & il trouve la longueur du pendule simple, dont les oscillations sont isochrones à celles du Vaisseau, en divisant l'angle de son inclinaison par la force qui le fait osciller. D'où M. *Euler* conclut que cette longueur est égale au moment de l'inertie du Vaisseau, eu égard à l'axe d'oscillation, divisé par la stabilité de sa figure relativement à ce même axe.

Après avoir bien constaté les regles de la stabilité du Vaisseau, cet illustre Auteur considere cette sorte de machine en mouvement. Le corps éprouve en cet état une résistance qui s'exerce suivant trois différentes directions. La premiere est horisontale & parallele à la quille. La seconde est aussi horisontale, mais perpendiculaire à celle-ci. Et la troisieme est verticale & exerce son effort de bas en haut. Celles-là s'opposent à la course du Vaisseau, & celle-ci à son inclinaison. Le vent agissant sur un endroit éloigné du corps du Navire, je veux dire sur les mâts, travaille à le faire incliner; & il le renverseroit, si la poussée verticale de l'eau ne s'opposoit à cette inclinaison.

À cette force, M. *Euler* en joint une autre: c'est celle de l'eau sur la proue, qui agit selon une direction perpendiculaire à cette partie du Navire. Si cette direction est opposée à l'effort du vent sur les voiles, il n'y aura point du tout d'inclinaison. Persuadé que c'est-là un grand avantage, ce grand Géometre veut qu'on donne à la proue une figure telle que la direction de la résistance de l'eau qu'elle éprouve, passe par le centre de l'effort du vent sur les voiles. Cela étant on peut augmenter à volonté la surface des voiles sans craindre l'inclinaison. Dans toute cette partie, M. *Euler* tâche de donner des moyens de maintenir le Vaisseau dans l'équilibre & de l'y rendre stable. Mais cette situation est-elle celle qui convient à un parfait sillage? Le Vaisseau ainsi serré & contraint, sera-t-il mis plus aisément en mouvement? il seroit aisé de démontrer le contraire. M. *Euler* n'a pas fait attention que le Vaisseau ne sille que dans une situation inclinée, parceque l'effort du vent fur les voiles le tient dans cette fituation (a).

Le Vaiffeau eft néanmoins en mouvement. La force du vent, qui agit fur le mât par le moyen des voiles, eft connue en général. Pour la réduire à fa jufte valeur, il ne refte qu'à déterminer la furface des voiles & la vîteffe du vent. La furface des voiles eft donnée. A l'égard du vent, M. *Euler* a inventé un anémometre ingénieux qui marque la force du vent & l'efpace qu'il parcourt en une minute. Cette idée n'eft pas nouvelle, mais l'exécution eft très ingénieufe.

L'Auteur procede enfuite à l'examen du mouvement du Navire. Ce mouvement eft ou parallele à la quille, ou oblique. Le mouvement parallele a lieu lorfque les voiles font fituées perpendiculairement à la quille. Et dans le mouvement oblique, la direction de leur effort s'en écarte. Quand le Vaiffeau eft parvenu à la fin de l'accélération à un mouvement uniforme, la réfiftance de l'eau qu'il éprouve, eft égale à l'effort du vent fur les voiles. Alors le Vaiffeau fille avec cette vîteffe acquife. Il ne s'agit donc que de déterminer cette réfiftance, pour la rendre la moindre qu'il eft poffible. C'eft ce que fait M. *Euler*, en donnant la figure de la proue de moindre réfiftance.

L'examen de la courfe oblique & fes loix ne font pas fi fimples. Il fe fait dans ce cas deux efforts fur la proue au tour de la ligne de la force mouvante, qui ne partage pas d'abord la réfiftance de l'eau fur cette partie du Navire. Cela n'arrive que quand la direction de la ré-

(a) Voyez *la Mâture difcutée & foumife à de nouvelles Loix.*

fiſtance ne forme qu'une même ligne avec celle
de la force mouvante. Ce problême de la courſe
oblique du Navire eſt aſſez connu. C'eſt le
même que celui de la dérive , qui depuis le
P. *Pardies* a exercé tant de Géometres. *Voyez
l'Hiſtoire de la Navigation.*

M. *Euler* vit & jouit de la plus brillante réputation. M. *Bouguer* qui a compoſé , comme
je l'ai déja dit , un Traité ſur la conſtruction
des Vaiſſeaux , eſt mort en 1658. Il étoit fils de
M. *Bouguer* , Hydrographe du Roi au Croiſic ,
Auteur d'un *Traité complet de la Navigation* ,
fort eſtimé , dont ſon fils a donné une ſeconde
édition. Ce Fils étoit Géometre & Phyſicien.
Il travailloit beaucoup & avec peine. Auſſi ſes
Ouvrages lui étoient chers , & il ne ſouffroit
pas patiemment qu'on les attaquât. Sa réputation formoit preſque ſon exiſtence. Tout lui
faiſoit ombrage , & cette ſenſibilité extrême lui
a cauſé des maux auxquels il a ſuccombé à l'âge
de ſoixante-trois ans. Avec plus de philoſophie
& moins d'amour-propre il eut vécu davantage
& beaucoup plus tranquillement.

NOTICES
DES PLUS
CÉLEBRES AUTEURS
DANS LES
SCIENCES EXACTES.

THALÈS naquit à Milet vers l'an 650 avant *Jesus-Christ*. On a écrit que ses Ancêtres possédoient de grands établissements dans la Phénicie ; mais qu'amoureux de la liberté & de l'indépendance, il les avoient abandonnés pour se souftraire au despotisme des Tyrans. Ces nobles sentiments furent presque le seul bien qu'ils laisserent à *Thalès*. Ce Philosophe, après avoir acquis beaucoup de connoissances dans les différents voyages qu'il fit, n'exigea de ses Disciples, ou de ceux qui voulurent s'instruire auprès de lui, n'exigea, dis-je, d'autre récompense que celle qu'il se procuroit à lui-même en se rendant utile aux hommes. Il rapporta d'Egypte les premieres propositions de Géométrie, & en découvrit de nouvelles. Il fit aussi des progrès dans l'Astronomie, & quoiqu'il ne tînt des Egyptiens que des notions très imparfaites de cette science, il osa prédire une Eclipse.

On l'interrogea sur la nature de Dieu. Il promit de satisfaire à cette demande dans peu de jours. Ces jours écoulés, on le somma de sa parole ; mais il remit sa réponse à un autre temps. Ce délai expiré, il la renvoya à un autre. Il éludoit ainsi la difficulté ; mais on le pressa si vivement, qu'il fût obligé de s'expliquer : ce qu'il fit en ces termes. *Plus j'examine cette question, & plus je la trouve au-dessus de mon intelligence.*

Thales croyoit que l'eau est le principe de toutes choses ; que les éléments des corps ne font ni visibles, ni palpables, quoique leur réunion forme les corps, & que la nature est douée d'une certaine force, par laquelle elle produit tout ce qui arrive dans le monde. Il est mort âgé de soixante-dix ans, suivant l'opinion la plus commune, & de quatre-vingt-dix, selon quelques Historiens. Il a eu beaucoup de disciples, parmi lesquels on compte la courtisane *Aspasie*. On le regarde encore comme le fondateur de la secte Ionique, laquelle étoit formée de personnes qui faisoient une espece de vœu de s'appliquer toute leur vie à l'étude de la nature.

ANAXIMANDRE. C'est tout-à-la-fois un ami, un disciple & l'héritier de *Thales*. Il observa le premier l'obliquité de l'écliptique ; enseigna que la Lune recevoit sa lumiere du Soleil ; soutint que la terre est ronde, comme son maître l'avoit pensé, & inventa les Cartes Géographiques. Ayant divisé le Ciel en différentes parties, il construisit une sphere pour représenter ces divisions. Il croyoit que le Soleil est une masse de matiere enflammée, aussi groſſe que la Terre. On veut qu'il ſoit encore l'inventeur du Gnomon, c'eſt-à-dire d'une maniere de connoître la marche du Soleil par un Stile ou Gnomon élevé perpendiculairement à l'horiſon. On lui fait même honneur de la connoiſſance du mouvement de la Terre. Ce qu'il y a de certain, c'eſt qu'il expliqua fort bien pour le temps, comment la Terre peut ſe ſoutenir au milieu de l'eſpace ſans tomber. Il mourut 545 ans avant la naiſſance de J. C. On ne ſait point à quel âge, parcequ'on ignore le temps de ſa naiſſance.

ANAXIMENES ſucceda à *Anaximandre*, dans l'école de Milet. On lui doit l'invention des Cadrans ſolaires. Il vouloit que l'air fût le principe de toutes choſes ; & il croyoit que l'infini eſt la Divinité. L'infini étoit, ſelon lui, la ſomme des Etres qui compoſent le monde. Ce ſont des ſubſtances inanimées & ſans aucune force par elles-mêmes ; mais le mouvement, dont elles ſont douées, leur donne la vie & une vertu preſque infinie. Voilà tout ce qu'on ſait d'exact ſur ce Philoſophe.

ANAXAGORE. Ce Philoſophe cultiva également les Sciences exactes & la Science des choſes naturelles. Ce goût pour l'étude ſe manifeſta dès ſa plus tendre jeuneſſe ; & il ſe fortifia tellement à meſure qu'il avança en âge, qu'il préféra toujours avec joie les ſatisfactions de l'eſprit aux richeſſes. Lorſqu'on lui reprochoit ſon indifférence pour la fortune, il montroit avec la main le Ciel, & demandoit ſi le plaiſir de contempler les aſtres, ne valoit pas

mieux que tous les biens de ce monde. C'eſt à
ce plaiſir qu'il dût ſans doute la découverte
qu'on lui attribue de la cauſe des éclipſes. Il
penſoit que les Aſtres ſont des corps ſolides pe-
ſants & ſemblables aux pierres. Ce ſentiment
parut d'abord ridicule. Si cela étoit, lui dit-
on, les Aſtres ne manqueroient pas de tomber. Mais *Anaxagore* répondit, que leur mouvement circulaire les retenoit dans leur orbite.
Les Sages applaudirent à cette réponſe. Elle ne
plût pas néanmoins aux Prêtres de ce temps.
Extrêmement vains de la fonction de leur mi-
niſtere, ils trouverent mauvais que les Philoſophes captivaſſent la conſidération du Public
par leurs inſtructions. Ils attaquerent par cette
raiſon *Anaxagore*, & lui firent un crime de vouloir expliquer les ouvrages de Dieu. Leurs in-
trigues furent ſi puiſſantes, qu'ils vinrent à bout
de rendre ce Savant odieux au Gouvernement
d'Athenes ; tellement qu'on crut devoir s'aſſurer de ſa perſonne. On le renferma dans une
obſcure priſon. *Anaxagore* gémit de ce traitement plus pour les autres que pour lui-même,
& continua de s'appliquer aux Sciences. Il chercha la ſolution du problême de la quadrature
du cercle, qu'il ne trouva point. Il auroit peut-
être mieux fait de s'occuper à ſe défendre ; car
quoiqu'il ne méritât que des récompenſes,
ſans le crédit de *Periclès* il eût perdu la vie. Il
en fut quitte pour un amende & pour l'exil. Ce
jugement eſt encore ſi rigoureux, qu'il faut
qu'*Ananagore* ait blâmé trop ouvertement les
Rites religieux du Pays, pour l'avoir encouru.

Quoi qu'il en ſoit, ce Philoſophe quitta ſans
peine la Grece, où il avoit été ſi mal traité ;

se retira à Clasomene sa patrie , & alla s'établir à Lampsaque. Presque dégoûté des Sciences exactes , il s'attacha à l'étude de la Philosophie. Il reconnut d'abord une intelligence suprême , un entendement infini, qui étoit l'Auteur de toutes choses. Il voulut ensuite expliquer comment cet Etre avoit formé le monde. Le système qui lui parut le plus probable , fut que Dieu a créé des *Homæomeries*, ou parties similaires, douées d'une tendance naturelle à se rejoindre , & qui se rejoignent en effet lorsque les besoins de la nature le demandent. Il passa le reste de sa vie dans ces méditations philosophiques. Comme il touchoit à la fin de sa carriere , on lui demanda s'il ne souhaiteroit point rendre les derniers soupirs à Clasomene : cela m'est fort indifférent , répondit-il : le chemin , qui conduit à l'autre monde , n'est pas plus long de Lampsaque que de Clasomene. Il mourut l'an 469 avant *Jesus-Christ*, âgé de soixante-douze ans. Ses amis , pour honorer sa mémoire , dresserent deux Autels sur sa tombe , un au bon sens, l'autre à la vérité. C'est l'hommage le plus beau qu'on puisse rendre à un Philosophe.

PYTHAGORE. Samos est la patrie de ce Philosophe. Son Pere s'appelloit *Mnesarque*. Il faisoit un commerce de bijoux & de pierres gravées. Il tiroit cependant son origine d'Ancée , qui avoit régné à Samos. *Pythagore* n'ignoroit point cette origine ; mais il étoit doué d'un génie trop élevé , pour s'en prévaloir. Dès l'âge le plus tendre , il sentit que la vertu & le savoir formoient seuls le mérite des hommes. Il résolut donc d'acquérir l'une & l'autre , aux dépens même de sa fortune Par les conseils de *Thalès*, dont il étoit disciple, il voyagea en Egypte. Il y vit les colonnes de *Sothis*, sur lesquelles *Mercure Trismégiste* avoit gravé, dit-on, les principes de la Géométrie. Il alla ensuite jusqu'au bord du Gange, pour y consulter les Brachmanes, ou les Gymnosophistes de l'Inde. Revenu dans sa Patrie, il la trouva pleine de troubles & de dissensions causées par la tyrannie de *Policrate*. C'étoit un séjour peu propre à un homme, qui ne cherchoit que la paix. Aussi le quitta-t-il sans peine, pour se retirer dans la partie la plus florissante de l'Itatalie, qu'on appelloit la grande Grece. Il y fonda une Ecole devenue célebre, dans laquelle il cultiva également & l'esprit & le cœur. Il instruisoit les personnes de toute condition dans leur devoir, & c'étoit avec tant de douceur qu'il se faisoit aimer de tout le monde. Il en fut aussi bien récompensé. Jamais Philosophe n'a eu des disciples plus fideles & plus reconnoissans. Il leur apprenoit les découvertes qu'on avoit faites dans les Sciences exactes, & celles qu'il y faisoit lui-même. J'en ai rendu compte dans l'Histoire de l'Arithmétique & de la Géométrie, & dans celle de la Musique. Quant à sa Morale, elle consistoit en ceci : A observer les égards de la tolérance que les hommes se doivent mutuellement ; à supporter le joug des loix, aux dépens même de la société, & à ne regarder comme sage que ceux qui sont prêts à tout sacrifier à la vérité, richesses, honneurs & réputation. Il prescrivoit ensuite ces préceptes particuliers. 1. Ne vous présentez aux Temples qu'avec un air décent & recueilli.

2. Ne vous rendez pas la vie pénible, en vous chargeant de trop d'affaires. 3. Soyez prêt à tout évenement à toutes les heures du jour. 4. Ne vous liez par aucun vœu, ni par aucun ferment. 5. Enfin n'aigriffez point un homme qui eft en colere. Il vouloit que tout fût commun entre fes amis & fes difciples; & pour fe conformer à ce fentiment, ils partageoient tout entr'eux. Il reconnoiffoit un Dieu; mais il ne croyoit pas qu'il fût hors de ce monde. Il admettoit la préexiftence des ames, ou la métempfycofe; & par cette doctrine il expliquoit le mal moral & le mal phyfique. Un homme étoit heureux actuellement, difoit ce Philofophe, parcequ'il avoit bien mérité du Toutpuiffant pendant fon exiftence antérieure : il étoit malheureux par une raifon contraire, &c. On prétend que *Pythagore* n'a jamais ri, ni pleuré, & qu'il s'étoit acquis par-là tant de vénération, que plufieurs perfonnes le regardoient comme un Dieu. Il fut tué à Métaponte dans une émeute populaire, l'an 497 ans avant *Jefus Chrift*, âgé de quatre-vingt-dix ans. Quelques Hiftoriens ont écrit qu'il avoit été marié à *Théano*, fille de *Brontin*, Crotoniate; mais d'autres foutiennent que *Théano* n'étoit que fa Maîtreffe. Il en avoit eu une fille appellée *Damo*, qui avoit fait affez de progrès dans la Philofophie, & à laquelle il recommanda de ne point donner fes Ouvrages au Public; ce qu'elle fit fi exactement, qu'elle refufa une fomme très confidérable qu'on lui avoit offerte des Manufcrits de fon Pere.

PLATON Il n'a pas paru encore un homme
qui

qui ait éte tant favorifé de la nature que ce Philofophe. Une heureufe phyfionomie , de grandes richeffes , une naiffance illuftre , & plus que tout cela, le plus beau génie, furent fon partage. Du côté de fon pere , il comptoit des Rois parmi fes Ancêtres ; & du côté de fa mere , il defcendoit du fage *Solon* , célebre Légiflateur. Il reçut le jour à Athenes , l'an 429 avant J. C. Ses Parents ne négligerent rien pour fon éducation. Il eut d'abord beaucoup de goût pour la Peinture & pour la Poéfie. Il apprit même à peindre. Il fit enfuite des Odes & des Tragédies. Ce goût ne fut que paffager. La connoiffance qu'il fit de *Socrate* , le dégoûta de ces amufements. Il comprit par les leçons de ce grand homme , que la Philofophie eft la véritable étude de l'homme , & il réfolut de s'y livrer entierement. Dans cette vue il alla en Egypte , pour étudier fous les Prêtres de Memphis ; de-là en Italie , pour y entendre les Pythagoriciens , & enfin à Cyrene , où un Mathématicien , nommé *Théodore* , donnoit avec éclat des leçons de Géométrie. De retour à Athenes , il y fonda une Ecole de Philofophie , qu'on nomma *Académie* , parcequ'il la tenoit dans une maifonqu'il avoit achetée d' *Academus* , Bourgeois d'Athenes. Il établit la Géométrie pour bafe de fa doctrine , & mit fur la porte de fon Ecole une Infcription , par laquelle il refufoit l'entrée de fon Ecole à ceux qui ignoroient cette fcience. Il en faifoit une fi grande eftime , qu'il appelloit Dieu l' *Eternel Géometre* , parcequ'il penfoit qu'il s'en occupoit fans ceffe. Il entendoit par le mot Dieu , l'Etre fouverainement parfait , qui exifte par lui-même , & Créa-

E e

teur du Ciel & de la terre. Il aſſocioit à cet Etre des Divinités, comme des démons & des Héros. Il vouloit auſſi que la terre & les aſtres fuſſent animés. Il admettoit la métempſycoſe juſqu'à un certain dégré, qui dépendoit du rôle qu'on avoit joué dans ce monde. Il ſoutenoit, par exemple, que les ames des Philoſophes n'ont que trois tournées à faire, ou tranſmigrations à eſſuyer avant que d'aller en Paradis, c'eſt-à-dire avant que d'être tranſportées dans des demeures charmantes où regnent une joie pure & une paix éternelle; que celles des méchants errent dans ce monde pendant cent mille ans dans le corps de quelque animal ſtupide, &c. Quoique toutes ces idées nous paroiſſent aujourd'hui extravagantes, comme elles le ſont en effet, ſon ſyſtême de Philoſophie étoit compoſé de tout ce qu'avoient penſé de plus beau les plus grands génies de la Grece, *Héraclite*, *Pythagore* & *Socrate*. C'étoit le goût du temps. Le génie de *Platon* paroît avec plus d'avantages dans ſon invention de l'analyſe, dont j'ai expoſé l'objet dans cette hiſtoire. Ce Philoſophe mourut à l'âge de quatre-vingt-un ans, environ, l'an 347 ou 348 avant *Jeſus-Chriſt*.

ARISTOTE. On a regardé pendant long-temps *Ariſtote* comme le Prince des Philoſophes, parcequ'il a écrit ſur toutes les Sciences & qu'il a voulu tout expliquer. Il vint au monde environ l'an 384 avant la naiſſance de *Jeſus-Chriſt*. Son pere s'appelloit *Nimachus*. Il étoit Médecin, & tiroit ſon origine d'*Eſculape*. *Ariſtote* le perdit en bas-âge. Sa mere nommée *Feſtiale*, mourut auſſi dans ce temps-là. *Pro-*

xene, ami du Pere, prit foin de fon éducation, & s'en acquitta mal. Le jeune orphelin abandonna l'étude & devint un véritable libertin. Il diffipa par fes débauches une grande partie du bien que fon pere lui avoit laiffé. Cette diminution le détermina à prendre le parti des armes dont il fe dégoûta bien-tôt. Ne fachant que devenir, il alla confulter l'Oracle, qui lui ordonna d'aller à Athenes, & de s'appliquer à la philofophie. Il avoit alors dix-huit ans. Il obéit, & étudia fous *Platon*. Les leçons de ce grand Maître l'enflammerent à tel point, qu'il réfolut de facrifier fes jours à l'étude. Sa paffion d'apprendre augmentant chaque jour, il devint infatigable dans fon travail. Il mangeoit peu ; il dormoit encore moins. Il fe couchoit cependant pour fe delaffer ; mais comme il ne vouloit pas dormir, & qu'il craignoit de n'en être pas le maître, il étendoit hors du lit une main dans laquelle il tenoit une boule d'airain, afin de s'éveiller au bruit qu'elle feroit en tombant dans un baffin de même métal, placé à terre au-deffous de fa main.

Après la mort de *Platon*, *Ariftote* quitta Athenes & fe retira à Atarne, petite ville vers l'Hellefpont, où régnoit alors *Hermias* (a), fon ancien ami. (Les hiftoriens ne difent point comment cette amitié avoit été formée.) Ce Prince lui donna en mariage ou fa fœur, ou fa fille, ou fa petite-fille ; car on ne fait laquelle des trois. Ce qu'il y a de certain c'eft qu'il devint fi amoureux de celle qu'il époufa, qu'il la

(a) *Bayle*, Article *Ariftote*, ne dit point qu'*Hermias* fût Roi, mais feulement qu'il commandoit dans Artfene.

traita comme une divinité. Il lui offroit des sacrifices. Il ne cultiva pas cependant avec moins d'ardeur la Philosophie, & il se fit une réputation si éclatante, que *Philippe*, Roi de Macédoine, le pria de se charger de l'éducation de son fils *Alexandre*, âgé de quatorze ans, & il s'en acquitta avec le plus heureux succès. Cela n'empêcha pas qu'il ne perdît les bonnes graces d'*Alexandre*, pour avoir été soupçonné, injustement sans doute, d'être entré dans les intérêts de *Callisthene*, qui avoit conspiré contre ce Prince, dont il étoit parent. *Aristote* se retira à Athenes, où il fut reçu avec toutes sortes de distinctions. Il n'y jouit pas néanmoins de ces avantages. Un Prêtre nommé *Eurymedon*, l'accusa d'impiété. Il lui fut aisé de se justifier de ce crime ; mais il étoit coupable d'un autre dont il n'étoit pas possible de se laver, c'étoit d'avoir captivé par son savoir tout ce qu'il y avoit de grand dans Athenes. *Eurymedon* & ses Adjoints ne lui pardonnerent pas ce tort; de sorte qu'*Aristote*, pour se soustraire à ces persécutions, quitta Athenes, de peur, dit-il, *qu'on ne fasse un nouvel outrage à la Philosophie.* Il vouloit parler de la mort de Socrate. Il se retira à Chalcis, ville d'Eubée, où il mourut âgé de soixante-trois ans, l'an 322 avant *Jesus-Christ.* Il laissa une fi'le, qui fut mariée en secondes nôces à un petit-fils de *Demaratus*, Roi de Lacédémone, & un fils naturel nommé *Nicomachus*, qu'il avoit aimé avec une tendresse extrême. Les habitans de Stagyre enleverent son corps & lui dresserent des Autels. Il étoit propre, honnête & bon ami. Il appelloit ami, une ame dans deux corps. *Théophraste*, son disciple, fut son successeur dans le Licée.

Aristote a écrit sur presque toutes les sciences; & il l'a fait avec une sagacité surprenante. Il avoit établi deux principes féconds dignes d'admiration. Le premier, que l'ame acquiert ses idées par les sens, & que par les opérations qu'elle fait sur ces idées, elle se forme des connoissances universelles & évidentes. Voilà en quoi consiste la science. Des connoissances sensibles, l'esprit s'élève à des connoissances purement intellectuelles; mais comme les premieres émanent d'une source qui peut être sujette à erreur, qui est le sens, *Aristote* établit un second principe pour rectifier le premier: c'est l'art du raisonnement, au moyen duquel il forme une nouvel organe à l'entendement, qu'il appelle *Organe universel*. Cela est si beau, qu'on peut bien excuser l'excès de vénération qu'on a eue pour ce grand Philosophe.

PYTHEAS. La commune opinion est que ce Philosophe vécut dans le temps d'*Alexandre le Grand*, c'est-à-dire environ 350 ans avant *Jesus-Christ*. Il naquit à Marseille. Son savoir en Astronomie lui procura l'estime de ses Compatriotes. La République de cette Ville, dans la vue d'étendre son commerce, le choisit pour découvrir de nouveaux Pays dans le Nord. *Pytheas* alla jusqu'à l'Islande, connue aujourd'hui sous le nom de l'Isle de Thulé. Il y observa que dans le Solstice d'Été le Soleil disparoît à peine sur l'horison pendant vingt-quatre heures. A fon retour, il écrivit fon voyage, qu'il publia fous le titre, *De ambitu Terra* ; & il parla de cette obfervation. *Strabon* fit une critique fevere de ce Livre, la releva, & taxa hardiment *Pytheas* de menteur. Ce fut de fa part un grand trait d'ignorance. Il critiqua avec plus de juftefe ce que dit cet ancien Aftronome : qu'au-delà de l'Iflande il n'y avoit ni terre, ni air, ni mer, mais un compofé de trois, femblable au poumon marin, fur lequel la terre & la mer étoient fufpendues, & qui fervoit comme de lien à toutes les parties de l'univers, fans qu'on pût y aller en aucune maniere. *La Mothe le Vayer*, qui s'eft joint à *Strabon* pour blâmer *Pytheas* d'avoir écrit une pareille abfurdité, rapporte qu'un Anachorette fe vantoit d'avoir été jufqu'au bout du monde, & qu'il avoit été obligé de ployer les épaules, pour ne pas fe cogner la tête contre le Ciel, qui joignoit prefque la terre dans cet endroit *(a)*.

On doit à *Pytheas* une obfervation célebre de la hauteur du Soleil au Solftice d'Eté, d'où on a conclu de nos jours une variation dans l'obliquité de l'écliptique. On ne fait point à quel âge il eft mort.

EUCLIDE. On doit à cet Auteur les Elémens de Géométrie qui portent fon nom, & qui l'ont rendu fi célebre. Ces Elémens font divifés en quinze livres ; mais plufieurs Savans croient que les deux derniers livres ne font pas de lui : ils en font honneur à un Mathémati-

____

(a) Voyez *Dictionnaire de Bayle*, Article *Pytheas*.

cien nommé *Hypsicle*, d'Alexandrie. Les vérités Géométriques qui composent ces Elémens, avoient été découvertes avant lui. Il les a seulement enchaînées les unes aux autres, & formé un corps de Science d'une solidité admirable. *Euclide* naquit à Alexandrie, où il enseigna sous le Roi *Ptolomée Lagus*, l'an 300 avant *Jesus Christ*. Il étoit doux, modeste, & accueilloit favorablement tous ceux qui cultivoient les Sciences exactes.

ARISTARQUE. On ne sait point précisément en quel temps ce Philosophe a vécu. Ce qu'on sait sûrement, c'est qu'il est antérieur à *Archimede*. Il naquit à Samos, & s'y fit une réputation par des découvertes sur l'Astronomie. Il détermina la distance du Soleil à la Terre au moyen d'une méthode également savante & ingénieuse, qu'il publia dans un Ouvrage intitulé : *De distantiis et magnitudinibus Solis & Lunæ*. Il fit ensuite une espece de systême astronomique, dans lequel il fit tourner la Terre autour du Soleil : opinion qui appartenoit aux Pythagoriciens ; mais qu'*Aristarque* mit dans un plus beau jour. Il se la rendit ainsi propre : on lui en fit un honneur absolu qui faillit lui être funeste. Les Prêtres l'accuserent d'irréligion, pour avoir troublé le repos des Dieux Lares de la Terre : mais l'histoire ne dit pas si cette accusation eut des suites.

ARCHIMEDE. On peut regarder *Archimede* comme le premier Restaurateur des Sciences exactes. C'est du moins le génie le plus profond qui a paru dans l'antiquité. Son goût pour les Sciences étoit si vif, qu'il oublioit l'heure de ses repas. Ses domestiques étoient obligés de l'arracher de son cabinet malgré lui, pour l'obliger à manger. Il étoit né 250 ans avant J. C. à Syracuse, où *Hieron*, son parent, régnoit. Il fit des découvertes dans toutes les parties des Sciences exactes, & jetta les fondements, ainsi que le dit fort bien *Wallis*, célebre Géometre Anglois il jetta, dis-je, les fondements de toutes celles qu'on pourroit faire dans la suite. Comme *Euclide* n'avoit point écrit sur les dimensions du cercle, de la sphere & du cylindre, *Archimede* composa deux Ouvrages à ce sujet. Le premier parut sous le titre : *De Sphera & Cilindro, Libri duo* : le second sous celui *De Dimentione circuli*. Il mit au jour successiment les Traités suivans : 2°. *De Spiralibus, de Conoïdibus, Sphæroidibus, & de quadratura parabola.* 3°. *De æquiponderantibus & incidentibus humido.* 4°. *De numero Arenæ.* *Archimede* fut tué l'an 208 avant *Jesus-Christ*, comme je l'ai dit dans cette Histoire en parlant de ses découvertes. Les Ouvrages de ce grand homme ont été commentés par plusieurs Savans distingués. Ce sont *Eutocius, Commandin, Mauroticus, Borelli & Barrow.* Le Commentaire de ce dernier est fort estimé, & à juste titre.

ERATOSTHENE. Ce Philosophe passe, avec justice, pour un des plus beaux génies de l'Antiquité. Il embrassa toutes les connoissances & y fit des progrès assez considérables. Il étoit Orateur, Poète, Antiquaire, Mathématicien & Philosophe ; de sorte que ne sachant comment le déſigner , on lui donna le nom de *Critique*, ſuivant *Clement Alexandrin*, & celui de *Philologue* , nom qu'il a porté le premier , ſi l'on en croit *Suidas*. Il cultiva particulierement les Sciences exactes , & ce fut avec le plus grand ſuccès. Il perfectionna l'analyſe , donna une ſolution du problême de la duplication du cube , forma le premier obſervatoire , meſura la grandeur de la terre , & obſerva l'obliquité de l'écliptique. Il étoit Bibliotéquaire de *Ptolomée Evergete* , Roi d'Egypte. Il naquit vers l'an 270 avant *Jeſus-Bhriſt* , & mourut en Egypte à l'âge de quatre-vingts ans , de déplaiſir d'avoir perdu la vue.

APPOLLONIUS. Les Anciens appelloient cet Auteur *le grand Géometre* , parcequ'il a donné le premier la théorie des Sections coniques, qu'il a découvert l'ellipſe & l'hyperbole , c'eſt-à dire qu'il eſt preſque le Créateur de la Géométrie compoſée , qu'on regardoit alors avec quelque raiſon comme la Géométrie ſublime. Il naquit à Perge en Pamphylie 240 ans avant *Jeſus Chriſt*. Il avoit étudié ſous les diſciples d'*Euclide*. Il a compoſé pluſieurs Ouvrages ſur la Géométrie , très profonds, preſque tous diviſés en deux livres , & publiés ſous ces titres : 1. *De Sectione rationis*. 2. *De Sectione ſpatii*. 3. *De Sectione determinata*. 4. *De Sectionibus*. 5. *De inclinationibus*. 6. *De locis planis*. 7. *De coclea*. 8. *De conicorum Libri octo*. Ce dernier Ouvrage a été commenté par pluſieurs Mathématiciens habiles ; & en dernier lieu par *Halley* , qui en a donné une belle édition , de même que du livre *De Sectione rationis.*

HIPPARQUE. *Strabon* prétend que ce Philosophe est né à Nicée en Bythinie ; & *Ptolémée* soutient qu'il est de Rhodes Il vivoit 150 ans avant *Jesus-Christ.* Il passe avec justice pour le plus grand Astronome de l'antiquité. Il observoit avec une dextérité admirable , & aimoit beaucoup le travail. Aussi fit - il des progrès étonnants dans la Science des Astres. Il détermina avec assez de précision les révolutions du Soleil. Il mesura aussi la durée de la révolution de la Lune , & fixa l'inclinaison de son orbite sur l'écliptique. Il publia le résultat de ses travaux dans deux Ouvrages particuliers qui parurent sous ces titres : Le premier sous celui : *De menstruo revolutionis tempore* : Le second sous celui : *De motu Lunæ in latitudinem.* Il voulut ensuite fixer le temps auquel les nouvelles & pleines Lunes reviennent aux mêmes jours de l'année solaire , & forma ainsi une période Lunaire qui porte son nom. Mais le travail qui étonna le plus l'antiquité , fut de calculer les éclipses pour six cents ans ; de compter toutes les étoiles du firmament ; & la découverte qu'il fit qu'elles avoient changé de place en avançant dans l'ordre des Signes. On le regarda comme un des plus sublimes génies qui eussent paru. *Pline* ne parle de lui que avec des éloges magnifiques. *Strabon* , au contraire , qui n'aimoit pas à ce qu'il paroît les Astronomes , comme on l'a vu à l'article de *Pytheas* , ne lui rend pas toujours justice ; mais c'eſt de ſa part une mauvaiſe humeur à laquelle il ne faut pas s'arrêter. La période de cet Aſtronome fut publiée dans un livre intitulé : *De intercalaribus menſibus.* Et ſon travail ſur les étoiles forma les deux Ouvrages ſuivants. 1. *De conſtitutione ſtellarum inerrantium & ſtatione immota.* 2. *De retrogradatione punctorum ſolſticialium & æquinoctialium.*

PTOLEMÉE , *ou* PTOLOMÉE. L'antiquité avoit donné à ce Philoſophe le nom de très divin , très ſage , & le titre de premier des Aſtronomes. C'étoit une injure faite à *Hipparque* , qui méritoit bien au moins la concurrence dans la ſcience des Aſtres. Ce qui avoit donné lieu à cette qualification , c'eſt le ſyſtême d'aſtronomie qu'il adopta , dans lequel il plaça la terre au centre de l'univers , & le grand ouvrage qu'il compoſa ſur cette ſcience. *Hypparque* avoit formé le projet de faire un corps complet d'Aſtronomie , & *Ptolémée* le conſomma. Il publia un livre intitulé : *Almageſtum* , ou *Compoſitio magna.* On trouve dans ce livre un catalogue des étoiles fixes , formé d'après les propres obſervations de ſon Auteur , & de celles d'*Hypparque.* On y compte mille vingt-deux étoiles , dont les longitudes & les latitudes ſont déterminées. Enfin cet ouvrage eſt encore ſingulierement eſtimable , par la démonſtration que *Ptolémée* y donne du mouvement des étoiles fixes. Ce grand Aſtronome compoſa auſſi un bel ouvrage ſur la Géographie , diviſé en huit livres ; quelques Traités particuliers d'Aſtronomie , comme ſa *Complanatio ſuperficii ſphera* , ſon *Analemme* , & ſes

Hypotheses des Planetes ; plusieurs sur l'Astrologie, & des ouvrages sur la Géométrie, sur la Musique, l'Optique & la Méchanique, dont la plûpart ne sont pas parvenus jusqu'à nous. Il étoit né à Péluse l'an 138 avant *Jesus-Christ*. Il faisoit son séjour ordinaire à Canope, qui est proche d'Alexandrie, où il observa, à ce qu'on dit, pendant quarante ans. Si cela est, sa carriere a été longue : c'est cependant ce qu'on ignore, car on ne sait point dans quel temps il est mort.

DIOPHANTE. Voici le premier Auteur célebre dans les Sciences exactes, qui ait vécu depuis *Jesus-Christ*. Il naquit à Alexandrie vers le milieu du quatrieme siecle. Il écrivit treize livres sur l'Arithmétique , dans lesquels il donna une nouvelle Arithmétique universelle de son invention connue sous le nom d'Algébre. Il passa ses premieres années dans la dissipation. Il se maria & eut un fils qui mourut avant lui. Il termina sa carriere à l'âge de quatre-vingt-quatre ans. C'est tout ce qu'on sait de ce savant homme. Son ouvrage est intitulé : *Diophanti Alexand. Quæstiones Arithmeticæ.* Il a été commenté successivement par la célebre *Hypathia* , qui vivoit sur la fin du quatrieme siecle , & par *Xilander* , *Bachet de Meziriac* , le P. *Billi* & *Fermat.*

ARETIN [*Gui*]. Il naquit en 1028, à Arezzo , Ville d'Italie , dont il a pris le nom. Il étoit Religieux de l'Ordre de Saint Benoît, & il devint Abbé. Il a écrit deux livres sur la Musique ; & voilà tout ce qu'on sait de cet

homme eſtimable , qui a ſi bien mérité de ce
bel art.

ALBERT GROT, *ou* LE GRAND. Cet Auteur a joui pendant long-temps d’une grande
réputation ; parcequ’il a vécu dans un ſiecle où
le merveilleux captivoit le ſuffrage des hommes.
Il naquit à Lawingen , ſur le Danube , dans
la Suabe , l’an 1205. Il fut Religieux Domi-
nicain , Evêque de Ratisbonne , & un des plus
célebres Docteurs du treizieme ſiecle. Il mérita des Sciences exactes par des Ouvrages qu’il
compoſa ſur l’Aſtronomie , & ſur-tout ſur la
Méchanique , dans la pratique de laquelle il
excella. Tout le monde a entendu parler d’un
Automate de forme humaine , qui parloit &
qui alloit ouvrir la porte quand on frappoit.
Elle fut briſée , dit-on , par S. *Thomas d’Aquin*,
Diſciple d’*Albert*, qui ne pût ſupporter avec
patience ſon grand caquet: mais on ne ſait
point comment cela s’opéroit. On a compté
bien des fables ſur la fabrique de cette machine, qui ne méritent aucun examen. Ceux qui
n’avoient aucun principe de Méchanique , diſoient qu’*Albert* étoit magicien. On rapporte
même qu’un jour des Rois , dans un repas
qu’il donna à *Guillaume*, Comte de Hollande
& Roi des Romains , il changea *l’Hiver en
Eté tout plein de fleurs & de fruits*. Cela eſt bien
plus étonnant qu’une tête parlante. C’étoit le
goût du temps de faire des miracles & des
choſes merveilleuſes, auxquelles les hommes
de bon ſens ne croyoient point. *Albert* avoit
aſſurément une ſcience plus ſolide. Il étoit véritablement ſavant , & les leçons de Philoſo-

phie qu'il donnoit, étoient goûtées de tout le monde. Etant venu à Paris en 1245, la classe dans laquelle il enseignoit, ne se trouva pas assez grande pour contenir tous les écoliers qui venoient l'écouter ; de sorte qu'il résolut de professer au milieu d'une Place publique : ce fut dans celle qui en a retenu son nom, je veux dire la *Place Maubert*, qu'on appella d'abord la Place d'*Albert*, ou la Place de *Maître Aubert*, d'où l'on a formé le mot *Maubert*. Ce grand savoir paroissoit même si extraordinaire, qu'on le regardoit comme miraculeux, parcequ'il s'étoit développé tout-à-coup. Dans le Cloître, *Albert* passoit pour un homme borné. Il desespéroit lui-même d'apprendre jamais quelque chose, lorsque la Sainte Vierge lui apparut, & lui demanda en quoi il aimoit mieux exceller, ou dans la Philosophie, ou dans la Théologie. Il choisit la Philosophie, & la Sainte Vierge l'assura qu'il y deviendroit incomparable ; mais elle ajouta, que pour le punir de n'avoir pas préféré la Théologie, il retomberoit avant sa mort dans la même stupidité d'où elle l'avoit tiré ; ce qui arriva effectivement trois ans avant sa mort. Ceux qui rapportent ce conte, font une remarque singuliere à ce sujet ; c'est que par des voies miraculeuses il avoit été transformé d'âne en philosophe, & puis de philosophe en âne.

C'est dans cet état de stupidité qu'il mourut à Cologne l'an 1286, âgé de soixante-quinze ans. On a écrit qu'étant Moine, il avoit fait le métier de Sage - femme. On lui attribue même deux Ouvrages, dont l'un est intitulé : *De natura rerum*, & l'autre *De secretis mulie-*

rem, où il traite de l'art de l'accouchement. Ce qu'il y a de certain, c'est qu'il est l'Auteur du livre *De mirabilibus*.

BACON [*Roger*]. C'étoit un Cordelier Anglois, qui vivoit au treizieme siecle. Il apporta en naissant les dispositions les plus heureuses. Il étudia le Grec & l'Arabe, & fit des progrès dans presque toutes les sciences. Quoiqu'il donnât dans les écarts que le mauvais goût du temps occasionnoit, en s'appliquant à l'Astrologie judiciaire, il comprit cependant que le meilleur moyen d'acquérir quelques connoissances dans l'étude de la nature, étoit de joindre les vérités mathématiques aux vérités d'expériences, c'est-à-dire de rectifier les expériences par le raisonnement. Il condamna donc hautement la méthode des Scholastiques, qui étoit bien opposée à celle qu'il prescrivoit. Cela indisposa contre lui les Philosophes de son Ordre. Leur amour propre se trouva blessé de la supériorité de leur Collegue. Pour se vanger, ils épierent toutes les occasions où ils pouvoient lui nuire; & comme *Bacon* cultivoit la Chymie, & qu'il opéroit par les secrets de cet art, des choses extraordinaires, ils le dénoncerent à leur Chapitre général comme Magicien. L'accusation fut admise, & le Chapitre lui défendit d'écrire. Ce jugement ne parut pas assez rigoureux à ses ennemis. Ils revinrent à la charge, & manœuvrerent si bien qu'ils obtinrent qu'il seroit enfermé dans une prison. On l'y détint long-temps à diverses reprises. Malgré ce mauvais traitement, *Bacon* composa des Ouvrages où il dévoila le germe des découvertes qu'on pouvoit faire dans la Philofophie. L'invention des lunettes, celle de la poudre à canon, la réformation du Calendrier, tout cela fut admirablement prévu par ce favant homme. Tous fes écrits n'ont pas vu le jour. Ceux qui nous font parvenus par la voie de l'impreffion, ont pour titre : *Specula Mathematica & Perfpectiva. Opus majus. Speculum Alchemiæ. De mirabili poteftate artis & naturæ. Epiftolæ cum notis.*

CUSA. Ceci eft le nom d'un petit Bourg fur la Mofelle, que prit un Auteur des Sciences exactes, qui s'appelloit *Nicolas.* Il étoit fils d'un pauvre pêcheur, & étoit né à Cufa l'an 1401. Il embraffa l'état Eccléfiaftique. Son favoir le rendit fi recommandable, qu'il parvint aux plus hautes Dignités. Il fut d'abord pourvu d'un Canonicat. Il devint enfuite Doyen de Saint Florent de Conftance, Archidiacre de Liege, Cardinal, & Evêque de Brixen en Allemagne. Il étoit alors dans ce Pays en qualité de Nonce d'*Eugene IV.* Les Chanoines de Brixen avoient nommé *Leonard Wifmer,* Chancelier de *Sigifmond,* Archiduc d'Autriche, lorfque cet Evêché avoit été vacant. Le Pape refufa de confirmer cette élection. *Sigifmond* choqué de ce refus, fit mettre en prifon le Cardinal *de Cufa,* fans aucun égard à fa dignité & à l'autorité du Saint Siege. Cette affaire auroit eu des fuites fâcheufes, fi le Cardinal lui-même n'eût ménagé un accommodement. Son état demandoit qu'il s'appliquât à la Théologie. C'eft auffi ce qu'il fît. Il compofa plufieurs Traités fur la Religion, parmi lefquels

on

on diſtingue ſur-tout un livre intitulé : *De la Concordance Catholique*, dont l'objet eſt de dé_fendre l'autorité du Concile ſur le Pape. Ce n'étoit pas-là cependant ſon goût. Les Sciences exactes le touchoient bien davantage. Il eſt le premier des Auteurs Modernes, qui ait renouvellé le ſyſtême du mouvement de la Terre autour du Soleil. Il écrivit ſur la quadrature du cercle qu'il crut avoir trouvée, & publia pluſieurs autres Ouvrages peu eſtimables ſur la Géométrie. Tous ſes Ouvrages ſont en trois volumes. Il mourut à Tori, Ville d'Ombrie, le 12 Août 1464, âgé de ſoixante trois ans.

PURBACH. C'eſt ſous ce nom qu'eſt connu un Reſtaurateur des Sciences exactes, qui s'appelloit *Georges*. Il étoit né en 1423 à Purbach, petit endroit d'Allemagne, ſitué entre l'Autriche & la Baviere. Il étudia à Vienne ſous *Jean de Gennunden*, Profeſſeur de Mathématiques à l'Univerſité de cette Ville. Il prit un goût particulier pour l'Aſtronomie, & fit pluſieurs voyages en Italie, afin d'acquérir des connoiſſances plus étendues dans cette Science. On voulut le fixer à Boulogne ; mais l'Empereur *Frédéric III*, l'engagea ſi obligeamment & par tant de bienfaits, de retourner à Vienne, qu'il en reprit le chemin. Là, *Purbach* s'attacha particulierement à l'obſervation des Aſtres ; & après avoir rectifié les inſtrumens des anciens Aſtronomes, il en imagina de nouveaux. Ses obſervations le mirent en état d'aprécier le ſyſtême de *Ptolémée*, & de le corriger. Il forma des Tables aſtronomiques, & perfectionna la Trigonométrie & la Gnomonique. Au milieu de ses travaux, il desiroit toujours d'avoir une tra-duction fidelle de l'Almageste de *Ptolémée*. Cet Ouvrage étoit écrit en Grec, & il ignoroit cette langue. Le Cardinal *Bessarion*, Grec d'origine, étant venu à Vienne, *Purbach* fit connoissance avec lui, & ce Cardinal, qui aimoit l'Astronomie, lui conseilla de retourner en Italie pour bien entendre la langue Grecque. Il travailloit alors à un abregé de ce grand Ouvrage, & il en étoit au sixieme livre. Il se disposoit cependant à suivre le conseil de *Bessarion*, lorsqu'une maladie l'enleva le 8 Avril 1462, à l'âge de trente-neuf ans.

Les Ouvrages de *Purbach* qui ont vu le jour, sont intitulés : 1. *Theroica nova Planetarum.* 2. *Observationes Hassiacæ.* 3. *Tabulæ eclipsium*, pour le Méridien de Vienne.

REGIOMONTAN. Le véritable nom de cet Auteur est *Jean Muller*. Il naquit l'an 1436 à Koningshoven, dans la Franconie Il fut disciple de *Purbach*, & quoiqu'il eût beaucoup de goût pour les Mathématiques en général, il s'attacha particulierement à l'Astronomie. Il observa long-temps les Astres avec son Maître, & l'aida à déterminer précisément le lieu des étoiles, & à rectifier le système de *Ptolémée*. Il alla en Italie avec le Cardinal *Bessarion*, pour y apprendre le Grec. C'est le voyage dont *Purbach* devoit être, si la mort ne l'eut surpris. *Régiomontan* fit de si grands progrès dans la langue Grecque, qu'il l'entendit bientôt parfaitement. Le premier usage qu'il fit de cette nouvelle connoissance, fut de traduire l'Almageste de *Ptolémée*. Il donna aussi une traduc-

tion de l'Optique & de la Géographie de cet
Auteur, une autre des Ouvrages de *Serenus*,
Géometre Grec, d'*Appollonius*, de *Heron* &
des Questions Méchaniques d'*Ariftote*. Il fe
trouva par ces traductions ou ces exercices, en
état de faire un ouvrage qui lui tenoit extrêmement à cœur : c'étoit d'achever l'abregé de
l'Almagefte, que *Ptolémée* avoit laifié imparfait en mourant. Il devoit cela à l'amitié d'un
maître qu'il regrettoit autant qu'il l'avoit chéri.

Ce devoir étoit à peine rempli, que ce favant
homme travailla à un Commentaire de *Ptole-*
mée, fans fe permettre le moindre relâche. Il
compofa tout de fuite un Traité des inftruments
d'Aftronomie, & calcula des Tables aftronomiques pour trente ans.

Quoique la Science des Aftres l'attachât particulierement, il ne négligeoit point les autres
parties des Mathématiques ; & comme fa fagacité étoit extrême, en les cultivant il les enri-
chiffoit. Il écrivit fur la Géométrie, fur la Méchanique, fur l'Hydraulique, fur la Catoptrique, & furtout fur la Trigonométrie. Cette
partie de la Géométrie n'étoit prefque rien
avant lui, & elle ne devint une fcience qu'entre fes mains. Il réfolut les problêmes les plus
importants du rapport des triangles ; fit des
Tables de Sinus fuivant la méthode de *Pur-*
bach, fon Maître, c'eft-à-dire en divifant le
rayon en 6,000,000 parties. Cet homme infatigable fut encore un Machinifte très adroit. On
lui attribue des Ouvrages extrêmement ingénieux & artiftement faits, tels que ceux dont
j'ai parlé au commencement de l'hiftoire de la
Méchanique.

Toutes ces productions font affez confidérables pour remplir la carriere d'un homme qui feroit parvenu à une grande vieilleffe. Cependant *Régiomontan* mourut à la fleur de fon âge. On a écrit qu'il fût affaffiné à Rome par les enfans d'un Savant, nommé *George de Trébizonde*, qui craignirent que fon mérite n'effaçât celui de leur pere. Il avoit été appellé à Rome par le Pape *Sixte IV*, pour travailler à la réforme du Calendrier. Ce Pape l'avoit même récompenfé d'avance de ce travail, en le nommant à l'Evêché de Ratisbonne. Ce qui avoit animé *George de Trebizonde* contre lui, c'eft la critique fevere, quoique jufte, qu'il avoit fait de cet Auteur. Tous les Hiftoriens ne conviennent cependant point de cette tragique aventure. Ils foutiennent que *Régiomontan* mourut de la pefte, âgé de quarante ans. Quoi qu'il en foit, le Pape voulut qu'il fût inhumé au Panthéon, & lui fit faire des obfeques dignes de lui & du défunt.

Voici les titres de fes Ouvrages : 1. *Scripta Johannis Regiomontani de Torqueto, Aftrolabio armillarî, Regula magna Ptolemaica, baculoque Aftronomico & obfervationibus cometarum ; item obfervationes motuum folis ac ftellarum tam fixarum quam erraticarum ; item libellus* M. *Georgi Purbachii de quadrato Geometrico.* 2. *De Triangulis.*

WALTHER. On fait honneur à cet Auteur de la découverte de la Réfraction Aftronomique, & cette découverte lui a acquis un rang parmi ceux qui ont bien mérité des Sciences exactes. C'étoit un riche Citoyen de Nuremberg , qui n'étoit qu'amateur ; mais qui devint Astronome par l'exemple de *Régiomontan*. Il fut touché de son zele & de son ardeur pour les progrès des connoissances humaines. Il le seconda dans ses observations astronomiques ; & lorsqu'il partit pour Rome , il continua à observer pendant près de trente ans. Les instruments dont il se servoit étoient fort beaux , & il faisoit usage pour mesurer le temps , d'une espece d'horloge qui marquoit surtout l'heure du midi très exactement. Ses soins & son avidité au travail lui valurent une découverte : ce fut la réfraction de la lumiere des astres à travers l'atmosphere. Deux Mathématiciens avoient déja écrit sur cet écart de la lumiere ; mais *Walther* ne connoissoit point ces écrits.

On ne sait point à quel âge mourut cet homme de mérite : ce n'étoit point un Mathématicien du premier ordre ; mais personne n'a peut-être eu plus que lui autant de zele pour l'Astronomie Après la mort de *Régiomontan* , il acheta tous ses papiers & ses instruments. On s'attendoit qu'il rendroit publics les écrits de l'illustre défunt ; mais il en étoit si jaloux qu'il ne vouloit les faire voir à personne ; & ce ne fut qu'après sa mort que ces écrits furent imprimés.

COPERNIC. Tout le monde connoît ce grand homme. Son système astronomique , adopté par toute l'Europe , a porté son nom chez tous les Peuples de l'Univers. Il naquit à Torn , Ville de Prusse , en 1473. Il étoit Gentilhomme. Ses parents eurent grand soin de son éducation. Après son cours de Philosophie, il étudia les Mathématiques & la Médecine.

Il eut sur tout un goût particulier pour les Mathématiques , sans abandonner l'étude de la Médecine. Il prit même des grades dans l'école des Médecins, & y reçut le bonnet de Docteur. Cette distraction ne rallentit point le desir qu'il avoit d'apprendre les Mathématiques, tellement qu'il résolut d'aller en Italie , où les Sciences fleurissoient plus qu'en aucun autre endroit du monde. Il venoit d'achever ses études à l'Université de Cracovie. De retour chez lui , il se disposa à faire son voyage , auquel ses parents ne formerent aucune opposition.

Il alla d'abord à Boulogne , pour y voir un Professeur de Mathématiques, qui y jouissoit d'une grande célébrité : c'étoit *Dominique Maria*. Il vécut quelque temps avec lui , & gagna son amitié & son estime. Il s'acquit même par-là une réputation qui le fit connoître avantageusement à Rome. Il apprit cela lui-même, lorsqu'il alla dans cette grande Ville. Tous les Savans lui firent fête , & on le força d'accepter une chaire de Mathématiques. Il la garda fort peu de temps. Son intention étoit de se fixer dans sa Patrie , où il croyoit pouvoir se former une retraite qu'il eût été difficile de se procurer dans Rome. Il avoit déja l'idée de son système ; mais il comprenoit que ce n'étoit que dans le recueillement qu'il pouvoit suivre cette idée.

Il quitta donc Rome , & se rendit chez lui. Son oncle, Evêque de Warmies , lui donna , en arrivant , un Canonicat dans sa Cathédrale. C'étoit une dignité fort avantageuse, que *Copernic* n'accepta néanmoins que par complaisance. Il craignoit en effet, ce qu'il eût , des distractions ; mais il fit si bien qu'il vint à bout de vivre dans la solitude, en remplissant néanmoins les devoirs de son état. C'est là qu'il composa son système, & que livré absolument à l'étude de l'Astronomie, il observa pendant une longue suite d'années. Il le décrivit dans un Traité d'Astronomie, qui parut en 1543, peu de jours avant sa mort. Il mourut d'une attaque d'apoplexie, âgé de soixante dix ans & quelques mois. Son livre est intitulé : *De orbium cœlestium revolutionibus.*

VIETE. Né à Fonteray, en Poitou, en 1540 ou environ. Ce Mathématicien étoit Maître des Requêtes, c'est tout ce qu'on sait de son état. On ignore quels étoient ses parents, & comment il fut élevé. *Viete* n'est connu que par ses Ouvrages : les actions de sa vie privée sont absolument inconnues. Les Historiers qui ont parlé de lui comme d'un homme extraordinaire, nous ont seulement appris qu'il passoit des jours entiers à l'étude, sans songer à prendre quelque nourriture, & qu'on avoit bien de la peine à l'y déterminer ; encore mangeoit-il sans quitter son cabinet & son bureau. Il est le restaurateur de l'Algebre, dans laquelle il a fait des découvertes surprenantes. Il avoit acquis par ses méditations sur cette science, un esprit d'Analyse & de combinaison qui le mettoit en état de surmonter les plus grandes difficultés dans le calcul. *Adrien Romain*, Géometre habile, ayant défié tous les Géometres du monde de résoudre une équation du quarante-cinquieme dégré, *Viete* en donna la solution au bout de trois jours qu'il eût connoissant fance de ce problême. Il propofa à fon tour un problême à *Romain*, qui étoit très difficile : c'étoit de décrire un cercle, qui en touchât trois autres données. Ce Mathématicien ne put le réfoudre que méchaniquement, au lieu que *Viete* en donna une belle folution géométrique. Il montra encore ce qu'il étoit en état de faire dans une occafion plus éclatante. Pendant les guerres de France & d'Efpagne, les François interceptèrent quelques lettres de la Cour de Madrid. Ces lettres étoient écrites en chiffres ; perfonne ne put les deviner. On les envoya à *Viete*, & il les expliqua fur le champ.

Il eut deux démêlés fort vifs avec le fameux *Jofeph Scaliger* & *Clavius*. Avec le premier, il s'agiffoit de la quadrature du cercle, que *Scaliger* croyoit avoir trouvée ; & avec *Clavius*, il étoit queftion de la réforme du Calendrier Grégorien. *Viete* l'emporta fur *Scaliger*, & il fut vaincu par *Clavius*. Ce dernier a été le fauteur du Calendrier Grégorien. Notre Auteur vouloit que ce Calendrier, tel que *Clavius* le préfentoit, fût défectueux ; & il avoit tort. Il fit cependant préfenter, en 1600, au Pape *Clément VII*, un nouveau Calendrier rempli d'erreurs. Il mourut trois ans après âgé de foixante-trois ans.

Ses Ouvrages ont été réûnis en 1646, par *François Schooten*, en un volume *in-folio*, intitulé : *Franfcici Vieta, Galli, opera Mathematica in unum volumen congefta*. Voici les titres des Traités contenus en ce volume. 1. *Ifagoge in Artem analyticam*. 2. *Ad logifticam fpeciofam nota priores*. 3. *Zeteticorum libri quinque*. 4. *De Æquationum recognitione & emen datione Tractatus duo. 5. De numerosa potestatium ad exegesin resolutione. 6. Effectionum Geometricarum canonica recensio. 7. Supplementum Geometriæ. 8. Pseudo-Mesolabum & alia quædam adjuncta capitula. 9. Theoremata ad sectiones angulares. 10. Responsum ad problema, quod omnibus Mathematicis totius orbis construendum proposuit Adrianus Romanus. 11. Apollonius Gallus. 12. Variorum de rebus Mathematicis responsorum Lib. VIII. 13. Munimen adversus nova Cyclometrica. 14. Ratio Calendarii vere Gregoriani. 15. Calendarium Gregorianum perpetuum. 16. Adversus Christophorum Clavium expostulatio.*

TYCHO-BRAHÉ. La famille de cet Auteur est une des plus illustres Maisons du Dannemark. Il naquit le 1 Décembre 1546 à Knud-Strap, dans le Pays de Schonen, près de Helsinbourg, dont son Pere étoit Seigneur. Son goût pour les Sciences exactes, fut l'ouvrage de la nature. J'ai déja dit cela dans l'Histoire de l'Astronomie, où je donne un précis de la vie de ce grand homme ; je me bornerai donc ici à mettre le titre de tous les ouvrages qu'il a composés.

De novâ stellâ anno 1572, die Novembris 2 vesperi in asterismo Cassiopea circa verticem existente, annoque insequenti conspicuâ, sed mense Maio magnitudine & splendore jam diminutâ.

Oratio in Academiâ Hafniensi recitata anno 1574. de Disciplinis Mathematicis.

De mundi ætherei recentioribus phænomenis Progymnasmatum Liber secundus. Uranibourg, 1587.

De mundi ætherei recentioribus phænomenis, Progymnasmatum Liber primus. Uranibourg, 1589.

Epistolarum Astronomicarum Liber primus. Uranibourg, 1596.

Astronomiæ instauratæ Mechanica. Wandesburg. 1598.

Responsio Apologetica ad epistolam Scoti cujusdam de cometa, anno 1577.

Epistola de confectione pestilentialis ad Rudolphum II Imperatorem.

De aere pestilenti corrigendo.

Elegia de exilio suo.

Tabulæ Rudolphinæ. Ulm. 1627. Elles ont été publiées par *Kepler.*

Stellarum octavi orbis inerrantium accurata restitutio, ad Augustissimum Imperatorem Rudolphum II. De inerrantium stellarum verificatione præfatio.

Catalogus absolutissimus mille affixarum stellarum.

Historiæ cœlestis partes duæ ; quarum prior continet observationes Uraniburgicas, sexdecim libris inclusas, posterior observationes tum Wandesburgicas, tum Witterbengeses, Pragenses & Benatianas quatuor libris inclusas.

Epistola ad Casparum Peucerum.

BRIGGS [*Henri*]. On croit que cet Auteur est né en 1560, dans un hameau nommé *Warley-Vod*, dans la Province d'York. Il fit ses premieres études dans l'école de Grammaire, qui étoit proche de ce hameau. Il alla de-là au College de *Saint Jean*, où il prit le dégré de Bachelier des Arts en 1581, celui de Maître en 1585,

& la qualité de Membre en 1588. Il s'attacha
aux Mathématiques, & y fit des progrès si rapides, qu'en 1592 il fut reçu Lecteur & Exa-
minateur en cette Science. Il eut ensuite la même
fonction en Médecine. Dans ses études, l'art de
guérir avoit fixé son attention, & il s'y étoit appliqué ; mais les charmes qu'on éprouve dans
l'étude des Sciences exactes, l'occuperent désormais entierement. Ce qui contribua encore à le
fixer, c'est la chaire de Mathématiques du College de Gresham, à laquelle il fut nommé. Il
en prit possession en 1596 ; & pour faire voir
qu'il en étoit digne, il publia une Table pour
trouver la latitude de quelque lieu que ce soit
dans la nuit la plus obscure, sans le secours
du Soleil, de la Lune & des Etoiles. Son secret consiste à se servir de la déclinaison de l'aiguille de la Boussole : moyen plus ingénieux
que solide.

Il le comprit, & s'attacha à la Géométrie.
Vingt-trois ans s'écoulerent sans qu'il parut aucun fruit de ses travaux. Il fut nommé alors à
une chaire de Géométrie à Oxford, que le
Chevalier *Henri Savile* venoit de fonder ; &
l'année suivante (1620) il mit au jour une nouvelle édition d'*Euclide* sous ce titre : *Les six premiers Livres d'Euclide rétablis sur les anciens
Manuscrits, avec la version de* Frédéric Commandin, *corrigée en divers endroits.*

On parloit beaucoup alors de l'invention des
Logarithmes par Milord *Neper*. Notre Auteur,
qui étoit ami de ce Milord, voulut coopérer à
cette invention. On a vu dans l'histoire de la
Géométrie l'utilité des Logarithmes, & combien est prodigieux le travail nécessaire pour

en faire des Tables étendues. *Neper* ne pouvoit gueres calculer ses Tables tout seul. *Briggs* se chargea d'abord d'une partie, qu'il publia sous ce titre : *Arithmetica Logarithmica, sive Logarithmorum chiliades triginta pro numeris naturali serie crescentibus, ab unitate ad 20,000 & à 90,000, ad 100,000 &c.*

Il comptoit aller plus loin ; mais la contention de son esprit avoit été si grande, que les forces lui manquerent absolument. Il promit dans sa Préface de continuer son travail lorsqu'il se seroit délassé. Mais un Mathématicien nommé *Ulacq*, le prévint par des Tables fort étendues, qu'il publia en 1628, & la mort interrompit l'exécution de ses nouveaux projets. Il expira le 26 Janvier 1630, à l'âge de soixante-dix ans.

Son convoi se fit avec pompe. Il fut enterré dans le fond du chœur de l'Eglise de ce College, dans le tombeau honoraire du Chevalier *Henri Savile*. Deux Membres distingués, nommés *Guillaume Sellar* & *Hugues Cressy*, prononcerent en son honneur, le premier, un Sermon, & le dernier, une Oraison funebre.

C'étoit un grand homme de bien, d'un accès facile à tout le monde, sans envie, sans orgueil, & sans ambition. Toujours gai, méprisant les richesses, content de son sort, il préféra l'étude & la retraite, aux postes les plus brillants & les plus honorables, & justifia par-là que la culture des Sciences conduit à la sagesse, c'est-à-dire à la véritable Philosophie.

GALILÉE. C'est à Florence (ou à Pise) que naquit ce grand homme, le 19 Février de l'an née 1564. Son Pere étoit un Gentilhomme fort riche & qui cultivoit les Sciences avec succès. Il éleva fort bien le jeune *Galilée*, & voulut qu'il étudiât en Médecine ; mais l'amour des Mathématiques qu'il avoit commencé d'apprendre, le détourna de cette étude. C'est à la lumiere de cette Science qu'il connût tous les défauts de la doctrine d'*Aristote*, sur quelques questions de méchanique. Il indisposa par-là les Scholastiques, qui, l'inquiéterent tant qu'il prit le parti de quitter Pise, où il professoit les Mathématiques, pour se retirer à Padoue. Il étoit fort desiré dans cette Ville, & il y fut extrêmement accueilli.

Ayant appris, étant à Venise, l'invention du Telescope, il en composa un sur la description qu'on lui fit de cet instrument. Il en fit sur le champ usage, & enrichit par son moyen l'Astronomie de plusieurs belles découvertes. Il s'attribua celle des taches du Soleil par le Pere *Scheiner*, ou se rencontra avec lui pour l'observation de ces taches. Le Pere *Scheiner*, pour se venger de la gloire qu'il lui déroboit ou qu'il atténuoit en la partageant, le dénonça à l'Inquisition, comme soutenant le mouvement de la Terre, quoique ce sentiment parût opposé au texte de l'Ecriture-Sainte.

Le Tribunal de l'Inquisition manda *Galilée*, & l'obligea à se rétracter. Ce Savant voulut revenir de cette retractation ; mais il fut arrêté de nouveau, & condamné à une espece de prison perpétuelle ; car on lui défendit de s'écarter de plus de trois lieues du territoire de Florence. Il se retira à une maison de campagne, & y mourut le 18 Janvier 1642, âgé de près de soixante-dix-huit ans.

Ses Ouvreges ont été recueillis & imprimés fous ce titre : *L'Opere di Galileo Galilei Linceo, Nobile Florentino gia Lettore delle Mathematiche nella Univerfita di Pifa & di Padoua, dipoi fopra ordinaria nello ftudio di Pifa, Primario Filofopho, e Mathematico del Sereniffimo Gran Duca di Tofcana : dedicate al Sereniffimo Ferdinando II Gran Duca.* in-4°. 2 vol.

KEPLER [*Jean*], né à Viel, dans le Duché de Vittemberg, le 15 Décembre 1571, fit mal fes premieres études par la foibleffe de fa fanté & la mauvaife fortune de fon pere, qui étoit Gentilhommes. Dans fes études, il lut quelques livres d'Aftronomie, qui lui firent un plaifir infini. Dès-lors il s'attacha aux Mathématiques & y devint très habile en peu de temps. Il fut nommé Profeffeur de Mathématiques & de Morale à Gratz en Stirie, & publia en 1583 un Ouvrage fingulier, dans lequel il détermina le rapport des diftances des Planetes, par des analogies myftérieufes. Il fe maria en 1597 avec une jeune veuve. A peine étoit-il marié, qu'il fut obligé de quitter Gratz à caufe des troubles de la Religion. Il alla voir *Tycho-Brahé* à Prague, qui lui procura la protection de l'Empereur. Ce Prince lui donna la qualité de fon Mathématicien, avec le brevet d'une Penfion affez confidérable.

En étudiant les irrégularités du mouvement de Mars, il découvrit les deux fameufes loix du mouvement des Planetes, dont j'ai parlé dans l'hiftoire de l'Aftronomie. Il voulut enfuite connoître la caufe de ce mouvement, & donna dans des vifions & des écarts étonnants. Il rétablit en quelque forte fa réputation par fes découvertes sur l'Optique, & ses écrits sur la Géométrie.

Quelques chagrins domestiques causés par la mauvaise humeur, interrompirent quelquefois ses travaux. Il mourut à Ratisbonne le 15 Novembre 1630, âgé de soixante ans. Voici le titre de ses principaux Ouvrages. 1. *Mysterium Comosgraphicum.* 2. *De Cometis.* 3. *Astronomia nova seu Physica cælestis de motibus stellæ Martis.* 4. *Epitome Astronomiæ Copernicanæ.* 5. *Paralipomena ad Vitellionem, Astronomiæ pars Optica.* 6. *Dioptrica.* 7. *Stereometria doliorum vinariorum.*

FERMAT. Ce grand Mathématicien étoit Conseiller au Parlement de Toulouse, où il naquit en 1590, & y mourut en 1665. C'est tout ce qu'on sait de ce savant homme. *Voyez* le cinquieme volume de l'*Histoire des Philosophes modernes.* Ses Ouvrages ont été publiées en 1679, à Toulouse, sous le titre d'*Opera Mathematica,* en deux volumes *in-folio.*

GASSENDI. Le nom véritable de cet Auteur est *Gassend,* qu'on a changé en celui de *Gassendi.* Il naquit en 1592, le 22 de Janvier, à Chantersier, petite Ville de Provence. Son pere & sa mere étoient d'honnêtes gens, qui n'étoient pas riches. Ils ne songeoient pas à le faire étudier ; mais les dispositions précoces du jeune *Gassendi,* leur firent faire un effort. En effet, à l'âge de quatre ans, il composoit & déclamoit de petits sermons. Il prit ensuite du goût pour l'Astronomie, de telle sorte qu'il se privoit du sommeil, afin d'avoir le plaisir de jouir du spectacle d'un Ciel étoilé. Son pere parla de tout cela à son Curé, qui se chargea de l'instruire.

Il fit de si grands progrès qu'au bout de trois ans il entendit assez bien le latin. Ses Parens l'envoyerent à Digne pour y achever ses études. Il y professa la Réthorique pendant une année. Il avoit eu cette chaire au concours, quoiqu'il n'eût que seize ans. En 1614, il fut nommé Théologal de Digne, & deux ans après on l'appella à Aix pour y aller remplir les Chaires de Professeur de Théologie & de Philosophie dans l'Université de cette Ville.

Il ne garda ces Chaires que huit ans. Il se retira à Digne, où il entreprit un Ouvrage contre la Philosophie d'*Aristote*. Il le fit imprimer à Grenoble, où il fut appellé pour les affaires de son Chapitre. Cet Auteur eut ensuite occasion d'étudier l'Anatomie, & composa un bel écrit, pour prouver que l'homme n'est destiné à manger que du fruit, & que l'usage de la viande étoit contraire à sa constitution, abusif & dangereux.

M. *Peyresc*, son ami, lui ayant communiqué un éloge d'*Epicure*, il conçut tant d'estime de ce Philosophe, qu'il fit des recherches infinies pour connoître sa vie & sa doctrine. C'est ce qui l'occupa pendant le reste de ses jours, quoique cette occupation fût quelquefois interrompue par des travaux Astronomiques, Métaphysiques ou autres, auxquels il se livroit suivant les occasions. Son Ouvrage sur *Epicure*, parut en 1649, en trois volumes *in-folio*, sous le titre : *De vitâ, moribus & placitis Epicurii, seu animadversiones in decimum librum Diogeni Laertii.*

Laertii. Il survécut peu à ce travail. Des incommodités fréquentes ruinerent sa santé & le conduisirent au tombeau le 24 Octobre 1655, à quatre heures après midi, âgé de près de soixante-quatre ans. Il mit la main de son Secrétaire sur son cœur, & dit : *Voilà ce que c'est que la vie de l'homme.* Ce furent ses dernieres paroles. Il est enterré à Paris, à la Paroisse de Saint Nicolas-des-Champs, dans le tombeau de la famille de M. *de Monmort*, l'un de ses amis, lequel fit élever un Mausolée sur sa tombe. On y voit son buste en marbre blanc, & au - dessous un marbre noir, chargé d'une Epitaphe. *Voyez* l'histoire de ce Philosophe, dans le troisieme tome de l'*Histoire des Philosophes modernes.*

DESCARTES. Ce grand homme est issu d'une des plus anciennes familles de Bretagne. Il naquit le 31 Mars 1596. Il fit paroître presque en venant au monde une passion extraordinaire pour l'étude. Il apprit fort promptement le Grec & le Latin, prit du goût pour la Poésie, & étudia la Mythologie. En étudiant la Logique, il reconnut que les Syllogismes ne servoient presque qu'à apprendre sans jugement les choses qu'on ignore ; & quoi qu'il n'eût que quatorze ans, il réduisit toute la Logique à quatre régles qui ont servi de fondement à la nouvelle Philosophie. Il en fit de même pour la Morale.

Après avoir fini son cours de Philosophie, il étudia les Mathématiques, & ce fut avec un succès incroyable. Il voulut perfectionner l'analyse des Anciens, & l'Algebre des Modernes. Il forma à cette fin un plan qui effraya tous les Professeurs, tant il étoit sublime & étendu. Aussi sortit-il du College en 1612, comblé d'éloges & de bénédictions. Il ne faisoit pourtant pas cas lui-même de ses connoissances, quoique admirées de tout le monde. Elles se réduisoient, selon lui, à des doutes, à des embarras, à des peines d'esprit. Cette pensée lui fit même abandonner l'étude ; mais étant venu à Paris en 1614, & y ayant trouvé le P. *Mersenne*, avec lequel il avoit étudié, il eut occasion de parler des Sciences dont le P. *Mersenne* s'occupoit. Cela réveilla l'amour qu'il avoit eu pour elles, & cet amour dégénera bientôt en passion. Il se renferma dans une maison retirée du Fauxbourg Saint Germain, & suivit les recherches sur la Géométrie & l'Analyse des Anciens, qu'il avoit commencées au College.

Il fut troublé dans sa solitude par ses amis, qui découvrirent sa retraite au bout d'un an. C'étoient de jeunes Gentilhommes libertins, qui ne cherchoient que la dissipation & le plaisir des sens. L'étude avoit fait perdre à *Descartes* le goût de ces choses auxquelles il avoit paru se livrer en arrivant à Paris. Pour se débarrasser de l'importunité de ses amis, il prit le parti de quitter cette grande Ville.

Il partit pour les Pays-Bas, & entra dans les troupes du Prince *Maurice*, en qualité de volontaire. Ce Prince étoit alors à Breda, & *Descartes* s'y rendit. Il résolut, en arrivant, un Problême de Mathématiques très difficile, qu'on avoit proposé à tous les Géometres de la Terre, par une affiche ou placard. Il n'avoit cependant alors que vingt-un ans. Peu de tems après, étant allé à Ulm, il donna une preuve plus étonnante encore de sa sagacité. Dans une visite qu'il fit à M. *Faulhaber*, l'un des plus grands Mathématiciens de son temps, il se glorifia de connoître l'analyse des Géometres. M. *Faulhaber* prit cela pour une fanfaronnade. Mais *Descartes* l'ayant prié de lui faire quelques questions sur ce sujet, il y satisfit avec tant de justesse & de facilité, que *Faulhaber* ne cessoit de l'admirer. Il fit plus : il donna aussi aisément la solution de problêmes très difficiles, que ce Mathématicien proposoit dans un Traité d'Algebre qu'il avoit composé. Il ajouta en même-temps des Théoremes généraux qui devoient servir à la solution véritable de ces sortes de problêmes. Ce dernier trait frappa si fort *Faulhaber*, qu'il prit *Descartes* pour un ange, & qu'il chercha à s'assurer par ses mains, s'il avoit véritablement un corps, suivant le témoignage de ses yeux.

De Ulm, *Descartes* alla à Prague, qui avoit été le séjour de *Tycho-Brahé*. Il y entendit parler de ce grand Astronome, & tout ce qu'on lui en dit le confirma toujours plus dans la résolution qu'il avoit formée de ne s'attacher qu'à cultiver sa raison. Dès-lors il chercha une solitude où il put se livrer tout entier à ses propres réflexions : c'est ce qu'il trouva sur les frontieres de Baviere.

Il s'enferma dans une chambre, où il fit mettre un poële. Là, seul, sans distraction, il établit pour premier principe de n'admettre pour vrai que ce qui lui paroîtroit évident. Il oublia tout ce qu'il avoit appris. Il forma une chaîne de connoissances certaines, dont il fit une méthode , qui lui donna la clef des principales vérités philofophiques.

Ses études le conduifirent aux queftions les plus élevées de la phyfique. Il quitta fa retraite, alla en Italie , vint à Paris , & fe retira en Hollande. Il avoit quitté le fervice & étoit maître de fes actions. Il put donc fe livrer abfolument à l'étude. Il reprit la fuite de fes idées fur la Phyfique. Elles le conduifirent à la recherche d'une méthode par laquelle il put connoître la caufe générale des phénomenes de la nature. Il fit ainfi un monde , ou un fyftême du monde. Il ne publia pas d'abord cette production. Il crut devoir préluder par fa méthode pour bien conduire fa raifon & rechercher la vérité dans les Sciences : méthode qu'il avoit compofée à Ulm. Il ajouta à cet Ouvrage une nouvelle Géométrie.

Ce livre lui fit bien de l'honneur & lui procura beaucoup de chagrins. Il en éprouva furtout de cruels par les menées d'un homme puiffant en crédit , mais foible en fcience & en probité. Il fe nommoit *Vœtius*. L'étude & la juftice que les véritables Savans lui rendoient, le confoloient de toutes ces perfécutions Il reçut des lettres de la Princeffe *Elifabeth* les plus obligeantes & les plus flatteufes.

La Reine *Chriftine* de Suede lui fit témoigner par l'Ambaffadeur de France en fa Cour , combien elle l'eftimoit, & avec quelle paffion elle defiroit de le voir. Elle l'invita de la maniere la plus forte à lui procurer cette fatisfaction. *Defcartes* ne put fe défendre de toutes ces politeffes , & l'Ambaffadeur de France, M. *Chanut*, acheva de le déterminer. Il partit pour Stockholm le premier de Septembre 1649, & y mourut le 11 Février 1650, âgé de cinquante-trois ans, dix mois, & onze jours. *Voyez* son histoire dans le troisieme Tome de *l'Histoire des Philosophes modernes.*

CAVALIERI [*Bonaventure*]. Il étoit de l'ordre des Jésuates & premier Professeur de Mathematiques au College de Boulogne. Il naquit à Milan en 1598. Il montra dans sa jeunesse beaucoup de dispositions pour les sciences; mais quoiqu'il eût bien fait ses études, il négligea de les cultiver, ou n'en eut pas l'occasion. Ce fut une circonstance singuliere qui la lui présenta. Etant à Pise, où ses Supérieurs l'avoient envoyé, il fut attaqué de la goute. Les douleurs l'obligerent à garder la chambre. *Benoît Castelli*, disciple de *Galilée*, dont il avoit fait connoissance, lui conseilla, pour se désennuyer, de s'appliquer à la Géométrie : conseil étrange dans un pareil cas, où l'on exhorte à se dissiper & à s'amuser. *Cavalieri* le suivit pourtant, & malgré les angoisses que lui causoient de temps en temps son mal, il fit de si grands progrès qu'il entendit bientôt toute la Géométrie des Anciens; de sorte qu'en 1629, il imagina la Géométrie des indivisibles. Il composa ensuite un Traité des Sections coniques, & communiqua ces deux Ouvrages aux Savans & aux Magistrats de Boulogne, pour obtenir une Chaire de Mathématiques dans l'Université de cette Ville, qui venoit de vaquer. Ils eurent tout le succès qu'il pouvoit en attendre : on les trouva fort beaux, & il fut nommé à la chaire vacante. Il mourut en 1647,

& laiſſa pluſieurs Ouvrages qui lui ont acquis une grande réputation. En voici le titre :

Lo Specchio Uſtorio , overo Trattato delle ſectioni coniche , e alcuni loro mirabili effetti intorno al lume , caldo , freddo , ſuono , e moto ancora : da F. Bonaventura Cavalieri, *Mila-neſe , Gieſuato di S. Girolamo , Autore , e Mathematico primario nell' inclito ſtudiod ella Cita di Bologna.* Bolog. 1731.

Directorium generale Uranometricum : in quo Trigonometriæ Logarithmiticæ fundamenta ac regulæ demonſtrantur , Aſtronomicæque ſupputationes ad ſolam fere vulgarem additionem reducuntur. Opus utiliſſimum Aſtronomis , Geometris , &c. Authore Fr. Bonaventura Cavalerio. Bolog. 1632.

Geometria indiviſibilium continuorum nova quadam ratione promota. Bologne , 1635.

Tabula Trigonometrica Logarithmitica.

Centuria di varii problemi per dimoſtrare l'uſo e la falicità de' Logarithmi , nella Gnomonica , Aſtronomia , Geografia , Altimetria , Planimetria , Stereometria , e Aritmetica prattica ; toccandoſi anco qualche coſe nella Mecanica , nell' Arte militare e nella Muſica. Bologne , 1639.

Trigonometria Plana & Sphærica , Linearis & Logarithmica , hoc eſt , tam per ſinuum , tangentium & ſecantium multiplicationem, ac diviſionem juxtà veteres , &c. Cum canone duplici Trigonometrico & chiliade numerorum abſolutorum ab 1 *uſque ad* 1000 , *eorumque Logarithmis ac differentiis.* Bologne , 1643.

Exercitationes Geometricæ ſex. 1. *De priori methodo indiviſibilium.* 2. *De poſteriori methodo indiviſibilium , &c.* Bologne , 1647.

ROBERVAL. Son nom eſt *Perſonne* ; mais il n'eſt connu que ſous celui de *Roberval*, qui eſt celui de ſa Patrie. Il y naquit en 1602, & vint à Paris en 1627. Il ſe lia avec le P. *Merſenne*, qui lui procura la connoiſſance des Savans de cette Capitale. Il s'attacha à la Géométrie, & y fit aſſez de progrès : il paſſa même pour le plus grand Géometre de Paris. Cette réputation lui donna un ton de ſupériorité qui déplut à tout le monde. Il attaqua *Deſcartes* ſans ménagement & ſans avantage. Il fut Profeſſeur au College Royal & à celui du College Gervais, fondé par *Ramus*, & Membre de l'Académie des Sciences de Paris, lors de ſon établiſſement en 1765. Il mourut au mois de Novembre de l'année 1675, âgé de ſoixante-treize ans.

Aucun de ſes écrits n'a paru au jour pendant ſa vie. Ils n'ont été imprimés qu'en 1693, c'eſt-à-dire long-temps après ſa mort. On les trouve dans le *Recueil de divers Ouvrages de Mathématiques & de Phyſique* de MM. de l'Académie des Sciences. Ces écrits conſiſtent en un Traité des Mouvements compoſés, en un de la Trocoide ou de la Cycloïde, en un des Indiviſibles, & en un Mémoire intitulé : *De recognitione & conſtructione æquationum.*

HEVELIUS. [*Jean*]. C'a été un des plus habiles Obſervateurs qu'il y ait eu. Il avoit un très bel Obſervatoire fourni d'excellents Inſtruments dont il ſavoit ſe ſervir avec beaucoup de dextérité. Il s'appliqua de bonne-heure à l'Aſtronomie, qu'il cultiva toute ſa vie avec une grande d'aſſiduité, quoiqu'il fût ſucceſſivement Echevin & Senateur à Dantzick, où il naquit en 1611, & où il mourut en 1687, âgé de soixante-seize ans.

Voici la liste de ses Ouvrages. 1. *Selenographia*. in-fol. 1647. 2. *De motu Lunæ libratorio*, in-fol. 1651. 3. *De natura Saturni, facie ejusque phasibus*, 1656. *Prodomus Cometicus*, 1664 4. *Machinæ cœlestis pars prior.* in-fol. 1673. 5. *Annus Climatericus seu rerum uranicarum annus quadragesimus nonus*. 6. *Firmamentum Sobieskianum.* 7. *Prodromus Astronomiæ, seu Tabulæ Solares, & Catalogus fixarum.* in-fol.

WALLIS [*Jean*]. Il naquit à Ashford, dans la Province de Kent, de *Jean Vallis*, Ministre de ce lieu, le 23 Novembre 1616. Il perdit son pere à l'âge de six ans. Sa mere lui fit faire ses premieres études à Leygréen, proche de Tenboden, & l'envoya en 1630 dans la Province d'Essex pour les continuer. Il passa de-là dans le College d'Emanuel, à Cambridge, & fit toujours des progrès extraordinaires. Il apprit de lui-même l'Arithmétique. L'étude de cette science des nombres le conduisit à celle des Mathématiques. Son esprit acquérant ainsi de nouvelles forces, il découvrit l'art de déchiffrer. Il reçut dans ce temps-là les Ordres sacrés : il se maria deux ans après. En 1649, on le nomma Professeur & Géometre à Oxford, & il fut un des premiers Membres de la Société Royale de Londres.

Il écrivit d'abord sur la Métaphysique & la Religion ; & ces écrits l'engagerent dans des disputes de Religion qui sont toujours désagréables. Ses ouvrages sur les Mathématiques lui procurerent auſſi une querelle avec le fameux *Hobbes*, dans laquelle il triompha. Il avoit été l'aggreſſeur, & avoit critiqué un Ouvrage de ce Savant, intitulé : *De corpore Philoſophico*, dans un écrit qu'il publia ſous le titre d'*Flenchus Geometriæ Hobbianæ*. Il eut auſſi une eſpece de diſpute avec *Paſcal*, au ſujet d'un problême de Géométrie qu'il avoit réſolu. Il écrivit ſur preſque toutes les parties des Mathématiques, & il eut pour les Mathématiciens de ſa nation une eſtime qui le rendit quelquefois injuſte pour les Géometres étrangers. Il apprit à parler à pluſieurs perſonnes ſourdes & muettes. Mais ce qui a fait ſa réputation, c'eſt ſon Arithmétique des Infinis, production ingénieuſe, qui a conduit aux plus belles découvertes de Géométrie.

Il mourut le 28 Octobe 1703, âgé de quatre-vingt-ſept ans, trois mois & cinq jours. Il a été enterré dans le chœur de Sainte Marie, à Oxford, où on lui a érigé un monument, chargé de cette Epitaphe.

JOHANNES VALLIS, S. T. D. Geometriæ Salvinianus, & *Cuſtos Archivorum Oxon. hic dormit. Opera reliquit immortalia. Ob. Oct. 28. A. D. 1703. ætat. 87. Filius & Heres ejus Johannes Wallis de Soundeſſ in com. Oxon. Armiger.*

Ses Ouvrages ſont imprimés en trois volumes *in-folio*, ſous ce titre : *Johannis Wallis S. T. D. Geometriæ Profeſſ. Salviniani in celeberrima Academiâ Oxonienſi Opera Mathematica.*

PASCAL. C'eſt à Clermont en Auvergne

que naquit ce grand homme, le 19 Juin 1623.
Son Pere étoit Premier Président de la Cour des
Aides de Riom Il en fut aimé très tendrement,
& en reçut une excellente éducation. M. *Pascal*
s'étant apperçu qu'il étoit naturellement porté
à raisonner, craignit que si on lui donnoit
quelques connoissances des Sciences exactes,
il n'apprît point les langues : aussi il prit grand
soin de lui cacher ces Sciences. Mais le jeune
Pascal ayant entendu parler de Géometrie, il
demanda à son Pere ce que c'étoit que cette
science. M. *Pascal* lui en donna une définition
fort imparfaite : cependant, d'après cette ouverture, il découvrit plus de la moitié du premier
livre des Elémens d'*Euclide*, c'est à-dire qu'il
inventa la Géométrie, car la chaîne de propositions qu'il avoit formée l'auroit immanqua-
blement conduit aux vérités les plus reculées ;
mais son pere interrompit, sans le vouloir,
cette occupation, & en versa des larmes de joie.

Il composa à l'âge de seize ans un Traité des
Sections coniques, & fit à diverses reprises
toutes ces belles découvertes dont j'ai rendu
compte dans l'Histoire de la Géométrie : je dis
à diverses reprises, car tout le monde sait que
ses travaux sur les Sciences furent souvent in-
terrompus par sa santé, & qu'il écrivit ses
Lettres Provinciales dans le temps qu'il avoit
la tête remplie de nouveautés géométriques.

Après avoir vécu dans le plus grand recueillement, il mourut âgé seulement de trente-
neuf ans & deux mois, le 19 Août 1662. *Voyez
l'Histoire des Philosophes modernes*, Tome III.

CASSINI. Il s'appelloit *Jean Dominique*, &

il naquit à Perinaldo , dans le Comté de Nice
le 8 Janvier 1625. Son pere , qui étoit un Gentilhomme Italien , lui fit faire ses premieres études sous un Précepteur habile. Il lut par hasard
des Livres d'Astrologie , & cette lecture le dégoûta de cette fausse science , & lui inspira du
goût pour l'Astronomie. Les progrès qu'il y fit
lui procurerent la Chaire de premier Professeur
d'Astronomie dans l'Université de Boulogne.
Le premier ouvrage qu'il fit , fut la Méridienne de Sainte Petrone , qui lui servit à perfectionner extrêmement toute la théorie du mouvement du Soleil. Il indiqua ensuite la forme
de l'orbite des Cometes , dont il prescrivit la
marche avec beaucoup de justesse. Il découvrit
la rotation des Planetes autour de leur axe
& le temps de cette révolution ; forma une
théorie du mouvement des Satellites de Jupiter, & apperçut le premier la lumiere zodiacale.

Toutes ces découvertes lui acquirent une
grande réputation. Il fut appellé en France par
Louis XIV , qui le combla d'honneurs & de
bienfaits. Il s'y maria , & eut deux fils. Il mourut le 14 Septembre 1712 , âgé de quatre-vingt-
sept ans & six mois. *Voyez l'Histoire des Philosophes modernes* , Tom. V.

HUGHENS. La Haye , en Hollande , est
la patrie de cet Auteur. Il y naquit le 14 Avril
1629 , de *Constantin Hughens* , Seigneur de
Zuylichem. Il apprit en peu de temps les Langues Grecque & Latine , & son pere lui enseigna tout de suite l'Arithmétique , la Géographie & la Musique. Il n'avoit alors que
onze ans. Deux ans après on lui donna un

Maître de Mathématiques, & l'année suivante il alla étudier en droit dans l'Université de Leyde. Il alla de là à Breda, d'où il se rendit successivement dans le Holstein, en Dannemark, en France, & en Angleterre. Il vit ainsi presque tous les Savans de l'Europe, & se fit connoître d'eux très avantageusement. Les progrès qu'il avoit faits dans les Mathématiques, & ses découvertes dans cette science lui avoient acquis une grande réputation. M. *Colbert*, qui ne perdoit pas de vue les hommes de mérite, voulut le fixer en France. Lorsqu'il repassa à Paris en 1663, ce Ministre lui fit des offres si flatteuses, qu'il promit de s'y fixer; mais sa santé qui se dérangeoit de temps en temps, l'obligea à deux reprises d'aller respirer l'air natal. Il résolut même, dans son dernier voyage à la Haye, de ne plus sortir de cette Ville, & il y mourut le 8 Juin 1695, âgé de soixante-six ans.

Hughens a écrit sur toutes les parties des Mathématiques, qu'il a enrichies de nouvelles découvertes, comme on l'a vu dans cette Histoire des Sciences exactes. Ses Ouvrages sont imprimées en quatre volumes *in-4°*. dont deux sont intitulés, *Opera varia*, & les deux autres, *Opera reliqua*.

VAUBAN. Son nom est *le Prêtre*, & *Vauban* est celui d'une Seigneurie dont il prit le nom. Il naquit le premier Mai 1633. Sa famille est d'une bonne Maison de Nivernois, où sans doute il vit le jour. L'Auteur de son éloge, M. *de Fontenelle*, ne dit point le lieu de sa naissance: c'est une omission. Il entra au service à l'âge de dix-sept ans, & il s'y distingua si bien qu'en 1658 il conduisit en chef les attaques des sieges de Gravelines, d'Ypres & d'Oudenarde. Il fortifia ensuite des Places en Flandre, en Artois, en Provence & en Roussillon. Et au siege de Mastreicht, en 1673, il fit usage d'une nouvelle méthode pour l'attaque des Places, qu'il avoit imaginée depuis long temps. Ses progrès furent toujours plus considérables, & les récompenses suivirent toujours ses succès. Il fut Brigadier d'Infanterie, Maréchal de Camp, Commissaire général des Fortifications, Gouverneur de la Citadelle de Lille, Grand Croix de l'Ordre de Saint Louis, Chevalier des Ordres du Roi, & Maréchal de France. Il mourut comblé d'honneurs, de bienfaits & de gloire, le 30 Mars 1707, d'une fluxion de poitrine, âgé de soixante quatorze ans. Voici toute sa vie militaire en abregé d'après M. *de Fontenelle*. Il a fait travailler à trois cens Places anciennes, & en a fait trente-trois neuves : il a conduit cinquante-trois sieges, & il s'est trouvé à cent quarante actions de vigueur.

Toutes ses découvertes sur la Fortification sont exposées dans son *Traité de l'attaque & de la défense des Places*.

LA HIRE [*Philippe*], naquit à Paris le 18 Mai 1640. Son Pere étoit habile Peintre, & il fut destiné à la même Profession. Il apprit le dessein & la Perspective, & s'amusa à faire des Cadrans Solaires. Il perdit son Pere à l'âge de dix-neuf ans, & se sentit attaqué alors de palpitations de cœur très violentes. On lui conseilla d'aller en Italie pour se guérir de cette incommodité. C'eſt-là qu'il s'appliqua aux Mathématiques. Cette ſcience lui fit oublier ſa Patrie ; mais ſa mere, qui l'aimoit ţendrement, l'y rappella.

Il fit la connoiſſance, en arrivant, de M. *Deſargues*, habile Mathématicien, & de M. *Boſſe*, fameux Graveur. Ces deux hommes de mérite avoient compoſé un Ouvrage ſur la coupe des pierres ; mais ils ne crurent pas devoir le publier ſans conſulter *la Hire*. Cet Ouvrage parut en 1672, & on ſut dans le monde la part qu'il y avoit. Il fut ainſi connu des Mathématiciens. Il donna de l'étendue & du corps à cette réputation naiſſante, par des Ouvrages qu'il publia en 1673 & 1676, & fut reçu de l'Académie des Sciences de Paris en 1678. Il fut employé, en y entrant, à la Méridienne de la France. Il mit enſuite au jour pluſieurs écrits ſur la Géométrie, l'Aſtronomie & la Méchanique, qui l'ont immortaliſé. Il fut Profeſſeur à l'Académie d'Architecture & au College Royal.

Il mourut le 21 Avril 1718, âgé de ſoixante-dix-huit ans & quelques mois. Il avoit été marié deux fois, & avoit eu huit enfants de chacun de ces mariages. *Voy. l'Hiſt. des Ph. mod.* T. V.

Les principaux Ouvrages de cet illuſtre Auteur ſont : 1. *Traité du Nivellement, par Picard, mis en lumiere par M.* de la Hire, *avec des additions.* 1684. 2, *Sectiones conicæ in novem Libros diſtributæ.* 1685. 3. *Ecole des Arpenteurs.* 1689. 4. *Traité des Epicicloïdes.* 1694. 5. *Traité de Méchanique.* 1695. 6. *Tabulæ Aſtronomicæ Ludovici Magni juſſu & munificentiâ exaratæ.*

NEWTON [*Isaac*] Ce grand homme naquit le 4 Janvier 1643, à Volstrope, dans la Province de Lincoln, de *Jean Newton*, Chevalier Baronet, Seigneur de Volstrope. Il ne commença à étudier qu'à l'âge de douze ans; parceque ayant perdu son pere étant encore enfant, sa mere n'eut pas l'attention de le faire instruire de bonne heure. Cette Dame le destinoit même au commerce; mais *Newton* fit paroître tant de dispositions pour l'étude des Sciences, qu'elle lui laissa la liberté de suivre son goût. Il apprit les Mathématiques, & ce fut avec une facilité incroyable. Il n'avoit que vingt-un ans lorsqu'il découvrit le germe & même les principes de sa Méthode des Fluxions.

Il fut nommé peu de temps après Professeur de Mathématiques dans l'Université de Cambridge, & commença ses leçons par l'Optique. Il fut ainsi obligé d'étudier cette science, & cette étude le conduisit à sa découverte sur la lumiere & les couleurs. Le hasard lui fit faire celle de la gravitation. Etant seul dans un Jardin, il s'avisa de réfléchir sur la cause de la pesanteur, & ses réflexions produisirent les matériaux de son grand livre des Principes Mathématiques de la Philosophie naturelle, qu'il publia en 1687. C'est l'ouvrage le plus profond qui ait paru sur les Mathématiques. En 1704, il mit au jour un Traité d'Optique sur la lumiere & les couleurs, qui lui fit aussi beaucoup d'honneur. Les récompenses soutinrent toujours ces grands succès, & on lui rendit après sa mort, qui arriva le 31 Mai 1726, les mêmes honneurs qu'on lui avoit rendus pendant sa vie. Voici la liste de ses Ouvrages :

1. *Philosophiæ naturalis Principia Mathematica*, in-4°. 2. *Traité d'Optique sur les réflexions & les réfractions , la lumiere & les couleurs*, in-4°.1704. 3. *Arithmetica Universalis.* 1707. 4. *La Chronologie des anciens Royaumes , corrigée.* 5. *Isaaci Newtoni , equitis aurati, Opuscula Mathematica , Philosophica & Philologica.*

LEIBNITZ [*Guillaume-Godefroi*] , naquit le 3 Juillet 1646 , de *Frédéric Leibnitz* , Professeur de Morale & Greffier de l'Université de Leipsic , & de *Catherine Schmuck* , sa troisieme femme , fille d'un Docteur en droit. Il perdit son pere en bas-âge, & sa mere prit soin de son éducation. Il fit de rapides progrès dans les Belles-Lettres. Il étudia la Philosophie & les Mathématiques avec le même succès.

A l'âge de vingt ans , il voulut prendre le bonnet de Docteur , après avoir obtenu le dégré de Bachelier. Mais comme il n'avoit point l'âge requis par les Statuts de l'Université , il demanda une dispense qu'on lui refusa. Piqué de ce refus , il se dépita contre son pays. Il se retira à Altorf dans le Nuremberg , où non-seulement on lui conféra le grade qu'il demandoit; mais on lui offrit encore une Chaire de Professeur en Droit , qu'il refusa. Il alla à Nuremberg & s'engagea dans une Société de Chymistes , qui travailloient à la Pierre philosophale. Il fit connoissance dans cette Ville avec M. *de Boinebourg* , Chancelier de l'Electeur de Mayence , lequel lui conseilla de s'attacher à la Jurisprudence , & de préférer le séjour de Francfort à celui de Nuremberg. *Leibnitz* goûta cet

cet avis. Il s'occupa, en arrivant à Francfort, à composer une nouvelle méthode d'apprendre & d'enseigner la Jurisprudence, qu'il publia sous ce titre : *Nova Methodus discendæ docendæque Jurisprudentiæ.*

Cet Ouvrage fut séverement censuré. Notre Auteur l'abandonna à son mauvais sort. Il en composa un autre qui fut très accueilli. Il parut, en 1668, sous le titre de *G. G. Leibnitii ars combinatoria.* L'année suivante il mit au jour un Ouvrage de politique, qui lui procura la Charge de revision de la Chancellerie à la Cour de Mayence. Il reprit ensuite l'étude de la Philosophie, pour laquelle il avoit une inclination dominante. Il écrivit sur la Philosophie d'*Aristote* & sur celle de *Descartes.* Il vint après cela à Paris pour y connoître les Savans qui fleurissoient dans cette Capitale, & se rendit de-là auprès du Duc de Brunswick, qui le soutenoit à Paris par ses bienfaits.

Peu de temps après son arrivée, parut le projet des *Acta Eruditorum.* C'étoit un Journal dans lequel on se proposoit de recueillir les différents écrits ou découvertes des Savans, & de rendre compte de leurs Ouvrages. Ce projet plût à *Leibnitz*, & il résolut d'y déposer ses nouvelles vues. C'est ce qu'il fit à la satisfaction du Public & des Journalistes ; car les écrits de ce grand homme forment les pieces les plus curieuses & les plus savantes que contient ce Journal. Il y parut habile Chymiste, savant Physicien, Mathématicien du premier ordre, & grand Philosophe. Il se montra bientôt Théologien & Moraliste, par un Ouvrage qu'il publia en 1710, sous ce titre :

H h

Essais de Théodicée sur la bonté de Dieu , la liberté de l'homme , & l'origine du bien & du mal.
C'est le seul Ouvrage philosophique en forme & séparé qui ait paru de lui. Toutes ses autres productions , découvertes & vûes nouvelles sont imprimées , & dans les *Acta Eruditorum ,* & dans tous les autres Journaux du temps.

Sa dispute avec les Anglois sur l'invention du calcul différentiel vint troubler les satisfactions que lui procuroit la réputation qu'il s'étoit acquise. Il fut traité un peu injustement ; & quoique vangé par le grand *Bernoulli ,* il fut sensible à ce procédé. Il mourut au milieu de cette querelle le 14 Novembre 1716 , âgé de soixante-dix ans, quatre mois & onze jours. *Hist. des Philosophes modernes ,* Tom. IV.

FLAMSTÉED. Ce célebre Astronome Anglois naquit le 30 Août 1646 à Denby, dans le Comté de Derby. On ne sait point quelle étoit la profession de son Pere. Il fit ses études dans l'école publique de Derby, dont il devint le chef à l'âge de quatorze ans. Il s'étoit appliqué à l'Histoire Civile & Ecclésiastique ; mais un de ses amis lui ayant prêté le Traité de la Sphere de *Jean Sacrobosco,* la lecture de ce livre lui donna du goût pour l'Astronomie. Il la cultiva dès-lors avec tant d'ardeur & de succès, qu'il devint un des plus grands Astronomes du dernier siecle. Il fut Astronome du Roi d'Angleterre, & le premier Directeur de l'Observatoire Royal de Greenwich. Il avoit embrassé l'état Ecclésiastique : ce qui lui procura un bénéfice , qu'il conserva jusqu'à sa mort arrivée le 10 Janvier 1720. On a deux Ouvrages de cet homme célebre. Le premier intitulé : *Doctrine de la Sphere*, imprimé en 1681, dans un Ouvrage posthume du Chevalier *Jonas Moore*, intitulé : *Nouveau système de Mathématiques* ; & le second, qui est posthume, a paru en 1725, en trois volumes *in-folio*, sous le titre d'*Historia cœlestis Britannica*.

BERNOULLI [*Jacques.*] Issu d'une Famille noble de Suisse, ce Philosophe vit le jour à Basle le 27 Décembre 1654. Son Pere [*Nicolas Bernoulli*], qui le destinoit à être Ministre, lui fit faire ses études dans un College, où le jeune *Bernoulli* apprit le Latin, le Grec & la Philosophie Scholastique. Rien n'annonça dans ses études ce qu'il devoit être un jour. Mais ayant vu par hasard des figures de Géométrie, *Bernoulli* voulut les connoître, & par conséquent apprendre la Géométrie. Son pere, qui craignoit que cette étude ne le détournât de l'état qu'il devoit embrasser, lui défendit de s'y appliquer ; de sorte que pour satisfaire son goût, il fut obligé d'étudier en cachette. Ses progrès furent si considérables, qu'il passa bientôt de la Géométrie à l'Astronomie. Il en eut une grande joie, & pour célébrer cette espece de triomphe, il fit un Médaillon dans lequel il représenta Phaéton conduisant le char du Soleil, & mit pour légende : *je suis parmi les astres malgré mon Pere*. Il auroit pu ajouter, sans conducteur & sans maître.

Il n'avoit que dix-huit ans. Il se fit connoître alors des Mathématiciens par la solution d'un problême de chronologie assez difficile. Quatre ans après il se mit à voyager. Etant à Geneve, il apprit à écrire à une fille qui avoit perdu là vue deux mois après sa naissance, & il imagina pour cela un moyen nouveau. Il revint dans sa Patrie en 1680. Il résolut, en arrivant, de se consacrer entierement à l'étude des Sciences exactes. Il prit pour guide la Philosophie de *Descartes*, & la méthode de ce grand homme l'éleva aux vérités les plus sublimes.

A la fin de la même année, il publia un nouveau système sur les Cometes, sous le titre de *Conamen novi systematis Cometarum, pro motu earum sub calculum revocando & apparitionibus prædicendis.* Il mit au jour peu de temps après (en 1682), une Dissertation sur la pesanteur de l'air, intitulée *De gravitate Ætheris.* Il se fit ensuite connoître d'une maniere beaucoup plus avantageuse. *Leibnitz* ayant donné en 1684, dans les Actes de Leipsick (*Acta Eruditorum*) quelques essais du calcul différentiel, dont il cachoit l'art & les principes, *Bernoulli,* aidé de son frere cadet, auquel il avoit enseigné les Mathématiques, *Bernouïli,* dis-je, s'appliqua à deviner cette énigme, & il y réussit si parfaitement, qu'il produisit par le secours de ce calcul les plus grandes merveilles. Il proposa & résolut des problêmes très difficiles. Son frere *Jean Bernoulli* en donna aussi la solution, & en tira avantage. Ce ton déplut à notre Auteur. Il voulut le rabaisser en défiant son Frere de résoudre des problêmes, dont il croyoit être seul en état de donner la solution. De-là naquit une dispute assez vive entre ces deux Freres, qui passoient, à juste titre, pour deux Mathématiciens du premier ordre.

Il achevoit un grand Ouvrage sur l'art de

conjecturer, où il foumettoit le hafard & les probabilités au calcul, lorfqu'il mourut le 16 Août de l'année 1705, âgé de cinquante ans & fept mois. Il pria avant que de mourir, qu'on mît fur fon tombeau une Spirale logarithmique, avec ces mots : *Eadem mutata refurgo*, faifant allufion à l'efpérance des Chrétiens, repréfentée en quelque forte par les propriétés de cette courbe. Ses Ouvrages font imprimés en trois volumes *in-4°*, dont voici les titres : *Jacobi Bernoulli Bafilienfis opera Mathematica*, 2. vol. *De Arte conjectandi*, 1 vol. in-4°.

VARIGNON (*Pierre*). L'Hiftorien de l'Académie des Sciences (M. *de Fontenelle*) a oublié de marquer le jour de la naiffance de cet Auteur. On fait feulement qu'il naquit à Caen en 1654. Son pere étoit Architecte & peu riche. Il le fit étudier au College des Jéfuites de cette Ville. Rien de tout ce qu'on enfeigna au jeune *Varignon*, ne l'affecta beaucoup. Mais ayant vu fon Pere tracer un Cadran folaire, il voulut favoir comment cela fe faifoit. On lui en apprit la pratique, & on ne lui parla pas de la théorie, parcequ'on ne pouvoit lui apprendre ce qu'on ne favoit pas. Notre Auteur jugea cependant que toutes ces regles devoient être fondées fur des principes. Il chercha quelque livre qui pût l'en inftruire, & cette recherche lui procura les Elémens d'*Euclide*. Il en lut les premieres pages, & ce fut avec une fatisfaction infinie. D'*Euclide* il paffa aux Ouvrages de *Defcartes*, qui le firent à la fois Mathématicien & Philofophe.

Il fe lia particulierement au College avec

l'Abbé *de Saint-Pierre*, qui lui conseilla de venir à Paris pour se mettre à la source des connoissances. La fortune de notre Auteur n'étoit pas assez considérable pour se soutenir dans cette grande Ville; mais l'Abbé *de Saint-Pierre* se chargea de pourvoir à tout, quoi qu'il fût médiocrement favorisé de la fortune. Il y arriva en 1686, & alla se loger avec son ami l'Abbé *de Saint-Pierre*, dans le fauxbourg Saint Jacques. Il y vécut dans le plus grand recueillement. Il s'y livra entierement aux Mathématiques, & étudia avec tant d'application & de succès, qu'il publia en 1687 un *Projet d'une nouvelle Méchanique*. Cet Ouvrage fut très accueilli de tous les Savans. Il valut à l'Auteur une place à l'Académie des Sciences de Paris, & un Chaire au College Mazarin.

Trois ans après la publication de ce *Projet*, il mit au jour de *Nouvelles conjectures sur la cause de la Pesanteur*, qu'on ne trouva qu'ingénieuses; mais il parut bien plus grand lorsqu'il s'éleva à la Géométrie nouvelle des Infinis. Il fut un des plus zélés défenseurs de cette Géométrie, & il travailla à en éclaircir les endroits obscurs.

Son application & sa grande assiduité au travail altérerent beaucoup sa santé. Il tomba dans un accablement & une langueur dont il eut peine à revenir. Il se remit pourtant un peu; ce ne fut qu'une lueur, On le trouva mort dans son lit la nuit du 22 Décembre 1722, quoiqu'il eût paru bien portant la veille.

Il laissa trois Ecrits, un sur la Mâture des Vaisseaux, un autre sur les infiniment Petits, & le troisieme sur la Méchanique. Le premier de ces Ecrits n'a pas paru sous son nom. Les deux autres ont été publiés après sa mort, sous les titres qu'on va lire après celui de ses autres Ouvrages.

1. *Projet d'une nouvelle Méchanique*, 1687.
2. *Nouvelles conjectures sur la Pesanteur*, 1690.
3. *Eclaircissements sur l'Analyse des infiniment Petits.* 4. *Nouvelle Méchanique, ou Statique*, dont le projet fut donné en 1687. 5. *Démonstration de la possibilité de la présence réelle du Corps de Jesus-Christ dans l'Eucharistie*, imprimée en 1730, à Geneve, dans les *Pieces fugitives sur l'Eucharistie.* Voyez *l'Histoire des Philosophes.*

HALLEY [*Edmond*], naquit dans un fauxbourg de Londres, le 19 Novembre 1656. Son Pere, qui étoit simple Citoyen de cette Ville, lui fit apprendre les Langues grecque, latine, hébraïque, & les Mathématiques. *Halley* fit tant de progrès dans la Géométrie & l'Astronomie, qu'il résolut, à l'âge de dix neuf ans, un problême très difficile d'Astronomie : c'étoit de déterminer les Aphelies & l'excentricité des Planetes. Il se fit connoître par-là avantageusement de ses Concitoyens, tellement qu'ayant desiré d'aller dans l'hémisphere austral pour prendre un état des Etoiles de cet hémisphere, le Secrétaire d'Etat s'offrit de lui en faciliter les moyens. Sur le compte qu'il en rendit au Roi, Sa Majesté accorda libéralement tout ce qui étoit nécessaire pour ce voyage. Il partit au mois de Novembre 1676, pour l'Isle de Sainte Helene, où il fit plusieurs observations Astronomiques.

A son retour, il fut reçu de la Société Royale

de Londres , & fe dévoua abfolument à l'étude de l'Aftronomie. Il alla voir peu de temps après *Hévélius* à Dantzik. Il revint à Londres en 1680 , & fe maria deux années après. Il devint ami & difciple de *Newton*. C'eft même à lui qu'on doit l'édition des *Principes de Mathématiques* de ce grand homme , publiés en 1687.

Il allia l'étude de la nature à celle de l'Aftronomie. Il publia des Mémoires curieux & favans fur les Vents , fur le Barometre , & fur la variation de la Bouffole , &c. Il fit même un voyage exprès , pour conftater la variation de la Bouffole , & traça une Carte dans laquelle il marqua les endroits de la Terre où l'aiguille aimantée ne décline point. D'autres découvertes & de nouvelles vues fur l'Aftronomie étendirent infiniment fa réputation. Tous les inftants de fa vie furent marqués par quelque production confidérable. Il jouit jufqu'en 1739 d'une parfaite fanté ; mais une efpece de paralyfie dont il fut alors attaqué , interrompit un peu fes études. Son mal augmenta par des dégrés infenfibles , & le conduifit au tombeau le 25 Janvier 1742 , à l'âge de quatre-vingt-trois ans.

Toutes fes découvertes ont paru dans les *Tranfactions Philofophiques*. M. *de Mairan* , dans l'éloge qu'il a fait de ce grand Mathématicien , a rapporté les titres des Mémoires qui les contiennent. Ses Ecrits qui ont paru féparément , font :

1. *Catalogus ftellarum Auftralium , five fupplementum Catalogi Tychoni* , &c. in-4°. 1679.

2. *Apollonii Pergæi de fectione rationis Libri duo ex Arabico Manufcripto latinè verfi.* in-8°. 1706.

3. *Apollonii Pergæi conicorum Libri octo ; &*
Sereni , Antissensis , de sectione cylindri & coni
libri duo , in-folio , 1710.

L'HOPITAL [*Guillaume-François de*] , naquit en 1661 , d'*Anne de l'Hopital* , Lieutenant
Général des Armées du Roi , & d'*Elisabeth*
Gobelin , fille de *Claude Gobelin* , Conseiller
d'Etat. Son Précepteur voulut mêler dans ses
études des Langues , quelques connoissances Mathématiques. Le jeune *l'Hopital* y prit
tant de goût , qu'il abandonna presque le latin. Le Précepteur se hâta de seconder cette
inclination ; mais comme il ne savoit que super-
ficiellement la Géométrie , il ne put conduire
long-temps son éleve , qui en apprit bientôt tout
seul plus qu'il n'en savoit

Un jour étant chez le Duc de *Roannès* , il
entendit parler d'un problême sur la Roulette
ou Cycloïde , qui paroissoit fort difficile. Le
jeune Mathématicien dit qu'il ne desespéroit
pas de le résoudre. Il n'avoit que quinze ans ,
& cette proposition étoit si hardie , qu'on
ne put lui pardonner sa présomption. Cependant *l'Hopital* résolut le problême , & en envoya
la solution au Duc *de Roannès.*

Il entra au service dans ce temps-là , & y
cultiva les Mathématiques avec la même ardeur. A son retour à Paris , il apprit que le célebre *Jean Bernoulli* étoit dans cette grande
Ville. Il possedoit , avec son frere *Jacques Ber-*
noulli , tout le secret de la Géométrie des infiniment Petits , dont on parloit beaucoup.
L'Hopital voulut apprendre cette science nouvelle , & emmena *Bernoulli* dans une de ses

Terres, pour lui arracher son secret. Ce grand homme le lui dévoila sans réserve, & résolut avec lui des problêmes très difficiles de Géométrie. Il devint ainsi si habile, qu'il entra en concurrence avec les plus grands Mathématiciens de l'Europe, pour la solution des problêmes qu'ils se défioient réciproquement de résoudre. Il mit le comble à sa gloire, en publiant en 1696 son *Analyse des infiniment Petits.* Il travailla ensuite à un Traité des Sections coniques ; mais la mort le surprit au milieu de son travail. Une fievre, suivie d'une attaque d'apoplexie, le mit au tombeau le 2 Février de l'année 1704, âgé de quarante-trois ans. On n'a de lui que deux Ouvrages, mais qui sont très estimés, & très dignes de l'être : L'*Analyse des infiniment Petits, pour l'intelligence des lignes courbes :* in 4°. 1696. Et le *Traité analytique des Sections coniques, & de leur usage dans la résolution des équations dans les Problêmes tant déterminés qu'indéterminés.* in-4°. 1707.

AMONTONS [*Guillaume*]. Ce Méchanicien étoit fils d'un Avocat, qui quitta la Normandie, d'où il étoit originaire, pour venir s'établir à Paris. Il y naquit le 31 Août 1663. Il devint sourd étant au College, ce qui l'obligea d'interrompre ses études. Il étoit en troisieme. Sans occupation, & privé du commerce des hommes, il songea à s'en procurer une. Il imagina des Machines, & chercha le Mouvement perpétuel. Cette recherche inutile lui fit comprendre qu'il devoit y avoir des principes dans la Méchanique. Dans cette vue il étudia la Géométrie. Il l'appliqua ensuite à cette scien-

ce , & établit une théorie de frottements. C'est
ce qui a fait sa réputation. Il avoit écrit auparavant sur les Clépsidres, sur les Barometres,
les Thermométres, &c. mais cet Ouvrage est
presque sans mérite aujourd'hui. Il parut en
1695 , sous le titre de *Remarques & expériences physiques sur la construction d'une nouvelle
Clepsidre , sur les Barometres, Thermometres &
Hygrometres.* C'est le seul livre qu'il ait publié.
Il mourut le 11 Octobre, âgé de quarante-deux
ans & trois mois.

BERNOULLI [*Jean*]. C'est le Frere de
Jacques Bernoulli , dont on vient de parler. Il
naquit à Bâle le 7 Août 1667, & montra presque
en naissant les dispositions les plus heureuses
pour l'étude. Il étoit à peine sorti de l'adoles-
cence , qu'il se fit connoître par une Thèse qu'il
écrivit en vers latins sur ce sujet : *De igne la-
bente.* Peu de temps après , il prononça un Discours en vers grecs sur ce sujet : *Les Princes
sont faits pour leurs Peuples.* Son Frere lui apprit les Mathématiques, & bientôt le Disciple
égala le Maître s'il ne le surpassa pas, quoique
ce Maître fût le plus grand Mathématicien de
l'Europe. A l'âge de dix-huit ans il imagina le
Calcul différentiel, ou des infiniment Petits,
d'après des idées vagues que *Leibnitz* avoit
données de ce calcul, & trouva les premiers
principes du calcul intégral. Cette découverte
le mit en état de résoudre les problêmes les plus
difficiles , & de faire les plus grandes choses.

En 1690, ce grand homme vint à Paris,
pour y voir les Savans. Il fit connoissance avec
le P. *Mallebranche , Cassini , la Hire , Var-*

gnon, & le Marquis *de l'Hopital*. Ce Marquis fut fi charmé de l'entendre, qu'il voulut l'avoir tout feul. Il l'emmena dans fa Terre, & réfolut avec lui les problêmes les plus difficiles de la Géométrie. C'eft-là que *Bernoulli* inventa le calcul exponentiel. Il propofa à fon retour différents problêmes à réfoudre aux Mathématiciens, & décerna les couronnes à *Newton*, à *Leibnitz*, & au Marquis *de l'Hopital*, c'eft à dire aux plus grands Géometres du fiecle. Son Frere concourut à ces prix, & lui en propofa. C'étoit une efpece de défi, qui fit naître une querelle fort vive entre ces deux illuftres Savans, laquelle ne fut terminée que par la mort de *Jacques Bernoulli*.

Il foutint auffi, avec *Hartzoeker*, Phyficien célebre, une guerre fur le Barometre, & vangea *Leibnitz* de la forte d'infulte que quelques Anglois, provoqués par *Keil*, lui firent au fujet du calcul différentiel. Les Anglois ne le ménageoient pas ; mais toute l'Europe convint de fa fupériorité, & lui donna la palme. Le grand *Newton* fe reffentit un peu de ce combat. Notre Auteur, dans deux Pieces qu'il compofa pour les prix de l'Académie des Sciences de Paris, & qui furent couronnées, attaqua fon fyftême du monde, & lui porta des coups qui l'ont beaucoup endommagé.

Il écrivit fur la manœuvre des Vaiffeaux & fur toutes les parties des Mathématiques, & les enrichit de grandes vues, & de nouvelles découvertes ; de forte qu'il a changé la face de prefque toutes les Mathématiques. Il fut fucceffivement Profeffeur de Mathématiques à Groningue & à Bâle, & mourut dans cette

derniere Ville le 1 Janvier 1748 , âgé de soi-
xante-dix-neuf ans quatre mois & vingt-quatre
jours. Ses Ouvrages ont été recueillis en quatre
volumes *in-4°.*, qui ont été imprimés en 1742
sous ce titre : *Johannis Bernoulli M. D. Mathe-*
seos Professoris , &c. Opera omnia tam spartim
edita quam hactenus inedita. Voyez l'*Histoire*
des Philosophes modernes , Tom. IV.

WOOLF [*Chrétien*]. Il n'y a point de Savans qui aient tant écrit que ce Philosophe. Il
composa deux cents volumes ou brochures , &
il a traité & presque épuisé tous les objets des
connoissances humaines. On ignore l'état de
son pere. On sait seulement qu'il reçut le jour
à Breslau en Silésie , le 24 Janvier de l'année
1679. Son goût pour les Sciences exactes se manifesta dès sa plus tendre jeunesse ; mais comme on ne vouloit point qu'il s'y appliquât pour
ne pas se distraire de ses études des Langues , il
les étudia en secret. Il prit pour guide les Ouvrages de *Descartes* , qui lui firent faire des
progrès considérables. Il résolut de commencer
où *Descartes* s'étoit arrêté , & forma dès lors
le plan qu'il a si bien exécuté depuis de réduire
toutes les connoissances philosophiques en système. Il écrivit d'abord sur les Mathématiques.
Quoiqu'il n'eût que vingt-quatre ans , il traita
avec tant d'intelligence du calcul différentiel ,
qu'il se fit une réputation parmi les Géometres.
Les Auteurs des Actes de Leipsick l'associerent
à leurs travaux. Plusieurs Universités lui offri-
rent des Chaires à remplir ; mais le Roi de
Prusse par ses bienfaits , le fixa à Hall , où Sa
Majesté le nomma Professeur de Mathémati-

ques. Il commença ses leçons par une nouvelle logique qui fût si goûtée, qu'on l'obligea de la rendre publique. Elle fut imprimée sous le titre de *Pensées sur les forces de l'entendement humain & sur leur droit usage dans la recherche de la vérité*. Il composa ensuite une Méthode, & des Elémens de Géométrie, de Méchanique & d'Hydrodynamique.

De-là passant aux propriétés de l'air, il trouva que ces propriétés étoient en assez grand nombre pour faire un corps de science. Ainsi il imagina & écrivit des Elémens d'Aréométrie. Recueillant ensuite ces différents Traités, il en forma un cours de Mathématiques, qui parut sous le titre d'*Elementa Matheseos universæ*.

Un Discours qu'il prononça sur la Philosophie Chinoise, vint troubler la félicité dont il jouissoit. Un Docteur, nommé *Lange*, lui fit un crime des éloges qu'il donnoit à cette Philosophie dans ce Discours, & lui suscita tant de persécutions, qu'il fut obligé de quitter Hall, par ordre du Roi de Prusse, & les Etats de ce Prince, sous peine de la corde. C'étoit en 1723. Il se retira à Marbourg, où le Landgrave de Hesse-Cassel le demandoit depuis long-temps. Le Roi mieux instruit, voulut le rétablir dans son poste ; mais *Woolf* s'excusa s'il refusoit ses offres. Ce ne fut qu'à la mort de ce Prince, & à l'avénement au Trône du Roi actuellement régnant, qu'il revint à Hall. Il fut nommé en arrivant, Conseiller Intime & Vice-Chancelier de l'Université, & y mourut le 9 Avril 1754, âgé de soixante quinze ans deux mois, deux semaines, & deux jours.

Ce n'eſt pas ici le lieu de donner une liſte des Ouvrages de cet homme célebre , qui ont preſque tous pour objet la Métaphyſique , la Philoſophie de *Leibnitz* , le droit de la nature & des gens , &c. Les écrits qu'il a compoſés ſur les Sciences exactes ſont imprimés dans les Actes de Leipſick , & on n'a d'ouvrages ſéparés là-deſſus , qu'un Dictionnaire de Mathématiques , en un volume *in-8°.* en Allemand ; des Tables , des Sinus , des Logarithmes , d'Architecture civile & militaire &c, imprimées auſſi en Allemand , & le cours de Mathématiques dont je viens de parler , lequel eſt imprimé en cinq volumes *in-4°* , avec ce titre : *Chriſtiani Wolfii potentiſſimi Succorum Regis , Haſſiæ Landgravii Conſiliarii regiminis , &c. Elementa Matheſeos univerſæ.* 5 vol. in-4°. Voy. l'*Hiſtoire des Philoſ. modernes* , Tom. IV.

CLAIRAUT [*Alexis*] , l'un des plus grands Géométres de ce ſiecle , naquit en 1711 , de . . . . . . *Clairaut* , habile Maître de Mathématiques. Depuis *Paſcal* perſonne n'a montré plus de diſpoſition pour les Mathématiques. A l'âge de douze ans , il écrivit comme , ce grand homme , ſur les ſections coniques ; & à ſeize ans il compoſa des *Recherches ſur les Courbes à double courbure* , qui auroient fait honneur au Mathématicien le plus profond. Des productions ſi belles en elles-mêmes , & ſi extraordinaires pour un enfant de cet âge , le firent regarder comme un prodige. On le fêta de toutes parts , & il n'avoit pas encore vingt ans , qu'il fût reçu à l'Académie des Sciences. On penſoit alors dans cette Académie à connoître la figure de

la Terre par la mesure de deux degrés du Méridien , l'un à l'Equateur , l'autre au Cercle Polaire. Deux Compagnies partirent à cet effet pour se rendre dans ces endroits. Celle qui alla au Nord , crut devoir s'aider des lumieres de notre jeune Géometre. Elle l'emmena avec elle & en retira les plus grands services. Il justifia aisément la bonne opinion qu'on avoit de lui , & bientôt après il étendit sa réputation par des Ouvrages très savans sur la Géométrie. Le goût pour cette science qui s'étoit manifesté de si bonne-heure, devint désormais un goût exclusif pour toute autre connoissance. Il résolut de le suivre , sans se permettre d'ailleurs la moindre distraction. Le nouveau calcul des infiniment Petits , piqua sur tout sa curiosité. Il y avoit alors très peu de Géometres en France qui entendissent parfaitement ce calcul. *Clairaut* avoit assez de sagacité pour l'étudier lui-même & pour y faire des progrès ; mais il craignoit de n'en pas saisir toutes les finesses. Dans cette perplexité , M. *de Maupertuis* lui offrit de le mener chez *Jean Bernoulli* , l'un des Inventeurs de ce calcul , pour le prier de le mettre sur la voie. Il accepta avec joie cette offre , & demeura chez ce grand Mathématicien jusqu'à ce qu'il s'en fût rendu tous les artifices très familiers. De retour à Paris , il se hâta de mettre ses Instructions à profit. Il composa plusieurs beaux Mémoires , où il employa le calcul différentiel & intégral avec beaucoup de supériorité. Il perfectionna même le calcul intégral, en donnant un moyen de connoître si une différentielle est intégrable ou non. Son dessein étoit de se servir des nouveaux calculs , pour perfectionner

tionner le fyftême de *Newton*, qu'il avoit adopté. On ne pouvoit choifir un plus beau champ pour faire briller des connoiffances géométriques. *Newton* n'avoit point calculé le mouvement de l'apogée de la Lune. Notre Géometre jugea ce travail digne de lui. Il trouva d'abord l'équation de la courbe que décrit la Lune, & il crut reconnoître que fi la loi de l'attraction fuivoit exactement le rapport renverfé du quarré des diftances, l'apogée ne feroit une révolution qu'en dix-huit ans, & elle la fait en neuf. D'où il conclut que la loi de l'attraction ne fuit pas tout-à-fait le quarré des diftances inverfes, mais celle des quarrés plus d'une certaine fonction de ces quarrés, ou même d'une autre puiffance de ces diftances.

Cette découverte portoit un coup trop préjudiciable au fyftême de *Newton*, pour ne pas allarmer les Newtoniens. L'un d'eux, nommé Don *Wanmefley*, prétendit que *Clairaut* s'étoit trop preffé de rectifier la loi de l'attraction. Il examina fes calculs, & crut qu'il y avoit de la méprife. Il compofa là-deffus un écrit pour mettre cette méprife au jour. M. *de Buffon* fe joignit à Don *Wanmefley*, & voulut juftifier par des raifonnemens métaphyfiques, la loi de l'attraction, telle que *Newton* l'avoit établie. Notre Géometre répondit à ces Critiques, & corrigea fon calcul & fes conclufions.

Des Mémoires curieux qu'il publia fur la Dynamique, préparerent en quelque forte un nouveau travail fur le fyftême Newtonien. Il fut un des premiers Mathématiciens de l'Europe qui réfolut le problême des trois Corps. On appelle ainfi un problême où il s'agit de déterminer la courbe que décrit un corps par l'action de deux autres en mouvement. La solution de ce probleme le mit en état de tenter la solution d'un autre problême encore plus difficile : c'étoit de fixer le tems du retour de la Comete de 1759. Il fit à cet effet un travail prodigieux ; mais ses calculs, quoi que très exacts & très multipliés, annoncerent le retour de la Comete trois mois trop tard ; au lieu que ceux d'*Halley* s'accorderent fort bien avec l'événement. Il est vrai que *Clairaut* avoit fondé ses calculs sur l'hypothese de l'attraction mutuelle des corps ; & dans cette hypothese, qui n'étoit qu'une hypothese, il étoit entré dans ses calculs une infinité d'élémens, tandis que *Halley* s'étoit borné à un calcul purement géométrique.

Dans le tems qu'il étoit occupé à ce travail, il fut chargé de travailler au Journal des Savans. C'étoit en 1755. Je ne sais pas s'il me convient de dire que c'étoit une place que j'avois eue en 1752, que différentes manœuvres m'avoient fait abandonner, & que M. *Bouguer* qui s'en étoit emparé à la fin de cette même année, & qui devoit me la rendre, avoit profité du temps où je fus en Provence pour la céder à notre Géometre ; mais je dois écrire qu'il remplit ma place parfaitement bien. Ses extraits des Livres de haute Géométrie (car il n'en faisoit pas d'autres), sont très estimés, & méritent de l'être.

En 1751, l'Académie de Pétersbourg ayant proposé pour prix la cause des inégalités du mouvement de la Lune, *Clairaut* composa une piece qui fut couronnée, dans laquelle il déduisit de l'attraction la théorie de cette planette secondaire. Son travail, & celui qu'il avoit fait sur la Comete de 1759, furent un sujet de dispute avec M. *d'Alembert*. Notre Géometre étoit sensible & aimoit assez la vérité pour la défendre avec chaleur. Il prenoit donc un vif intérêt à ses sentiments, lorsqu'il croyoit être fondé à les soutenir. C'est ce dont j'ai été moi-même témoin.

M. *Muller*, Professeur de Mathématiques à l'Ecole Royale de l'Artillerie de Wolvich, m'ayant prié de veiller à l'édition de son *Traité analytique des Sections coniques, fluxions & fluentes, &c.* je trouvai dans cet Ouvrage des remarques sur la théorie de la Terre de *Clairaut*. Comme je connoissois sa sensibilité, je ne crus pas devoir laisser imprimer ces remarques sans lui en faire part. Il en fut très touché, & me fit l'honneur de m'écrire une lettre, où il répondit à M. *Muller*, en me priant de la faire imprimer à la fin du livre du *Traité analytique des Sections coniques, &c.* Quoique M. *Muller* fût très maltraité dans cette lettre, je ne crus pas devoir refuser cette satisfaction à notre Géometre, & je me contentai d'y mettre une petite notte pour me justifier envers M. *Muller*, laissant du reste le Public juge de ce différend.

Je ne sais pas comment les Anglois, & M. *Muller* en particulier, accueillirent cette réponse, mais *Clairaut* ayant voulu concourir au prix des Longitudes, que les Anglois ont promis à ceux qui donneroient une solution approchée de ce problême, reçut une mortification à laquelle il fut très sensible. Il s'agissoit pour cette solution d'avoir des Tables exactes du mouvement de la Lune. M. *Mayer* en avoit envoyé à la Société

Royale de Londres, qui avoient été fort accueillies & bien récompensées. Notre Géometre crut qu'on pouvoit avoir des Tables plus
exactes encore que celles de M. *Mayer*. Il en calcula de nouvelles ; & persuadé de leur bonté,
il les adressa à la Société Royale. Mais on n'en
pensa pas comme lui. Ces Tables lui furent ren-
voyées sans récompense. Il fut très affligé de
cette espece de refus. On dit même que le cha-
grin qu'il en eût influa sur sa santé. Une fievre
se joignit à cette indisposition , & le conduisit
en huit jours au tombeau. Il mourut au mois de
Mai de cette année 1765 , âgé de cinquante-
trois ans & quelques mois.

Clairaut étoit bon & obligeant. Quoiqu'il fût
naturellement froid , il aimoit assez à rendre
service. Il avoit appris à peindre, & il faisoit
passablement le Paysage ; mais on voyoit
bien que son imagination ne secondoit pas son
pinceau. Elle ne le servoit que dans le calcul
qui l'avoit rendu presque insensible à toute autre connoissance. Aussi faisoit-il un cas infini
des Géometres purs ou des Calculateurs & les
plaçoit sans façon au premier rang des hommes
de génie.

F I N.

TABLE
DES MATIERES.

A

B.

Ii iv

D.

H.

J.

Ordre

K k

Q.

R.

T.

Fin de la Table des Matieres.

TABLE
DES AUTEURS.

A.

K k iv

E.

H.

J.

K.

L

M.

MERSENNE

N

R.

S.

W.

X.

Z.

Fin de la Table des Auteurs.

quelque prétexte que ce puisse être, sans la permission expresse, & par écrit, dudit Exposant, ou de celui qui aura droit de lui, à peine de confiscation des Exemplaires contrefaits, de trois mille livres d'amende contre chacun des Contrevenans, dont un tiers à Nous, un tiers à l'Hôtel-Dieu de Paris, & l'autre tiers audit Exposant, ou à celui qui aura droit de lui, & de tous dépens, dommages & intérêts : à la charge que ces Présentes seront enregistrées tout au long sur le Registre de la Communauté des Imprimeurs & Libraires de Paris, dans trois mois de la date d'icelles ; que l'impression dudit Ouvrage sera faite dans notre Royaume, & non ailleurs, en bon papier & beaux caracteres, conformément à la feuille imprimée, attachée pour modele sous le contrescel des Présentes; que l'Impétrant se conformera en tout aux Réglemens de la Librairie, & notamment à celui du 10 Avril 1725 ; qu'avant de l'exposer en vente, le Manuscrit qui aura servi de copie à l'impression dudit Ouvrage, sera remis dans le même état où l'Approbation y aura été donnée, ès mains de notre très cher & féal Chevalier, Chancelier de France, le Sieur De Lamoignon ; & qu'il en sera ensuite remis deux exemplaires dans notre Bibliotheque publique, un dans celle de notre Château du Louvre, un dans celle dudit Sieur DE LAMOIGNON ; & un dans celle de notre très-cher & féal Chevalier Vice-Chancelier Garde des Sceaux de France, le Sieur DE MAUPEOU ; le tout à peine de nullité des Présentes. Du contenu desquelles vous mandons & enjoignons de faire jouir ledit Exposant & ses ayans causes, pleinement & paisiblement, sans souffrir qu'il leur soit fait aucun trouble ou empêchement. Voulons que la copie des Présentes, qui sera imprimée tout au long au commencement ou à la fin dudit Ouvrage, soit tenue pour dûment signifiée, & qu'aux copies collationnées par l'un de nos amés & féaux Conseillers & Secrétaires, foi soit ajoutée comme à l'original. Commandons au premier notre Huissier ou Sergent, sur ce requis, de faire pour l'exécution d'icelles, tous actes requis & nécessaires, sans demander autre Permission, & nonobstant clameur de Haro, Charte Normande, & Lettres à ce contraires. CAR tel est notre plaisir. DONNÉ à Compiegne le sept-

tieme jour du mois d'Août, l'an de grace mil sept cent
soixante-cinq, & de notre Regne le cinquantieme. Par
le Roi en son Conseil.

Signé, LE BEGUE.

Registré sur le Registre XVI. de la Chambre Royale
& Syndicale des Libraires & Imprimeurs de Paris,
N°. 591, fol. 352, conformément au Réglement du 28
Février 1723. A Paris, le 20 Août 1765.

Le Breton, Syndic.

Je, soussigné, reconnois que le Privilege de l'Ouvrage
intitulé : Histoire des progrès de l'Esprit humain dans les
Sciences exactes Physiques & Mathématiques, & dans
les Arts qui en dépendent, lequel a été expédié en mon
nom, le 7 Août 1765, appartient à M. JACQUES
LACOMBE, Libraire, qui m'en a remboursé le prix.
A Paris, ce 24 Décembre 1765.

L. G. DEHANSY, l'aîné.

Registré la présente Cession sur le Registre XVI. de la
Chambre Royale & Syndicale des Libraires & Impri-
meurs de Paris, N°. 495, conformément aux anciens
Réglemens, confirmés par celui du 28 Février 1723.
A Paris, ce 17 Janvier 1766

Le Breton, Syndic.

De l'Imprimerie de DIDOT.

Fautes à corriger.

Page 11 , *ligne* 31 , étoient tracées , *lisez* étoit tracée.
Page 48 , *ligne* 23 , ruine , *lisez* racine.
Page 241 , *ligne* 20 , *après ces mots* en avoit écrit , *ajoutez* jufqu'à ce siecle.
Page 254 , *ligne* 16 , les , *lisez* le.
Page 306 , *ligne* 28 , il réfulta , *lisez* il réfulte.
Page 312 , *ligne* 9 , vouloient à perfectionner , *lisez* vouloient perfectionner.
Page 425 , *ligne* 10 , 1658 , *lisez* 1758.
Page 451 , *ligne* 8 , *Ptolemée* , *lisez Purbach*.
Page 493 , *ligne* 9 , WOOLF , *lisez* WOLF.